U0930541

历史的标尺

长江水文百年老站

水利部长江水利委员会水文局　编著

长江出版社
CHANGJIANG PRESS

主要编纂人员

CHANG JIANG SHUIWEN

主　　编：程海云　官学文

执行主编：周　明　陈松生　李云中　杨　杰

撰 稿 人：第一篇——绪　论　　周　明　李云中

第二篇——百年风华

宜宾水位站	黄振宇	童雪花
寸滩水文站	谈　语	何沁雪
万县水文站	熊焱川	游佩燃
宜昌水文站	陶　冶	杜林霞
沙市水文站	李清华	刘晓琴
城陵矶水文站	袁　静	唐　聪
汉口水文站	莫登华	陈　静
九江水文站	唐洪沛	朱汉华
湖口水文站	谢雅蕾	殷环环
大通水文站	龚朝海	许　毅
芜湖水位站	鲁　卉	吕琴香
南京潮位站	黄李莉	严　锋
镇江潮位站	谢运山	王聪聪
昆明水文站	朱　玲	孙国印
都江堰水文站	庄耘天	李戈然

长沙水文站	梁林峰	李海燕
拱宸桥水文站	王玉明	金何独伊
江河记忆	李云中	杨　杰
水文科普	邓　山	李云中
第三篇——展　望	周　明	周　波

参编人员：（排名不分先后）

马玉婷	王　华	王惠娟	王　琨	文奇方	叶　聪
代　飞	吉喜林	朱玲玲	朱喜华	刘文艳	刘一先
刘孟林	江育林	许弟兵	芦意平	佘焰高	李思璇
李晓慧	杨　丹	杨成刚	杨秀川	肖　忠	孟　娟
张　强	张世明	吴士夫	吴　琼	何　良	佘可文
陈健健	陈建湘	陆德智	项祖伟	赵　灵	赵　东
赵晓云	赵俊林	范贤平	卓思佳	罗　倩	罗　兴
周绍阳	郑　力	赵洪星	胡名汇	钟　兮	郭　庆
贾志伟	徐　翔	殷　寅	陶　杏	黄长红	章　磊
蒋　纯	蒋建平	程代忠	曾雅立	曾良峰	谢　波
谢天雄	熊　莹	熊浩森	薛　果	戴明龙	

序

CHANG JIANG SHUIWEN

水是万物之母、生存之本、文明之源。古往今来，人类逐水而居，文明伴水而生。从某种意义上讲，一部中华民族的发展史，就是一部治水史。长江，是中国第一大河、世界第三大河，也是中华民族的母亲河。认识长江，治理长江，开发长江，都是从了解水文规律开始的。

公元前256—公元前251年，秦蜀守李冰主持修筑都江堰，设石人测水。据《华阳国志·蜀志》记载："（李冰）于玉女房下白沙邮，作三石人，立三水中。与江神要：水竭不至足，盛不没肩"，既已建立了水位与引水量关系的科学概念，也折射出古老的人水和谐思想。长江上游干支流多处石刻、碑记记载的公元1153年以来的大洪水痕迹，长江涪陵白鹤梁题刻记录的公元764年以来72个年份的枯水资料，为长江洪枯水研究提供了珍贵史料，在葛洲坝和三峡水利枢纽工程设计中作为重要参考。

长江流域近代水文观测，始于公元1865年起在长江干流及少数支流上陆续设立的海关水尺。干流包括重庆、万县、宜昌、沙市、城陵矶、汉口、九江、芜湖、南京、镇江等站，支流有长沙等站。其中，汉口站自1865年起有正式连续记录，是长江流域最早，也是全国最早具有连续系统资料的近代水位站。1950年，长江水利委员会组建专门水文机构，系统性开展水文监测。70多年来，特别是党的十八大以来，流域内各级水文部门坚定践行习近平总书记"节水优先、空间均衡、系统治理、两手发力"治水思路，水文测报能力显著提升，水文现代化建设不断取得新成就。截至2024年，长江流域共有各类水文测站3.4万余处，系统完整的水文观测资料为长江开发治理、流域经济社会发展提供了重要的技术支撑。

FOREWARD

2023年，水利部首批认定了22处百年水文站，其中长江流域的汉口、城陵矶、南京、镇江、拱宸桥、芜湖、长沙、都江堰、昆明等9站位列其中。为加强对百年水文站的宣传，保护传承弘扬长江文化，促进水文事业发展，长江水利委员会水文局会同流域内相关水文单位，以上述9站为基础，又遴选了设站时间超过百年且持续观测至今的8处水文测站，探寻发展历程，讲述百年风雨，开展水情教育，编纂《历史的标尺——长江水文百年老站》。纵观17处百年老站史，它们都是从水位、降水量等传统观测起步，逐步发展成为现代化的水文测站。一路走来，有曲折，有艰辛，有喜悦，有辉煌。

水文测站是水文事业的基础单元。水文测站在防汛抗旱、水资源管理、水生态保护、水工程建设管理等方面发挥着基础支撑作用。通过对17处水文测站设站的缘由、测洪的艰难、效益的发挥等深入挖掘，体现水文测站“尖兵”“耳目”的熠熠风采。水文测站，以探求水文规律为己任，孕育为江河治理持续求实创新的动力源泉；以护佑江河安澜为己任，肩负为防汛抗旱提供决策支持的神圣使命；以服务社会发展为己任，担当为经济社会发展提供数据支撑的时代重任。

水文测站是水文发展史的忠实见证。新中国成立前夕，长江流域水文测站数量少且观测工作多濒临瘫痪。新中国成立后，长江流域水文测站经历了从人工驻点监测到无人自动测报，从延时报送到实时监测，从单要素监测到多要素综合监测的转变。通过对17处水文测站历史的深入挖掘，特别是以当代水文发展为主线，讲述水文的历史变迁、创新之路，充分展

现了水文测站守正创新推动行业科技进步的不懈努力和显著成效。

水文测站是长江文化的生动载体，承载着长江儿女世代与水共生的智慧与情感。习近平总书记指出："长江造就了从巴山蜀水到江南水乡的千年文脉，是中华民族的代表性符号和中华文明的标志性象征，是涵养社会主义核心价值观的重要源泉。"通过对17处水文测站水文故事的挖掘，展示水文人坚韧、执着、豁达的情怀和求实、团结、进取、奉献的精神，彰显了百年老站蕴含的时代价值，也通过水文器物文化和所在区域特有水文化的挖掘，展示水文文化作为长江文化重要谱系的独特魅力。

万里长江浩荡东流，百年老站历久弥新。当前，治江事业面临新机遇和新挑战，聚焦新老水问题统筹治理，推进国家水网建设，提升水安全保障能力，助力长江经济带高质量发展，为强国建设、民族复兴提供坚实的技术支撑，水文工作任重道远。值《历史的标尺——长江水文百年老站》出版之际，致敬曾经为水文事业奋斗过的前辈们，致敬坚守在大江上下的水文人。

是为序。

水利部长江水利委员会水文局党组书记、局长 程海云

2024年10月

前言

CHANG JIANG SHUIWEN

近代长江水文发展至今，积累了长系列水文实测资料，对掌握水文历史演变规律，预测未来水文情势变化，支撑水旱灾害防御、水资源配置调度、水生态环境修复等发挥着重要作用，对经济社会高质量发展意义重大。同时，百年老站沉淀积累了厚重的历史文化，历经风雨、岁月更迭，一直感召、激励和影响着一代又一代水文人。做好百年老站文化的系统梳理、保护传承和展陈宣传，提高社会对水文测站的认知和保护意识，很迫切，也很必要。

水文测站与江河相依相伴，像一颗颗璀璨的明珠点缀在大江上下，延绵不断地记载着河流水沙演变、水资源状态、水质变化……为流域水安全保障、水资源利用、水环境保护和国民经济发展提供基础数据。由于行业的特殊性，水文测站大都远离城市，工作环境和生活环境比较简陋。随着时代的变化和科技的进步，通过站队结合、测验方式方法变革等行政和技术手段，职工工作和生活环境得到了极大的改善。但无论测验条件如何，水文职工肩负重责，恪尽职守，精准测报，即使在极端恶劣的气候条件下，依然忠诚履职，按照“测得到、测得准、报得出、报得及时”的要求，完成防汛测报及基本水文资料收集任务。这些职业操守、优秀品质世代相传，成为水文化宝库中水文行业精神璀璨的闪光点。

为了让社会公众走近长江水文百年老站，深度了解百年水文沧桑巨变，2022 年，长江委水文局和长江出版社联手策划长江水文化系列图书之《历史的标尺——长江水文百年老站》，透过 17 个百年老站，叙述源远流长的水文测报技术发展脉络，揭开近代水文发展奥秘，展示现代水文发展成就，讲述生动感人的水文故事，颂扬可敬可爱的江河卫士的家国情怀。

考虑本书的可读性、知识性、科普性，17 个百年老站的“无题概述”以水文站所处的地理位置、环境特点、主要职责等为切入点，沿着“测站探源”“百年风雨”“技术发展”等脉络，辅以“难忘岁月”“文化建设”的时代印迹，并穿插“水文科普”“江河记忆”等知识切片，力求图文并茂、循序渐进地展示百年老站的发展历程，以小见大，折射出时代发展对水文事业的影响，向公众敞开水文领域神秘的大门，让读者在百年老站变迁的时空中了解水文的工作性质、水文测站的时代价值，及其与经济社会发展和民生需求的关系，感受江河卫士执着坚守的行业品格。

本书记录的长江水文测报技术发展，以水文观测要素、基础设施、技术装备等为主线，通过仪器设备的引进、革新、研发、创新等，厘清其发展迭代轨迹。历经一代又一代水文人的努力，从劳动强度极大的人工观测到半自动化、自动化，再至如今的数字化、网络化、智能化等跨越式发展，大江上下几乎每一个测站都有自己的“独创绝活”和“拿手戏”。回顾、梳理跨时代的技术成果，也增添了水文职工的成就感和自豪感。

本书描述的“难忘岁月”，勾勒出近代百年水文发展史上各个测站“年代剧”式的家国情怀，以测站视角记录了历次水旱灾害等特殊水情下水文人“舍我其谁”的豪迈。一幅幅老照片中，我们看到，简陋的站房前满面笑容的职工群体，密林中穿行的年轻人洋溢着青春焕发的风采，全神贯注改造设备的能工巧匠，洪流中挺立的站房、自记台、水尺……星移斗转、岁月更替，水文职工团结奋进的精神没有变，自力更生、艰苦创业的传统没有丢，精益求精、恪尽职守的风貌依然熠熠生辉。老一辈水文人不

怕牺牲、甘于奉献的高风亮节，默默无闻、平平淡淡中执着坚守的感人事迹，爱测站、爱水文、爱长江的情怀，令人肃然起敬。

在本书的编纂过程中，我们深深体会到了一代又一代水文人赓续不断的长江情怀以实际行动付诸水文事业的赤子之心，也从百年水文老站变迁的“小切口”看到了水利事业、水文事业的“大发展”。新时代，水文事业迎来新的发展机遇，“如竹苞矣，如松茂矣”。期待以此故事化、情境化、多维度的方式，呈现出百年老站独特的历史价值、文化价值、科技价值和时代价值，助力保护传承和弘扬宣传长江水文文化，推动水利高质量发展。

由于掌握资料、能力水平等所限，书中难免还有不完善之处，敬请批评指正。

编　者

2024 年 10 月

目 录

CHANG JIANG SHUIWEN

第一篇 绪论

第二篇 百年风华

CONTENTS

第三篇　展望

CHAN
SHUIV

第一篇 绪论

一、概述

（一）长江是中华民族发展的重要支撑

长江，是亚洲和中国的第一大河，世界第三大河，中华民族的母亲河。长江，发源于世界屋脊，穿越高山峡谷，汇纳百川入海，横贯东中西部，连接大江南北，滋养了源远流长的中华文明，哺育着勤劳勇敢的中华儿女。

长江自西向东横跨青藏高原、云贵高原、四川盆地、中下游平原，干流全长6300余千米，流经青海、西藏、云南、四川、重庆、湖北、湖南、江西、安徽、江苏、上海等11个省（自治区、直辖市），支流延伸至贵州、广西、广东、浙江、福建、甘肃、陕西、河南等8个省（自治区）。流域面积达180万平方千米，约占中国陆地总面积的1/5。流域面积1000平方千米以上的支流有430余条，1万平方千米以上的支流49条，10万平方千米以上的支流有雅江、岷江、嘉陵江和汉江。

长江流域是我国重要的生态屏障。长江流域山水林田湖草沙浑然一体，是我国重要的生物多样性优先保护区域。一是水生生境多样，河湖、水库、湿地面积约占全国的20%；二是物种种类丰富，淡水鱼类占全国的33%，珍稀濒危植物占全国的39.7%，是我国珍稀濒危野生动植物集中分布的区域；三是生态环境敏感区众多，国家级自然保护区占全国的30.7%，国家级水产种质资源保护区占全国的51.0%，国家级森林公园占全国的28.9%，国家级地质公园占全国的29.3%，是我国重要的生态安全屏障区。

长江流域是我国重要的资源支撑。长江流域多年平均水资源量9958亿立方米，约占全国的36%，是我国水资源配置的重要战略水源地；不仅哺育着长江流域4.6亿人口，还通过南水北调工程惠泽工程沿线及北方地区1.85亿人。长江水能资源富集，水力资源技术可开发装机容量和年发电量分别占全国47%和48%，是我国实施新能源战略的重要基地。流域内风能、太阳能、生物能、地热能等丰富，是新能源发展的重点区域。长江“黄金水道”干支流通航里程超过7.1万千米，占全国内河通航总里程的56%。长江流域是我国重要的粮食生产基地，2024年粮食总产量2.47亿吨，占全国的35%。长江流域矿产资源丰富，储量占全国比重50%以上的约有30种。

长江流域是我国经济社会发展重要的战略支撑。长江流域总人口约占全国的33%，国内生产总值约占全国的34%。流域内城镇化水平较高，已形成长三角、长江中游、成渝等大型城市群。长江经济带覆盖上海、江苏、浙江、安徽、江西、湖北、湖南、重庆、四川、云南、贵州等11省（直辖市）行政区全域，面积约205万平方千米，人口、国内生产总值分别占全国的42%和46%；是支撑长江经济带发展、长江三角洲区域一体化发展等国家战略的主通道。长江集沿海、沿江、内陆开放于一体，具有东西双向开放的独特优势，还是连接“一带一路”的重要纽带。

长江流域是中华文明的重要发源地。长江哺育万物生灵，孕育了人类文明。从巴山蜀水到江南水乡的千年文脉，是中华民族的代表性符号和中华文明的标志性象征。数千年来，从新石器时代的大溪文化、彭头山文化、河姆渡文化、良渚文化，到青铜器时代的盘龙城遗址、吴城遗址、新干商代大墓，展现了不同历史时期的长江文明；从灵渠、都江堰、邗沟、白起渠等古代水利工程，到被誉为“古代水文资料宝库”的白鹤梁水文石刻，都体现了古代“天人合一”的哲学思想和治水理念。目前，长江沿线省（自治区、直辖市）拥有国家级历史文化名城52座、世界遗产20多项。人类在接受长江滋养、构筑生存空间、治理保护长江的过程中，创造和形成丰富多彩的长江文化。

（二）水文是经济社会发展的重要支撑

中国水资源总量达2.8万亿立方米，居世界第六位。但中国人均水资源量仅为2100立方米，为世界人均水平的1/4，且南方多于北方，夏季多于冬季，水多就会有水灾，水少就会干旱，这些数据都需要经过监测和分析计算。

在祖国的大江南北，每逢汛期，江河水位涨落频繁，洪峰水位、洪峰流量、编号洪水、超警戒水位、超保证水位、超历史最高水位、百年一遇洪峰以及1954年、1998年、2020年流域性大洪水，这些信息都需要监测和精准预报。

中国已建各类大中型水库10万余座，分布在各流域干支流，这些水库需要建多高的大坝才足以挡住洪水？需要布置多少个泄洪闸（洞）才能满足泄洪要求？需要预留多大的库容才能满足防洪、发电、供水、通航要求？这些关键的设计参数也必须有长系列的水文资料作为重要支撑。

党的十八大以来，各大流域成为“生态优先、绿色发展”的主战场，河流水质状况是考核评价的一项硬指标。2024 年度，长江流域水质监测中心对长江流域 1058 个河流断面水质状况进行了评价，水质类别为Ⅰ～Ⅲ类、Ⅳ～Ⅴ类、劣Ⅴ类分别占比 98.0%、1.5%和 0.5%。主要超标项目为氨氮、总磷、五日生化需氧量等。与 2023 年相比，全年水质类别为Ⅰ～Ⅲ类的断面比例上升 2.3%，劣Ⅴ类的断面占比下降 1.5%；汛期水质类别为Ⅰ～Ⅲ类占比 97.3%，非汛期水质类别为Ⅰ～Ⅲ类占比 97.2%。这些数据都需要经过水文监测和分析评价得出。

水文工作是防治水旱灾害、开发利用水资源、保护水环境的重要基础工作。长江水文涵盖了水文测报、情报预报、河道（水库、湖泊）勘测、水质泥沙分析、水资源分析评价等多个专业。

长江水文收集了较为完整的系列水文资料，依托遍布大江的水文站网，通过各种手段，精心测量，收集了大量水文、泥沙和水质资料；对历史资料深入加工，整编汇集成册，形成《水文年鉴》，建立水文数据库系统，为全面正确掌握长江水文特性提供了重要佐证，提高了水文资料的使用范围。

长江水文有力支撑了水旱灾害防御工作，开创性地将水文与气象结合，形成科学的水文预报体系，实行滚动跟踪预报，短、中、长期预报结合，开展水情会商分析，为水旱灾害防御提供了重要决策依据。在抗击 1998 年流域性洪水的关键时刻，在 60 分钟内回答了国家防汛抗旱总指挥部 6 个有关运用荆江分洪工程的关键问题，为党中央防洪决策提供了科学依据，最大限度地减轻了洪涝灾害损失。正如江泽民同志在 1998 年 9 月全国防洪抢险总结表彰大会上所言："没有水利、气象、水文等方面取得的技术进步，要夺得这样的胜利是难以想象的。"

在水资源综合管理方面，长江水文发挥着基础性和关键性作用，重视多学科结合和新理论、新技术应用，开展水资源分析计算和评价，通过大量的水资源调查评价和论证，客观反映了水资源状况，提高了水资源的评价水平，为编制水资源综合规划、优化水资源配置提供了决策依据。采用科学的分析计算手段，为三峡工程、南水北调中线工程等建设和效益分析提供了重要依据。

在水生态建设方面，长江水文积极开展以三峡库区为主的水功能区监测、三峡水库水生态调度监测、南水北调中线水源地水质监测、水生态试点监测（鱼类、藻类）、地下水监测、水量水质综合评价等，为长江水环境保护、水生态修复和保障生态安全做出了重要贡献。

在应对突发公共事件方面，长江水文反应迅速，措施得当，服务及时，支撑有力，在 2008 年汶川特大地震唐家山堰塞湖排险除险、2010 年舟曲特大泥石流抢险救灾与白龙江舟曲堰塞河段清淤疏浚、2018 年金沙江白格堰塞湖险情处置等工作中，勇当先锋，克服种种困难，及时提供大量监测数据和预报成果，为成功处置发挥了关键性的作用。

水文是基础性公益事业，在提供水利专业服务的同时，在农业、工业、交通、环保、国防、外交等多个领域，为社会公众和各有关方面提供了多样化服务，成为国民经济和社会建设可持续发展的重要技术支撑。

（三）水文站网是水文工作的重要支撑

长江流域自清同治四年（公元1865年）起，在长江干流及少数支流上陆续设立海关水尺。干流自上而下包括宜宾（1922年）、重庆（1892年）、万县（1917年）、宜昌（1877年）、沙市（1903年）、城陵矶（1904年）、汉口（1865年）、九江（1904年）、芜湖（1900年）、南京（1912年）、镇江（1904年）、上海（1890年），支流有岳阳（1904年）、长沙（1910年）、苏州（1900年）等站，每天定时观测水位，并将记录整理成水位公报。其中汉口自1865年开始正式连续记录，1922年增加流量、含沙量等观测，是长江流域最早，也是全国最早设立的近代水文站。

民国时期测站的设置，多由各地区、各部门根据自身需要而定，多从长江中下游经济较为发达的地区开始，没有系统的站网规划。

1865—1949年，长江流域先后设立水文站共约280个、水位站286个，但到中华人民共和国成立前夕，仅有水文站104个、水位站219个、雨量站34个，且观测工作多濒于瘫痪状态。

中华人民共和国成立之初，中央人民政府水利部下设测验司，主管全国水利勘测和水文工作。1950年2月24日，长江水利委员会①在汉口召开成立大会，由水利部颁发“长江水利委员会”印章，标志着长江水利委员会正式成立。作为长江水利委员会内设机构，长江水利委员会水文局（1950年成立之初为水文科，11人）与长江水利委员会同步成立。1950年10月，水利部组建水文局，管理全国水文工作，并负责中央防汛抗旱的水文情报预报工作。水利部水文局部署各流域迅速恢复、发展水文测站。

1951—1952年，长江水利委员会和有关省（直辖市）为适应长江中下游防洪排渍工程的需要，在长江中游干流、汉江中下游干流及平原湖区恢复、建立部分控制性测站。1953—1955年，长江水利委员会又在长江上游、汉江、洞庭湖区等处增设

① 1950年2月，长江水利委员会成立（简称“长委会”）。1956年，以长江水利委员会为基础，成立长江流域规划办公室（简称“长办”）。1989年，长江流域规划办公室更名为长江水利委员会（简称“长江委”）。

了一些测站。1954 年，长江流域发生特大洪水，刚刚组建起来的水文预报工作即为当年长江中下游防汛的指挥决策提供了科学依据。到 1955 年，全流域水文测站总数已达 1614 处，其中隶属长江水利委员会 358 处，分属流域省（自治区、直辖市）1256 处。

1956 年 3 月召开的全国水利会议上对长江流域各省与流域机构的水文测站布设范围作了明确分工。长江水利委员会按照分工范围，一方面将部分测站交由有关省区管理，一方面组织人员查勘长江江源，在江源沱沱河、木鲁乌苏河、楚玛尔河及金沙江上段等设站难度极大的偏远地区，克服重重困难新建测站。后交由青海省管辖。

1959—1961 年经历连续自然灾害及经济暂时困难，长江水文事业困于低潮。1962 年，中共中央、国务院为保证水文事业的发展，特发第 503 号文件，正式明确水文工作为勘测工种，生产生活条件得以改善，水文工作也逐步走出低谷。长江流域水质（监测）站的设立，是在 1975 年后正式发展起来的。1976 年，水电部颁发的《水文测验试行规范》中规定，水文工作是防洪抗旱、防止水源污染的耳目；并指出监测水质污染状况，保护水源，防止水质污染，是水文工作一项新的任务。根据这些要求，流域机构水文单位和各省（自治区、直辖市）水文机构大力加强水质站的建设，监测站点数量、监测河段长度大幅度增长。党的十一届三中全会后，长江水文事业拨乱反正、整顿提高，扩大业务范围，开拓新的领域。全流域推行“站队结合”改革，即根据具体条件，在一定区域内建立水文水资源勘测队基地，在部分测站实行巡测，把巡测队与驻测站结合起来。这一改革加速了站网建设，特别是流域西部偏远地区在短期内即新建成一批测站，改善了该地区长期存在的站网过稀的局面。

经过多年建设与发展，我国已建立起比较完善的水文站网体系、管理体系和服务体系。当前，我国水文工作实行中央和省级两级管理、流域管理和区域管理相结合的管理体制。水利部设立水文司（局），组织指导全国水文工作，负责全国水文行业管理，承担有关水文情报预报和水资源分析评价技术工作。水利部 7 个流域管理机构均设有水文局，负责流域管辖范围内水文业务和管理工作。31 个省级水行政主管部门均设有水文机构，基层水文工作由省级水文机构实行垂直管理。截至 2024 年底，全国水文部门共有各类水文测站 133369 处，其中，流量站（水文站）9660 处、水位站 23212 处、降水量站 57432 处、地下水站 24857 处、水质站 10362 处、水生态站 1456 处、墒情站 5855 处、水文实验站 65 处、测雨雷达站 46 处（台）。水文在支撑我国经济社会发展和水旱灾害防御、水资源管理、水环境保护、水生态修复、水工程建设运行等方面成绩显著。

2021 年 8 月，水利部制定印发《百年水文站认定办法（试行）》。2023 年 7 月，水利部认定全国 22 处水文站为第一批百年水文站。其中包括长江流域 9 处，即汉口、城陵矶、南京、镇江、拱宸桥、芜湖、长沙、都江堰、昆明。据统计，截至 2023 年底，长江流域设站超过 100 年并仍在继续观测的水文测站共计有 17 处，除上述 9 处首批认定的百年水文站外，还有宜宾、寸滩、万县、宜昌、沙市、九江、湖口、大通等 8 处。17 处百年老站中，水位站 4 处，水文站 13 处，分布在干流 11 处、支流 5 处，运河 1 处。根据经济社会发展对测站的需求，各水文测站逐步增加水文要素观测，包括水位、降水量、蒸发量、水温、气象（风向风速、气温、气压、湿度、日照、能见度等）、流量、泥沙（含悬移质、推移质、床沙）、水质、水生态等。

长江水文百年老站各要素开始观测时间表

序号	站名	开展观测并保存记录年份												
		水位	降水量	蒸发量	水温	气象	流量	悬移质泥沙		推移质泥沙		床沙	水质	水生态
								含沙量	颗粒级配	沙质	卵石			
1	宜宾	1922	—	—	—	—	—	—	—	—	—	—	2008	—
2	寸滩	1892	1952	—	1956	—	1939	1939	1954	—	1955	1955	1956	2015
3	万县	1917	1935	1951	1951	—	1951	1951	1954	—	1971	—	—	—
4	宜昌	1877	1882	1947	1955	1924	1931	1946	1956	1956	1966	1956	1957	2014
5	沙市	1903	1950	1947	—	1953	1991	1991	1991	1991	1991	1991	—	—
6	城陵矶	1904	1946	1946	1958	1946	1925	1925	1959	1956	—	1956	1962	2017
7	汉口	1865	1880	1936	1955	1948	1922	1923	1954	1955	—	—	1958	2015
8	九江	1904	1885	—	—	—	1922	—	—	—	—	—	—	—
9	湖口	1922	1961	1961	1961	1961	1922	1947	—	—	—	1961	1961	2017
10	大通	1922	1949	1949	1955	1949	1922	1949	—	1955	—	1959	1957	—
11	芜湖	1900	1880	1949	—	1950	—	—	—	—	—	—	—	—
12	南京	1912	1904	—	1998	—	1953	—	—	—	—	—	—	—
13	镇江	1881	1880	—	—	—	—	—	—	—	—	—	—	—
14	昆明	1887	1929	—	—	—	1928	—	—	—	—	—	—	—
15	都江堰	1874	1986	1986	—	—	1936	1970	1970	—	—	—	1986	—
16	长沙	1908	1946	1946	—	1946	1946	—	—	—	—	—	—	—
17	拱宸桥	1920	1947	—	—	—	1934	1934	—	—	—	—	—	—

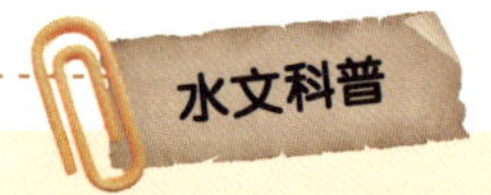

水文

据考证，“天文”和“人文”在《易传·彖传上·贲》中就有记载：“分刚上而文柔，故小利有攸往，天文也；文明以止，人文也。”“地文”则在《庄子·内篇·应帝王》中可见：“乡吾示之以地文，萌乎不震不正。”在北齐刘昼著的《新论·慎言》中有更进一步的阐述：“日月者，天之文也；山川者，地之文也；言语者，人之文也。天文失，则有谪蚀之变；地文失，则有崩竭之灾；人文失，则有伤身之患。”

上有天文，下有地文，天地之间是人文，为什么古代没有“水文”这个词呢？按理说，人类生存离不开“水”，水是一切生命之源泉。“水”又是“五行”（金、木、水、火、土）之一，古人对水的关注与认知，当不会晚于对天和地的认知。“水”和“文”字在甲骨文里都能找到，最接近“水文”一词的是唐大历三年（公元 768 年）杜甫在《江阁对雨有怀行营裴二端公》中的“层阁凭雷殷，长空水面文”。这里的“水文”指的是水的波纹，相似的词还有“水势”“水情”“水脉”“水事”等。

“Hydrology”（水文学）一词在 19 世纪已有广泛应用，并在 1922 年国际水文科学学会（IAHS）成立后作为研究自然界水体的科学名词正式得以确定。中国古代典籍如《禹贡》《水经注》等有丰富的水文现象观察和描述，但未形成现代意义上的学科体系和术语。现代中文“水文学”这一术语，出现在 1922—1928 年。

二、发展历程

（一）古代

在中国古代，人们对雨雪的认识，较水位更早一些。

公元前 11 世纪的商代，甲骨文字中有对降雨的定性描述。从秦朝开始已有全国各地测报雨量的制度。公元前 878 年，长江流域已有雨雹成灾的最早记录：“冬，大雨雹，江、汉水，牛马死。”宋淳祐七年（公元 1247 年）已有“天池测雨”“圆罂测雨”“峻积验雪”“竹器验雪”的方法，根据不同观测容器形状和尺寸，计算平地实际雨深和雪深。明洪熙元年（公元 1425 年），明仁宗颁布测雨器制度，统一全国的雨量观测，这比西欧国家的雨量器要早200多年。1724年始有北京降雨、降雪和天气状况的起止时间、雨雪大小的定性描述，称《晴明风雨录》，简称《晴雨录》，直至光绪二十九年（公元1903年）停记，共记录了180年。1736年绘制的北京降水量等值线图，比法国（公元1778年）、日本（公元1783年）早40多年。

世界最早的水位观测，始于公元前3500年的埃及尼罗河。在中国，长江流域最早的水文观测始于公元前256—公元前251年，秦蜀守李冰修筑都江堰，设3个石人测量水位，上刻“水乾毋及足，长毋及肩，年中水量，以此为度”，即建立了水位与引水量关系的科学概念。到隋朝，改用木桩、石碑或在岸边石崖刻画成“水则”观测水位，如都江堰宝瓶口“水则”，以“划”为单位（每划为一市尺）。长江流域的涪陵自764年起至1963年止，在长约1600米、宽15米白鹤梁上采用石鱼题刻记录枯水位，共计刻有千余年来低于石鱼图的72个特枯年份的水位题记，为中国历史上最长的实测枯水位记录，被誉为“中国最古老的水文站”。在长江干流重庆至宜昌间的河岸崖壁上保存着1153—1870年6次特大洪水的最高水位石刻114处，尤其在三峡西陵峡黄陵庙禹王殿立柱上，至今仍保存着1870年历史最高洪水位的痕迹，高程81.16米，是三峡工程设计洪水的重要依据。

江河断面流量测验至今已有700多年的历史。在元代，我国已形成以“徼”为量水的准则，李好文（公元1290—1360年）《长安志图》：“徼，水家取以为量水准则之名。其法量初入渠水头深广方一尺，谓之一徼”。宋元丰元年（公元1078年），以“积其广深”并考虑“湍缓不同”（《宋史》，中华书局），认识到构成流量的面积与流速两个要素的概念。1500年，意大利达·芬奇提出采用浮标法测定流速，首创水的连续性定理。1610年，意大利的圣托里奥发明了铰接叶片式的第一部流速仪。

清顺治二年（公元1645年）出版的《地图综要》中的江防图说，以山水画的形式，表现了当时认为长江是从岷山发源的江源至出海口止的河道，可谓是最早的长江河道图的雏形。

（二）近代

清同治元年（公元1862年），汉口设立江汉关，并随即设立海关水尺开展观测，1865年1月起有系统的正式观测记录，之后陆续在长江沿线设立了镇江、芜湖、沙市、宜昌、重庆等海关水尺观测水位，主要为航运提供水情信息。这一时期，为防洪需要，荆江郝穴、武昌皇华馆、昆明金牛寺等地也设立水尺观测水位。

民国七年（公元1918年），上海浚浦局设立的江阴（肖山）潮水位站建成自记水位计台，使用浮子式自记水位计，为长江干流上最早建立的自记水位站，但没有留下水位记载。1922年，北京政府设立扬子江水道讨论委员会，下设扬子江技术委员会，另设驻沪测量处，处下设汉口和九江流量测量队，巡回施测流量，是长江流域近代流量测验之始。1928 年 5 月，南京国民政府改组扬子江水道讨论委员会为扬子江水道整理委员会，续设技术委员会和测量处，掌管长江测流。1930 年，国民政府全国建设委员会在南京设立湘鄂湖江水文总站，主管长江水文工作，这是长江流域最早设立的水文管理机构。1935 年 5 月，扬子江水道整理委员会、太湖流域水利委员会、湘鄂湖江水文总站合并，组建扬子江水利委员会，下设水文总站。至此，长江流域水文工作实行统一管理。

抗日战争期间，长江及黄河、淮河各大流域水利机构先后迁至后方。1941 年 9 月，国民政府行政院设立水利委员会为全国最高水利机关，下设工务处等。工务处第四科主管抗日战争期间后方的水文与勘测事业。抗日战争胜利后，1946 年 5 月，国民政府由重庆迁回南京。1946 年 6 月，设立长江水利工程总局，下设水文总站，管理全江水文工作和水文站网。1947 年 6 月，原水利委员会改组成立水利部，下设水文司管理全国水文事业。

（三）新中国成立以来

1949 年 10 月 1 日，中华人民共和国成立。1949 年 11 月，中央人民政府成立水利部，下设测验司主管全国水利勘测和水文业务。1950 年 2 月，成立流域机构长江水利委员会，下设测验处水文科，主管全江水文测验工作。1950 年 10 月，水利部测验司分为勘测总局和水文局。水文局负责指导全国水利系统的水文站网建设、水文测验、资料整编、水文情报预报和水文科研等工作。在水利部的统一领导部署下，流域各级水文机构恢复、调整和新建水文站网，充实测验项目，健全管理体制，陆续制订了各项技术规定和有关制度。1952 年，华东水利学院（1985 年改名河海大学）成立，开办了中国第一个正规的水文系（1985 年改为水资源水文系）。1953 年，长委会主任林一山向毛泽东主席汇报长江建设的主要问题时，毛泽东说："要驯服这条大江，一定要认真研究，这是一个科学问题。""长江的水文资料你们研究得怎样?"林一山作了详细汇报。1954 年，长江流域发生特大洪水，刚刚开启的水文预报工作即为当年长江中下游防汛的指挥决策提供了科学依据。根据水文预报，经中央批准，荆江分洪闸分别于当年 7 月 22 日、29 日及 8 月 1 日三次开闸分洪，使沙市最高水位降低到 44.67 米。如不运用荆江分洪和其他分洪措施，沙市水位据推算可达 45.63 米，将产生难以预计的后果。1956 年，中央决定成立以周恩来为首的长江流域规划委员会，3 月，长江水利委员会改为长江流域规划办公室。1956 年 9 月，长办重庆水文总站（简称"重总"）在嘉陵江干流北碚水文站建成长江流域第一座岸上操作的大型机动水文测验缆道。1957 年 7 月，长办水文处在武汉成功试验无线测流器，并受水利部水文局委托举办学习班向全国推广这一技术。1957 年，中国第一个 100 平方米大型蒸发池在重庆蒸发实验站建成，并开始全面观测工作。

1958 年 2 月，水利部和电力工业部合并，成立水利电力部。在国务院研究水利部机关编制时，周恩来指出："水文局机构不动，仍在水电部。水文不仅为水利电力服务，也要为其他经济建设服务"。1958 年 7 月，长办荆江河床实验站研制出"长江 58 型流向仪"，观测精度达国际水平。1958 年 7、8 月，长办林一山主任在武汉向毛泽东汇报了长江泥沙及三峡水库寿命问题。当谈到三峡水库泥沙每年约 5 亿吨，约 200 年水库可能淤满时，毛泽东沉思后说："这是百年大计、千年大计，只 200 年太少了。"指出要研究水库长期利用问题。毛泽东在武汉期间，还参观了长办研制的新回声测深仪和其他技术革新成果。1962 年 6 月 27 日，长办机关大院一处办公大楼西头意外倒塌，当时水文资料存放此处地下室。事后，湖北省委书记王任重传达毛泽东指示：水文资料要复制三份，分散各地保管，一是要防止损坏，二是应采取备战措施。同年，中共中央、国务院为保证水文事业的发展，正式明确水文工作为勘测工种，解决了当时面临的粮食定量、劳保福利等困难问题，稳定了水文队伍。1965 年 8 月，水电部水文局在京召开水文工作会议，参加会议的有长办、黄委水文处、水电总局，水科院水文所及部分省、自治区水文总站代表。毛泽东、刘少奇、周恩来等国家领导人接见了全体与会代表。1966 年 4 月，长办水文处组织所属重庆水文总站、汉口实验站、宜昌及寸滩水文站等单位开展卵石推移质测验工作，以测定卵石是否通过三峡大坝。1972 年 10 月 8 日，《人民日报》发表水文专文《探索江河规律，当好水利尖兵》。1978 年 6—9 月，长办组织考察长江源。考察队在江源考察了沱沱河、当曲等主要河流的水文特征，施测了流量、水位，进行了冰川、冻土、温泉、沼泽等水文调查。1979 年 8 月，长办水文局协同流域各省（自治区、直辖市）进行了长江流域第一次水资源调查评价，为国民经济持续发展和现代化建设提供了规划决策的重要依据。20 世纪 70 年代末，长办着手水文基层体制和测验方式的改革，以洞庭湖为试点，建立水文勘测队，实行驻站观测和巡回观测相结合的方式，创新站队结合管理经验。

党的十一届三中全会后，长江水文事业迅速发展。1980 年 9 月，经水利部同意，长办水文处改为水文局。1981 年 1 月，长办调集全江水文职工 298 人参加长江葛洲坝水利枢纽截流，并取得截流全过程水文资料。1984 年 8 月 28 日—9 月 5 日，长办、华东勘测设计院上海分院、上海水文总站联合组织在长江口进行了新中国成立以来规模最大的一次全潮同步测验。1984 年，长办设立金沙江金江街、奔子栏无人值守站。1986 年，陆水流域水文自动测报系统通过验收。1988 年 6 月，水电部三峡工程论证领导小组水文组提出论证报告，长办提出的三峡水文设计成果作为可行性研究报告依据。1989 年，长办更名为长江水利委员会，1990 年，长江委水文局应用卫星云图接收处理系统。改革开放以来，全流域推行“站队结合”改革。实践证明，这一改革给水文工作注入了新的活力，它加速了站网建设，特别是流域西部偏远地区在短期内即新建成一批测站，改善了该地区长期存在的站网过稀的局面。围绕南水北调中线工程可调水量、调水安全和调水影响，长江委水文局与武汉大学等科研院所合作开展了广泛深入的分析研究工作。在三峡工程大江截流中，长江委水文局成功开展截流水文监测、水文分析计算和水文预报，为保证截流的顺利进行发挥了重大作用。

21 世纪以来，长江水文事业进入新的发展时期。在习近平总书记“节水优先、空间均衡、系统治理、两手发力”治水思路指引下，立足水利，面向全社会服务，持续深化水文改革发展；水文基本建设投入大幅增加，水文站网建设加快，持续优化站网体系，实现对重要江河重点区域全覆盖；水文法规管理体系不断完善，运行管理日渐规范；监测能力持续增强，新技术新方法不断涌现；测报精度持续提高，水情预报预警业务拓展；水质水生态监测持续发力，完善水量水质水生态同步监测体系；水文监测预报能力和现代化水平显著提高，为水利和经济社会发展提供支撑和保障能力全面提升。特别是 2018 年 4 月 25 日习近平总书记考察被誉为洞庭湖及长江水情“晴雨表”的城陵矶水文站，极大地激发了长江水文人做好水文工作的决心与信心。

水文科普

水文测站、水文站网

水文测站是在河流、渠道、湖泊、水库上或在流域内设立的，按一定技术标准经常收集和提供水位、流量、泥沙、降水、水质等水文要素的各种水文观测现场的总称，常简称为“测站”。水文测站按设站目的分为基本站、辅助站、实验站和专用站。

水文站网是水文测站在地理上的分布网，是在一定地区或流域内，按一定原则，用一定数量的各类水文测站构成的水文资料收集系统。把收集某一项水文资料的水文测站组合在一起，则构成该项目的站网，如流量站网、水位站网、泥沙站网、雨量站网、水面蒸发站网、水质站网、地下水观测站（井）网等。通常所称的水文站网，是这些单项观测站网的总称，有时也简称“站网”。

三、发展成就

（一）水文站网建设

1. 水文工作纳入国家规划体系

新中国成立后，水文事业逐步正规化，《1956 年到 1967 年全国农业发展纲要（草案）》第一次将水文工作列入国家规划，国家科学规划委员会将水文工作列入《1956—1967 年科学技术发展规划》，1969 年汇编“全国基本水文站网规划报告”，共计规划全国基本水文站 2545 处。长江委组织协调编制长江流域水文站网规划。这一时期水文站网规划的主要成果，一是根据基本水文测站担负任务的性质，划分为大河站、区域代表站和小河站三大类；二是提出站网布设的理论与方法，如“直线原则”“水文一致区”等，奠定了中国基本水文站网规划基础；三是科学指导全国水文站网规划，水利部于 1992 年颁布《水文站网规划技术导则》（SL 34—1992），并于 2013 年、2021 年进行了修编。

2. 基本水文站网优化调整

在国家基本水文站网规划的基础上，先后经历了三次优化调整：1962—1966 年基本站网验证和调整规划、1977—1982 年水文站网调整充实规划、1982—1988 年水文站网发展规划及站队结合规划。根据 1956 年提出的长江流域大、中、小河流基本站网规划的“线、面、群”的原则，经历三次站网优化调整，有计划地保留或加强了原有水文测站，并布设了新的测站。

总体上，水文站网规划调整为中国水文站网建设提供了理论方法，推动了水文站网建设的快速发展，也揭示了不同尺度流域与区域水文特性的地带性规律和局地性特征，为更加科学、健康、稳步推进水文站网建设奠定了基础。

3. 水文站网拓展

（1）专用站网

1962 年国家科委编制《1963—1972 年科学技术发展规划（草案）》，其中的水文部分包括水文站网建设、水文测验方法、水文计算方法、水文预报方法、区域水文问题、若干水文理论问题等。据此，长江流域水文站网规划从 1964 年开始分析验证，1978 年充实调整，1986—2000 年编制水文站网发展规划时，深入研究了小河站布设、受水利工程影响地区站点布设、水库水文站观测的部署原则与方法，并应用于规划中。同时，根据水利水电项目的规划、设计、施工和运行的需要，规划设立一批专用站网。

（2）水质站网

经历四次站网规划调整，水文测验项目基本稳定，唯独原有水文测站的水化学分析仅限于天然水情况，1975 年以后陆续开展水质监测，并设立长江水源保护水质监测站。至 1985 年，长江流域建成水质监测站 380 处，其中长江委水文局所属水质监测站 35 处。为适应水环境监测和水资源管理需要，长江委水文局于 1999 年开展省界水体水质监测，2006 年开展重点水功能区水质监测。

（3）水文实验站网

1959 年，长办水文处建成中国规模最大的径流实验站——凯江径流实验站，在 1000 平方千米范围内建有 5 个径流场、23 个测流堰槽、46 处水尺、68 处地下水观测点、12 处测流断面、60 处雨量观测点、2 处气象场和 1 个水面蒸发池等，1971 年撤销。1960 年，在重庆、宜兴、官厅等大型蒸发实验站用 100 平方米和 20 平方米大型蒸发池与各种小型蒸发器对比观测实验，为水面蒸发器定型提供了大量实验研究成果。1964 年设立丹江口水库实验站；1969 年设立南京河床实验站；1973 年设立荆江河床实验站和宜昌水文实验站（1982 年改为长江葛洲坝水利枢纽水文实验站）；1979 年设立长江河口水文实验站。1982 年，为探索葛洲坝水库（径流式水库）水面蒸发规律，设立宜昌蒸发实验站。

4. 长江流域水利综合站网规划

2012 年启动的《长江流域片流域管理水利综合监测站网规划》，提出遵循资源优化配置、站网布局科学、监测功能齐全、管理高效和技术先进的原则，在对各类监测站网进行整合、调整、完善的基础上，适当增加站网密度，提升水文、水资源、水环境、水生态、水土保持、河道观测、科学实验等综合监测能力，实现“业务协同、资源共享”。目前，长江流域基本建成种类齐全、功能较为完善的水文站网体系，在地表水方面，基本覆盖大江大河及其主要支流，和有防洪任务的中小河流，有效掌握江河湖库基本水文情势；在地下水方面，初步形成覆盖主要平原、盆地、岩溶区、生态脆弱区等区域的地下水监测站网。截至 2024 年底，服务全流域管理的各类站点 34892 处，其中，流量站（水文站）2658 处，水位站 4827 处，降水站 20102 处，水面蒸发站 4 处，墒情站 1799 处，地下水站 1340 处，水质（地表水）站 3485 处，水生态站 529 处，测雨雷达站 14 处，水文实验站 18 处，其他站点 116 处。

（二）水文测报科技创新

1. 统一水文测站高程系统

1955 年编制水位观测规范时，为保证水位资料系列的一致性，引入“测站基面”概念，即选其最低水位作为本站的“测站基面”，并将其与绝对基面衔接。对后来新建的水位站，将首次测量的测站水准点高程作为测站零点，即“测站基面”。1959 年修订水位观测规范时将“测站基面”称为“冻结基面”。实际上“冻结基面”是水文测站独有的基准面，并与各类绝对基面（如黄海基面、1985 国家高程基准等）衔接。

长江流域较早设立的水文（位）站，一是选择 1922—1926 年完成的长江干流（吴淞—宜昌）精密水准测量（引据点为张华浜基点），称吴淞（扬委）基面系统；二是选择 1951—1955 年先后完成的长江干流（吴淞—宜宾）及支流（汉江、嘉陵江、岷江、洞庭湖等）精密水准测量（引据点为镇江 308′水准点），在江阴、镇江、芜湖、彭郎矶、武汉、城陵矶、沙市、宜昌 8 处布设跨河水准测量，形成七个环形水准网，并进行平差计算，其成果称为“七环”平差成果，采用 1951—1955 年施测并经过“七环”平差后的水准引据点，称为吴淞（资用）基面高程系统；三是其他高程系统，如昆明站曾采用海防基面高程系统。

1959 年，国务院批准试行《中华人民共和国大地测量法式（草案）》，首次建立国家高程基准，称“1956 年黄海高程系”，简称“黄海高程”，系以青岛验潮站 1950—1956 年验潮资料算得的平均海面为零的高程系统，原点设在青岛市观象山，高程为 72.289 米。1987 年 5 月启用的“1985 年国家高程基准”，系以青岛验潮站 1952—1979 年潮汐观测资料计算平均海面为零起算的高程系统，其零点比 1956 年黄河高程系的零点高 0.029 米。

各水文（位）站采用冻结基面后，建立测站高程系统，并与高等级水准引据点联测，推算冻结基面与吴淞（扬委）基面、吴淞（资用）基面、黄海基面（1956 年黄海高程系、1985 年国家高程基准）之间的关系（基面之间的高程差值）。

2. 水文仪器设备研制

（1）雨量观测方面

20 世纪 50 年代，全国雨量器口径不统一，有 20.32 厘米、20 厘米、11.3 厘米、10 厘米等；安装高度也不统一，有 30 厘米、70 厘米、200 厘米等。1958 年，全国统一采用 20 厘米口径的雨量器，并统称“标准雨量器”，安装高度统一为 70 厘米。观测日分界线先后经历 7 时、8 时、9 时、20 时、21 时、24 时等，1956 年统一为每日 8 时为日分界线。20 世纪 70 年代，中国自记雨量计有了较快的发展，开发了多种型号，记录周期有日、旬、月和连续 3 个月等，大多数采用翻斗式的承雨装置，石英钟计时，具有良好的精度。

（2）蒸发量观测方面

1960 年研制成功 E-601 型水面蒸发器，从 1963 年起在全国推广使用。经后续改进定型为 E-601B 型水面蒸发器（直径 61.8 厘米、器口面积 3000 平方厘米、高 60 厘米，下部为锥体，周围环 20 厘米宽水圈），其观测精度稳定在 0.1 毫米。在长江、黄河等流域设立 20 平方米大型蒸发池，与 20 厘米、80 厘米、E-601B 等规格和型号开展对比实验研究，E-601B 性能优良，与 20 平方米大型蒸发池的相对误差仅为 0.3%。2010 年后，长江委研制自动蒸发观测仪及后处理软件，逐步实现长期在线监测蒸发量及其配套的气象因子。

（3）水位观测方面

1965 年，成功研制 YM-1、YM-2 型有线远传水位计。1974 年，重庆水文仪器厂改制 SWJ-73 型深水测温计通过鉴定，并批量生产投入使用。1978 年，由长办汉口水文总站组织研制的“JY-10 型水压式水位仪”通过部级鉴定，接着又研制了 J30 型浮子式月记水位计，后改为长期记录式和带有存储功能的水位计。20 世纪 80 年代初期，宜昌水文实验站开发接触式水位计，并安装在葛洲坝坝区水情遥测系统部分水位采集站点。1995 年，九江水文站在浮子式月记水位计上加装光电码盘，实现水位数据从模拟数据的现场观读到电子数据实时远程观读，大大提高了报汛时效。

（4）流量测验方面

1956 年水利部编制《水文测站暂行规范》，全国统一使用 68 型旋杯式流速仪或 25-1 型旋桨式流速仪，并对仪器参数进行检定。1957 年长办水文处成功研制无线测流器，采用一条悬索传输流速仪信号，并推广至全国水文系统。1958 年长办荆实站技术员韩其为（2001 年当选为中国工程院院士）成功研制新型自动同步流向仪（命名为“长江 58 型”流向仪）。

1965 年，研制 LS25 型旋桨流速仪，并逐步形成 LS25-1、LS25-3 等系列产品，成为我国江河流量测验最经典的常规仪器。1974 年，湖南水文总站在湘江支流浏阳河榔梨水文站正式安装自行研制的国内首创超声波测流设备，施测到该站历史最大流量 2370 立方米每秒，最大一层流速 1.82 米每秒。1979 年，长办水文处开展动船测流仪器设备的研制试验，1981 年研制成功 DCY 型动船测流仪，该仪器首创以陀螺为测角指示方向，解决了将机械角转换成电讯号的技术关键问题，能自动测角和瞬时测流速，开创了大江大河流量快速测量的新局面；1985 年研制成功 IHZ-2A 型动船测流仪，进一步提高了自动化程度。

20 世纪 80 年代以来，汉口、沙市、城陵矶、宜昌、九江、湖口、大通等站均开发了计算机流量及输沙率测验软件，大大提高了测验时效和成果质量；探讨落差指数法、落差开方根法等单值化处理方法取得较好的效果，减轻了外业测验工作量。

20 世纪 90 年代初，长江委水文局率先引进声学多普勒流速剖面仪（ADCP），全方位地开展了 ADCP 比测试验与研究工作，提出通过使用外接设备全球定位系统（GPS）罗经的方式，解决了铁质测船对 ADCP 磁场的干扰问题；外接高精度 GPS，解决了河床底部沙质推移质运动影响水文测船航速问题，实现了流量快速测验技术的突破，成为我国相应标准及国际标准化组织（ISO）标准的主要技术支撑，成果获 2007 年大禹水利科学技术奖二等奖。

2008 年以后，长江委水文局提出宽阔潮汐河口不同位置、不同测验形式的连续流量集成测验方法，首次实现长江口流量和沙量的整编，解决了入海河口潮流量、泥沙监测世界性整编难题，成果获 2013 年大禹水利科学技术奖二等奖。2009 年长江委先后研制 HSH 流量计、LJH-2 型直读仪，提高了流速仪自动化水平。2001 年开始主要针对水文缆道的自动控制、智能控制方面进行创新，先后成功研制了 EKZ-Ⅰ型、EKZ-Ⅱ型、EKZ-Ⅲ型水文缆道测验智能控制仪，并在利用缆道测验载体的水文站进行推广应用。

（5）泥沙测验方面

20 世纪 50—90 年代，水文部门研发了适应各流域水沙条件的采样器，如 50—60 年代黄河、辽河使用的皮囊式采样器等；1953 年，城陵矶站为了改进泥沙过滤方法，发明了蒸汽烘干法，大大提高了工作效率；1964 年，南京水电仪表厂水文仪器研究室研制东风 102 型悬移质采样器。1976 年 12 月，长江 JL-1 型缆道调压积时式悬沙采样器通过部级鉴定，之后逐步形成 JX 系列、JL 系列调压积时式采样器和 AYX2-1 型调压积时式采样器。1975—1979 年，由长办宜实站和清华大学联合研制的“同位素低含沙量仪”可测出 0.6 千克每立方米含沙量，1980 年通过部级鉴定，1982 年获水电部优秀水利科研成果奖及国家科委发明三等奖。20 世纪 70 年代，宜昌站针对葛洲坝工程坝区床沙测验，成功研制适用于卵石挟沙河床的挖斗式床沙采样器。20 世纪 60—80 年代，长办水文处先后研发了 Y64 型、Y80 型卵石推移质采样器和 Y73 型、Y78 型沙质推移质采样器，并在朱沱、寸滩、黄陵庙、宜昌、枝城、沙市、监利等站成功应用。21 世纪初，沙市站研制了适用于沙卵石河床的 JJ-CY02 型双门挖斗式床沙采样器。2008—2010 年，长江委水文局开展大量比选实验研究，引进消化吸收激光现场测沙仪（LISST100X）、浊度仪等，成功实现寸滩、巴东、庙河、黄陵庙、宜昌等站含沙量报汛，为三峡水库泥沙数学模型计算、减淤调度方案提供基础支撑。

（6）水深测量方面

1965 年，由长办水科院和南京水电仪表厂联合研制回声测深仪，通过各项性能指标（如精度、稳定性、耗电量等）室内试验和室外（汉口站）试运行，经鉴定达到试制推广技术指标。1971 年，长办南京河床实验站成功试制晶体管回声测深仪，测深范围 1～120 米，经 1972 年和 1977 年两次改进，1979 年通过水利部水文组织的仪器鉴定，推广应用至全国。2013 年，长江委水文局成功研制水文缆道偏角遥测系统，解决了缆道测深和测流、取沙垂线测点定位问题，实现了水文缆道的流量、泥沙测验自动化或半自动化。

3. 水文设施研制

1956 年 9 月，在嘉陵江北碚水文站建成我国第一座岸上机动操作水文测验缆道。1960 年 3 月，在三峡西陵峡喜滩站成功架设了长江第一座水文吊船缆道。20 世纪 60 年代，宜昌站研究了活齿锚、固定木驳和高山引流等定位方法，成功解决了高洪流量施测的定位问题。1963 年，水电部根据《水文测验暂行规范》标准与要求，批转《关于整顿水文测站基本设施的综合意见》，确立水文基本设施内容，包括河段、断面布置、测洪设备、仪器测具、通信设备、劳保用品和站房等，为后续水文基础设施建设和水文技术装备提供标准规范要求。1964 年，水电部水文局颁布《水文测验过河设备技术参考材料》，对钢支架和钢筋混凝土支架设计施工、锚碇、悬索、配件、防雷设计、施工、输送工具选配、过河设备形式选择及观测试验工作等作出规定。1965 年，水利部水文局确立小河坝、金华、多营坪等 3 个水文站为全国机动缆道试验基地，其中长江上游嘉陵江支流小河坝站电动缆道跨度 640 米，为当时国内最大的岸上操作水文缆道。1970 年，宜昌站提出绞锚绞关和船舷两侧水文测验绞关合并的“三合一”方案，1972 年，设计建造投产并多次优化定型，其技术参数为 300 千克，可满足宜昌高洪期流量、悬沙、推沙等测验，并命名为船用重型水文三绞系统。1973 年，长办水文处综合各类水文绞车的优点，将控制测船、测速、测沙的机械“三绞”（即绞锚、绞测流与绞测沙设备）技术融为一体，设计定型了 GD-150 型水文绞车，其基本格局一直沿用至今。1981 年，宜实站设计制造无人双舟搭载高速流速仪成功监测葛洲坝工程大江截流龙口最大流速，之后于 1997 年和 2002 年搭载哨兵型 ADCP 全天候监测三峡工程大江截流和明渠截流龙口流速变化过程。2005 年，长江委水文局通过在“三绞”自动控制等方面进行创新，成功研制了“EKZ-2 型水文测船测验智能控制仪”；2013 年发明了水文测船专用机械绞车、水文测船支臂装置；2014 年发明了液压水文绞车系统、水文检测仪器通用支架，实现了水文测船流量、泥沙测验的自动化。

4. 自动测报系统研制

长江流域水文自动化研究始于 20 世纪 70 年代中期，从 1977 年首台水位遥测仪的诞生，到 1983 年葛洲坝水库坝区水位遥测系统投产运行，1984 年、1988 年相继引进美国 SM 公司水文遥测设备在陆水流域和大宁河流域成功建成投产，再到自主研制的YAC9100系列水文遥测设备在荆江河段和鸭子口、漳河、富水等大型水库推广运用，经历了引进、消化、吸收和创新的过程。20世纪90年代以来，中日合作“汉江中下游洪水预警系统”、中澳合作“长江防洪与管理系统”和国家防汛指挥系统水情分中心示范区相继启动并建成投产，长江委水文局118个中央报汛站于2005年7月1日在全国率先实现水位和雨量自动报汛。综观几十年来水文自动测报研究，一是关键技术研究，主要包括自动采集技术、自动传输技术、信息处理技术等方面；二是水情管理体制改革，主要包括设立水情分中心实现区域内报汛站点水情信息集成和转发，以及负责区域内自动测报系统维护维修及运行管理等工作。2018—2020年，浙江拱宸桥站整合历史、实时、未来多时空信息，耦合“人脑+机脑”，构建了智能感知、动态分析、预报预警、风险管控、工程调度、智慧研判“六位一体”的数智防灾减灾平台，基本实现了水文全链条服务水利防灾减灾体系。

5. 水文测验技术方法研究

(1) 水文测验技术

1) 流量测验方面

1955—1957年长办水文处负责“悬索测深湿绳改正”方法研究，在宜昌、北碚、寸滩、白河等水文站开展悬索测深偏角改正试验，取得不同铅鱼、不同悬索直径、附合导线与支导线等组合的大量试验资料，提出了有价值的研究成果，为水文测验方法提供了技术支撑，分别于1981年、1982年、1984年向国际标准化组织明渠水流测量技术委员会（代号ISO/TC113）报送“湿绳改正”试验研究成果，并纳入ISO标准。

2) 泥沙测验方面

开展推移质器测法研究，1966年寸滩和宜昌首次同步开展卵石推移质测验，为三峡水利枢纽提供了丰富的原型观测资料和研究成果。开展天然时期（1973—1978年）寸滩站、万县站、宜昌站和三峡水库蓄水运用时期（2006—2007年）清溪场站、万县站、宜昌站、沙市站、监利站等近（临）底悬沙实验研究，为制订悬移质泥沙垂线测验方法提供基础支撑，也为研究三峡水库蓄水后库尾走沙、坝下游冲刷提供原型观测支撑。

3) 水文测验误差方面

水文信息处理需遵循测验原理和误差理论。以流量和泥沙测验为基本要素，其测验原理是河流动力学理论，如河流的流速和含沙量分布、流量和输沙率（量）计算模型。误差理论包括误差的定义、来源、分类、性质以及误差的评定、传递及合成的理论与方法。20世纪80年代，长办水文局、黄委水文局在编制河流流量、悬移质泥沙测验规范的过程中，开展了一系列误差试验研究，提出了流速仪法流量测验的Ⅰ型误差、Ⅱ型误差、Ⅲ型误差计算方法，悬移质泥沙测验的不确定度估算等。

（2）水文资料整编技术

1）流量资料整编

其核心技术是建立水位流量关系，准确推算逐日流量。受河道冲淤、洪水涨落、变动回水顶托等影响，水位流量关系十分复杂。传统的半经验半理论方法主要包括临时曲线法、改正水位法、正常落差法、落差指数法、涨落比例法、校正因素法、连时序绳套法等。20 世纪 70 年代，长办水文处开始探索水位流量关系单值化处理技术，提出“综合落差法”，取得较好应用效果。20 世纪 80 年代中期，随着引入有限元方法在河道水流计算中的应用，各种天然河道水流模拟技术纷纷兴起，对水位流量关系的研究也从半经验半理论转为基于浅水动力学的理论分析和计算的新阶段。

2）潮流量资料整编

20 世纪 70 年代主要通过建立涨落潮差与相应潮流要素（最大测点流速、平均流速、最大瞬时流量、平均流量、潮量）之间的关系，推求逐日潮流量和潮汐水文要素等；20 世纪 80 年代中期，普遍采用二维水动力数学模型推求潮汐流场，进而计算各项潮汐水位要素，进行潮流量资料整编。

3）降水量和蒸发量资料整编

从 20 世纪 70 年代开始，引入降水的“场”“次”概念，对降水过程，尤其对暴雨过程能进行更精确的描述。20 世纪 80 年代，增加了绘制暴雨等值线图和年蒸发量等值线图，增强了雨量、蒸发量资料整编的服务功能。蒸发量资料整编基于蒸发器（皿、池）之间的对比实验，对各类蒸发器（皿）的折算系数进行了较为深入的研究，并在《水文年鉴》中刊布了各流域的折算系数图表。

20 世纪 70 年代中期，长江、黄河流域水文部门开始探索采用计算机整编水文资料，简称“电算整编”。到 20 世纪 80 年代中期形成分片区统一的整编软件，其中长江委 1974 年开始用 DJS-6 电子计算机整编水文资料试验，1985 年引进 VAX-11 系列计算机，1988 年研制完成“电算整编通用程序”，2006 年升级为“南方片水文资料整编系统”，整编要素包括水位、流量、降水量、悬移质泥沙、颗粒级配分析等，实现资料整编、汇编一体化，提高了整汇编工作效率和成果质量，2008 年荣获大禹科学技术奖二等奖。2020 年长江委水文局开发水文资料在线整编系统，构建长江智慧水文监测系统平台，即 WISH/愿景系统。

6. 水文标准

民国时期的水文标准，仅有 1918 年《河川测验办法七条》和 1928 年《水文测量规范》。新中国成立后，1956 年水利部组织编制了《水文测站暂行规范》共 6 册，1958 年编制《降水量观测暂行规范》；1970 年修订规范，并制定《水文测验手册》。20 世纪 80 年代，引进 ISO/TC113 相关水文测验方面的《国际标准手册第 16 册》，以及世界气象组织（WMO）《水文实践指南第一卷：资料收集和整理》等，开始按行业标准和国家标准编制相关水文测验规范，并引入误差理论，如在流量测验方面开展“水流规律与流量测验误差研究”，在泥沙测验方面开展“泥沙分布规律与泥沙测验误差研究”，并在全国范围收集大量实验资料，同期在长办水文局成立水文测验研究所，在黄委水文局成立水源保护研究所，针对水文测验方法开展研究和规范修编等工作。至 20 世纪 90 年代，初步形成系统的水文测验技术标准、规范、指南，包括水文测验术语、水位、流量、泥沙、降水、蒸发、水质、地下水、自动测报、资料整编刊印、站队结合。进入 21 世纪，根据标准体系表，制定或修订站网规划、基础设施、技术装备、水文巡测、年鉴汇刊、水文缆道、水文测船、水文调查、数据库、水文应急等规范、规程、标准、导则。

CHANG JIANG SHUIWEN

江河记忆：长江技术经济学会智慧水文专委会

长江技术经济学会（Changjiang Technology and Economy Society，CTES）是由科技部主管、在民政部依法登记的跨地区、跨部门、跨学科的全国性学术团体，是科技部主管的 16 个全国性学术团体（基金会）之一，委托管理单位为水利部长江水利委员会。1993 年 8 月 25 日，长江技术经济学会正式在民政部登记注册。1994 年 4 月，长江技术经济学会在武汉召开成立大会，时任全国政协副主席钱正英担任学会名誉理事长。长江技术经济学会成立以来，始终坚持长江特色，面向长江需求，依托长江力量，服务长江发展；始终秉承为长江保护和流域经济社会发展服务的宗旨，紧密结合长江保护和流域经济社会发展实际，着眼于长江流域的自然资源、区域经济、水利能源、交通航运、生态环境等技术经济问题，通过理论研究、学术交流、技术咨询等方式，积极为中央和地方政府建言献策，形成了一批有意义、有价值的重大学术成果。

2024 年 8 月，长江技术经济学会第五届理事会批复智慧水文专业委员会成立，该专委会为学会 11 个专业性的委员会之一。第一届专委会委员单位覆盖长江流域所属水利、气象、生态环境、交通、航运、发电、勘测设计、大学和科研院所等企事业单位 60 余家。智慧水文专委会的成立，旨在致力于团结凝聚流域内水利、气象、生态环境、交通、航运、自然资

源等领域的单位、社会组织、专家学者，搭建高端智库，凝聚学界、业界资源和力量，依托新一代数字技术与水文业务的深度融合，催生新业态、新模式、新产品，为服务长江大保护，促进长江经济带高质量发展提供强有力的水文支撑。

CHANG JIANG SHUIWEN

江河记忆：长江水文感知创新联盟

2023 年 5 月 18 日，长江水文感知创新联盟成立大会在武汉召开。水利部长江水利委员会水文局联合行业内 13 家专业科研机构、头部科技企业、先进生产厂家，成立长江水文感知创新联盟。

长新联盟以推动水文感知现代化发展为使命，旨在探索构建长江流域统一、开放、共享的水文监测感知技术创新平台，创新水文监测领域“产学研用”合作机制，进一步整合优质水文科技创新资源要素，推进水文感知技术仪器设备研发应用，营造影响力大、竞争力强的流域水文科技创新生态和产业生态，为水利高质量发展提供更全面、更精准、更高效、更智能的基础支撑。

长新联盟单位将共同开展水文设备的研发与应用、水文智慧感知技术创新、水文数据融合及水文数字底板构建等，发展数据融合和监测精度两大标准体系，推进 UniSense 融合感知、UniMind AI 计算、WISH Open 物联·算法·数据综合平台三大革命性技术，实现全行业标准化、全流程自动化、资源再生利用及水文数字孪生化四大行业变革。

长江水文感知创新联盟正式成立

（三）水文管理

1. 水文分级管理

1950 年，华东军政委员会水利部按华东区水系划分若干水文区，每区设立一个一等水文站，除负责本站测验外，分管辖区内二等水文站，并由二等水文站负责三等水文站的流量巡回测验工作。1951 年，水利部检发《各级水文测站之名称及业务》，要求设立省（自治区、直辖市）水文总站，各流域可分段设立水文总站，水文实验站，一、二、三等水文站及水位站，雨量站和临时站，并规定了各级测站（八大类别）的业务范围。1957 年，按水利部文件要求，一、二、三等水文站改名为流量站，至 1964 年复名为水文站。1962 年，水电部检发《水文测站管理工作条例（草案）》《关于水文总站、分站和测站的人员编制意见》《水文站主要仪器设备配置意见》，进一步规范各级水文机构建制和配置要求。1963 年，水电部检发《关于水利工程水文资料的刊布及水文年鉴保密等级的规定》，强调水利工程水义资料和水文年鉴的重要性，必须加强水文资料的保密管理工作。

改革开放后，推动水文站队结合及水文巡测改革。20 世纪 80 年代，开展水文站队结合试点，探索水文巡测方式方法，1985 年全国共计规划了 425 个水文水资源勘测队，其中长办水文局 13 个；1981 年 4 月成立的洞庭湖水文勘测队为长办站队结合开展巡测之始。2012 年，全国各地探索设立地市级水文分局，进一步加强水文巡测方式方法；长江委水文局在原水文勘测队建制的基础上，组建了 23 个水文分局。

2. 水文测报管理

新中国成立后，水文部门有计划、有组织、有步骤地开展抢救性整编历史水文资料、编制站网规划和技术标准、规范、指南，总体上加强了水文成果质量控制与管理，形成传统的质量管理办法。改革开放后，20 世纪 80 年代引入全面质量管理体系（“TQM”），其核心价值理念是强调“提高人的工作质量→保证工序质量→保证成果质量”，具体在基层水文站队是以推行 QC 小组活动为抓手，发现并解决影响水文成果质量的相关问题，建立统一协调的质量管理机制。

进入 21 世纪，长江委水文局于 2002 年启动 ISO 贯标认证工作，2003 年通过认证，成为全国第一家通过质量管理体系认证的水文机构。经过 20 多年认证和有效运行，尤其充分利用 PDCA 循环与传统水文工序控制有机结合，逐步深入水文测验全过程，使水文成果质量稳步提升。2019 年长江委水文局开展精细化管理 3 年行动计划，并于 2021 年引入环境管理体系（ISO14001）和职业健康安全管理体系（ISO45001），与质量管理体系形成“三标一体化”管理体系。

水文测验、水文调查

水文测验指从站网布设到收集和整理水文资料的全部技术过程。狭义的水文测验是指测量水文要素所进行的全部作业，包括水文要素的观测和数据分析处理；广义的水文测验还包括建立和调整水文网站，制定技术标准，研制水文测验的各种测验仪器、设备，进行驻站、巡回测验，开展水文调查，以及对资料的系统整理、汇编和发布等。水文测验有时也称为水文监测、水文观测。

水文调查指为补充水文基本站网定位观测资料的不足或为其他特定目的而采用勘测、观测、调查、考证、试验等手段收集水文信息及有关资料的工作。

四、水文文化

（一）水文文化内涵与特质

文化如水，水脉亦文脉。长江流域以水为纽带，连接上下游、左右岸、干支流，形成沟通各区域的天然水网和经济社会文化的大系统。长江文化记录着中华文化的发展繁荣和中华文明的灿烂硕果。水文文化是长江文化的重要组成部分。

水文文化是伴随着人们从古代、近代到现代治水过程中逐步发展起来的，有着深厚的历史渊源。中国水文观测悠久的历史，以及中国古代在水文地理研究、工程水文研究方面的宝贵财富，都真实反映了中国水文技术的形成和发展历程，都是先人对水文现象进行探索学习总结过程中的智慧结晶，是水文文化发展史上的璀璨篇章。从 19 世纪中叶开始到新中国成立，中国开始进行近代水文观测、水情传递、资料整编和分析计算。新中国成立后，开启了中国现代水文事业，水文工作进入全面发展时期。

在水文事业发展的历史进程中，中国水文形成了独具特色的水文文化。一是涉及水文测报、水文站网、科研等领域的物质文化建设迈上了新的台阶，水文现代化水平显著提高；二是以水文行业精神、行为准则、行业形象为主要内容的精神文化建设取得长足进步，一批水文单位获评全国和省部级文明单位，征集产生并启用水文行业标识，统一国家基本水文站站牌，水文职工素质和行业形象得到大幅提升；

三是以《中华人民共和国水文条例》颁布实施为标志的制度文化建设取得重大突破，同时，水文行业颁布实施的数百项标准、规程、规范形成了比较系统、完整的水文标准化体系。

进入 21 世纪，水利部水文局（司）先后组织开展了水文文化理论研究和调研工作，召开水文文化论坛等活动，并出台《关于加强水文文化建设的指导意见》，有力推动了水文文化建设。尽管水文文化的概念已经提出多年了，但目前还没有形成统一明确的概念。

长江委水文局自 2009 年以来，一直坚持深入推进单位文化建设，并尝试对单位文化进行界定。单位文化是在长期的生产、科研、经营等过程中逐步形成和培养起来的，具有本单位特色并为职工普遍接受和共同遵守的价值观念、行为准则、道德规范、风俗习惯，以及反映本单位文化特质的规章制度、组织机构和物质实体。从层次结构来看，单位文化可以分为物质、制度、精神三个层次结构。最外层是单位文化的表层，即物质文化；第二层是中层，即制度文化；第三层是核心层，是精神文化。

党的十八大以来，党中央对文化建设工作高度重视，特别是把文化自信和道路自信、理论自信、制度自信并列为中国特色社会主义“四个自信”。2020 年 11 月 14 日，习近平总书记在江苏南京主持召开全面推动长江经济带发展座谈会，习近平总书记指出，要保护传承弘扬长江文化。长江造就了从巴山蜀水到江南水乡的千年文脉，是中华民族的代表性符号和中华文明的标志性象征，是涵养社会主义核心价值观的重要源泉。要把长江文化保护好、传承好、弘扬好，延续历史文脉，坚定文化自信。要保护好长江文物和文化遗产，深入研究长江文化内涵，推动优秀传统文化创造性转化、创新性发展。2021 年以来，水利部《关于加快推进水文化建设的指导意见》《“十四五”水文化建设规划》和长江委《“十四五”长江水文化建设规划》先后印发。围绕深入推进长江文化传承创新工程，流域水文机构和省级有关单位结合实际，深入推进单位文化建设，分批次开展百年老站文化提升工程和有里子、有面子、有样子的规范化“三有”水文站建设。

结合已有成果和实践探索，本书编者认为，水文文化建设是一个理论性和实践性都很强的课题，就“什么是水文文化，建设什么样的水文文化，如何建设水文文化”，还需要深入研究。从广义上看，水文文化是自古以来人们在发展生产特别是在长期与水旱灾害斗争中，以及历代水文工作者在长期的水文实践中形成的物质实体、制度约定和价值观念等的总和；从狭义上看，水文文化是在长期生产、工作实践中形成的，特别是新中国成立以来，为水文工作者普遍接受和共同遵守的价值观

念、行为准则，以及反映水文机构的规章制度、组织架构和具有水文特色的物质实体。

在漫长的历史发展中，长江水文文化形成了自身的特质。

一是水文站网根深叶茂，传承有序。古有石人观水、水则量水、水尺测水，今有水位自记、流量在线监测、自动水质监测，更有空—天—地监测体系，这些镶嵌在长江流域干支流水系的水文站网，与自然地理相得益彰，与经济社会密不可分，与区域文化兼容并蓄。长江水文这种根脉深厚、线长面广的站网特质，对长江经济带、长江黄金水道、流域综合治理，乃至长江文明、中华文明之发展都有深远的影响，展示了水文扎根河流水系的基本特性。

二是水文信息多样竞辉，服务社会。长江流域通江达海，长江文化海纳百川，水文用一组一组的数字记录长江的过去，水位高低、流量大小、水体清浊、潮涨潮落……长江流域地理复杂，支流众多，江河湖库海相连，在如此多样的河流生态中孕育出来的水文信息，揭示了水文基本特性、水资源时空特征、河势河床演变规律，呈现多样竞辉的公益服务文化特质。

三是水文科技创新赋能，与时俱进。长江水流瞬息万变，水文循环变化多端，捕捉每一项水文信息都需要付出艰辛的劳动，更需要不断进行技术革新，创新方式方法。从简易的水尺、水则、水标、石人等测水工具，到水位自记仪、自记雨量计、自动测沙仪、在线监测系统、视频测流系统等先进仪器设备，展现了长江水文文化既一脉相承又创新发展的文化特质。

四是水文工匠精勤测报，家国天下。长江流域崇文重教，先贤辈出。从屈原的爱国忧国情怀，到范仲淹的“先天下之忧而忧，后天下之乐而乐”，再到当代仁人志士担负起民族伟大复兴的历史使命。每当长江洪水发生时，水文儿女齐上阵，每当水旱灾情发生时，水文健儿争先上，应急监测显身手，彰显出水文人宏伟远大的家国情怀的文化特质。

五是水文人的诗和远方，着眼未来。长江流域山高水长，峰峦竞秀，鬼斧神工，天造地设，涵养出水文人丰富多彩的心灵世界。水文人不是诗人，但有诗心，情系长江安澜。水文人有理想，有追求，用数字谱写长江之歌，留下 1954 战洪图、1998 抗洪颂和“国之重器”三峡截流等不凡业绩，也创造了水文精准测报的文化特质。

（二）长江水文文化体系

长江发源于青藏高原唐古拉山脉主峰各拉丹冬雪山西南侧，干流从西向东流入东海。干流全长6300余千米，流经青、藏、滇、川、渝、鄂、湘、赣、皖、苏、沪11省（自治区、直辖市），支流旁及甘、黔、陕、豫、桂、浙、闽、粤八省（自治区）。宜昌以上为上游，长约4500千米；宜昌至湖口为中游，长约955千米；湖口至入海口为下游，长约930千米。在长期的长江水文工作实践中，逐渐形成了长江水文文化体系。

1. 物质文化

长江水文测站沿江而建，风格各异，造型美观，尤其是17处百年老站，与名山秀水、名城名镇浑然一体。水文基础设施设备构成测站独特的水文化地标建筑，主要包括站房、水尺、自记台、码头、测船、缆道、标杆等。还有水文观测资料和整编成果等，如《水文年鉴》，其以独特方式记录江河水流跌宕起伏和风雨变幻。

（1）水则、石鱼、水尺

都江堰工程宝瓶口北岸岩壁上凿有“水则”。“水则”每“则”一划（0.33米），乃是中国最早的水位标尺。唐代广德二年（公元764年），在四川涪陵长江江心石梁上刻有石鱼，以石鱼至水面的距离来衡量江水枯落的程度。目前，尽管水位自动观测在长江流域较为普遍，但为校测水位、开展应急监测等工作需要，设立水尺至今仍在长江流域沿用。种类主要有自立式、倾斜式等。直立式水尺多用搪瓷水尺板，目前也用不锈钢的材质。倾斜式水尺多利用护坡或石阶刻绘刻度。

（2）水位自记台

从20世纪50年代起，我国开始研制生产自记水位计。经不断改进，到20世纪80年代，长江流域水文部门研制的自记观测仪器种类很多，形式多样。按传感方式分为浮子式、压力式、气介式、接触式等。其中，因结构简单，操作、维修、养护方便，浮子式的使用较为普遍。随之而来的，就是建设了大量水位自记井（台）。这也成为水文测站的一项重要标志性建筑设施。镇江潮位站自记水位计台1936年建成，一直运行至今。镇江潮位站2021年入选《江苏省首批省级水利遗产名录》。

（3）流速仪、铅鱼、绞车

20世纪50年代中期以来，流速仪测流在长江流域普遍采用。长江流域基本上是使用转子流速仪，主要有旋杯、旋桨式两大类型。20世纪50年代初、中期，使用木质绞关时多采用15～30千克铅鱼；50年代末、60年代初，用水文绞车或船用三绞测流时，采用200～250千克铅鱼。水文缆道普遍推广后，铅鱼成为水文缆道综合性测验的主要仪器设备之一。20世纪80年代后，铅鱼系列标准定为50、100、150、200、300、400、500千克7种。

（4）水文测船、水文缆道

新中国成立初期，测流取沙多使用木船或测桥、缆车，小河还使用吊船过河索。20 世纪 50 年代中期渐有木壳测轮，60 年代后大多改为铁壳测轮，少数站使用过水泥壳测轮。江源地区曾以牛皮筏作测船，但一般在夏秋季平水时使用。测船可单独使用，也可以和吊船过河索配合使用。在长江干流中下游和其他大支流中下游，目前测船仍是主要过河设备；在上中游干流，因流速较大，如寸滩、万县（现重庆市万州区）、宜昌等站，架设吊船缆道，确保测船在断面上定位。水文缆道一般是指岸上操作缆道，在岸上操纵控制流速仪及采样器过河，定位施测流量和含沙量。这一设备的特点是，在无法利用测船施测的地区，将全部水上繁重的操作过程完全转变为岸上室内的控制操纵。北碚水文站 1956 年建成全国第一座电动水文缆道。该站现已建成远程智能控制缆道。

（5）悬移质采样器

清末至新中国成立初期，泥沙测验仅限于测取悬移质含沙量。1922 年，扬子江水道讨论委员会开始在干流大通、九江、汉口等测站施测，多采用简易瓶式采样器。20 世纪 50 年代以后，广泛采用横式采样器取样，并开展积时式采样器研制，如长办研制了 JX 采样器和 LS 系列采样器等。20 世纪 70 年代，长办研制同位素低含沙量仪和临底悬沙采样器等。2007 年研制 AYX2-1 调压积时式采样器。

（6）推移质采样器

1961 年起，为了三峡工程设计科研的需要，长办在寸滩水文站开展卵石推移质测验，研制长江 64 型网底式卵石推移质采样器。20 世纪 80 年代，长办水文局多次改进完善自主研发的卵石推移质采样器；四川省水文总站成功研制软底网式缆道卵石推移质采样器。20 世纪 70 年代，长办水文局研制的长江 73 型沙质推移质采样器在宜昌、奉节和江西省峡山、翰林桥和坝上各站使用，效果较好。后经过改进，在 1978 年成功研制 Y78-1 型沙推移质采样器。该设备性能稳定，成果可靠，在长江、汉江、赣江等部分测站推广使用。该设备收集的推移质资料，为葛洲坝及其他水利工程所采用。2002 年，ATY 采样器在武隆、东津沱水文站正式投运，该采样器具有结构牢固、操作简便、水下定向灵活、阻力小、采样性能好、采样效率高、颗粒级配代表性好等优点。

（7）床沙采样器

20 世纪 50 年代中后期，长江流域寸滩、宜昌、城陵矶等水文站开展河床质（即床沙）测验，采用锥式或蚌式采样器，并针对卵石河床采样效果差的缺点改进设备，70 年代成功研制挖斗式采样器，适用沙砾及 50 毫米以下卵石河床采样。

2005年开始研制插管式干容重采样器，定型为AZC-1型。2008年针对AZC-1型采样器存在的问题，又改进研制出适应三峡水库深水的AZC-2型插管式干容重采样器，并获得发明专利。

（8）水文年鉴

新中国成立初期，水利部组织开展了历史水文资料系统整编刊印。1958年统一命名为《中华人民共和国水文年鉴》，按流域、水系编排，共分6卷75册，长江流域为第6卷，共20册。《水文年鉴》是按统一规格逐年编印的基本站网的水文资料，共分三类61种表式刊印。专用站和实验站不列入《水文年鉴》，另行专册刊印。1976年，长办负责汇编的《水文年鉴》第六卷第一册采用计算机整编刊印，为全国第一本电算整编刊印的《水文年鉴》，这是应用现代技术进行水文资料整编刊印的新突破。

（9）水文题刻

中国治水历史悠久，记载历史旱涝灾害、洪枯水情的史籍之丰富，堪称世界之最。此外，众多的石刻、碑记也留注有洪水、枯水记载和痕迹。

1952—1977年，长办与中国科学院考古所、成都勘测设计院等9个单位先后共20余次，分别自金沙江干流上段的奔子栏到宜宾的17个河段、长江干流李庄至宜昌的63个河段，调查到50多个历史洪水年。其中，发现最早的碑刻记载是宋绍兴二十三年（公元1153年），还有公元1227年、1788年、1860年、1870年等16年，共有刻字180余处，以清同治九年（公元1870年）特大洪水的刻字最多，1788年、1860年次之。从三峡黄陵庙内碑刻题记查明，自明万历四十六年（公元1618年）建庙以来，以1870年洪水为最大。

自唐宋以来，历代有关长江流域旱灾记载的文献很多，但关于历史最枯水位的描述和石刻比关于洪水的相对要少。1972年，长办与重庆市博物馆合作，在长江上游的江津至宜昌河段进行了专门性的枯水调查，并接测了枯水位标志的高程，获得了大量的枯水资料。在重庆、长寿、蔺市、涪陵、丰都、忠县、石宝寨、云阳、奉节等地，发现历史枯水题刻共362段，其中有年份记载的179段，尤以江津的莲花石、重庆的丰年碑、涪陵的白鹤梁、云阳的龙脊石、奉节的记水碑最有价值。

2. 制度文化

（1）水文法规

2007年，中国水文史上第一部全国性水文法规《中华人民共和国水文条例》（以下简称“《条例》”）由国务院颁布实施，这是我国水文事业发展史上的重要里程碑，标志着我国水文工作进入了有法可依、有序发展的新阶段。自《条例》颁布以来，长江水文法规体系得到逐步完善。云南、重庆、湖南、安徽、江苏等省（直辖市）出台地方水文条例或水文管理条例；青海、西藏、四川、湖北、江西、上海等省（自治区、直辖市）出台水文管理办法或《条例》实施办法。2011年2月，水利部发布了《水文监测环境与设施保护办法》，同年11月发布《水文站网管理办法》，2020年10月发布《水文监测资料汇交管理办法》。2021年3月1日起施行的《中华人民共和国长江保护法》多处涉及水文工作，并明确继承和弘扬长江流域优秀特色文化，为水文文化建设、高质量发展提供了法律支撑和制度保障。

（2）水文管理

水文管理主要包括发展规划与行业管理、计划财务与物资管理、业务与人事管理等方面。新中国成立后，经历4次站网规划、验证、调整，初步建成了基本水文站网；按中央和地方管理体制，落实水文基建和水文工作经费，实施站网管理、测站管理、技术管理、水情管理、科研管理等。

截至2023年底，全国水文部门共设有地市级水文机构302个，其中，实行水文双重管理的有131个，山东、河南、湖南、广东、广西、云南等省（自治区）地市级水文机构全部实现双重管理。全国有18个省（自治区、直辖市）共设立652个县级水文机构，其中，实行水文双重管理的335个。全国有1个省级水文机构——辽宁省水文局为正厅级单位，内蒙古、吉林、黑龙江、浙江、安徽、江西、山东、湖北、湖南、广东、广西、四川、贵州、云南、新疆等15个省级水文机构为副厅级单位或配备副厅级领导干部，23个省（自治区）地市级水文机构为正处级或副处级单位。

长江委水文局作为流域水文机构（在昆明、重庆、宜昌、荆州、武汉、南京、上海、襄阳设立8个分支机构），负责管理流域管辖范围内水文业务工作。流域内省级水行政主管部门均设有水文机构，负责本行政区内的水文工作，基层水文工作由省级水文机构实行垂直管理。流域和省级水文机构均设有水质监测部门，流域水质体系不断完善，其常规监测能力进一步提高。上述管理体制保障了长江水文工作的顺利开展。

（3）水文制度

水文制度包括行政、业务、人事、财务等多个方面。新中国成立后，水利部先后发布了《报汛办法》（1950年）、《各级水文测站之名称及业务》（1951年）、《水文测站暂行规范》（1955年）、《关于测站安保工作的规定》、《水文测站暂行组织简则》（1956年）、《水文测站管理工作条例（草案）》（1962年），从业务、技术、行政等方面规范了水文测站管理，仅水文技术标准已达100余项（含国家标准、行业规范)。1988年《中华人民共和国水法》颁布后，水利部发布《水文管理暂行办法》(1991年)、《水文、水资源调查评价论证管理暂行办法》(1992年)、《重要水文站建设暂行标准》(1992年)，规范全国水文行业管理。

3. 精神文化

从古代李冰设石人测量水位、何孟瑶提出采用浮标测量江河流速的方法和算式，到近代配备测量船只进行水文观测，引进新仪器设备进行水文、河道观测，都体现了历代水文工作者不懈的探索精神。

新中国成立以来，特别是改革开放以来，水文人紧跟时代发展、追踪社会需求，忠诚履职尽责，积极服务防洪保安、水利建设、经济社会，展示了良好的精神风貌。

传承弘扬水文优良传统，要学习老一辈水文工作者热爱水文、服从需要的敬业精神，自力更生、勤俭节约的创业精神，精益求精、一丝不苟的负责精神，吃苦耐劳、扎根基层的奉献精神，抗洪斗浪、不怕牺牲的拼搏精神，刻苦钻研、勇于探索的创新精神；要学习老一辈水文工作者坚持实事求是、一切从实际出发的精神，树立大局意识、一切从整体出发的精神，不计名利、一切从责任出发的精神，与时俱进、一切从奋进出发的精神；要学习老一辈水文工作者严谨求实、作风顽强、甘于奉献、坚韧达观的精神。

传承弘扬水文优良传统，广大水文工作者用实际行动践行初心使命，在平凡的岗位上做出了不平凡的业绩，涌现出许多先进典型。

2007年3月20日，《光明日报》推出新华社记者采写的反映四川省内江市水文资源勘测局职工张宇仙的专题报道《她用奉献书写青春无悔》。1978年，张宇仙兴冲冲地到高景关水文站报到时，心一下子凉了半截：水文站站房是几间茅草屋，四周是荒凉的大山，方圆几里，人烟稀少，全站加上她只有3个人。站上的老同志看到了张宇仙失落的神情，语重心长地对她说："不要看水文站小，但我们的工作十分重要，事关下游千千万万人民群众生命和财产的安全，一旦出现差错，就会对国家和人民造成不可估量的损失。"话语不多，却在张宇仙心灵深处打下了深深的烙印，她也暗下决心：一定把工作干好。张宇仙先后在高景关、石堤埝、涌泉、登瀛岩等水文站工作。她用无私奉献书写了"青春无悔"4个大字，先后荣获全国劳动模范、全国抗洪模范等荣誉称号。

2011年6月17日，《光明日报》推出专题报道《岷江赤子——追记长江委水文上游局高场水文站站长钟宏联》。文章说，他利用点滴时间学习测站技术规定、仪器设备维护方法和水文基础理论知识，还经常搞一些小发明，在测报中发挥了重要作用；他借用中医“望、闻、问、切”的医疗方法，结合自己的工作实践体会，总结出了一套简单有效的设备维护法，取名为“设备维护三字经”，经专家进一步提炼后，在各站队推广使用，受到基层水文职工的普遍欢迎；他在为高场站这个“家”付出心血和汗水的同时，也在事业的道路上留下了闪光的人生足迹：从1988年钟宏联当站长的第二年起，高场水文站成果质量连续20年获得全优；连续23年安全生产无事故；2004年高场站获“全国文明水文站”殊荣。2005年水利部、人事部授予钟宏联同志“全国水利系统先进工作者”称号。

2016年出版的《大国工匠》一书中登载了湖南道县水文站站长何江波的先进事迹。文章说，何江波刚被调到道县水文站任站长时，为了尽快成为水文领域的行家里手，他坚持一边做好水文观测、记录和分析，一边刻苦学习业务知识，经常随身携带笔记本，记载较难理解和容易混淆的管理规范、技术要求等，积累了丰富的理论知识和实践经验，被同行们亲切地称为“水文活词典”。何江波发现水文站投资几十万元兴建的缆道测流设备因故障和技术问题闲置了多年，锈迹斑斑。于是他带领站里的两名职工，从线路设计、控制线路安装，到无线测流信号发射和接收，自己动手解决，经过20多天的艰辛努力，将一台废旧的设备改造成全省一流的缆道测流装置，为国家挽回了几十万元的损失。何江波先后获评全国先进工作者、第三届中华技能大奖等荣誉。

在不同时期的水文战线上，还有许许多多这样的水文先进典型。他们用自己的实际行动，充分展示了水文人坚韧、自信、谦虚、豁达的情怀和“求实、团结、进取、奉献”的水文行业精神。

作为流域机构水文单位，在深入推进单位文化建设过程中，长江委水文局通过线上线下等多种形式，广泛征集全局干部职工的意见建议，提炼形成了“情系长江、科学测报、持续创新、服务社会”的核心价值理念。

（1）情系长江

情系长江是水文工作者的情怀。他们热爱长江，以水文事业为荣，爱岗敬业，忠于职守，艰苦奋斗，无私奉献，致力于人水和谐。长期以来，在中国共产党领导下，广大水文工作者以服务治江事业为己任，围绕水旱灾害防御和服务三峡、南水北调、葛洲坝、乌东德、白鹤滩等水利工程建设，辛苦耕耘，默默奉献，特别是一线水文人，以站为家，长期坚守基层测站，顶暴雨、战洪水，越是艰险越是奋力拼搏，收集宝贵的水文资料，为长江水文事业、确保长江安澜作出了重要贡献，有的同志还献出了宝贵生命。在一代又一代水文工作者身上，集中体现了他们心系长江，使母亲河永葆生机活力的赤子情怀。

（2）科学测报

科学测报是水文工作者的使命。他们遵循流域水文规律，充分运用现代科学技术，精心监测，准确预报，深化分析，不断提升测报水平，切实做到测得到、测得准、报得出、报得及时。在历次长江大洪水中，水文工作者迎峰而上，打了一场又一场漂亮洪水测报战，为水旱灾害防御决策提供了有力支撑，尽显尖兵本色。例如，1998 年长江发生流域性大洪水。在决定荆江分不分洪的重要时间节点，长江委水文局于 8 月 16 日接到国家防汛抗旱总指挥部下达的任务，要求 1 小时内回答沙市水文站洪峰水位及其出现时间等 6 个方面的问题。在短短 1 小时内，要处理海量数据，并精准预报，技术压力可见一斑。经过紧张而认真的分析计算，长江委水文局及时做出了回答：沙市站最高洪水位不超 45.30 米，超高水位持续时间不超 24 小时，超额洪量不超 2 亿立方米，荆江分洪区分与不分洪对下游各站最高水位的影响有限，预见期内的降雨不会进一步加大洪峰。及时、科学的回答，为党中央决定不动用荆江分洪工程提供了有力的可靠依据和决策支持。

（3）持续创新

持续创新是水文工作者的追求。他们立足现实，着眼未来，博采众长，锐意进取，勇于探索，永不自满，永葆生机与活力。改革开放以来，特别是进入新世纪以来，水文现代化建设取得显著成绩。以长江委水文局为例，2003 年，其在水文行业率先通过 ISO 质量管理体系认证。2005 年以来，为适应发展需要，长江委水文局连续实施报汛自动化、测验方式方法技术创新、水质能力提升、水文信息化建设、精细化管理等重点工作，服务水利工作和流域经济社会的能力不断增强。2021 年，长江委水文局明确提出“五大体系”的建设目标——功能完备的综合站网体系、透彻感知的立体监测体系、智慧协同的专业支撑体系、优质高效的信息服务体系和科学规范的管理保障体系，构建新发展格局，着力推动高质量发展。

（4）服务社会

服务社会是水文工作者的宗旨。他们立足新发展阶段、贯彻新发展理念，以社会需求为己任，立足水利，面向社会，提供全面优质服务。以长江委水文局为例，新中国成立以来，在流域防洪减灾，三峡、南水北调等一系列工程的设计、施工，以及流域规划、城市建设、环境保护等方面，提供了准确可靠的分析研究和设计成果，收集了较为完整的系列水文测验资料近 3.5 万站年，取得了巨大的社会效益和经济效益。在四川汶川特大地震、甘肃舟曲特大泥石流、金沙江白格堰塞湖、湖南岳阳团洲垸溃口等重大突发公共水事件水文应急监测中，进行了艰苦而卓有成效的工作，及时提供了大量水文监测数据和预报分析成果，为最大限度减少灾害损失作出了突出贡献。做到了哪里有需求，哪里就有水文工作者的身影。

（三）长江水文文化建设成效

近年来，特别是“十四五”以来，流域和省级水文机构紧紧围绕治江实践，以保护、传承、弘扬、利用为主线，积极推进长江水文文化建设，为推动新阶段水利高质量发展凝聚精神力量。

1. 水文文化保护

在长期的水文实践中，留存下一些建立运行时间超过100年，并还能够开展观测的测站，即被行业内外称为“百年老站”的测站。据初步统计，目前长江流域除长江委水文局所属的汉口、宜昌、沙市、城陵矶、大通、九江、湖口、宜宾、寸滩、万县等百年老站外，还有南京、镇江、拱宸桥、芜湖、长沙、都江堰、昆明等百年老站。

百年老站发展至今，已累积形成了长系列水文观测资料，对掌握水文历史演变规律，预测未来水文情势变化，支撑水旱灾害防御、水资源配置管理、水生态环境保护等具有重要作用。水利部高度重视百年老站保护利用工作。2021年8月27日，水利部印发《百年水文站认定办法（试行）》。2021年9月18日，水利部办公厅下发关于开展百年水文站认定工作的通知，就首次开展百年水文站的认定明确工作安排。流域机构和省级水文单位高度重视，积极开展百年水文站申报工作。2023年7月，水利部认定并发布汉口水文站等22处水文站为第一批百年水文站，长江流域汉口、城陵矶、南京、镇江、拱宸桥、芜湖、长沙、都江堰、昆明等9处百年老站名列其中。

第一批百年水文站的认定，对促进水文事业发展具有重要意义，有利于充分发挥其示范引领作用，不断提高水文现代化水平；有利于促进百年老站及其监测资料的保护，充分发挥长系列水文观测资料作用；有利于深入挖掘百年老站宝贵的历史和文化价值，做好水文历史遗产、水文文化、科技保护传承和展陈宣传，提高社会对水文站的认知和保护意识；有利于推动将百年老站融入长江国家文化公园建设，充分发挥百年老站作为特色展示点的重要作用。

2. 水文文化传承

开展水文文化研究交流。2023年，《千秋水文》展览在重庆市涪陵区图书馆举办。该展览由长江委水文局、重庆中国三峡博物馆及中共重庆涪陵区委宣传部、涪陵区水利局、涪陵区文化和旅游发展委员会指导，重庆白鹤梁水下博物馆主办，展览受到关注和好评。在2021—2023年连续三届的长江文化学术研讨会和2023白鹤梁·水与遗产学术研讨会、2024 白鹤梁国际学术研讨会上，长江委水文局研究人员围绕长江水文文化体系、百年水文站保护利用、打造长江国家文化公园特色展示点、挖掘白鹤梁题刻信息与解码水文基因等作了学术交流。

开展文化提升和水情教育。2013 年，长江委水文局着手加强内部统一标识应用，并规范外业基础设施建筑外观形象设计。2019 年以来，长江委水文局坚持突出特色、提升内涵、量力而行的原则，分批次在汉口、沙市、宜昌、城陵矶等站实施文化提升工程。丰富、生动的展陈内容和形式，结合特色水情教育，推动了水文科普工作，有效扩大了水文影响，文化提升后的测站不仅成为当地“网红”打卡点，也因其显著成效获得国家级和省级水情教育基地，汉口水文站 2024 年还获得国际水利遗产奖。江苏水文科普园入选江苏省水情教育基地，常州水文分局完成沙河水库水文站水情教育基地建设。浙江省完成分水江水文站水利红色基地建设。长江委水文局三峡局出版《三峡水文志》，详细记述了水文人服务国之重器三峡工程的历程和成就。

3. 水文文化弘扬

加强水文文化成果展示。2013 年，浙江拱宸桥水文站以站展结合的形式，设立了杭州水文水资源科普展厅，承担着宣传水文、水资源保护、防灾减灾等科普责任，是杭州市青少年科普教育基地；宁波市水文科普基地，苍南县水文科普教育基地，温岭市水文科普基地，美政桥社区水文科普馆，德清县水文站、分水江水文站等分别成为河海大学城市水文和水文水资源教育基地、华东师范大学社会实践基地。湖南建设有湖南水文展示厅、湘江流域水文展示馆与湘江流域水文化走廊、资水流域水文展示馆等。

加强水文文化传播。注重发挥平台作用。依托中央和地方主流媒体、行业媒体及网站、新媒体，流域和省级水文机构加大先进典型的宣传，并结合重要时间节点，宣传水文重要成果和突出作用，向社会公众传播水文好声音。央视《国家记忆》五集纪录片《共治一江水》对汉口水文站和长江水文情报预报中心进行了较大篇幅的报道。长江委水文局长江水文网和长江水文微信公众号将水文文化传播作为重要内容，推出了 70 多期国家重要水文站“站史站志”。做好水文文化著作和音像作品编辑出版工作。流域和省级水文机构推出了一大批弘扬水文文化的宣传片、歌曲和文学作品以及微视频、微动漫和书画集、内部刊物等。《江河潮》杂志创刊 30 多年，为传播全国水文行业成就、弘扬水文文化等方面做了大量工作，取得了良好成效，同时也为全国水文职工提供了高品质的精神食粮。长江委水文局出版《长江水文 60 年》《坚守与传承：长江水文传统大家谈》《赢在执行力——长江水文执行力漫谈》《锤炼党性——长江水文党员干部专谈》等文化著作，创作歌曲《守望长江》；江西省编辑出版《水文知识科普读物》；湖北省制作《守望：荆楚水文人》宣传片。组织形式多样的水文文化主题活动。2020 年 11 月 29 日，浙江省水文管理中心、杭州市林水局联合大运河沿线北京、天津、河北、山东、江苏、浙江 6 个省（直辖市）水文机构，共同发起创建“京杭大运河百年水文联盟”活动，进一步提升了水文工作的影响力。

水文仪器设备

根据《水文仪器系列型谱》（GB/T 13336—2019）、《水文仪器基本参数及通用技术条件》（GB/T 15966—2017）、《水文基础设施建设及技术装备标准》（SL/T 276—2022）等国家标准和行业规范，水文监测仪器设备主要包括十六类，即水位测量仪器、闸位测量仪器、水深测量仪器、流速/流向/流量测验仪器、降水测量仪器、水面蒸发测量仪器、河流泥沙测验及颗粒分析仪器、冰凌测量仪器、水温测量仪器、水质采样及监测仪器、土壤墒情监测仪器、显示/记录仪器、水文测具、水文测验配套设备、自动化监测系统设备、水文移动监测装置。

总体而言，水文测量仪器设备，从传统的人工观测，到自记、遥测、远传等一系列技术演进，目前已逐步向自动化、智能化、智慧化的水文现代化方向发展。在十六类水文测量仪器中，针对长江特点，选择水文仪器设备时主要考虑满足水文要素测验的技术要求（如误差、精度、质量等）、可靠性要求（如可靠度、误码率、无故障工作时间等）、环境条件要求（如温度、湿度、压力等）、电源要求（如交流、直流、电压、功耗、容量、防雷等）、适应性要求（如结构强度、防潮、防尘、耐腐蚀、耐磨损等）等。

在长江流域水文测站中，常用的水文仪器设备主要有：

一、水位观测仪器

水尺（直立式、倾斜式）、电子水尺、水位测针、自记水位计（浮子式、压力式、超声波、雷达、激光、视频）。

二、水温测量仪器

表面水温计（表式、电测式）、深水水温计（表式、电测式）。

三、降水量与蒸发量观测仪器

雨量器、自记雨量计（虹吸式、翻斗式、浮子式、称重式、光学式）、雪量器、自记雪量计（不冻液式、加热式、称重式、光电式）。

蒸发器（皿）、蒸发池、标准水面蒸发器、遥测（自记）蒸发器（测针式、浮子式、声波式、补水式、虹吸式）。

四、水深测量仪器

压力式、声波式和激光式水深测量仪。

五、流量测验仪器

转子式流速仪（旋杯式、旋桨式）、超声波时差法流速仪、侧扫电波（雷达）流速仪、电磁式流速仪、声学多普勒剖面流速仪、影像测速仪、流速流向仪、电子流向仪。

六、泥沙测验仪器

（1）悬移泥沙采样器

瞬时式（横式）采样器（拉式、锤击式、电动式）、积时式（非调压式、调压式）采样器（瓶式、皮囊式、单仓式、多仓式）、同位素测沙仪、光电（激光）测沙仪、振动测沙仪、超声波测沙仪、现场测沙仪、自动测沙仪。

（2）推移质泥沙采样器

网式卵石采样器、压差式砂质采样器。

（3）床沙采样器

床面采样器（挖斗式、锥式、抓斗式、管式、转轴式）、钻管式采样器（插入型、锤入型）、泥浆采样器、干容重采样器。

（4）颗粒分析仪器

量尺、分析筛、粒径计、吸管、光电颗粒分析仪、激光粒度分析仪、离心粒度分析仪、现场测沙仪。

（5）泥沙含量测定仪及设备

烘箱、天平、比重瓶、湿度计、干燥器。

七、水质监测仪器

（1）水质采样仪器

采样瓶、有机玻璃采样器、表面采样器、单层采样器、积深式采样器、封闭管式采样器（横式、竖式、排空式）、泵式采样器、地下水采样器、地下水采样泵。

（2）水质监测仪器

按测定方法划分为7种类型，共计有25种测定仪器。

①电极法水质监测仪器：

pH值测定仪、溶解氧测定仪、电导率测定仪、氧化还原电位测定仪、氨氮测定仪、氯离子测定仪、氟离子测定仪、重金属测定仪。

②光度法水质监测仪器：

浊度测定仪、水中油测定仪、硝酸盐氮测定仪、亚硝酸盐氮测定仪、总氮测定仪、氨氮测定仪、总磷测定仪、磷酸盐测定仪、酚测定仪、六价铬测定仪、化学需氧量（COD）测定仪。

③滴定法水质监测仪器：

高锰酸盐指数测定仪、化学需氧量测定仪。

④荧光法水质监测仪器：

溶解氧测定仪、叶绿素a测定仪。

⑤阳极溶出伏安法重金属测定仪。

⑥发光细菌法生物毒性测定仪。

⑦多参数水质分析仪（能同时测出pH值、溶解氧、浊度、电导率等）。

八、土壤墒情监测仪器

介电法、张力计法和中子法土壤水分测定仪。

九、水文测具

水尺板、测深杆（绳、锤）、测流杆、偏角器、卡尺。

十、显示/记录仪器

机械式和电子数字式显示仪/记录仪。

十一、水文测验配套设备

水文巡测车（桥测车）装置、水文测船装置、水文绞（缆）车（船用型、缆道型、桥测车型，电动式、手动式、液压式）装置、水文缆道控制装置、水下信号发生器、水文测验铅鱼、仪器安装支架。

十二、自动化监测系统设备

主要有水情自动测报系统设备、水质自动监测系统设备等。

水情自动测报系统设备是集数据采集、传输、处理和分析于一体的自动化系统，适用于远程实时监测水情信息，主要包括传感器、遥测终端机、集合转发装置、中心站设备和人工传输装置。

水质自动监测站（移动式、固定式），主要包括常规参数监测系统（水温、pH 值、溶解氧、电导率、浊度）、化学需氧量（COD）自动测定仪、高锰酸盐指数自动测定仪、氨氮自动测定仪、总磷自动测定仪、总氮自动测定仪、叶绿素 a 自动测定仪、采配水系统（单元）、自动质量控制系统、废液回收系统、数据处理和通信传输系统。

十三、水文移动监测设备

浮标式、船载式和无人机式监测装置。

第二篇 百年风华

宜宾水位站

——长江第一站

宜宾水位站自记台（2024年5月20日摄）

春秋战国时，宜宾为僰人聚居之地，史籍有“古僰国”“僰侯国”之称。梁武帝大同十年（公元544年），设戎州，下辖义宾县。宋太平兴国元年（公元976年），避太宗赵光义讳，改义宾县为宜宾县，此为宜宾一名之始。

金沙江与岷江在宜宾合江门（又称三江口）交汇后始称长江，这一交汇点历史上被认为是长江干流起点，宜宾也因此有“万里长江第一城”的美誉。

宜宾水位站设立于1922年4月1日，最早为重庆海关宜宾支关设立的海关水尺，2006年之前位于宜宾县城合江门处，东经104°38′，北纬28°45′，故称“万里长江第一站”。

宜宾水位站数次停测而又恢复观测，最初只有水位观测功能，目前有水位、降水量、水质等观测项目，为长江防汛抗旱、国民经济建设、西部大开发、长江大保护等提供基础水文数据，是国家基本水位站、中央报汛站，以及长江防洪及干流控制站。

一、河段概况

宜宾地处东亚中纬度的四川盆地南部，属于亚热带湿润季风气候区，浅丘河谷地域，兼有南亚热带气候属性，南部山区立体气候明显。整体特征为气候温和、雨量充沛、无霜期长、雨热同季、四季分明。各季节特征为春季回暖早，常有冷空气影响；夏季温湿高，雨量集中多暴雨；秋季迟、降温快、绵雨多；冬季温和，霜雪少；秋、冬季云雾多。和同纬度的长江中下游地区相比，宜宾的四季分配具有春早、夏长、秋迟、冬短等特点。境内四季热量丰足，年平均气温在 17.5 摄氏度左右。

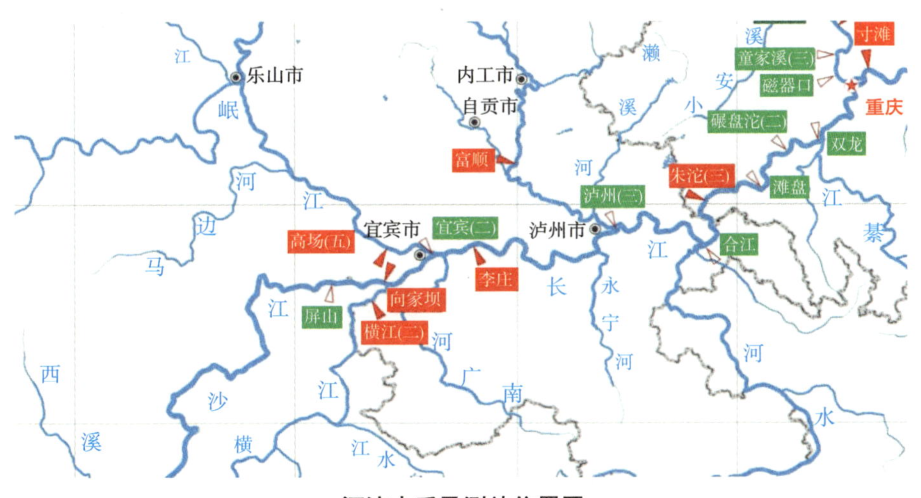

河流水系及测站位置图

金沙江穿行于青海、西藏、四川、云南之间，接纳雅砻江汇入，至四川宜宾纳岷江始称长江，全长 3481 千米。岷江，曾被认为是长江正源，有东西两支汇合，流经茂县、汶川、都江堰，进入成都平原，再经青神、乐山、犍为，最后于宜宾注入长江，干流全长 711 千米。

宜宾水位站坐落在四川省宜宾市翠屏区大观楼街道冠英社区戎州大桥下游 50 米、岷江与金沙江汇合口上游 350 米处的金沙江左岸。距长江河口约 2880 千米。控制集水面积 634315 平方千米，全年大部分径流量主要集中在汛期，年内水量分配不均匀。年内最高水位一般出现在6—9月。

宜宾水位站距上游岷江高场水文站21千米，距下游长江李庄水文站19.6千米，距下游长江寸滩水文站约376千米。上游3千米内由近及远分别有戎州大桥、南门大桥、金沙江铁路桥、中坝大桥。上游30千米处有横江从金沙江右岸汇入，下游5.1千米处有南广河从长江右岸汇入。

宜宾水位站测验江段顺直长约3千米，河槽横断面呈“U”形，中高水主槽宽度约250米。断面处无岔流、串沟、逆流、回水、死水等情况。左岸为岩石，右岸为冲积层，滩地、岸边无种植植物。枯水有浅滩，河床由岩石组成，断面较稳定。

金沙江向家坝水电站位于宜宾水位站上游32千米，是金沙江干流具有发电、防洪、过坝通航、超大型农田灌溉等多功能的综合枢纽工程。自2014年全面建成运行以来，电站主要经济技术指标均处于行业领先水平，在优化我国能源结构、促进人与自然和谐共生、推动地方经济社会发展等方面发挥着重要作用。

宜宾三江口“长江起点”碑刻

宜宾合江门顺流而下19千米，是国家历史文化名镇李庄。古为渔村，汉代曾设驿站，由于濒临长江，故为明清水运商贸之地。李庄古镇文物古迹众多，人文景观荟萃，古建筑群规模宏大，布局严谨，木雕石刻做工精细，栩栩如生，具有完整的明、清时期川南民居、庙宇、殿堂等建筑的特点。

CHANG JIANG SHUIWEN

江河记忆：李庄古镇

李庄是宜宾郊外的一座千年古镇，国家级历史文化名镇，也是万里长江第一古镇，地理位置十分优越。因李庄镇域有一块天然大石柱，省去了人工打桩，俗名“里桩”，久而久之，谐音而得其名。

李庄历史悠久，南朝梁代于公元540年左右置南广县，治所就在今天的李庄，历经千载，所以说它是千年古镇。近100年来，特别是在抗日战争时期，李庄逐渐声名鹊起，因为自抗日战争爆发以来，有一批知名大学、学术研究机构内迁至李庄，其中包括同济大学、中央博物院等。同时，也有一大批知名学者，如著名建筑学家林徽因、梁思成，也曾在李庄度过了一段难忘的岁月。因此，近100年来，李庄被赋予了厚重的历史人文意义。

河流发源地与干流起点

河流发源地与干流起点，本质上是同一概念的不同表述，不同点体现在定义目的和关注点略有差异。前者侧重于河流的地理属性，后者更为关注河流的水文特性、管理功能以及历史文化影响。受传统认知、历史惯例、测绘手段等影响，对河流源头、干流起点的实际认定，往往存在复杂性，尤其是源头地区水系复杂、支流众多的河流，还会出现学术争议。

河流发源地是指自然形成的河流源头，是河流总长度的起点，属于河流的自然属性。通常是指距离河口最远、常年有流水且径流量较大的源头，一般位于冰川、湖泊、沼泽、涌泉等自然水体。随着交通条件、测量技术、研究手段等的发展，对河流主源的认知也是不断深化的。

严格意义上，干流起点与河流源头指向同一位置。但考虑河流功能、规模、河流管理等方面，干流起点也被定义为水系主通道的起始位置，一般指两条或两条以上具有一定规模主要源流的汇合点。除自然属性外，还伴随着港口、城镇等与人类活动相关的社会属性；实际认定时，会受到历史惯例、重要地理标志等综合影响。

长江发源地和干流起点的认定，是随着人们认知发展逐渐形成的。据史料记载，在古代相当长的时期，人们认为岷江是长江的正源，直到明末徐霞客《溯江纪源》“推江源者，必当以金沙江为首”的结论，动摇了延续千年的“岷江正源说”，“金沙江正源说”至清代得到认定。新中国成立以后，有关部门多次开展江源科考，目前正式认定的长江发源地，为青海省唐古拉山脉各拉丹冬雪山的沱沱河源头。长江干流包括沱沱河、通天河、金沙江等上游河段；一般认为，干流起点在沱沱河与当曲汇合口囊极巴陇附近。

传统上狭义认为，长江干流起点在金沙江与岷江交汇处宜宾市合江门。这一认知在《水经注》《读史方舆纪要》《大清一统志》《乾隆内府舆图》等史料上均有记载。据文献分析，“宜宾以下始为长江”的说法在明代基本确立，清代得到广泛认同，并因历史认知、文化传承、现实价值等原因成为一种文化符号沿用至今。

二、测站探源

（一）测站沿革

1891 年 3 月 1 日，重庆对外开埠并设关。重庆海关宜宾支关设在宜宾铜关上街 23 号（今宜宾市翠屏区沿江路西段潼关码头附近），于 1922 年在宜宾县城合江门设立英制海关水尺，并于同年 4 月 1 日起有水位观测记录。《宜宾县志》记载：“民国十一年四月，宜宾海关在县城设立水文、气象观测点。”《四川省志・水利志》记载：宜宾长江海关水尺设于民国十一年（公元 1922 年），水位观测资料始于当年 4 月。这支海关水尺是宜宾地区最早的近代水文观测设施，也是宜宾水位站的前身。

重庆海关宜宾支关水尺于 1927 年 4 月停测，1935 年 1 月恢复测验，1939 年再次停测，1941 年恢复测验，1947 年停测。1950 年 7 月，由岷江工务所（1948 年 7 月 1 日，长江水利工程总局岷江水道工程处缩减为岷江工务所，归由长江上游工程处领导）主办为报汛站，仅于汛期观测水位。1952 年 2 月，由长委会上游工程局设为水位站。1956 年，领导机关为长办。1989 年，领导机关更名为长江水利委员会。2012 年，隶属于长江委水文局长江上游水文水资源勘测局宜宾分局。

（二）断面迁移

2006 年 6 月，宜宾站上迁 350 米，在宜宾市金沙江戎州大桥北桥头重建，仪器观测房为岸岛结合式，并更名为宜宾（二）站。2008 年 1 月，设置水功能区监测断面——南门桥断面，该断面是国家重点水质监测断面、省界代表断面（云南水富市与四川宜宾市），现场采集水样、参数测试，水样送宜宾分中心实验室进行水质分析。

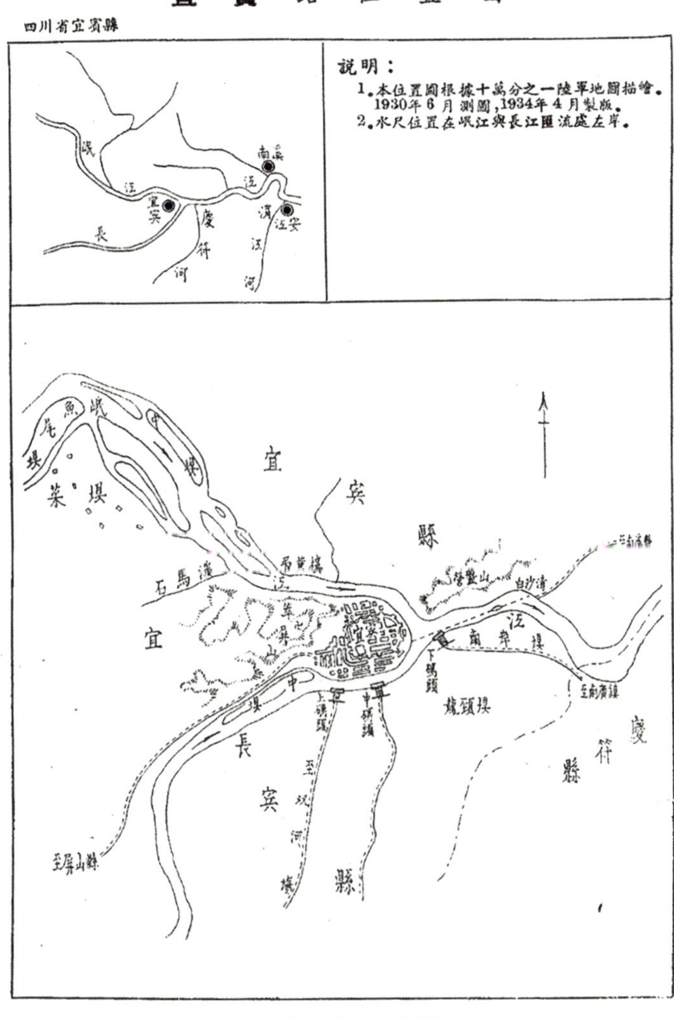

1930 年宜宾站位置图

(三) 测验项目变化

宜宾水位站主要测验项目为水位、降水量、蒸发、水质。其中，降水量为1951—1954 年观测；蒸发为 1952—1953 年观测。报汛项目为水位。

(四) 设施设备变迁

1. 高程系统

宜宾海关水尺采用测站基面，其零点（即航行基准面）为当地某一枯水位。新中国成立后，采用吴淞高程系统并冻结。早期引据点为江 BM65-1′。2006 年 3 月改用江上-1-155 为引据点。2010 年 1 月，改用江 PBM61-143′为引据点。2017 年 3 月，引据点变更为Ⅰ西宜101（09），建立测站高程系统，各基面之间的关系为：

長江上游區長江幹流 1

宜賓站1922年逐日水位表

四川省宜賓縣（海關水尺）　　（吳淞基面以上公尺數）

日＼月	一月	二月	三月	四月	五月	六月	七月	八月	九月	十月	十一月	十二月
1				261.2	262.1	264.6	268.5	272.8	272.5	267.3	265.2	261.8
2				261.2	262.1	263.7	269.1	272.5	271.6	267.6	264.6	261.8
3				261.2	262.4	263.4	269.8	273.7	271.9	267.9	264.3	261.8
4				261.2	262.4	263.0	269.4	273.4	271.3	267.3	264.0	261.5
5				261.5	262.7	263.0	269.8	272.8	270.7	266.7	264.0	261.5
6				261.2	262.7	263.0	269.8	272.5	270.1	266.7	263.7	261.5
7				261.2	262.7	263.4	269.8	273.4	269.8	266.7	263.4	261.5
8				260.9	262.7	263.4	269.1	281.6	269.1	267.3	264.3	261.5
9				260.9	262.7	263.7	269.8	281.0	268.8	267.3	263.7	261.5
10				261.2	263.0	264.3	270.7	275.8	268.5	267.3	264.0	261.5
11				261.5	262.7	264.6	271.0	273.7	268.8	267.0	263.7	261.2
12				261.5	263.4	264.9	271.0	274.9	268.8	267.0	263.7	261.2
13				261.5	264.0	265.2	272.2	274.3	269.1	266.7	263.4	261.2
14				261.5	264.3	266.1	274.4	271.9	268.2	266.4	263.0	261.2
15				261.5	264.3	266.7	273.1	272.8	267.9	266.4	263.0	261.2
16				261.5	264.3	267.9	272.5	273.1	267.3	266.1	263.0	261.2
17				261.5	264.6	268.2	271.6	272.8	267.0	265.8	263.0	261.2
18				261.5	264.6	267.9	275.2	274.6	267.9	265.5	263.0	261.2
19				261.5	264.3	267.6	273.7	275.2	267.6	265.2	263.0	260.9
20				261.5	264.0	267.6	271.9	274.9	267.0	264.9	263.0	260.9
21				261.5	264.0	267.9	271.9	273.4	266.7	264.9	263.0	260.9
22				262.7	264.0	268.5	271.6	274.0	266.7	264.9	263.0	260.9
23				263.7	264.0	269.8	271.6	275.2	267.0	264.9	262.7	260.9
24				263.0	264.0	269.4	271.9	275.8	266.4	264.6	262.4	260.9
25				262.7	264.0	269.1	271.9	274.3	266.4	264.6	262.4	260.9
26				262.7	263.7	268.8	271.6	273.1	266.4	264.6	262.4	260.9
27				262.4	263.4	267.9	271.9	271.6	267.0	264.3	262.1	260.9
28				262.4	263.0	267.6	274.0	271.6	266.4	264.3	262.1	260.9
29				262.1	263.0	267.6	273.1	273.4	266.1	264.6	262.1	260.6
30				262.1	263.7	267.6	273.1	272.5	267.3	264.3	262.1	260.6
31					264.6		272.5	274.0		265.2		260.6
平均				261.7	263.5	266.2	271.5	274.1	268.3	265.9	263.2	261.2
最高				263.7	264.6	269.8	275.2	281.6	272.5	267.9	265.2	261.8
日期				23	17	23	18	8	1	3	1	1
最低				260.9	262.1	263.0	268.5	271.6	266.1	264.3	262.1	260.6
日期				8	1	4	1	27	29	27	27	29
全年	最高 281.6，8月8日			最低（260.6，12月29日）		平均水位 ——				中水位 ——		
附註	1.海關設測 2.本表根據前揚子江水利委員會抄本 3.原記載係用英制記至英尺											
符號	（ ）欠準數值											

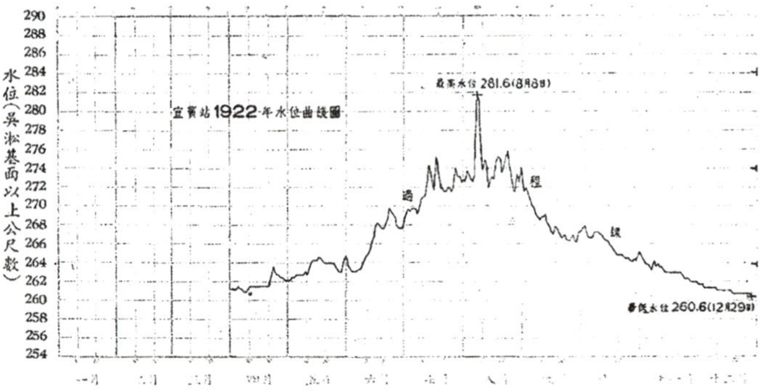

宜宾站 1922 年逐日水位表

①冻结基面以上高程＝黄海基面以上高程－1.431 米（引据点为江 BM65-1′、江上-1-155）。

②冻结基面以上高程＝黄海基面以上高程－1.437 米（引据点为江 PBM61-143′）。

③冻结基面以上高程＝1985 国家高程基准以上高程－1.455 米。

2. 水位观测

宜宾站自海关水尺开始，在河段上的陡壁、大块乱石、码头自然岩石或人行石梯等修建倾向斜式水尺，且刻画以 10 厘米或 20 厘米为单位，均为估读，其观测质量和资料精度较差。1978 年 6 月建成浮子式水位自记台，为条石岸式二级井，测井外径 1.4 米，进水管长 10 米。2006 年 6 月迁站后重建自动测报台，采用仿古六角亭式结构，下方为钢筋混凝土浇筑的圆柱形撑柱，高 14 米。上方为一层六角亭，高 5 米。

宜宾水位站（2013 年 9 月 17 日拍摄）

测站设基本水准点 3 个、校核水准点 2 个；倾斜水尺 3 段、直立式水尺 3 根；水位观测井 1 座、避雷针及地网 1 套；观测步道 25 米。

水情报汛最初采用电话电报通过邮电局报汛。2001 年采用浮子水位计固态存储，通过 PSTN（Public Switched Telephone Network，公共交换电话网络）和海事卫星进行数据传输。2005 年实现水位全自动报汛。2010 年配备北斗卫星终端作为第二信道，确保水情信息安全可靠传输。

20 世纪 70 年代的倾斜式水尺（步梯右侧）

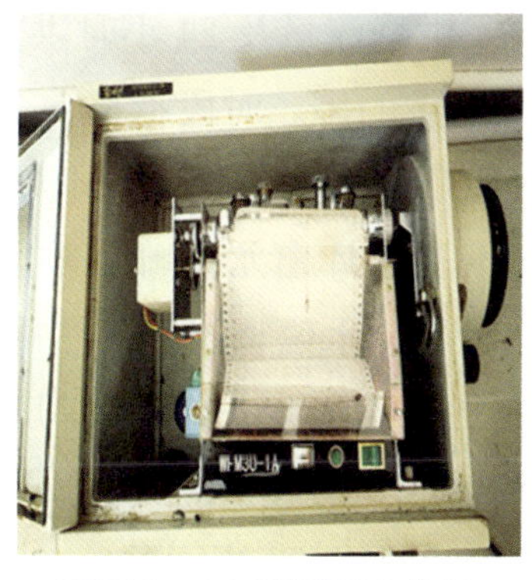

WFM30-1A 型浮子水位计

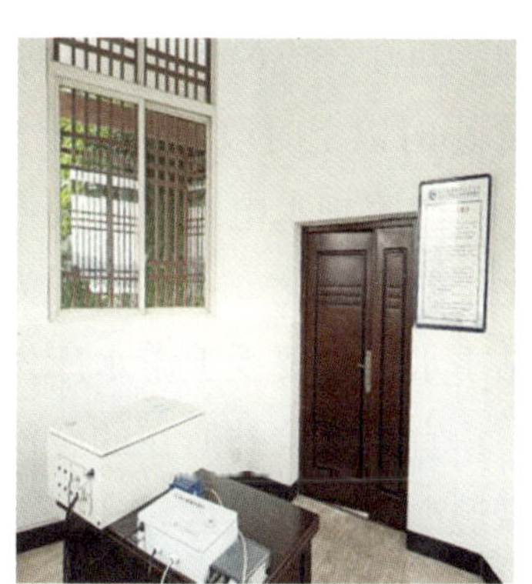

自动测报设备

水文测验断面、水文要素

水文测验断面指垂直水流方向的某一横断面，根据不同的用途分为基本水尺断面、流速仪测验断面、浮标测流断面、比降水尺断面。基本水尺断面一般设在测验河段的中央，平行于测流断面，其他断面可以分别设立，也可以重合，如浮标中断面可与测流断面重合。

水文要素指用以表述水文情势的物理量，如水位、流量、含沙量、降水、蒸发、水质、水温等。

三、水文特征

宜宾水位站地处金沙江与岷江汇合口，受两江来水共同影响，构成其独有的河流态势和水文特征。宜宾洪涝灾害主要由金沙江、岷江洪水造成。

金沙江主源发源于青藏高原唐古拉山脉，全长 3481 千米，出口处控制流域面积 634315 平方千米，流域洪水具有汇流时间长、洪量大等特点。未修建水利工程前，洪水涨落较平缓，连续多峰，峰高量大，洪峰持续时间一般为 3～6 小时，较大洪水过程历时 10～25 天。

岷江发源于岷山南麓的郎架山，向南流经松潘、汶川、都江堰、彭山、眉山、乐山、宜宾，注入长江，全长 711 千米，出口处控制流域面积 13.6 万平方千米，是长江径流量最大的支流，上游为青衣江暴雨区。岷江洪水具有汇流历时短、洪量集中、峰高、量大等特点。一次洪水过程涨落快，一般较大涨差为 0.5 米每小时，洪峰持续时间多在 3 小时以内，一次洪水过程一般为 3～5 天，多呈单峰或复式峰型。两江合成的年最大洪水中，洪峰流量及 24 小时洪量以岷江为主的情况比较多，72 小时以上时段洪量以金沙江为主的多，时段越长，金沙江洪量比重越大。

向家坝水电站陆续投入运行后，宜宾水位站受电站调蓄影响，水位丰枯过程发生了明显变化。主要体现为汛期受水库蓄水削峰影响，水位较天然情形有所下降；枯季水位主要受上游水库发电影响，水位整体较天然情形有所抬高。

宜宾水位站所在的金沙江干流下游地处东亚中纬度的四川盆地南部，属于亚热带湿润季风气候区，浅丘河谷地域兼有南亚热带气候属性，南部山区立体气候明显，气候温和，雨量充沛，无霜期长，雨热同季，四季分明。年平均气温约 17.5 摄氏度，平均降水量约 1139 毫米。全年大部分径流量主要集中在汛期，年内水量分配不均匀。年内最高水位一般出现在 6—9 月。

（一）水位特征值（最高、最低、平均）历年变化

在宜宾水位站 1922—2024 年的 102 年中，除 1927—1934 年、1939—1940 年、1947—1949 年 3 个时期共 13 年停测外，其余年份完整记录了金沙江宜宾段的水位变化过程。其中实测最高水位为 283.44 米（1966 年），最低水位为 258.33 米（1999 年），多年平均水位 263.00 米。

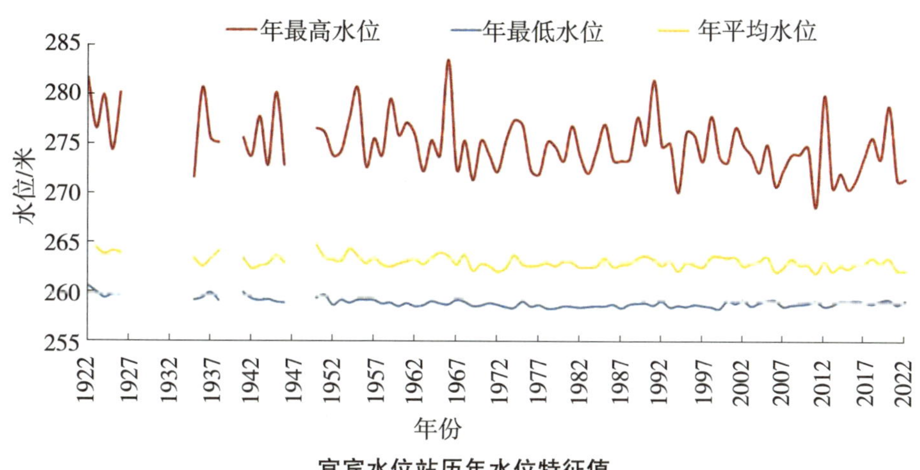

宜宾水位站历年水位特征值

宜宾水位站防汛特征水位表

项目	水位值	水位值（2013 年调整）
警戒水位/米	277.00	277.90
保证水位/米	279.00	279.80

宜宾水位站采用吴淞基面高程，与其他基面关系如下：1959 黄海高程＝吴淞冻结基面高程－1.437 米；1985 国家高程基准＝吴淞冻结基面高程－1.455 米。

（二）典型历史洪水

根据历史洪灾资料统计和成因调查，造成宜宾洪灾次数最多的是岷江洪水，造成灾害最严重的是两江组合洪水。

在 100 余年水文资料记载中，金沙江、岷江洪水过境宜宾，留下了许多灾难性的历史印记。据宜宾市水灾史料记载及调查，自公元 1882—2022 年的 141 年间，宜宾市城区遭受的较大洪水有 11 次，即 1882 年、1905 年、1917 年、1922 年、1936 年、1949 年、1966 年、1991 年、1998 年、2012 年、2020 年。其中 1905 年、1966 年、1991 年为特大洪水；1966 年、1991 年洪水为金沙江岷江组合洪水，是新中国成立以来宜宾市经济损失最大的两次洪水；1998 年、2020 年为全流域性洪水；

2012 年洪水为金沙江、岷江、横江三江组合洪水。

宜宾站最高（低）水位极值表

序号	最高水位/米	发生时间	最低水位/米	发生时间
1	283.44	1966 年 9 月 1 日	258.33	1999 年 3 月 16 日
2	281.60	1922 年 8 月 8 日	258.35	1978 年 3 月 7 日
3	281.41	1991 年 8 月 10 日	258.37	1979 年 3 月 3 日
4	280.57	1936 年 8 月 3 日	258.39	1987 年 3 月 14 日
5	280.52	1955 年 7 月 15 日	258.41	1974 年 3 月 11 日
6	280.11	1945 年 9 月 2 日	258.45	1982 年 3 月 25 日
7	280.10	1926 年 8 月 11 日	258.48	1993 年 3 月 29 日
8	279.84	2012 年 7 月 23 日	258.48	1973 年 3 月 12 日
9	279.80	1924 年 8 月 20 日	258.51	1998 年 3 月 23 日
10	279.45	1959 年 8 月 13 日	258.53	1983 年 2 月 11 日

1.1922 年洪水

1922 年洪水为单峰洪水过程，具有水位高、洪峰尖瘦、历时短等特点。洪水从 8 月 7 日起涨到 8 月 11 日消落，8 月 8 日洪峰水位 281.60 米，洪水淹没了宜宾众多道路及房屋。

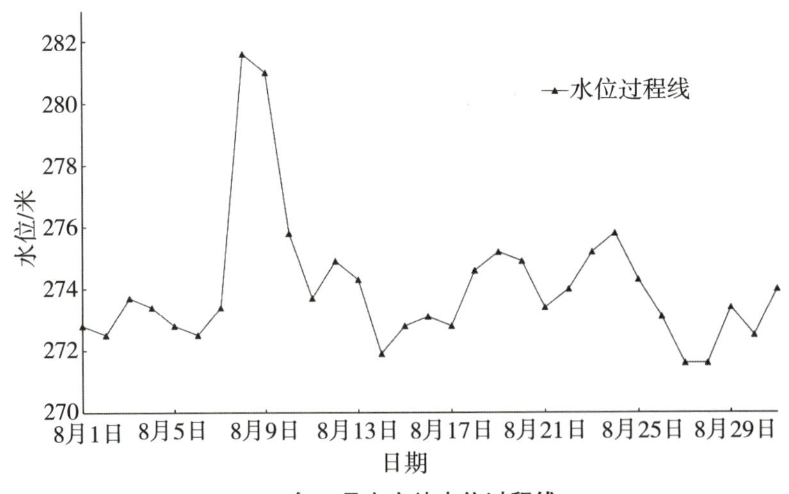

1922 年 8 月宜宾站水位过程线

2.1936 年洪水

1936 年 7 月 22 日起，宜宾城区三江口连降大雨，江水猛涨，至 8 月 3 日合江门宜宾站水位 280.57 米，沿岸房舍被淹。

3. 1966 年洪水

1966 年洪水为单峰洪水过程，具有水位高、洪峰偏胖、历时长等特点。洪水从 8 月 23 日起涨到 9 月 12 日消落。9 月 1 日，金沙江屏山站洪峰流量 2.9 万立方米每秒，岷江洪峰流量 2.62 万立方米每秒，两江洪水叠加，合江门宜宾站洪峰水位高达 283.44 米。宜宾全城淹没约四分之一，淹没房屋 5402 间，其中冲倒 1146 间，受灾人口 1.99 万。

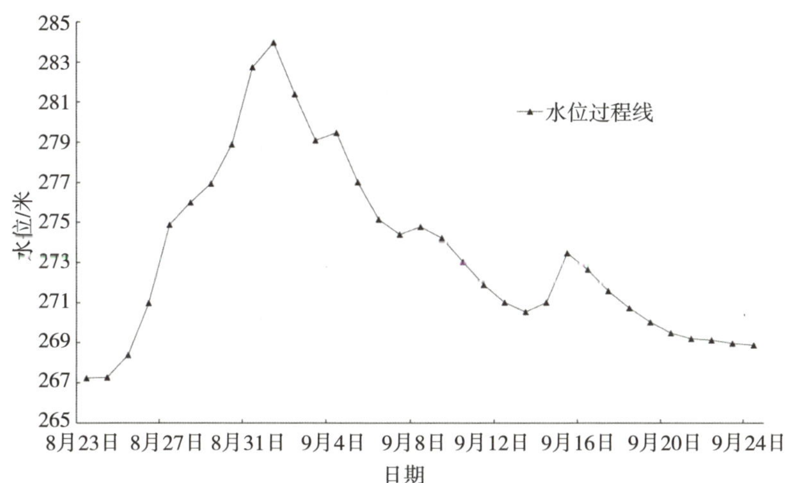

1966 年 8、9 月宜宾站水位过程线

1966 年大洪水中的宜宾城

4. 1991 年洪水

1991 年洪水为复式峰洪水过程，具有水位高、洪水过程扁胖、历时较长等特点。8月9日，金沙江洪水陡涨，同时遭遇岷江约10年一遇洪水（流量2.73万立方米每秒），形成继1966年后的又一次大洪水，8月10日洪峰水位281.41米。宜宾淹没房屋1.9万间，垮塌房间1200间，灾民3万余人，死亡2人，受伤221人。

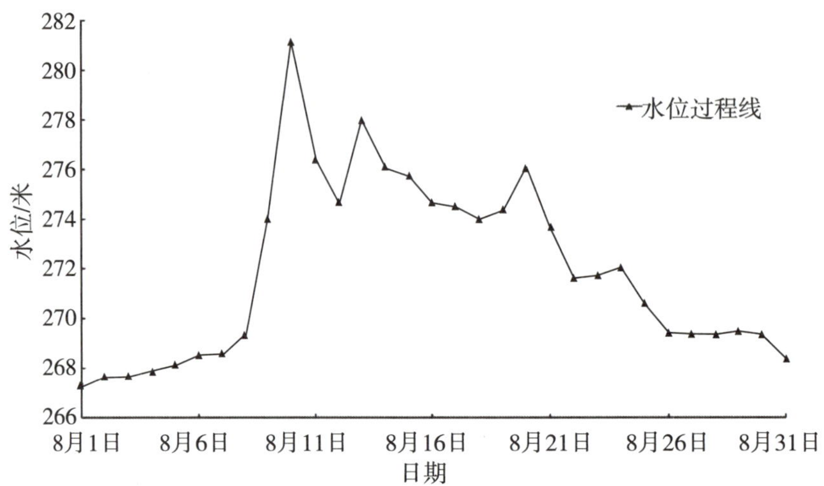

1991年8月宜宾站水位过程线

1991年大洪水中的宜宾城

宜宾岷江桥

宜宾金沙江铁路桥

5.1998年洪水

长江流域发生了20世纪以来仅次于1954年的又一次流域性大洪水，洪水量大，洪水位高，高水位历时长。宜宾站洪峰水位277.74米，发生日期为7月13日。

6.2012年洪水

因上游及宜宾地区连降大到暴雨，金沙江、岷江、横江三江同时涨水，宜宾城区洪水泛滥，7月23日向家坝站洪峰流量为1.6万立方米每秒，高场站洪峰流量为2.36万立方米每秒。洪水造成宜宾市8个乡镇不同程度受灾，受灾人口超过4.35万，倒塌房屋300余间，紧急转移安置7300多人。宜宾站洪峰水位279.84米，发生日期为7月23日。

7.2020年洪水

受岷江上游成都、雅安、乐山等地特大暴雨影响，宜宾市叙州区遭遇历史罕见的洪涝灾害，岷江高场水文站出现 1939 年建站以来实测最大洪峰，最大流量 3.75 万立方米每秒，发生日期为 8 月 18 日。洪水造成宜宾市叙州区 6.5 万多人受灾，紧急转移安置 2.3 万多人。洪水在宜宾汇入长江后，对金沙江造成顶托，宜宾站洪峰水位 278.77 米，发生日期为 8 月 19 日。

水文科普　**暴雨调查、洪水调查、洪水痕迹和历史洪水**

暴雨调查指为查明有关地区暴雨的暴雨量、时程分配、空间分布、天气系统、灾情和重现期等所进行的调查工作。

洪水调查指为推算某次洪水的洪峰水位和流量、洪水总量、洪水过程及其重现期而进行的现场调查和资料整理工作。

洪水痕迹指相应于河流大洪水时的水位所遗留的泥印、水迹、人工刻记以及其他一切能代表最高水位到达位置的标志物等的总称。

历史洪水指通过现场调查、查阅历史文献及文物考证等得到的河道某段某地点历史上出现过的大洪水。

四、技术发展

（一）精细建造倾斜式水尺

宜宾站利用河流天然陡峭边坡地形，因地制宜，设计建造牢固、安全、美观、耐用的倾斜式水尺。

1956 年，根据《水文测验暂行规范》，利用上游地区岸坡较陡的地形条件，将直立式水尺改进成倾斜水尺，即在岸坡的断面线上，根据地形从低到高开挖基础，用条石水泥安砌成一条高出地面的倾斜坡面，刻画上水尺，旁边用条石安砌成阶梯，以便观测时上下行走。

倾斜水尺尺面的刻画仿照水准尺的标准，先用水准仪以 10 厘米为一级测出其高程，画上记号，再用钢尺量其斜面长度，分成十等份画线，即每级垂直高度为 10 厘米，水尺刻画以 1 厘米为单位。全水尺测定画线后，再用红白油漆描画，并刻上水尺对应读数。

据《长江上游区长江干流宜宾站水位整编说明表》记载，宜宾水位站水尺形式及质料分为 4 个时期：①1922—1954 年为采用刻画的方式，将水尺凿刻于石阶及石壁上；②1955—1993 年直立式木质水尺及倾斜式石质水尺；③1994—2005 年为直立式水尺及倾斜式石质水尺；④2006 年至今为直立水尺及倾斜式钢筋混凝土水尺。

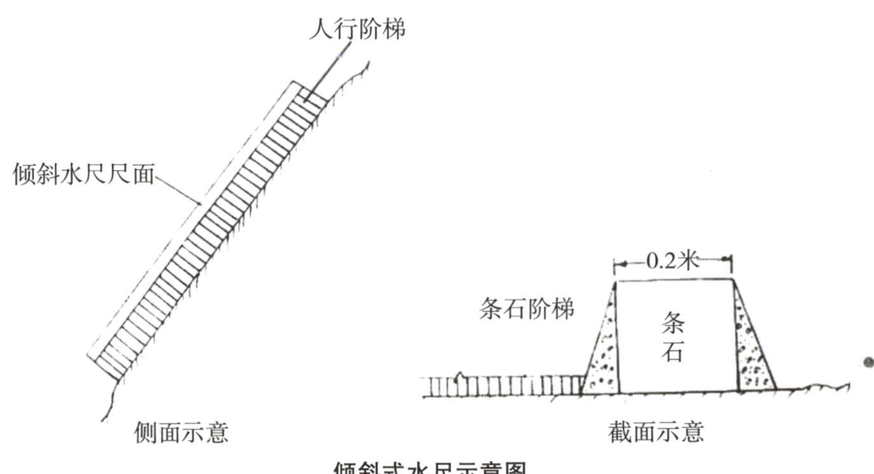

倾斜式水尺示意图

宜宾水位站倾斜式水尺（2024 年 5 月 20 日摄）

（二）水位自动采集

1978 年 6 月，宜宾站建成浮子式水位自记台，采用 SCJ-50 型横式模拟日记式自记仪。1983 年采用 SCJ-50 型长期水位自记仪，每月换一次记录纸。

2001 年采用气泡式水位计和 YAC 2000，实现水位自动采集，通过 PSTN+海事卫星传输至国家防汛指挥系统宜宾水情分中心。

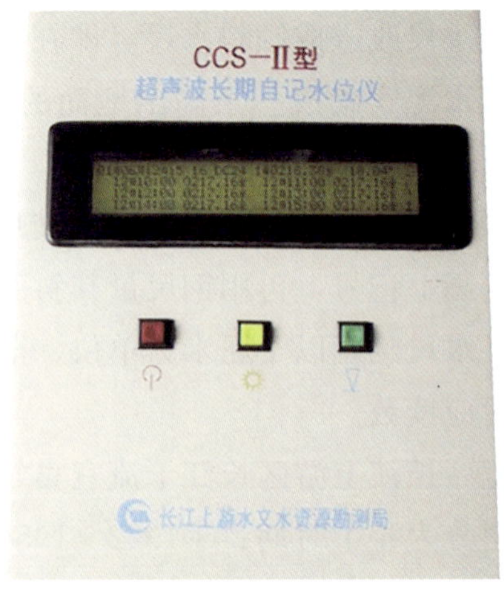

CCS - Ⅱ 型超声波长期自记水位仪

2002 年参与研制 CCS - Ⅱ 型超声波长

期自记水位仪，利用液介式超声波测深技术，以 8031 单片机为核心，应用模糊控制理论及中值滤波嵌套抗干扰措施对水温、水深进行自动测量、存储、传送。2005 年 7 月 1 日实现自动报汛。2010 年升级改造为通过 GPRS 和北斗卫星进行自动报汛。

（三）在线监测与信息化

1922—1978 年，采用手工算盘模式处理数据。1979—2004 年，采用电算模式。2005 年采用计算机进行数据处理，纸质水文成果保存于上游局档案室，电子资料保存于长江委水文局网信数据库。2023 年 1 月水位自记数据实时上传至长江委水文局长江智慧水文监测系统（WISH/愿景系统）。

宜宾站水位自记台（2001 年摄）

水文科普

水情报汛

水情报汛指水文测站在每天特定时间，利用各种通信手段及时准确传送各项水文要素观测值、观测方法和趋势等信息，汇总后分发各有关部门和单位，或向公众发布，以便及时掌握水情，做好防汛工作，这是传统的江河水雨情报送方式。

水情报汛段次是将每天划分为若干个特定的观测和管理区段，每个区段由专门的人员负责监测和报告水位、流量等水文信息。如一段制为 8 时报汛，两段制为 8 时和 20 时报汛，四段制为 2 时、8 时、14 时、20 时报汛……24 段制即每小时报送 1 次水情，48 段制为每半小时报送 1 次水情。

五、难忘岁月

岷江高场水文站与金沙江宜宾站同属一个片区管理。测区水文人艰苦奋斗，忠诚负责，克己奉公，用平凡的行动做出了不平凡的业绩，留下了许多感人的故事和难忘的记忆。

（一）偏窗子往事

20世纪50年代末，长江流域规划办公室在岷江出口上游4.1千米的偏窗子规划修建水利枢纽工程。1960年，偏窗子工程前期准备启动，重庆水文总站抽调宜宾水位站职工徐志远前往坝址开展水位观测工作。

随着偏窗子前期准备工作的深入开展，除坝址水尺外，还在坝址上下游两岸增设了半边寺、锁江石、上纸厂、爬海沟、斑竹林、大岩匡等多组水尺。当时交通、通信以及物资都较为落后，为了解决各组水尺观测时间的准确和统一，保证按规定段次要求进行观测。徐志远开动脑筋，因地制宜，采用野外测量“打旗语”和“信号灯”的传统方法，解决了高洪时期偏窗子枢纽各组水尺白天和夜间同步准时观测的问题，这在当时称得上现场作业指挥的一个创举。

比如在主汛期，他在河岸一处高地设置工作台，给自己准备了两面红色手旗和一面白色手旗，作为白天指挥各处按段次进行水位观测的信号旗。规定举一面红旗表示四段制观测，举两面红旗表示八段制观测，举白旗表示取消八段制恢复四段制。夜间则采用电筒指挥，在五节高亮度电筒上蒙上红布，闪光两下表示四段制观测，闪光三下表示八段制观测。各处观测员也手持红旗、白旗和电筒，用约定的方式将观测情况向指挥者作出回复。就是通过这些近乎原始的手段和方法，保证了偏窗子枢纽前期工作的有效开展和资料的完整收集。

在1960—1967年偏窗子岁月里，徐志远既要观测坝址水位，又要负责其他水尺的工作安排、观测指挥和资料检查。他每天都早起晚归，奔波在岷江上，却从不叫苦懈怠。从驻地林家巷到工作现场4.1千米，往返全靠步行，春夏秋冬风雨无阻，历经千辛万苦，在岷江岸边洒下了无数汗水，付出了全部的心智和努力。尽管偏窗子工程因各种因素最终未能上马，但水文人在创业阶段不畏困难的精神值得铭记。（根据退休职工徐宗荣回忆整理）

(二)岷江赤子

钟宏联,高场水文站原站长。从 1981 年到 2010 年,他扎根偏远艰苦的水文测站,无怨无悔,岷江岸边、观测道上,都留下了他坚实的脚步。他立足岗位,刻苦钻研,勇于创新,以实际行动践行入党誓词,把青春和理想融进了水文事业。2010 年 8 月 8 日,他在病榻上抱憾离开了人世,走完了他平凡而闪光的人生旅程。

时针回拨到 1981 年,那一年,年仅 21 岁的钟宏联满怀激情,从长江水利水电学校毕业,分配到位于四川省宜宾县岷江边的高场水文站。这是一座基层的水文缆道站,它所控制的岷江是长江上游几条支流中水量最大的一条河流,历史最大流量达 3 万多立方米每秒,高场站的水文情报成为直接影响长江流域防汛抗洪决策的重要依据之一。

然而,水文站的现状让一心要为水利事业建功立业的钟宏联稍感失落。水文站距离最近的乡镇还有一千米远,用篱笆围成的站院内,仅有三排土墙瓦房,门窗破旧,地面潮湿,光线暗淡。但既来之则安之,钟宏联跟着站上的老职工开始学习观测、发报、测流、取沙,在老一辈水文人艰苦奋斗、无私奉献的精神感召下,他对水文职业内涵的理解日渐加深,也日益热爱水文工作。

参加工作的第二年,老站长就放手给他压担子,安排他主持外业测报及负责仪器设备维修工作。1988 年,钟宏联被提拔为高场水文站站长。之后,他更加努力地工作和学习,以站为家,把自己的青春、理想和对事业的追求融进了他所从事的水文工作中。

他利用点滴时间学习测站技术规定、仪器设备维护方法和水文基础理论知识,还经常搞一些小发明,在测报中发挥了重要作用。根据岷江洪水峰高、量大、历时短的特点和流速忽大忽小的情况,他设计制造了一个铅鱼尾翼偏角调节器,为确保夜测铅鱼运行安全,在铅鱼尾翼上又加上一块尾翼,并贴上反光膜,这样夜测时就容易掌握铅鱼运行情况。

川南地区夏季雷电频繁,仪器设备常被雷电击毁。针对这个问题,钟宏联等人在所有设备线路上安装避雷闸刀,彻底保障了设备的安全。过去,缆道运行中因误操作而导致事故的现象时有发生,他们又动脑筋想办法,自行设计安装了“缆道运行保护装置”,使行车在行程极限状态下自动停止运行,高场站从此结束了缆道人为事故的历史。

钟宏联在仪器设备维护保养方面摸索出了一套独特的方法,他借用中医“望、闻、问、切”的医疗方法，结合自己的工作实践体会，总结出了一套简单有效的设备维护法，取名为“设备维护三字经”，经专家进一步提炼后，在各站队推广使用，受到基层水文职工的普遍欢迎。他还先后发表了《水位数据优化在微软办公软件中的实现》《办公软件在水尺零点高程测量中的应用》《缆道站系线浮标流向测量资料整理方法探讨》等多篇论文，得到了较高评价。

在钟宏联的日历中，没有双休日和节假日。在高场水文站，他起得最早，睡得最晚。每天黎明即起，打扫庭院，把全站拾掇得干干净净、清清爽爽后便开始了新一天的工作……

钟宏联在为高场站这个“家”付出心血和汗水的同时，也在事业的道路上留下了闪光的人生足迹：从钟宏联成为站长的第二年起，高场水文站成果质量连续 20 年获得全优；连续 23 年安全生产无事故；2004 年高场站获“全国文明水文站”殊荣。

2009 年 8 月，钟宏联因胰腺炎生病住院，后转到重庆治疗。2010 年 3 月，钟宏联被确诊为胰腺癌。他被病魔折磨得脸都变形了，却还想着水文站的水尺该校测了，缆道有几个滑轮已经磨损该换了，缆道要打油了……

2011 年 6 月 17 日的《光明日报》刊发了报道《岷江赤子——追记长江委水文上游局高场水文站站长钟宏联》。

（三）测报往事

1. 报汛不是小事

水文信息为洪水预警、防汛指挥和防灾减灾提供科学依据，面对洪水威胁，水雨情监测尤为重要。因此，无论什么条件、什么情况，水文职工都会想方设法维护水文设备设施正常运行，准确及时地报送水文监测数据。

据宜宾站退休职工徐宗荣回忆，在 1978 年之前的较长时期里，一直是人工观测水位，邮局发报和手摇电话机报汛。该站职工从林家巷值班室步行到江边要 20 多分钟，观测水位后又需要 20 多分钟赶到当地邮局，采用电报向主管上级报送水位数据，然后步行七八分钟赶回林家巷，用电话向地方防汛部门报送水位信息。平常一次观测报汛至少需要一个半小时。如遇汛期高洪，除了向上级单位按 8 段次观测发报外，还要向当地防汛部门按 24 段次（即逐时）发报。这时，观测人员就一直奔走在大街小巷，不停地往返于值班室和江边。

2006 年以前，宜宾水位站位于金沙江、岷江交汇位置，水尺断面处于两江汇合口的静水三角区，极易形成泥沙淤积，导致水尺被遮挡，无法观测。汛期每次洪水过后淤泥厚度都超过 0.5 米，洪水一退就必须抓紧清淤，而每次的清淤观测工作一人无法完成，往往需要家人协助帮忙，枯季清理水尺淤泥更是经常性的苦活。当年水尺为倾斜水尺，泥沙在水尺和梯步处堆积往往厚一米以上，从岸边向河心延伸达三米多远。每次都要提前半小时带上清淤工具到达现场，挖沙开沟引水才能观测。不断挖沟又不断垮塌填堵，今天观测了明天又被填满，需要长时间连续清理，才能排除淤泥带来的困扰。徐宗荣回忆，他那时只有 10 多岁，每年汛期和枯季都要多次协助父亲徐志远做这方面的工作。

父亲念念不忘的那句“报汛不是小事，是关系千家万户的大事”也打小潜移默化地刻在了徐宗荣的心里，觉得父亲和他做的工作平凡而光荣，也很了不起。

2. 父亲的宝贝

据宜宾分局职工杨茂华回忆，她父亲杨声富 1984 年调到宜宾水位站工作。在她印象中，父亲有一件天天不离身的宝贝，是一个黑色的硬壳手提包，里面有他的全部家当：一个有点陈旧的硬质夹板，上面夹着水位观测记录表，还有一支铅笔、一个手电筒。

杨茂华回忆道，枯季水位观测，父亲从每天早晨七点半开始。听父亲说，他走路到合江门码头江边，大约七点五十分。他先看看水尺周围的情况，如果发现垃圾，就去附近借一把铁锹将其铲走。然后开始观测水位，认真工整地记录下来，再走 1.5 千米到邮局，发报给上级水情部门。每天重复着简单枯燥的工作。他时常挂在嘴边的一句话就是：“水位出不得一点问题，否则后果很严重!”

汛期就更忙了，洪水就像军号。杨茂华说，在雷声震耳、暴雨倾盆的时候，人人都往家里躲，父亲却穿着雨衣雨靴，提着包包，义无反顾地往雨中走。遇到大洪水逐时观测水位，父亲昼夜忙碌劳累，他不是在观测水位，就是在观测水位的路上，回到办公室还要不断接听和回复各种关于洪水情况的电话，吃饭经常是匆忙扒几口了事。父亲自制的简易闹铃声音尖锐而响亮，她常常在夜半三更被这突然的响声惊醒，睡眼惺忪中看见父亲又提着包包匆匆忙忙地出门了。夜的漆黑莫测和风雨的冷酷无情，给父亲带来了数不清的阻挠和考验。

1985 年夏天的一个晚上，下着倾盆大雨。杨茂华和父亲一起去看水位，到了江边，水位很高，涨得也很快，周围一片漆黑，轰轰的洪水声让人心惊胆战。杨茂华接过父亲的电筒，照着水尺。浪很大，一阵接一阵地涌向父女俩脚边。她很害怕，拿着电筒的手不断颤抖。杨声富见状，严厉地说道："有我在，你怕啥子！好好照到水尺！"她听了，还是害怕，却站在那里不敢动，父亲的严厉让她感到敬畏和亲切。两三分钟后，水位观测完毕，父女俩又深一脚浅一脚，在漆黑的夜里赶往邮局去发电报。

杨茂华说，父亲已经去世多年，每次翻阅父亲留下的水文测验规范、专业书籍和工作笔记，看到父亲用过的手提包、老式手电筒和戴过的帽子，想起他用过的"宝贝"，心里就五味杂陈，有心疼，有敬爱，有自豪，有温暖，更有对父亲事业、情怀和人生的敬佩。

测站职工曾经的"宝贝"：提包、水位记录夹板、手电筒

寸滩水文站

——三峡水库入库站

寸滩水文站站房（2024 年 5 月 20 日摄）

重庆是中国中西部地区唯一的直辖市，有文字记载的历史达 3000 多年，是巴渝文化的发祥地。

寸滩水文站坐落在重庆市江北区寸滩街道三家滩 50 号，位于长江与嘉陵江汇口朝天门下游约 7.5 千米，东经 106°36′，北纬 29°37′。寸滩有水位记录始于 1891 年 3 月海关水位观测，1939 年 2 月寸滩水文站设立。现为国家基本水文站、国家重要水文站、中央报汛站、长江上游洪水编号依据站。隶属于长江委水文局长江上游水文水资源勘测局江北分局。现有水位、流量、降水、水温、悬移质输沙率、河床质等 9 项水文监测项目，以及 30 项水质和 4 项水生态监测指标，拥有全江唯一的双缆道水文设施。

寸滩水文站监测金沙江、岷江、沱江、嘉陵江汇合后的长江水情和沙情，是三峡水库干流入库代表站，为三峡工程科研、设计、施工及运行管理提供基础依据，为重庆主城区防洪提供决策支持。

一、河段概况

重庆位于四川盆地南部，北靠大巴山，南依武陵山，总体以山地和丘陵为主。重庆水系发达，河流纵横，有大小支流7000余条，其中流域面积大于100平方千米的河流274条，大于1000平方千米的河流42条，重要的有长江、嘉陵江、乌江等。

河流水系及测站位置图

寸滩原名秤滩，因江中有一浅滩，枯水季节露出；浅滩中有一石梁，状似秤杆，人们称为“秤滩”，因“秤”与“寸”音近，久而久之人们便传为“寸滩”。历史上，寸滩是重庆通往周边地区的古驿道和物资集散地，各种马帮、力帮、挑夫汇集于此。

寸滩水文站上游7.5千米为重庆朝天门（长江与嘉陵江交汇处）。下游约1.5千米急弯处，有猪脑滩为低水控制。再下游8千米，有铜锣峡为高水控制。断面下游约400米有寸滩长江大桥，测验河段位于三峡水库变动回水区。测验河段总体呈“S”形，顺直河段长约2.3千米。河床左岸为沙土岩石，中部及右岸为卵石，冲淤变化不大，河床基本稳定。水文测验断面呈“U”形，深泓偏右岸，汛期水面宽约760米。左岸水尺沿线从高到低设有1870年、1788年、1905年、2020年、1981年5个洪痕标记。左岸公路处建有重庆轻轨四号线寸滩站。右岸建有防洪堤和城市商业区。断面左岸上游约550米处有砂帽石梁，起挑水作用。

重庆朝天门——长江与嘉陵江交汇形成“鸳鸯锅”

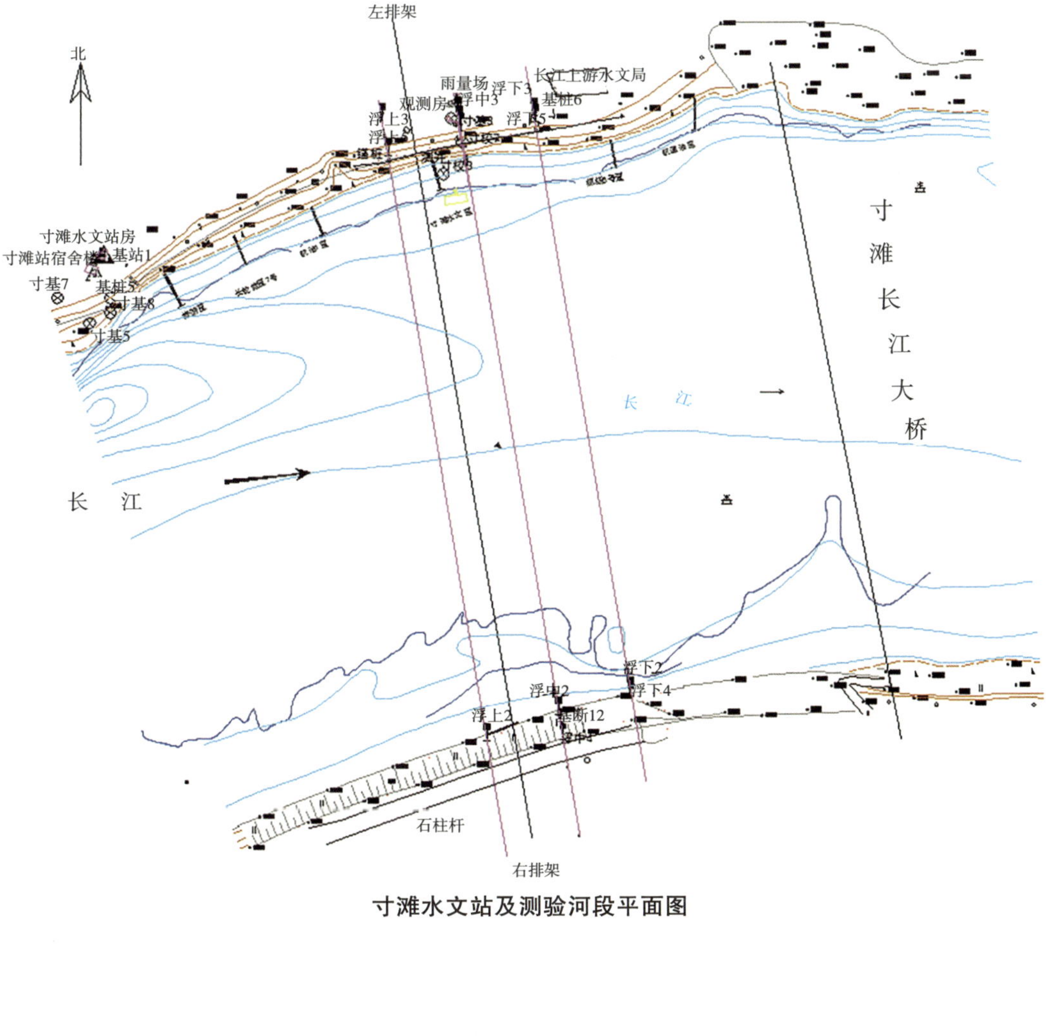

左排架
北
雨量场
浮下3
长江上游水文局
观测房
浮中3
基桩6
浮上3
浮下5
寸滩水文站房
寸滩站宿舍楼
基站1
寸基7
基桩5
寸基8
寸基5
寸
滩
长
江
大
桥
长 江
长 江
浮下2
浮中2
浮下4
浮上2
基断12
石柱杆
右排架

寸滩水文站及测验河段平面图

二、测站探源

（一）测站沿革

1891 年 3 月重庆海关设立。1892 年重庆海关水尺设于朝天门对岸（长江右岸）的狮子山玄坛庙，凿刻在岩壁之上（壁上有木塔），水尺零点距离壁顶 105 呎 3 吋（呎：英尺旧称，1 呎＝0.3048 米；吋：英寸旧称，1 吋＝25.4 毫米），这是重庆近代水位监测的开端。1938 年 4 月，在黄沙溪兜子背设立水文站，1939 年 2 月迁至寸滩，是川江上最早施测流量、含沙量等要素的水文测站。

重庆海关水尺

寸滩站老站房

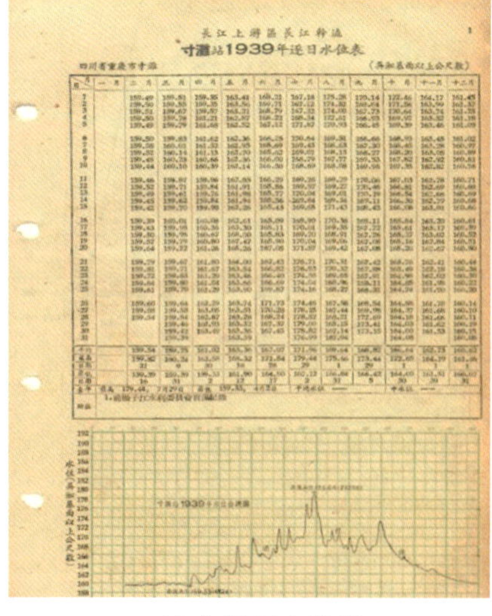

長江上游區長江幹流

寸灘站1939年逐日水位表

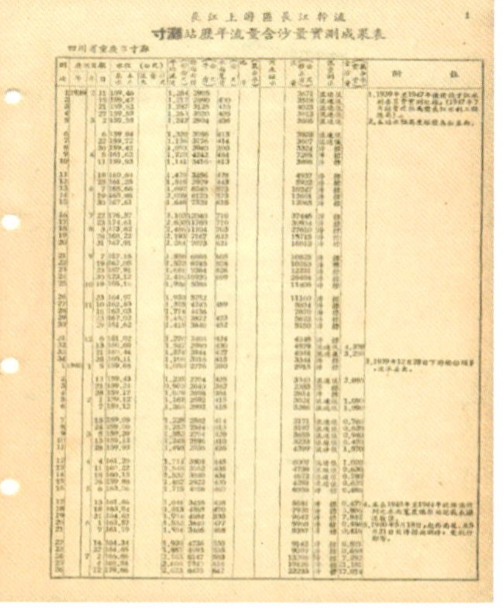

長江上游區長江幹流

寸灘站歷年流量含沙量實測成果表

1939 年逐日水位表

1939—1940 年流量含沙量实测成果表

（二）观测项目变化

寸滩海关水尺最初设立目的是为船舶行驶提供水情信息，逐步发展成为系统收集水情、雨情、沙情、水质等基本水文资料的水文站。其主要观测要素、观测时间和观测目的及变化原因如下：

寸滩站历年水文测验项目演变

序号	观测要素	开始观测时间	观测目的及变化原因
1	水位	1892 年 5 月	英制计量单位，提供航行水情信息
		1939 年 2 月	米制计量单位，收集基本水文资料
2	流量	1939 年	收集基本流量信息
3	水温	1956 年 1 月	收集基本水文资料
4	悬移质输沙率	1953 年 1 月	收集基本泥沙资料
5	单样含沙量	1939 年	收集基本泥沙资料
6	降水量	1952 年	收集基本雨情信息
7	推移质	1955 年 6 月	1962 年停测一年，1963 年 3 月恢复
8	河床质	1955 年 6 月	分析掌握河床冲淤及泥沙组成变化规律
9	悬移质颗粒分析	1954 年 6 月	收集基本泥沙资料
10	水质	1956 年	收集水化学基本资料
11	水生态	2015 年	试点监测

（三）隶属机构变更

1891 年设立海关水尺，领导机关为重庆海关。1939 年 2 月，扬子江水利委员会设立寸滩水文站，管理机构为扬子江水利委员会重庆水文分站。1947 年 7 月，寸滩水文站改名为重庆水文站，领导机关为长江水利工程总局，管理机构为西南军政委员会水利局。1949 年 12 月，恢复寸滩站站名。1950 年 2 月，领导机关变更为长江水利委员会，同年 10 月，管理机构变更为长江水利委员会上游工程局。1955 年 3 月 4 日，长江上游工程局撤销，同时成立长江水利委员会重庆水文分站。1956 年 1 月，基本水尺下迁 550 米至原测流断面处。1956 年 3 月 28 日，将重庆水文分站改为重庆水文总站。1956 年 11 月 26 日，领导机关变更为长江流域规划办公室。1989 年，领导机关更名为长江水利委员会。1994 年 8 月，管理机构由重庆水文总站变更为长江上游水文水资源勘测局。2012 年隶属于长江委水文局长江上游水文水资源勘测局江北分局。

(四) 设施设备变迁

1. 测验断面设施

寸滩站现有10根断面标志杆，浮标上断面左岸2根，右岸1根；浮标中断面左右各2根；浮标下断面左岸2根，右岸1根。断面点3个、基线桩点1个、水准点5个（引据点1个、基本点2个、校核点2个）、极坐标点1个。

2. 水位、水温观测

(1) 水尺

1956年，寸滩站水尺断面与测流断面合并，以倾斜式水尺为主。

倾斜式水尺旧照

倾斜式水尺现状

(2) 高程系统与冻结基面

海关水尺零点距离水尺刻画岩壁壁顶105呎3吋。寸滩站冻结基面系吴淞基面，在1985国家高程基准以上－1.487米。

寸滩站采用的引据水准点有：Ⅱ渝长 9 基上（85 基准高程为 193.146 米）和Ⅱ渝长 6（85 基准高程为 196.562 米）。

水文科普

基面及基面关系

基面指计算水位和高程的起始面。水文测站常用的基面有绝对基面、假定基面、测站基面和冻结基面。

绝对基面：以某一海滨地点的特征海平面（多年平均海水面，或最低海水面，或假定某一海水面）的高程定为零点的水准基面。用绝对基面表示的高程值称为海拔高程。我国曾经使用过的绝对基面主要有大连、大沽、黄海、废黄河口、吴淞、珠江口等基面。目前我国采用的 1985 国家高程基准（简称“国家 85 高程基准”或“85 高程基准”等），是以青岛验潮站 1952—1979 年验潮资料计算确定的平均海水面（零高程面），于 1987 年由国家测绘局颁布，是我国统一的高程基准。

假定基面：为计算水文测站水位或高程而假定的水准基面。常在测站附近设有国家水准点或者一时不具备接测条件的情况下使用。如假定某水文测站的基本水准点高程为 150 米，则测站的基面为其基本水准点垂直向下 150 米处的水平面。

测站基面：略低于水文测站历年最低水位或河床最低点的一种专用假定的固定基面。长江沿线近代设立的海关水尺即为测站基面，也是船舶航行的参考基准面。

冻结基面：是水文测站专用的一种固定基面，即将水文测站首次使用基面冻结下来，以保持测站水位资料的一致性。

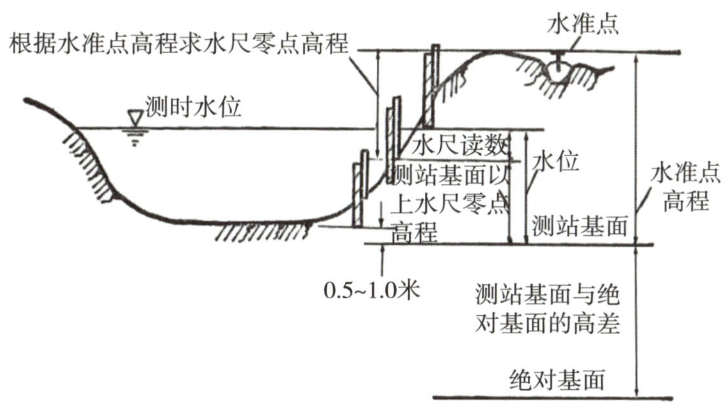

基面及基面关系图

（3）设施设备

1971 年，寸滩站建成浮子式水位自记台，1979 年投产，结构形式为条石岸岛，井高 21.2 米，外径 1.3 米，内径 0.8 米，进水管长度 1 米。记录方式为有线远传记录，仪器型号为 DS-电传Ⅲ型，产自重庆水文仪器厂。1981 年特大洪水中自记台被冲垮，1982 年重建。

2003 年，水位采用气泡式水位计 WL3100 观测。2005 年 7 月 1 日，水位和雨量实现自记并通过 PSTN 公共电话网络和北斗卫星自动报汛。2010 年 9 月 10 日，使用中澳水位自记仪记录水位。2020 年，使用 HR6100 自记水温计。2021 年，北斗卫星报汛模块升级。

3. 流量和泥沙观测

（1）吊船缆道

1966 年 4 月，寸滩站建成吊船缆道，跨度 1300 米，主索直径 32 毫米。2021 年寸滩站缆道进行改造，现如今寸滩站缆道跨度 1197 米，左岸排架房共 9 层，高约 40 米。

（2）测船与趸船

1954 年，寸滩站拥有了第一条 8 吨的木船；1955 年开始用于流速仪法流量测验。1974 年，筹建第一条钢板船体测船，历时 11 年于 1985 年 5 月建成，其载重量 25 吨，长 19 米，宽 4.3 米，吃水深 0.8 米。建成后立即投入推移质测验，性能稳定，效果良好。1981 年、1984 年分别建造了 25 吨、200 吨的钢板船。1997 年至今，寸滩站船舶基本情况见下表。

寸滩水文站船舶基本参数情况

船名	总长/米	吃水深度/米	总重/吨	净重/吨	功率/千瓦	投产时间
水文 046	20	1.2	31	9	64.8	1997 年 5 月 1 日
水文 309	28.6	1.6	105	63	220	2003 年 11 月 22 日
水文 018	23	1.5	65	19	119.2	2004 年 4 月 15 日
水文 016	21	1.5	63	19	70	2004 年 12 月 23 日
水文 001	21.2	1.35	56	15	97	2012 年 11 月 19 日
水文 139	23	1.5	60	18	119.2	2013 年 1 月 21 日
水文 115	23.85	1.5	73	21	147	2017 年 5 月 22 日
水文寸滩趸	40		330		30	2009—2022 年
水文寸滩趸	52	1.8	537	161	—	2023 年 1 月 13 日

测船旧照

趸船旧照

寸滩站趸船和测船（2024 年摄）

（3）流量在线监测平台

2018 年引进 Ridar-800 型侧扫雷达测流系统，2021 年引进量子点光谱测沙仪开展比测试验。2024 年引进超声波时差法在线测流。

寸滩站侧扫雷达测流系统

（4）流量测验设备

早期寸滩站以浮标法施测流量为主，采用小木船投放浮标。1954 年 7 月采用流速仪法测到 4.19 米每秒的点流速，铅鱼 205 千克，流速大时两个铅鱼捆在一起使用。

2010 年，寸滩站测流以走航式 ADCP 为主，流速仪为辅。走航式 ADCP 仪器型号为瑞江 300KHZ 和瑞江 600KHZ，转子式流速仪型号为 LS25-3A 型。

ADCP 流量测验

（5）泥沙测验设备

1951 年，寸滩站用瓶式（陶罐）采样器在水面、半深、河底提取水样，1953 年用铁制直立式采样器。1954 年采用横式采样器。在泥沙颗粒分析方面，早期采用底漏管法，1958 年采用粒径计法，1984 年兼用光电颗粒分析仪，2010 年采用马尔文 MS-2000 激光粒度分析仪。

寸滩站泥沙取样（20 世纪 80—90 年代摄）

卵石推移质测验从 1955 年引进国外设备进行试验，1957 年研制的综合推移质采样器投入使用。1960—1961 年，进行同位素标记卵石推移质监测试验。1980 年，研制出长江 80 型和 80-1 型卵石推移质采样器。

1955 年开展河床质测验试验，1957 年 9 月研制出挖斗式自动关闭河床质采样器，1976 年研制出犁式河床质采样器。

4. 降水量观测

1955 年使用 20 厘米口径带防风圈的雨量器，用专用量杯计量。为准确掌握夜间降水时刻，装有降水警铃。20 世纪 60 年代采用自记雨量计，每日定时换取记录坐标纸，根据记录曲线进行日降水量及强度的计算分析。2001 年 1 月人工雨量计停测。2003 年，采用 20cmJDZ05 翻斗式自记雨量计观测。

5. 水质水生态监测

1956 年开展水化学分析，分析的主要内容是江河天然水的化学成分。1975 年开展水污染分析。2015 年增加水生态试点监测，开展浮游植物（藻类）、浮游动物、着生藻类监测。2017 年，开展鱼类试点监测工作。

三、水文特征

（一）特征演变

在长达百余年的水位数据中，除 1939 年平均水位、1945 年最高水位和年平均水位缺失外，寸滩站全过程记录了长江上游寸滩段的水位变化过程，其中最高水位为 192.78 米（1905 年，海关实测），最低水位为 158.08 米（1987 年）。

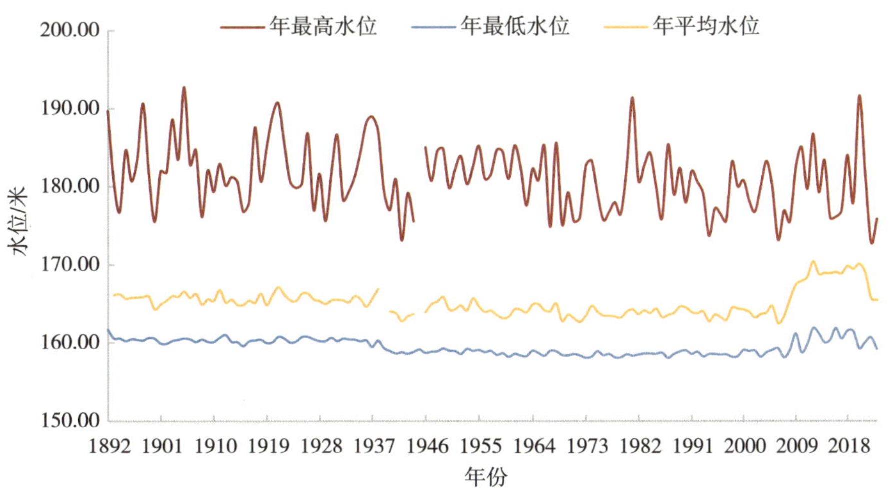

寸滩站历年水位特征值

注：图中断点处流量连续。

寸滩站流量资料记录了长江上游寸滩段的流量变化过程，其中最大流量为85700立方米每秒（1981年），最小流量为2060立方米每秒（1937年）。水位缺失时期，由重庆（海关）水位与寸滩水位相关联后，根据寸滩1939—1955年综合水位流量关系曲线推求。

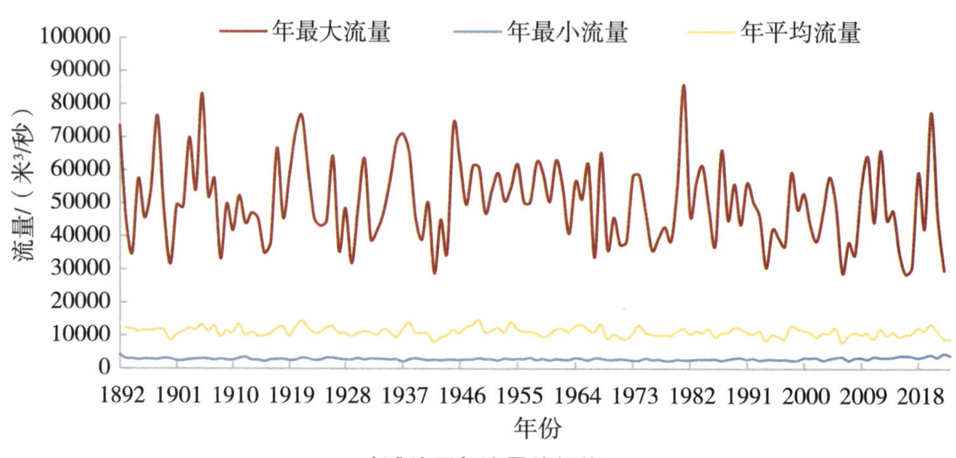

寸滩站历年流量特征值

寸滩站含沙量资料时段为1953—2023年，全过程记录了长江上游寸滩段的含沙量变化过程，其中最大断面平均含沙量为13.7千克每立方米（1959年），最小断面平均含沙量为0.001千克每立方米（1956年）。

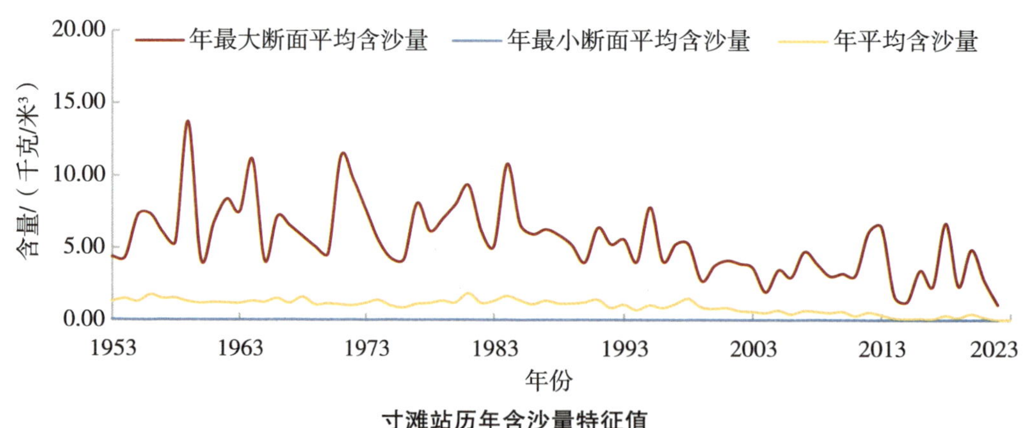

寸滩站历年含沙量特征值

寸滩站降水量资料时间段为1952—2023年，除1952—1958年最大日降水量缺失外，全过程记录了长江上游寸滩段的降水量变化过程，其中最大日降水量为351.8毫米（1978年5月29日）。

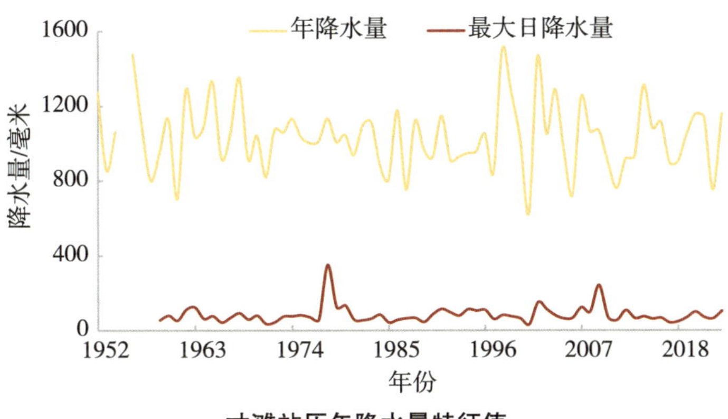

寸滩站历年降水量特征值

寸滩站水温资料时段为1956—2023年，除1956—1958年部分数据缺失外，全过程记录了长江上游寸滩段的水温变化过程，其中最高水温为29.0摄氏度（1976年），最低水温为7.3摄氏度（1977年）。

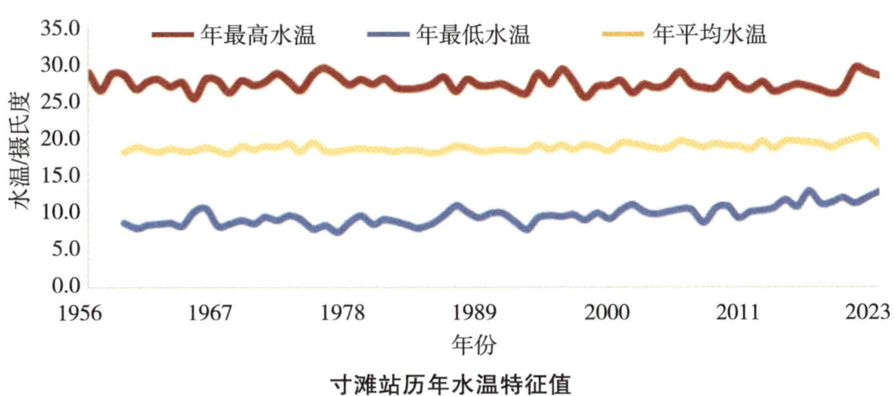

寸滩站历年水温特征值

寸滩站输沙率资料为1953—2023年，全过程记录了长江上游寸滩段的输沙率的变化过程，其中最大日平均输沙率为420吨每秒（1981年7月16日），最小日平均输沙率为0.003吨每秒（1956年3月20日）。

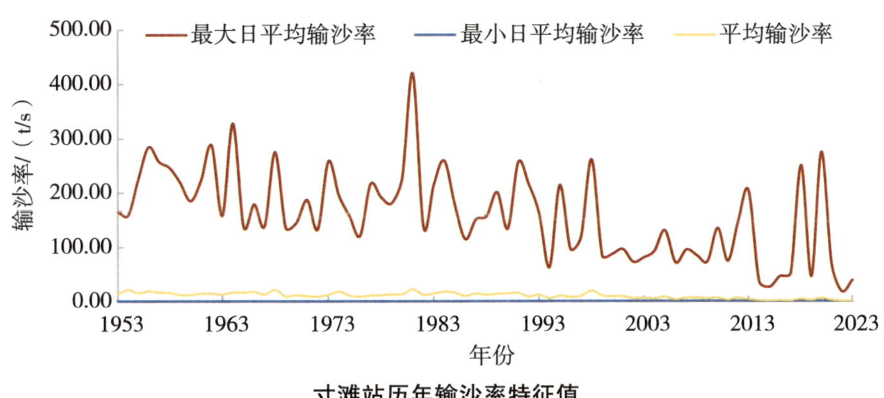

寸滩站历年输沙率特征值

（二）水文特征值

寸滩站警戒水位 180.5 米，保证水位 183.5 米。查阅相关资料，统计出寸滩站相关水文要素的特征值。

寸滩站水文特征值表

项目	多年最高	年份	多年最低	年份	多年平均	统计时段
水位/米	192.78	1905	158.08	1987	165.14	1892—2023 年
流量/（米^3/秒）	85700	1981	2060	1937	11100	1892—2023 年
含沙量/（千克/米^3）	13.7	1959	0.001	1956	0.973	1953—2023 年
降水量/毫米	1503.1	1998	628.1	2001	—	1952—2023 年
水温/摄氏度	29.0	1976	7.3	1977	18.5	1956—2023 年
输沙率/（吨/秒）	420	1981	0.003	1956	10.8	1953—2023 年

（三）典型历史洪枯水留痕

1. 历史洪枯水位

根据寸滩水文站 1939 年建站以来水位资料序列，列出寸滩站历史洪枯水位前十排名。

寸滩站历史洪枯水位排序表

序号	年最高水位/米	年份	年最低水位/米	年份
1	191.62	2020	158.08	1987
2	191.41	1981	158.10	1973
3	186.79	2012	158.13	2007
4	185.65	1968	158.14	1978
5	185.43	1987	158.15	1979
6	185.29	1961	158.20	2003
7	185.26	1966	158.21	1960
8	185.25	1955	158.22	1998
9	185.08	2010	158.24	1974
10	185.07	1946	158.26	1993

2. 历史洪水

（1）1870 年洪水

1870 年 6 月间，长江中下游汉江流域和鄱阳湖一带暴雨成灾，湖水满盈。7 月上中旬，长江上游连续出现大雨和暴雨，嘉陵江中下游和重庆至宜昌段干流区间出现强度很大的暴雨，上游岷江、雅砻江，中游汉江、洞庭湖也出现大雨和暴雨。大雨区范围很广，致使长江上游发生一场特大洪水，中下游及长江干流重庆至宜昌段出现了数百年来最高洪水位。

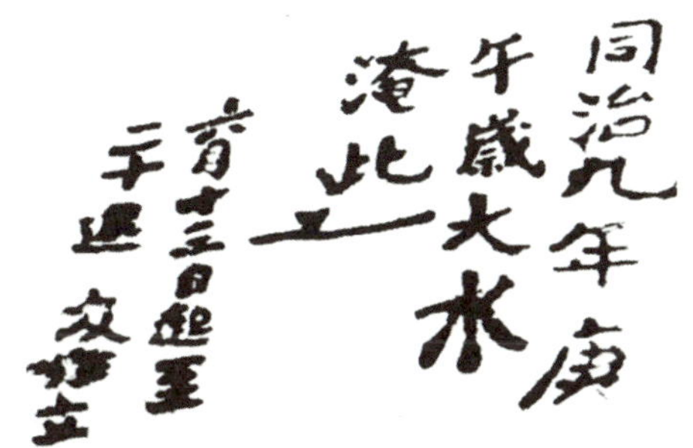

江北区陈家馆洪水题刻

当年 7 月 18—19 日，嘉陵江大洪水和长江上游洪水在重庆相遇，形成长江干流特大洪水，据江北区陈家馆洪水题刻测算，水位高达 197.79 米。推算寸滩站最高水位为 196.25 米，经调查推算求得洪峰流量为 100000 立方米每秒。据史料记载：重庆磁器口“大雨十天，江上漂流人、物七日之久”。这是自 1153 年以来的最大洪水。

（2）1981 年洪水

1981 年洪水（简称“81 • 7”洪水），呈现峰高量大的显著特点。7 月 9—14 日，四川省境内发生历史上罕见的大面积暴雨，嘉陵江、涪江、沱江以及岷江和渠江部分地区均为暴雨所笼罩，属低槽冷锋型，槽前有高原低涡向东发展，与强大的副高相对峙，造成川西北阻塞性暴雨。长江上游出现两次暴雨：7 月 8 日 8 时至 11 日 8 时，11 日 8 时至 14 日 20 时，暴雨历时达 7 天，降雨带位于长江北岸，100 毫米以上暴雨范围达 13.45 万平方千米，200 毫米以上暴雨范围达 6.31 万平方千米，7 日降水总量达 838.7 亿立方米。

“81 • 7”洪水由嘉陵江洪水与长江干流洪峰叠加所致，自 7 月 14 日开始，寸滩站水位急剧上涨；16 日 13 时洪峰流量达 8.57 万立方米每秒，16 日 21 时最高洪水位达 191.41 米，5 天洪水位涨幅达 20.36 米，为寸滩站实测的最大一场洪水。

（3）2020 年洪水

2020 年 7—8 月，寸滩站连续出现 5 次流量超过 50000 立方米每秒的编号洪水。其中在第 4 号洪水未完全消退的情况下，长江与嘉陵江双峰汇流形成第 5 号洪水，重庆段发生历史罕见特大洪水，启动Ⅰ级防汛应急响应。8 月 20 日 6 时 35 分，出现洪峰流量 7.74 万立方米每秒；20 日 8 时 15 分，出现最高水位 191.62 米，超出保证水位 8.12 米。第 5 号洪水是 1939 年建站以来仅次于 1981 年量级的洪水。

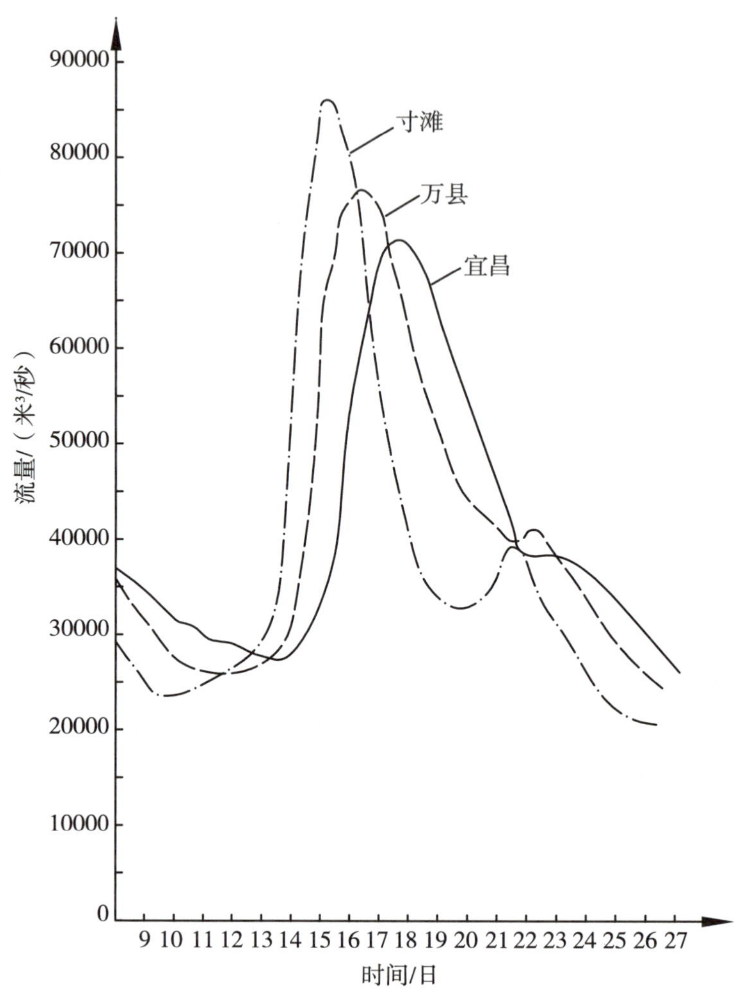

“81 · 7”暴雨洪水过程线

“81 · 7”洪水中的重庆北碚城区

"20·8"洪水——寸滩站开展测洪作业

水文科普

实测洪水、历史洪水

在我国，凡有现代定点定时水位或流量监测记录的洪水称为"实测洪水"，仅有历史文献定性描述或通过野外洪痕调查进行定量估算的洪水，其数据准确性低于实测洪水，则称为"历史洪水"。

长江流域有着悠久的历史文化，几千年来，沿江两岸广大人民在与洪涝灾害的长期斗争实践中，以历史文献、石刻题记和民间传说等方式留下了许多珍贵的洪水资料。从1952年起，长江水利委员会水文局通过野外查勘、民间采访和整理史籍、档案的方式，对长江及其主要支流的历史洪水进行了广泛研究和调查，其中较大规模的调查达10次之多。经整理分析，干流沿江查得曾发生较大洪水的年份有60多个，洪水点据2800余处。这些资料在三峡、葛洲坝等水利枢纽设计、长江防洪规划等方面起了极为重要的作用。

就主要历史大洪水而言，据不完全统计，长江在自唐朝至清朝的近1300年间，约发生水灾230次，平均每6年发生1次。长江干流1153、1227、1560、1788、1849、1860、1870年等洪水最为突出。就主要实测大洪水而言，长江干流有1896、1931、1935、1954、1981、1991、1996、1998、2016、2017、2020年等洪水，其中1954、1998、2020年为流域性大洪水，其他为区域性大洪水。

四、技术发展

（一）吊船缆道水文测验探索

传统的水文测验方法（如流量和悬移质输沙率）是在沿河流布设横断面，在断面上布设若干垂线，再在垂线上布设若干测点，简而言之，就是一个由点到线再到面的测量方法。这种方法最核心的问题之一，就是水文仪器设备如何在断面、垂线、测点定位。

在长江上游的山溪性河流，高山峡谷，坡陡流急，水位变幅大，洪水涨落急剧，水文测验极为困难。重总水文测区从各支流到干流，探索了各种各样的测船定位方法，以水下抛锚方法为主，总体上只适合低流速的测验，流速稍大则滑锚、跑锚、卡锚等情况时有发生，在支流卡锚问题更为突出。在不通航的河流，如亭子口、椒园子、龚滩、武隆、大昌等站，利用河面较窄、两岸为高山陡岩的地形特点，将河中抛锚的方法引向岸上，把抛锚用的 9～10 毫米的钢丝绳，两端用木桩或天然岩石固定在两岸高处，再将一个滑轮套在钢丝绳上，用直径 6 毫米的钢丝绳或白蜡绳与测船连接吊在河中，再利用船舵劈水的作用，测船就可以在断面上横向摆渡，进行水文测验。

寸滩水文站的吊船缆道经过了多方案设计论证。1965 年 3 月 19 日重总提出第一次设计报告，由于寸滩站两岸山地坡度较平缓，主索两端就地锚定达不到设计高程，设计中两岸均采用钢塔支架结构，高 12 米，为单缆道吊双船测验。6 月，长办水文处派人主持查勘和讨论，确定架设双缆道方案，一根缆道施测流量和悬移质泥沙，另一根缆道施测卵石推移质和其他试验。两根缆道主索布置在同一钢塔支架上（高 14 米），一根在上，一根在下，相距 5 米。综合分析两个方案，确定寸滩站缆道锚定改为两侧矩形锚翼和大直径圆柱锚桩结合为一体的圆柱板栅钢筋混凝土锚定，简称“圆柱板栅锚桩”。1966 年 3 月 10 日，吊船缆道土建工程完工，4 月 21 日缆道主索架设完工，跨度达到 1300 米，主索直径 32 毫米，4 月 27 日正式投入生产。

寸滩站缆道从 1966 年投产使用到 1981 年经受了长江特大洪水的检验。1981 年底采用空渡方法更换空中缆道主索。

（二）高流速水文测验的铅鱼研发过程

铅鱼是水文测验重要的配套设备之一，主要用于流量、泥沙、水质等水文要素测验的垂线测点定位。考虑到水流对仪器的冲击力，常设计成“鱼”的形状，故称为铅鱼。20 世纪 50 年代初，为探讨流速仪法测流，长委会水文部门先后开展了铅鱼研制、悬索偏角试验、高流速测验试验、水文绞车研制、水文电动缆道设计建造等开创性工作。

1955 年前，长江上游进行流速法流量测验，仅有少量的 50 千克以下的铅鱼，枯季可供少数测站开展水文测验；汛期水深流急；必须使用更重的铅鱼，探索几个小铅鱼捆在一起使用，但效果不理想，阻水很大。

1955 年贯彻《水文测站暂行规范》，重总对铅鱼及其制造进行了多次研究和改进。为了调节洪枯季铅鱼的重量，分别设计了 200 千克、100 千克、50 千克三种铁壳铅鱼，即外壳为铁制鱼形，内空装铅块，委托专业机器制造厂加工生产。

由于高洪测验时 200 千克铅鱼重量仍然不够，悬索偏角较大，1962 年又设计了重量为 230 千克的铅鱼（铁壳），但加工后实际重量达 320 千克，在使用中可根据实际需要增减铅块。这种铁壳铅鱼在测船或简易岸上操作缆道上使用了很长的时间。

1974 年简易岸上操作缆道发展较快，设计、加工了缆道用 500 型净铅铅鱼，实际重量为 522 千克，在高场、横江等测站率先使用。

1981 年设计、加工了头部较圆的净铅船用铅鱼，重 334 千克，分发干流重总各站船上使用。1984 年恢复金沙江奔子栏和金江街水文站，设立金沙江支流松麦河古学水文站，架设岸上操作缆道需要重量的较轻的铅鱼。根据北京市水文总站和北京市水利科学研究所《测流铅鱼体形的研究》成果，并参考了茹可夫斯基机翼理论，设计、加工了 BJ-250 型测流铅鱼，重量 250 千克，形状较好，分发上述各站使用。

2002 年 7 月研制调压积时式采样器，按功能主要分为调压系统、控制系统、铅鱼外壳，2004 年 5 月 3 日，套样机制成出厂。2004 年 6 月至 2005 年 9 月，根据《河流悬移质泥沙测验规范》《积时式采样器》技术要求和检测方法，制定《调压积时式悬沙采样器试验方案》，分别在嘉陵江干流北碚水文站、长江干流朱沱水文站、黄河干流潼关水文站对采样器的深水密封、进口流速系数、电气控制电路、含沙量、阻力系数、连通管隔水性能、调压历时等开展测试。经验收，仪器命名为长江 AYX2-1 型调压式悬移质采样器，并于 2005 年 8 月在寸滩站等 6 个水文站投入试运行。该

寸滩站使用过的铅鱼

项研发成果荣获长江委科技进步一等奖，并获得国家发明专利。

（三）浊度仪含沙量报汛

按照三峡水库排沙减淤调度要求，寸滩站实施入库含沙量实时报汛。要实现含沙量实时报汛，必须克服传统泥沙监测方式方法，探索含沙量现场快速监测并及时发布监测成果的新方法新手段。

经广泛调研，泥沙监测仪器设备能够满足快速监测含沙量的主要有同位素测沙仪、超声波测沙仪、激光现场测沙仪、浊度仪等。从原理、可靠性、经济性、可操作性等多方比较，寸滩水文站重点采用浊度仪作为比测试验仪器。

2011 年 5—9 月，进行浊度仪比测实验。比测含沙量范围 0.042～3.100 千克每立方米，对应浊度范围为 34.0～4291.0NTU，共收集 129 次实验资料，相关系数 R^2 达 0.908。通过两种方法推算断面输沙量，其误差在 4.6%以内。实验结果表明，使用浊度仪监测含沙量，时效性强，精度较高，满足三峡水库科学调度的泥沙报汛要求。

2013 年起，寸滩水文站开展含沙量报汛，报汛时间为 5 月 1 日至 9 月 30 日。报汛频次根据含沙量大小确定，现场测定在半小时内完成并报汛至水情分中心，1 小时内报汛至流域水情中心。

（四）卵石推移质采样器研制

长江上游推移质泥沙的测验研究，始于 20 世纪 50 年代中期。为了找出较适合长江上游干流卵石河床或卵石夹沙河床在江面宽广、水深流急的情况下推移质泥沙的测验方法和仪器，1955 年 5 月，寸滩站根据上级任务布置，开展了推移质、河床质的取样试验。

1. 三年探索

1956 年，寸滩站曾用苏联波里亚可夫式、顿式、沙莫夫式、匈牙利式等仪器做了大量试验。试验中发现了很多问题，主要是取不到卵石推移质。重总组织探讨顿式、沙莫夫式两种仪器的优点，设计了一种“综合式推移质采样器”，并于 1956 年 11 月到 1957 年 2 月在寸滩站进行了野外试验，取得卵石 7 颗，最大粒径 170 毫米，最小粒径 50 毫米及小部分细沙。随后又进行了 3 次试验，竟有两次未取得卵石和沙。鉴于仪器体积大，且重达 367 千克，在流速大时，仪器在水中不稳定，摆动大，有翻滚现象且采样效率很低，故暂停使用。1958 年，重总改装了波里亚可夫式，又仿制沙莫夫式和匈牙利式，都因达不到应用需要而作罢。为适应长江上游卵石河床的特性，又改进其他仪器做成压差式仪器，1958 年在寸滩站试验 4 次，其中 3 次取得了样品，但资料代表性不高。

2. 改进定型

在3年摸索试验的基础上，1959—1960年先后设计研制了“59-1型软底匣式推移质采样器”（简称“匣式”）、“60-1型软底网式推移质采样器”（简称“60型”）和“挖斗式自动关闭河床质采样器”。1960年1—9月，用匣式采样器在寸滩站施测全断面推移质，并用60型在寸滩站进行实验，且与匣式进行了同时比测。从两仪器应用情况比较，60型在结构、功能和实用效果诸方面都优于匣式。1964年4月，寸滩站根据重总和长办水文处的任务要求，从60型以往的使用情况和收集的资料入手，对仪器进行了进一步修改，1964年研制定名为“64型软底网式卵石推移质采样器”，简称“64型”，正式命名为“Y64型”。1966年，寸滩、宜昌等站正式采用64型收集完整的卵石推移质资料。

由长江委水文局组织，重总、宜实站、丹实站等参与的国家“七五”重点科技攻关项目《川江卵石推移质观测研究》，以及中美地表水水文科技合作议定书附件四《推移质采样器比测试验》，在推移质采样器的采样机理、效率率定和采样器的设计原理研究、断面推移质输沙率测验方法研究等方面取得了一批有相当理论水平和学术价值与生产实效的成果，比测实验主要在寸滩、朱沱、奉节、宜昌、新厂、襄阳等水文站进行。在采样器研制方面，推出了Y80型、Y80-2型，以及AYT型等。

悬移质、推移质、床沙

在水文学中，泥沙一般指在河道水流作用下移动着或曾经移动的固体颗粒。水流挟带着泥沙运动，河床又由泥沙组成，两者之间的泥沙经常发生交换，这种交换引起了河床的冲淤变化。

天然河流中的泥沙，按其是否运动可分为静止和运动两大类，根据其运动状态可进一步分为床沙、悬移质和推移质。组成河床的泥沙称为床沙，床沙在河床表面处于相对静止的状态。悬移质也称悬沙，是指被水流挟带而远离床面悬浮于水中，随水流向前浮游运动的泥沙。推移质指在河床表面，受水流拖曳力作用，沿河床以滚动、滑动、跳跃或层移形式运动的泥沙。推移质又可划分为沙质推移质和卵石推移质两类。

推移质和悬移质尽管在运动形式和运动规律上不同，但它们之间无明显界限。在同一水流作用下，推移质中较细的颗粒可能在短时间内以悬移方式运动，悬移质中较粗的颗粒也可能在短时间内以推移方式运动。

泥沙在生产上既有消极的一面，也有积极的一面。为此，需要认识了解泥沙的特性、来源、数量及其时空变化，以便兴利除害。流域的开发、治理与保护和国民经济建设等，除需要水文工作者提供大量的径流洪水等水文资料外，还需要提供可靠的泥沙测验资料。

五、难忘岁月

（一）推移质采样器研究往事

寸滩水文站在历史变迁和发展进步中，为长江委水文上游局（原重总）新仪器新技术开发研究和推广应用作出了重要贡献，获得了许多重要荣誉。

长江上游因其天然的河流条件和地理优势，从 20 世纪 50 年代至今一直是长江委水文局推移质泥沙测验研究的重要基地和实验场所，在这里孵化了一代代新型推移质采样器，取得了丰硕的成果。

1. 探索前进，百折不挠

推移质泥沙测验是河道整治、水土流失、水利水电工程规划设计不可缺少的基础工作，其成果资料对国家建设作用巨大，尤其对长江三峡水利枢纽的兴建至关重要。推移质泥沙的运动速度和数量与水库寿命长短、水库回水末端的水位抬升、水库变动回水区泥沙冲淤变化等直接相关。因此，尽早开展推移质测验研究，及时掌握长江上游河道推移质运动状况及演变规律的艰巨任务就摆在重总干部职工面前。

根据 1955 年长江水利委员会的布置，重总于 1956 年开始了长江推移质泥沙测验研究行动。而最先开展推移质测验的，正是寸滩站。

重总测务科张金汉设计出“综合式推移质采样器”，1957 年在寸滩站试用，采集到 7 颗卵石和少量细沙。1959 年，重总李一宣调往寸滩站任实验组组长，承担起了推移质、河床质采样器的创新研制任务。他与同志们一道，通过改造国外仪器、反复研发不同新仪器并大量实践，在 1959—1960 年研制出“匣式”和“网式”两种推移质采样器以及“挖斗式自动关闭河床质采样器”。尽管这些仪器依旧存在较多缺陷，不能完全满足推移质测验技术规定和质量要求，但它们在摸索前进阶段发挥了一定的作用，收集到了过去没有的推移质测验资料。1960—1962 年，寸滩站除用仪器进行卵石推移质测验外，还开展了标记卵石实验，通过坑测法、油漆标记卵石法和同位素标记法等手段，多渠道多方式积累水文资料。

2. 接力挺进，硕果累累

1956 年之后的 20 余年，重总苏温洪、高焕锦在泥沙测验研究方面崭露头角。他们应用“60 型”，承担并完成了服务三峡工程重庆港淤积研究的推移质、河床质测验任务。随后，重总根据实践经验改进“60 型”，于 1964 年研制出“64 型软底网式卵石推移质采样器”。它后来作为寸滩及其他测站卵石推移质测验的主打仪器，一直使用到 1980 年前后。

1980 年，高焕锦等在改进“64 型”和“74 型”的基础上，试制了“80 型卵石推移质采样器”，经过大量比测分析和多种水流泥沙条件下的多年试用，该款仪器于 1985 年推广应用。

伴随卵石推移质测验研究的步伐，沙质推移质测验研究也在同步开展。自 1966 年寸滩站架设吊船缆道后，不仅持续开展卵石推移质测验，还从 1973 年开始采用压差式进行沙质推移质测验。1979—1980 年，为满足葛洲坝扇子铺模型实验需要，重总组织人力，用 112 型压差式采样器在奉节站进行沙质推移质测验，完成了专项任务，也进一步积累了实践经验。1990 年前后，陆续研制出 AYX2-1 型悬移质泥沙采样器、AYT 型卵石推移质采样器、Y90 型沙质推移质采样器，以及新型河床质采样器等各类仪器。这些新仪器在使用中不断完善改进，广泛应用至今。

3. 推广应用，不断创新

伴随新仪器的研制提高和推广应用，长江上游和三峡库区泥沙测验研究取得新成果。为满足三峡工程设计和科研需要，高焕锦收集 1～10 毫米砾卵石推移质资料，深入分析研究后写出专题报告，解决了工程面临的泥沙问题，填补了资料空白。因其在上述工作中的卓越成就，他于 1991 年荣获钱宁泥沙奖，这是国内泥沙研究领域里的最高成就奖。还有刘德春、王渺林等撰写的《川江卵石推移质观测研究》《AYT 型砾卵石推移质采样器试验研究》《Y90 型沙质推移质采样器研制》《在缆道高悬点、无拉偏条件下开展推移质测验的试验研究》等专著和论文在国内出版发表，为推移质泥沙测验工作的研究发展提供了理论依据和实践指导。

(二)“81·7”测洪二三事

1981 年 7 月上中旬，长江上游四川盆地广大地区发生了历史罕见的暴雨洪水。据记载，受“81·7”特大暴雨洪水危害和影响的区域达 13.45 万平方千米，83 个县份被淹，近 1000 万人受灾，大量房屋、道路和物资被毁。汇集上游来水的重庆市主城区更是洪流滚滚，一片汪洋。数百家工厂、数千幢厂房和 22 万城乡居民受到洪水洗劫，灾害十分严重。

对于处在长江和嘉陵江汇口下游附近的寸滩水文站来说，这是自 1892 年有实测水文资料以来发生的最大一场洪水，无疑使这个扼守长江上游的重要控制站面临抗御灾害、迎战洪水的殊死搏斗和严峻考验。在这个没有硝烟的战场上，寸滩站干部职工以及重总的领导专家以对事业的忠诚负责和对水文的严肃认真，凭着百炼成钢的本领和英勇无畏的精神，写下了与洪水较量的浓墨重彩篇章。

1. 惊涛骇浪闯江天

“81·7”洪水来源于岷江、沱江、涪江、嘉陵江的大范围高强度长历时降雨，暴雨洪水在 7 天内汇集叠加后抵达重庆市区。从 7 月 11 日开始，寸滩站水位快速上涨，14 日以后急剧攀升，最大日涨率达 10 米，到 16 日累计上涨 20.36 米。一时间，寸滩站浊浪滔滔，江宽岸远，洪声激荡，灾害和危险无处不在。

从接到洪水预报起，寸滩站就进入紧急行动中，召开动员会，严密组织分工，制定特殊水情下的测洪方案，检查完善安全测报措施，做好后勤保障等。一切都处在临阵状态，每个人都表了决心，要尽一切努力收集水文资料，为重庆市及下游广大地区防洪、葛洲坝工程建设，以及荆江大堤安全提供准确信息和决策依据。

当年寸滩站测验船只没有动力，仅仅依靠吊船缆道和水流冲击力在横断面上行驶，每前进一米都十分困难，全靠舵手的技术、经验和大家的配合协作。机绞设备的动力是一台 8 匹的柴油机，提升铅鱼（流速仪）的速度非常慢，增加了诸多作业风险。此外，流量测验采用电铃计数，秒表计时，手工记录，算盘计算……测验方式方法落后，测流测沙非常艰险繁难，每次出测都需要大量时间。

就是在这样的环境条件下，寸滩站从站长到职工，每一个人都坚守岗位，无人退缩。大家沉着应战，临危不乱，众志成城，团结协作，凭着顽强的意志和过硬的本领，抢测到了洪水全过程的资料。完成流量测验 14 次、断沙测验 14 次、泥沙推移质测验 9 次、泥沙颗分 4 次、水质监测 1 次、水情发报 865 份，以及水位、降水、水温、岸温等按段次和要求观测的各项任务，成功收集建站以来最大实测洪峰流量宝贵资料。

2. 沉着勇敢战险阻

寸滩站的吊船缆道跨度 1300 米，浪大流急中的测船就靠它牵引着过江。7 月 15 日的一次测流中，上游漂来一块几平方米宽的大木板突然挂在了牵拉采样器的悬索上，强大的冲击力将二百多千克重的采样器拉出了江面，测船顿时发生严重倾斜。危急时刻，全船人员沉着应对，把好舵，稳住船，快速挣脱沉重的木板，避免了一场船覆人亡的可怕事故。

又有一次，测验中船舱被潜伏的原木撞出一个洞，江水不断涌进船舱内，情况十分危急。大家立即分成两人一组，不顾危险跳进前舱，不停地用水桶往外舀水，同时测船朝趸船方向全速行驶，最终安全进港，成功脱险，大家也都累瘫在船板上。

为确保洪水监测万无一失，重总及其他测站紧急支援寸滩站防汛抗洪，在站抗洪人员最多时达五六十人。峰前水位观测安排 8 人，每 2 人一组。但从站房到江边水尺，往返一次就要 30 分钟左右，48 段制（30 分钟观测一次）报汛时根本来不及回站房。观测人员就用粗绳绑在坚固的石头或树上，一头系在看水位的人腰间，另一人在后方拉住绳子，防止观读水位的人被洪水冲走，也防止夜间值守时因困倦落水。峰值期间则 8 人一起蹲守观测。观测到的最高水位仅比重总预报的峰值水位高出 1 厘米。测船上每个岗位安排双人，共 10 多人一起监测流量。受洪水灾情影响，寸滩站及周边区域发生断电，电力部门安排专人抢修，保证寸滩站供电。通信部门也安排专人保障通信，确保水情信息及时报到上级。根据预报洪水位，寸滩站在洪峰到来前紧急测量周边淹没线，为政府部门组织当地老百姓安全转移提供了决策依据。

3. 巾帼不曾让须眉

"81·7"特大暴雨洪水覆盖了重总所属的高场、李家湾、小河坝、罗渡溪、北碚、寸滩、万县、奉节等水文站和大量水位站。战胜这场洪水不仅是测站一线干部职工的共同意志和坚决行动，更是整个重总当时压倒一切的紧迫任务。危急时刻，时任重总副主任的苏温洪协助主任蔡兴楷组织指挥了"81·7"洪水的测报工作。

她昼夜坐镇总站水情预报组和技术室，指挥内外业协同作战。她随时关注上游降雨和各地洪水情况，了解基层测报动态和存在的问题；安排科研室、测验组、泥沙组、仪器仪表组和行政股等部门全力支援抗洪前线，为测站送去仪器设备、器材物资和大米蔬菜。一批机关干部、工程技术人员和后勤人员奔赴各站，及时帮助和指导测站解决突发问题。在那段时间，她日夜忙碌回不了家，奔走指挥，极少休息，眼睛红肿了，嗓子喊哑了，人也消瘦了，但依然打起精神坚持到胜利。

这场战役取得了巨大战绩，长江上游各水文站完整地抢测到了洪水过程宝贵资料，无测洪失利和安全事故发生。其中寸滩站实测到了流量 8.57 万立方米每秒的历史洪水资料，总站水情预报组向中央防汛抗旱指挥部和四川、湖北各地拍发水雨情电报 5700 多份。其中，重庆市提前 50 小时收到预报，获得了更多的抢险救灾时间……这些都有力地支撑了长江上游各地城乡、葛洲坝和荆江分洪的防汛抢险决策，为保障国家建设和人民生命财产安全做出了巨大贡献。

重总以及寸滩、北碚等一批水文站因此受到中央防汛抗旱总指挥部防汛办公室、水利部、四川省、重庆市和长江委的表彰，总站苏温洪和徐德增、寸滩站杨华和陈永富，以及其他测站的突出人员被评为抗洪抢险尖兵、功臣和先进，受到嘉奖。苏温洪1983年、1984年连续两年被重庆市人民政府授予劳动模范称号。

（三）老红军胡世贵

> 战火纷飞时，你视死如归，御辱卫国；
> 生产建设时，你勤奋刻苦，干在一线；
> 光荣离休后，你开源节约，长期奉献。
> 百年人生，你从未选择享受；
> 在信仰的战场上，你从未退缩。
> 苍苍白发，熠熠勋章，你颤抖的军礼是永恒的丰碑。
>
> ——长江委第三届“十佳老人”颁奖词

老红军胡世贵

在2018年7月3日长江委举行的第三届“十佳老人”颁奖典礼上，已经101岁高龄的老红军胡世贵获得这份殊荣，上述颁奖词对胡老光辉的一生作出了客观准确的评价，表达了长江委人对他的崇高赞美和无限敬意。

胡世贵1917年9月出生于四川省南部县农村，从小就满怀爱国热情和革命理想，16岁投身革命，很快成为红四方面军通信员。他参加过长征，爬雪山、过草地，历尽千难万险。抗战期间，他参加过著名的夜袭阳明堡战役、娘子关战斗、响堂铺埋伏战及百团大战等。解放战争时期他转战东北，历任热河警卫连长、为昌县政府公安队长、热西分区独立团连长和第四野战军168师3团连长。

新中国成立后，胡世贵于1952年9月转业到长江水利委员会上游工程局（长江委水文上游局前身），在寸滩水文站任指导员兼副站长。

尽管当时物质条件很差，技术手段落后，测验环境艰险，但为了国家建设需要，寸滩站从 1950 年开始，快速扩展测报项目，大量开展各种试验，到 1960 年已有水位、降水、蒸发、岸温、水温、流量、悬移质单沙、悬移质输沙、卵石推移质、河床质等观测测验和水质监测、泥沙颗粒分析、水情发报等 13 个项目。那时流量测验、泥沙测验和水质采样全靠人工驾驶木船进行各种作业，工作量很大，劳动强度很高，特别是洪水测验，十分危险。

在寸滩站工作的八年间，他认真担负起工作职责，团结和带领寸滩站干部职工在物质生活艰苦、测验设备简陋、测报技术落后的情况下，自力更生，艰苦奋斗，圆满地完成了各年的测报任务，推动寸滩站基本建设、设备试验和技术创新向前发展，得到上级组织和基层职工的充分肯定和普遍赞扬。1960 年，胡世贵调入重总，先后在行政科、工会办公室工作，后来担任了总站工会主席，他依旧是勤勤恳恳、兢兢业业地坚守着自己的岗位和职责，努力为长江上游水文事业发展贡献智慧和力量。1972 年，他光荣退休，享受离休待遇。

从退休到 2018 年去世，在这段平静幸福的岁月里，胡世贵坚守初心，保持本色，心系祖国建设，关心单位发展，在单位干部职工和家庭子女中树立了老红军的可敬榜样和优良风范。他艰苦朴素，省吃省用，生活简朴，“新三年，旧三年，缝缝补补又三年”的红军传统在和平时代仍保持着。他严于治家，不仅要求子女忠于事业，认真负责，努力工作，勤奋向上，还要求他们艰苦奋斗，勤俭持家，谦虚谨慎，戒骄戒躁，养成良好的工作作风和生活习惯。在他的教导和影响下，子女们都热爱工作，老实本分，为人低调，受到组织和同事的广泛好评。

2015 年 9 月 3 日，胡老早早起床，穿上了他那套已经很久未穿的老蓝布中山装，坐在电视机前，静静等待纪念抗战胜利 70 周年阅兵盛典的开始。当看到老兵方阵走过时，胡老不自觉地起立，跟着那些老兵们一同颤颤巍巍地敬了个军礼。而当看到夜袭阳明堡“战斗模范连”英模部队方队走过天安门广场时，胡老双手握成拳头不住地发颤。因为他也曾经是这支英雄部队的一员，曾亲身参加了“夜袭阳明堡”的战斗。虽然未能到北京参加阅兵盛典，但是在这个对胡老无比重要的日子，他用他自己的方式在电视前“参加”了这次阅兵。

CHANG JIANG SHUIWEN

江河记忆：白鹤梁题刻——跨越千年的水文站

天然江段“白鹤梁”

【长江枯水题刻】长江干流宜昌以上已发现的枯水题刻主要有江津莲花石、巴县迎春石、涪陵白鹤梁、灵石、丰都龙床石和云阳龙脊石。其中，以涪陵白鹤梁题刻最完整，价值最高。在白鹤梁上共有公元764—公元1963年跨越千年的72个枯水水位刻记，白鹤梁上的枯水刻记为研究长江三峡库区历年枯水位变化提供了非常宝贵的历史资料，使三峡设计所采用的枯水资料从100年左右的实测资料追溯到千年前的公元764年。白鹤梁题刻是世界上已知时间最早、延续时间最长、数量最多的水文题刻。钱伟长先生于1995年又将它定名为“世界唯一古代水文站”。

【白鹤梁石鱼】白鹤梁是重庆涪陵城北长江中的一道约1600米的天然石梁，位于乌江与长江交汇口干流上游约一千米处的长江干流南岸，因早年常有白鹤群集梁上，展翅嬉戏，引颈高歌，故得名“白鹤梁”。白鹤梁的梁脊仅比长江常年最低水位高出2～3米，几乎常年没于水中，只在水位非常低时才露出水面。白鹤梁上有题刻165段石鱼18尾。在18尾石鱼中，以唐广德二年（公元764年）以前所刻石鱼（简称“古石鱼”）价值最高，其次为清康熙二十四年（公元1685年）重刻之双鲤石鱼（简称“清石鱼”）。这些都具有很高的水文价值。现存能清晰地看到的双鱼为清重刻双鱼，在其首尾相接的下方留存有一尾隐约可辨的、较小的鱼（只能较清晰看见鱼头），这小鱼即为唐广德年间所见到的“水去鱼下四尺”的古代石鱼水标的原物。清代康熙二十四年（公元1685年），萧星因“岁久剥落，形质模糊，几不可闻”，涪州知州萧星拱在唐代所见石鱼附近重刻双鱼，两组石鱼共同成为千年枯水位的水标。遗憾的是，历经岁月沧桑，唐代双鲤石鱼只留下一尾，清代镌刻的双鲤石鱼还清晰可见，栩栩如生。萧星栱重刻石鱼之举虽让石鱼水标得以传承，但事实上也差点毁掉古石鱼。

【石鱼记水位】在正常水位时，石鱼隐没于水中，当长江出现特大旱年时水位下降，石鱼浮出水面。每当石鱼出现，说明长江已经进入枯水周期的最枯年份。白鹤梁以石鱼为水标，即现代意义的水尺零点。古代人们观测石鱼出水，以双鱼为标，但没有准确记载以鱼的什么部位为基点。观测及刻记时，不同的石鱼出水或淹没位置只是一个粗略的“概数”，应该不会精准到以“鱼眼”为准。1684 年前以“古石鱼”为标，1684 年后以“清石鱼”为标。古石鱼高约 6 厘米，清石鱼高约 9 厘米，清石鱼的鱼眼比古石鱼的鱼眼约高 3 厘米。因此，白鹤梁水标整体为一个范围，上下约差 10 厘米。

【石鱼鱼眼高程之谜】经测量发现，古石鱼鱼腹高 137.86 米（吴淞高程），根据涪陵及邻近水文站实测水位资料分析推算，涪陵当地历年最低水位均值为 137.83 米，与古石鱼鱼腹高程大体相当。清代重刻鱼眼高程分别为 137.94 米、137.95 米（均为吴松高程），清石鱼的鱼眼高程与三峡水库蓄水前川江航道涪陵段航行基准面（即零点）非常接近。

【石鱼的科学价值和历史价值】白鹤梁题刻系统反映了长江上游枯水年份的水文变化规律，是研究长江枯水的珍贵资料。1938—1948 年，扬子江水利委员会（1947 年改为长江水利工程总局）在白鹤梁附近的龙王嘴设立涪陵站观测水位，初期采用假定基面，1939 年 10 月引测吴淞高程。

1972 年初，长办水文局、重庆博物馆及长办重总联合组成调查组，对白鹤梁题刻等枯水点进行了调查测量，共同编辑《宜渝段枯水调查报告》。精确测量了石鱼水标及部分水文题刻的海拔（吴淞高程），获得自唐代以来 1200 多年的 72 个历史枯水水文年份数据，延长了长江的历史枯水水文系列，丰富和拓宽了对长江的枯水史料的认识，为三峡工程设计提供了科学依据。为进一步保护白鹤梁，1994 年长办重总对白鹤梁保护区范围进行了详尽的地形测量，为建设白鹤梁博物馆提供了第一手资料。

万县水文站

——守望高峡平湖

万县水文站码头（2024 年 5 月摄）

万县，现重庆市万州区，地处三峡库区腹心，北屏大巴山，南依川鄂高原，素有“川东门户”之称。万县 1902 年开埠，1917 年设立海关，同年设立海关水尺观测水位，为航运提供水情信息。

万县有水位记录始于 1917 年 1 月海关水尺观测，万县水文站设立于 1951 年 3 月，现位于万州区牌楼街道望江公园，东经 108°23′36″，北纬 30°47′23″，是国家基本水文站、国家重要水文站、中央报汛站。测验项目有水位、流量、悬移质含沙量、颗粒分析、卵石推移质、降水量、水质、水生态等。隶属于长江委水文局长江上游水文水资源勘测局万州分局。

万县水文站持续改进监测手段，牢牢扼守四川盆地“出口关”，为长江水旱灾害防御，三峡工程设计和建设、运行调度，长江经济带发展，长江大保护等提供了长系列的、完整的水文资料。

一、河段概况

万州区地处四川盆地东缘、重庆市东北边缘，是长江自西南向东北横贯四川盆地东缘平行岭谷与盆周山地的过渡地带。东与云阳县相连，西与忠县、梁平区毗邻，南与石柱土家族自治县和湖北省恩施土家族苗族自治州利川市接壤，北与开州区和四川省开江县交界，直线距离重庆市 228 千米。区内山峦起伏，最高点位于普子乡七曜村沙坪峰，海拔 1762 米；最低点位于黄柏乡境内，随三峡库区蓄水水位而变化。

万州区境内河流纵横，溪涧切割深，落差大，高低悬殊，呈枝状分布，均属长江水系。长江干流自西南石柱土家族自治县、忠县交界的长坪乡石槽溪（海拔 118 米）入境，向东北横贯腹地，经黄柏乡白水滩（海拔约 106 米）流入云阳县，流程 82.6 千米。境内有流域面积在 2 平方千米及以上的大小河流及山洪沟共计 249 条，纳入河道名录登记的河流有 102 条（其中流域面积大于 50 平方千米的河流 28 条，流域面积小于 50 平方千米的河流 74 条）。区内河流直接注入长江的主要河流有 7 条，分别是苎溪河、瀼渡河、石桥河、新田河、五桥河、大周溪、杨河溪；区内河流流经其他区县后再注入长江的主要河流有 2 条，分别是九龙溪、培文河；区内主要过境河流 4 条，分别是长江、磨刀溪、普里河、泥溪河。

[illegible]县水文站左岸为望江公园，右岸为樱花渡公园，水下为三峡水库消落带范围，[illegible]有水文测验设施、观测道路及附属工程都布设于公园保护区内。距长江河口约 2[illegible] 千米，距上游清溪场水文站约 186 千米，距下游夔门峡约 140 千米，距巴东水[illegible]站约 230 千米，距三峡水利枢纽约 288 千米。测验河段顺直长约 5 千米，测验断[illegible]宽约 790 米。三峡大坝蓄水后，河道向右弯曲，深槽偏右，系单式断面。水文站左[illegible]为陡石崖，右岸为滨江路和防洪护堤。

万[illegible]水文站水位流量关系在三峡大坝建成前后出现明显变化。蓄水前万县水文站的水[illegible]流量关系在低水呈单一线，中高水受洪水涨落影响而呈绳套曲线。2003 年水库开始蓄水后，万县水文站水位流量关系受水库调度影响，无明显的变化规律。

二、测站探源

（一）历史沿革

万县在 1902 年成为通商口岸，1917 年重庆海关在万县设立分关。1917 年 1 月 1 日，万县海关在城内水井湾（现西山公园附近，钟鼓楼旁）盘盘石、草盘石上刻画英制水尺，每日定时观测水位一次。当盘盘石被洪水淹后，则用望远镜观读草盘石航行水尺水位，水尺以航行基准面为零点。

万县站海关水尺（盘盘石）

1951 年 3 月，长江委设立万县水文站，测流断面位于万县聚鱼沱，水尺位于海关水尺上游约 2500 千米。1953 年 2 月测流断面上迁 7000 米至万县和平村（1954 年改为沱口镇），东经 108°25′，北纬 30°51′。2003 年 5 月，因三峡库区蓄水，水尺断面下迁 2300 米至万州区牌楼街道，长江三桥下游约 75 米处，测流断面仍然位于沱口，万县站更名为万县（二）水文站，东经 108°23′36″，北纬 30°47 ′23″。

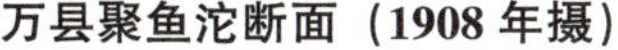
万县聚鱼沱断面（1908 年摄）

沱口老站房（20 世纪 90 年代摄）

（二）测验项目变化

万县水文站设立后，将万州海关水位资料收录于长江上游水文年鉴，至 1975 年终止对万县海关水位资料的收集。2002 年 5 月，长江重庆航道局停止海关水尺观测，采用万县站每日 8 时水位代替万州海关水尺水位。

万县站水文观测项目演变表

序号	项目	开始观测时间	设站目的及观测变化
1	水位	1917 年 1 月 1 日	海关水尺，提供航行水情信息，2002 年停测
		1951 年 3 月	收集基本水文资料
2	降水量	1935 年 6 月	原属万县气象站人工观测，1935 年后有中断，1951 年恢复观测
3	流量	1951 年 3 月	收集基本水文资料，分析计算和掌握长江上游来水径流量至今
4	悬移质输沙率	1951 年 3 月	1961 年 6 月 1 日起停测，1968 年 5 月 8 日恢复观测，收集基本泥沙资料
5	单样含沙量	1953 年 3 月	1961 年 6 月 1 日起停测，1968 年 5 月 8 日恢复观测，建立单断沙关系，推求断面逐日含沙量
6	悬移质颗粒分析	1954 年 6 月	1956 年停测，1968 年 5 月 8 日恢复观测
7	卵石推移质	1971 年	收集资料并分析研究推移质运动规律
8	蒸发	1951 年 3 月	1969 年 4 月 11 日停测
9	水温	1951 年 3 月	1968 年 5 月 13 日停测
10	水质	1987 年 7 月	收集水质基本资料
11	水生态	2020 年 3 月	试点监测

上游下段水系

萬　縣站1935年逐日降水量表

雨量器高程　　　公尺（吳淞基面）

日＼月	一月	二月	三月	四月	五月	六月	七月	八月	九月	十月	十一月	十二月
1								17.7	9.7	0.7	1.8	
2							2.3		9.5	0.5		0.5
3							48.7	4.1	2.3	13.9	7.6	
4							15.3	0	0	6.3	8.8	
5							33.3	21.0	1.4	1.0	2.2	
6							19.0	32.4				
7										0.5		
8								1.6		9.8		1.2
9									1.5	1.4		
10												
11								1.5		3.2	0.5	
12									20.4	3.8	0	
13						13.5				0.9	1.0	
14						0.7				6.8	0	
15						1.7				1.7	1.5	
16										0.9	3.2	0.7
17						16.5				0.6	0	
18						19.2						
19							14.2					
20						5.8	38.5		0			
21						57.0			3.4			0.3
22						2.7			14.5	4.8	0.5	
23						7.3			8.8	11.8	7.2	
24						5.0				0.9	0.5	0
25							2.5			7.4		
26											3.4	
27									0.9	3.5	7.8	0
28						6.0		1.7	5.8	1.5	2.6	1.0
29						12.7		20.3	18.5	0	6.4	
30								38.5	14.5			
31								19.2				
降水量						148.1	173.8	158.0	111.2	81.9	55.0	3.7
降水日數						12	8	10	13	21	15	5
最大日量						57.0	48.7	38.5	20.4	13.9	8.8	1.2

年統計				
降水量（731.7）	降水日數（84）	最大日降水量（57.0）（6月21日）		
終霜　月　日	初霜　月　日	終雪　月　日	初雪　月　日	
一次最大降水量　公厘	歷時　時分	日期　月　日		
一次最急降水量　公厘	歷時　時分			
附注				

万县站 1935 年逐日降水量表扫描件

（三）设施设备变迁

1. 水文测验断面设施

（1）高程系统与冻结基面

万县站采用的引据水准点为吴淞（扬委）高程系统，即冻结基面，并设立基本点、校核点构成测站高程系统。三个基本点为文 BM1 高程（183.119 米）、文 BM2 高程（126.978 米）、文 BM3 高程（143.085 米）。

（2）断面标点杆

2023年滨江公园护岸工程建设时，重建水文测验断面基本设施。现有断面标志杆6根（上中下断面左右岸各1根）、断面标点4个（左岸上中下断面各1个，右岸中断面1个）、基线桩点1个、GPS定位系统基站点1个、水准点9个（引据点2个、基本点4个、校核点3个）。

2. 水位观测

（1）水尺

1917年为石刻英制海关水尺，零点高程为99.501米（吴淞高程系统）。1951年设立直立式木桩水尺（米制）。

水尺（直立式和倾斜式）

水位自记台（20世纪90年代摄）

（2）自记、遥测和自动测报

1951年3月人工记录水位。1988年使用大宁河流域试验无人值守自动测报系统，自动收发存储水位。2001年安装中澳合作项目的气泡压力式自记水位计，2005年7月1日实现北斗自动测报。2016年，采用水文局自研的YAC9900遥测终端。

3. 降水量观测

1935年降水量由万县气象站观测。1953年2月设置雨量观测场，配置人工雨量器（圆形标准白铁雨量筒）。1980年采用SJ1型虹吸式雨量计。2006年采用JDZ05型翻斗式雨量计。

4. 流量与泥沙测验

（1）吊船缆道

1966 年 10 月建成吊船缆道，跨度 1300 米，钢丝绳直径 30 毫米。2003 年 4 月，三峡水库蓄水，缆道拆除。

（2）水文专用测船与码头

1951 年租用木船开展流量测验。1955 年建造第一艘木船，载重 6～7 吨。1981 年建造第一条机动钢板船 044 轮。1983 年建造第二条机动钢板船 049 轮。1981—1985 年，投产安装两台 CJG-300 型立式绞车。2000 年建造水文 050 轮钢质船。2022 年建造水文 117 轮。2024 年建造水文 126 轮。

20 世纪 70 年代筹建沱口码头。2001 年重建专用码头。2003 年 5 月码头改造，包括道路、浮船、趸船、系缆地锚等。

044 轮驾驶舱操控台（2002 年拍摄）

水文 049 轮（20 世纪 90 年代摄）

水文 117 轮

（3）流量测验仪器

1955 年前，流量测验以水面浮标法为主，率定浮标平均系数为 0.85（1954 年为 0.81，1955 年高水接近 0.81，低水接近 0.90）。1955 年浮标与流速仪比测，仪器为旋杯式流速仪。20 世纪 60 年代使用旋桨式流速仪测流，20 世纪 70—80 年代采用 Ls25-1 型流速仪，90 年代改为 Ls25-3A 型流速仪，以秒表计时，电表或电铃人工计数，后期升级为计时计数器，并可接入计算机，实现自动化或半自动测流。2004 年开展走航式 ADCP 比测并投产应用。

（4）泥沙测验仪器

1953 年 3 月采用横式采样器现场取样，水样经沉淀（自然沉降）、浓缩（去除清水）、烘干（烘箱）、称重（天平或电子天平）等处理，然后计算含沙量。1971—1978 年，研制临底悬沙采样器开展试验和测验。1972 年采用重总研制的调压积时式采样器取沙样。

泥沙颗粒分析：1955 年 6 月使用滴定管，1979 年使用粒径计，2013 年 1 月采用马尔文激光粒度仪。

卵石推移质采样器：1971 年开展卵石推移质试验，采用 Y64 型敞顶软底网式采样器，口门宽 0.5 米，尾网高 0.3 米，长 1.1 米，底网孔径为 10 毫米。

三、水文特征

在长达百年的水文记载数据中，万县站除 1957 年、1961—1967 年含沙量有缺失外，全过程记录了长江上游万县段的水位、流量、含沙量等要素的变化过程。2003 年三峡水库蓄水运用后，对水位、流量、含沙量等均有一定程度的影响。

（一）水文特征值变化

万县站最高水位为 175.75 米（2014 年），最低水位为 99.13 米（1979 年）。

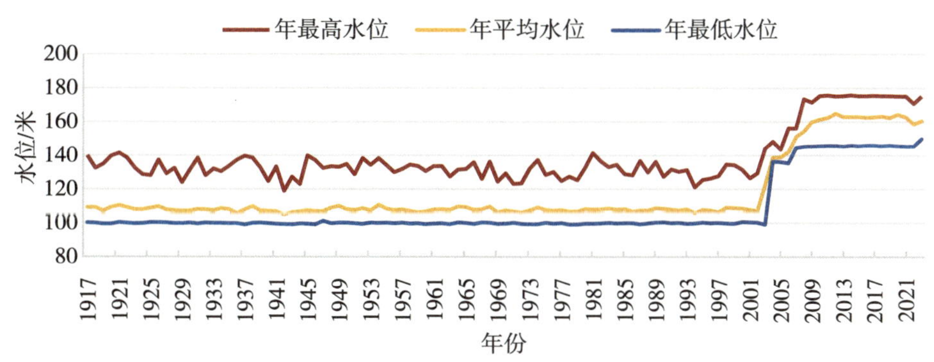

万县水文站历年水位特征值

万县站 1956 年始有流量观测资料，其中最大流量为 76400 立方米每秒（1981 年），最小流量为 2690 立方米每秒（1979 年）。

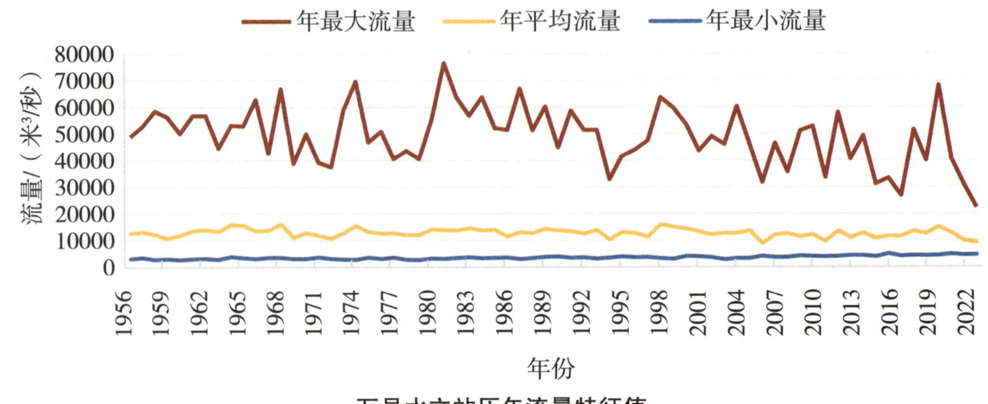

万县水文站历年流量特征值

万县站 1956 年开始含沙量测验，三峡水库蓄水前后变化较大。其中蓄水前最大含沙量为 12.4 千克每立方米（1959 年），蓄水后最大含沙量为 5.23 千克每立方米（2018 年）；蓄水前最小含沙量为 0.005 千克每立方米（1997 年），蓄水后最小含沙量为 0.001 千克每立方米（2006 年、2007 年、2008 年、2009 年）。

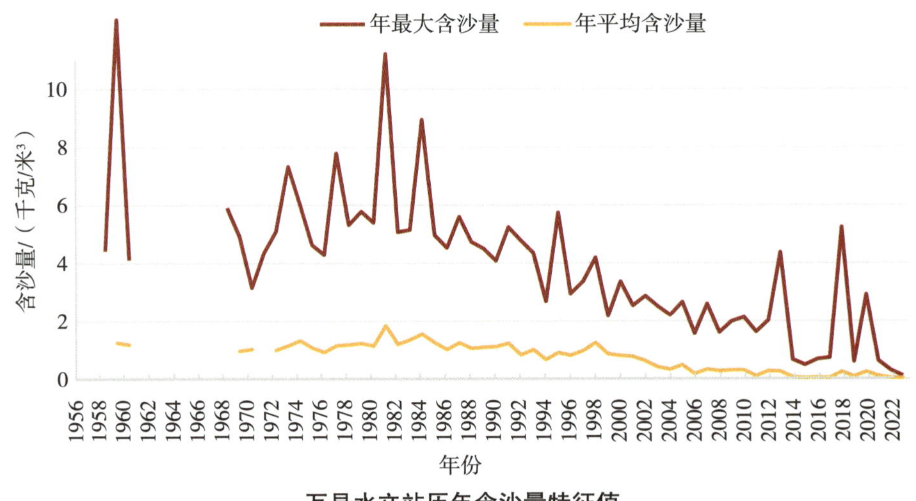

万县水文站历年含沙量特征值

注：1957 年、1961—1967 年停测含沙量。

万县站水文特征统计表

序号	统计项目	多年平均值	最高（大）	日期	最低（小）	日期
1	水位/米	107.84	141.42	1981 年 7 月 18 日	99.07	1937 年 4 月 3 日
2	流量/（米³/秒）	13200	76400	1981 年 7 月 17 日	2690	1979 年 3 月 7 日

续表

序号	统计项目	多年平均值	最高（大）	日期	最低（小）	日期
3	含沙量/（千克/米^3）	1.10	12.4（蓄水前）	1959 年 7 月 24 日	0.005（蓄水前）	1997 年 3 月 4 日
			5.23（蓄水后）	2018 年 7 月 15 日	0.001（蓄水后）	2006 年 1 月 1 日、2007 年 11 月 28 日、2008 年 12 月 23 日、2009 年 1 月 8 日

（二）洪枯留痕

万州区自古以来水旱灾害频发，最早的文献记载可追溯到明朝正统年间，最早的洪灾记录可追溯到清朝乾隆年间，以 1870 年、1981 年、1998 年三次洪水灾害最为突出。

1. 历史洪水调查

《中国历史大洪水调查资料汇编》《清末民国长江上游水旱灾害的民间组织应对及其地域特征研究（1876—1949）》等文献记载了万县地区自明正统五年（公元 1440 年）以来的 18 次洪灾分别为 1440 年、1500 年、1575 年、1788 年、1829 年、1840 年、1842 年、1859 年、1860 年、1862 年、1870 年、1884 年、1885 年、1892 年、1896 年、1897 年、1905 年、1906 年。

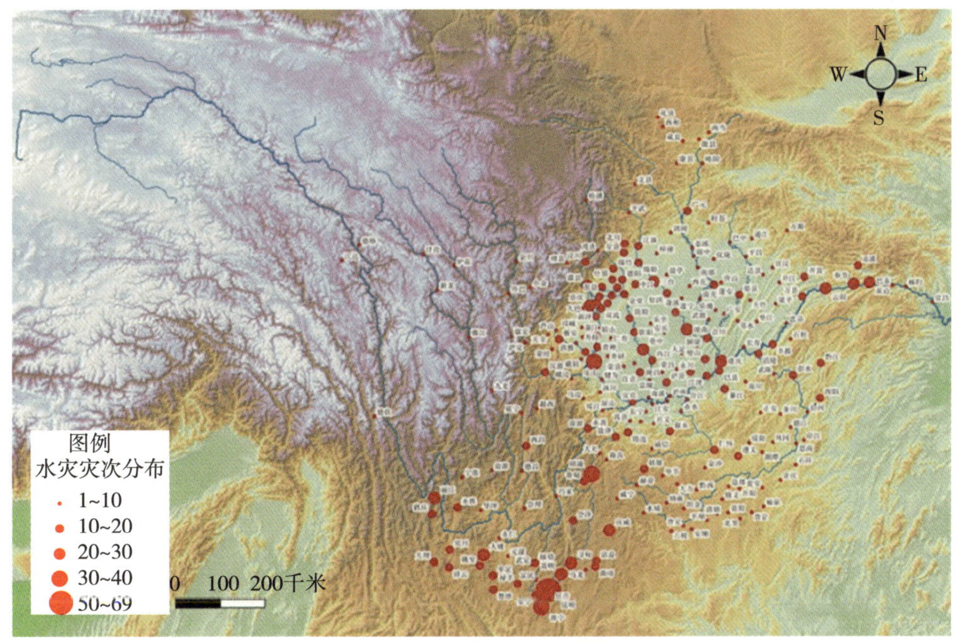

清末民国长江上游水灾分布示意图

万县历史特大洪水调查成果

序号	年份	题刻位置及内容	高程（吴淞基面）/米
1	1870	万县武陵镇容家坝："庚午年六月二十，涨大水已（记）"	157.75
2	1788	万县高峰乡黄土岭："皇清乾隆五十三年六月二十，水安（淹）此处"	152.37
3	1905	出自《中国历史大洪水调查资料汇编》	146.09
4	1921	出自万县站洪水调查报告	143.17
5	1945	出自《中国历史大洪水调查资料汇编》	142.05

2. 实测洪枯水

万县自 1917 年始有水位观测，排前 10 位的洪水和枯水统计如下：

历年最高（枯）水位排位统计

序号	年份 /（米³/秒）	洪水		年份	枯水	
		实测水位（吴淞基面以上）/米	实测流量 /（米³/秒）		实测水位（吴淞基面）/米	实测流量 /（米³/秒）
1	1981	141.42	76400	1937	99.07	—
2	1954	138.29	—	1979	99.13	2690
3	1974	137.21	69500	1946	99.16	—
4	1987	136.75	66900	2003	99.16	2800
5	1982	136.46	63500	1943	99.23	—
6	1968	136.26	66800	1978	99.23	2800
7	1989	136.24	60100	1942	99.32	—
8	1966	135.93	62700	1963	99.33	2920
9	1952	134.74	—	1974	99.35	2790
10	1998	134.67	63500	1960	99.37	2770

注：1. 统计资料均为 2003 年蓄水前。

2. 表中空缺部分无实测资料。

四、技术发展

（一）深水干容重采样器研制

泥沙淤积物的干容重，是水库泥沙研究的重要基础资料之一。获取泥沙干容重的方法最直接的是现场测定。对于深水水库而言，现场取样非常困难，研制深水淤泥干容重采样器意义重大。

针对三峡水库干容重采样器需要适应深水、厚淤积物的采样条件，设计基于三层转轴式采样盒，考虑保证淤积物原状样品和克服潮湿工作环境，采用材质主要为碳素结构钢 Q235-A。深水淤泥采样器由采样盒、采样管、开关盒、靠板、锤击机构、旋转接头和配重装置等组成。

干容重采样器结构为采样盒与多段插管连接，为保证采样时管道大小一致，转轴内径为 50 毫米，取样盒内空体积为 136 立方厘米。采样盒与插管之间采用凸形柱体连接，凸形柱体上下相通，进出口内径为 50 毫米，进出口分别为凸形口和凹形口，用于与采样管连接。采样盒外套固定于靠板及加长靠板上。采样器下放至河床时，铅鱼内的触底开关打开，采样器靠自重下放至河床预定深度时，锤击机构打开，使开关盒关闭并获取样品。

经多次改进定型，增加采样器的机械强度，降低取样操作的劳动强度，采用万向节连接头设计，解决了采样器下放过程中因钢丝绳旋转而无法顺利采样的问题，通过转动式的开关控制采样盒，能够满足库区水流及河床特性，能准确获取不同淤积深度的淤积物，对河床淤积物基本不扰动，基本保证干容重的原态，渠道的淤积物体积准确可靠，且该采样器操作维修方便，综合性能满足库区深水水文测验要求。2015 年 3 月 25 日，插管式（AZC-3 型）干容重采样器获得发明专利（专利号 ZL 201210583913.1）。

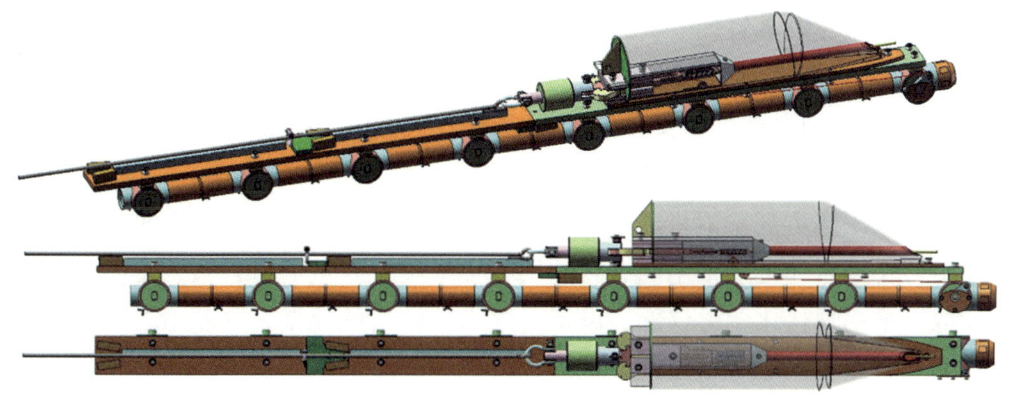

改进后的深水淤泥干容重采样器

（二）深水 ADCP 比测实验研究

三峡水库蓄水后，万县站测验河段发生重大改变，水深在 100 米以上。受三峡水库蓄水后水流条件（如水深、流缓）和坝前水位变化（变化范围为 145～175 米）

的影响，常规转子式流速仪性能不满足深水测验要求，器材需进行更换。

通过初步选型，2003 年 7 月引进 300K 走航式 ADCP，重点解决深水流量测验方法和手段的问题。2003—2004 年开展野外比测，收集了大量的系列比测实验资料，包括流量、流速、水深、底沙运动等。

（1）流量、流速比测

在常规测流前后各施测 ADCP 流量 1 次，取其平均值与常规测流结果比较；选取 5～7 条固定垂线，连续采集 30 个以上的 ADCP 的采样数据，将其平均与流速仪流速结果比较。

（2）水深比测

选取 5～7 线固定垂线，连续采集 30 个以上 ADCP 测量数据，将其平均与常用测深方法所测水深比较。

（3）底沙运动实验

选取测流断面上 3～5 条固定垂线，将船通过吊船缆道并结合 GPS 定位将船固定在选定的垂线上，通过 ADCP 测得的“船速”即为底沙运动速度。

在开展流量、流速、水深、底沙运动比测工作中，兼顾含沙量，尽量保证在各含沙量级都有比测资料，特别注意收集高含沙量级的资料。根据大量比测实验资料，分析走航式 ADCP 各项成果精度均满足规范要求，实际应用效果良好。

（三）大宁河无人值守水文站系统

万县站参与建设和管理的大宁河无人值守水文站系统，1986 年 4 月筹建，1988 年建成，1991 年 11 月通过鉴定验收。系统包括大宁河巫溪以上流域内 3 个水文站、1 个水位站、9 个雨量站，以及在武汉设立 1 个卫星地面接收站，并从国外引进全套水文数据的采集、传输、处理的设备和软件。

该系统采用同步气象卫星远距离传输采集实时水文数据，由计算机处理并进行实时预报；长期自动记录采用固态存储器收集水位、雨量资料，人工定期到现场用微机读取，采用现代化测验仪器、设备对各水文站实施流量、含沙量巡测；系统内各项水文资料由巫溪中心站定期集中使用微机处理和整编。

该系统利用气象同步卫星远距离传输实时水文数据，当时在我国尚属首例，因此系统试点的经验，特别是应用同步气象卫星以解决重点防洪河段的信息实时传输的技术经验，对加强水文站队结合和西部地区站网建设具有重要意义。

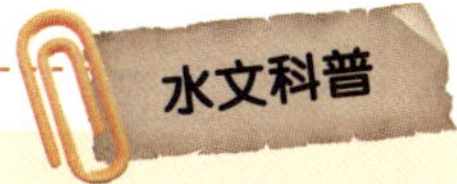

干容重采样方法

干容重指单位体积淤积物的泥沙重量，是反映泥沙重力特性的一个非常重要的物理指标。水库淤积物干容重观测方法主要有原状淤积物取样法、非原状淤积物取样法、模拟试验法。在水库泥沙观测中，主要以原状淤积物取样为主，根据不同淤积物的特点，设计加工制作合适的取样仪器设备，有坑测法、器测法、同位素法。

一、坑测法

适合于裸露的河床或滩地，具体方法是在现场挖出大小适度的坑，如1米×1米×1米的正方体，保存挖出的泥沙，分层夯实，然后量积，称重、筛分，粒径大于2毫米的卵石不计含水率，分组称重，粒径小于2毫米的卵石称重后抽样，送室内烘干、称重，求出干湿比，并作粒径分析，将其换算成干沙重，与大于2毫米的卵石结合起来，计算干容重及其级配。

二、器测法

器测法就是用采样器采集水下原状淤积物，送实验室分析干容重的方法。主要有锥式、环刀式、滚轴式、重力式钻管、挖斗式、旋杆式、活塞式钻管等采样器。在三峡水库干容重采样中，长江委水文局研制了适用于深水的AZC-3型干容重采样器。

设计与改进的 AZC-3 型深水干容重采样器（2019 年拍摄）

三、同位素法

应用放射性同位素干密度测验仪现场直接测定。仪器设备有钻机式和轻便式两种，可在水深70米条件下测出厚度为3.0～5.5米的淤积物密度变化。

五、难忘岁月

（一）1870 年特大洪水调查往事

1870 年长江上游发生了一场特大洪水，史称“同治庚午大洪水”，对万县沿江地区造成严重的水患灾害。这次历史洪水万县当地只有洪痕刻记，没有水位观测记载。1956 年 11 月召开的全国水文计算学术讨论会，提出“关于一二年内全国水文测站进行历史洪水调查”的建议。1959 年 9 月，根据长办关于水文测站洪水调查任务安排，万县站开展了历史洪水调查与高程接测工作，其中 1870 年洪痕调查与测量是工作的重点。

这次洪水调查的具体任务和要求，是在万县城区长江两岸开展洪痕调查和三等水准测量，作业区间为上至沱口渡船码头，下至密溪沟，河段长约 11 千米，计划一个月内完成任务。

中国治水历史悠久，留下众多石刻、碑记、民谣等洪水古迹。洪痕调查就是要查明、记录洪痕并测量洪痕高程。面对繁杂紧迫的任务，万县站迅速组成由站长带队的 5 人测量队。他们走访居民、指认洪痕，沿着江边摸排分布于老屋、碑石、桥梁、岩壁上，抑或是标记在台阶、门槛、炕沿、房梁上的洪痕。一旦发现，便马上做好标志，认真绘制位置草图，通知测量队伍跟进。

当年洪痕测量使用的水准仪和水准尺非常笨重，现场记录靠手工，资料计算用算盘。9 月的城区岸边，满是蒿草刺藤、瓦砾碎石，测量队员们扛着仪器、水准尺，爬坡上坎，淌水过沟，凭着吃苦耐劳的精神和意志，起早贪黑，风雨无阻，全力以赴推动着洪水调查工作的前进和深入，终于在 10 月下旬完成了上级下达的任务。

据《中国水文志》记载，在水文调查中，除实地查勘外，还广泛访问座谈，查阅有关历史文献资料，与文物考古相结合。在分析考证长江 1870 年、1860 年等大洪水工作中，长办等单位查阅宜昌以上地区的地方志 760 多种、有关宫廷档案 600 多件。长办在 1968—1979 年多次与中国科学院考古研究所等单位一起，组织水文考古队（组），对三峡江段和岷江、嘉陵江部分江段作水文考古调查，进一步核实了 1870 年洪水的可靠性。如自三峡黄陵庙的碑刻题记查明，从明万历四十六年（公元 1618 年）建庙以来 300 多年间，以 1870 年洪水为最大。

艰辛付出取得了丰硕的成果：调查洪痕 19 个，复查洪痕 2 个（包含 1 个历史洪痕题刻），洪痕测量路线长度约 23 千米。最终整理成果，获得 1870 年及其他三次大洪水调查资料。依据这些资料，采用比降法推演出各次大洪水的水位流量关系曲线。经专家审查，认为这次调查成果较为可靠，并收录到《中国历史大洪水调查资料汇编》一书中。

1870 年洪水调查资料及分析成果

日期		水位（吴淞基面）/米	确定根据
农历	公历		
六月十五日	7 月 13 日	120	《万县志采访事实》："江水泛"
六月十六日	7 月 14 日	127	《万县志采访事实》："没河岸"
六月十七日	7 月 15 日	134.5	《万县志采访事实》："啮城根"
六月十八日	7 月 16 日	141	《万县志采访事实》："署照墙"
六月二十日	7 月 18 日	156	《万县志采访事实》："县署淹及平屋"
六月二十二日	7 月 20 日	149	乌洋溪教书先生记录："庙子退出来了"，中间用历年大水退水线连接
六月二十六日	7 月 24 日	133.5	巫山调查指认资料："退到三间屋"
七月四日	7 月 31 日	143	巫山调查指认资料："复涨到府右街"，中间用历年大水退水线连接
七月十六日	8 月 12 日	125	中间用历年大水退水线连接

（二）小荷才露尖尖角

2023 年 11 月 11 日，第十届全国水利行业职业技能竞赛水文勘测工大赛暨第七届全国水文勘测技能大赛决赛在广东韶关圆满闭幕。本届大赛是水利行业中项目最多、历时最长、参赛人员最多的职业技能竞赛。竞赛通过理论考试、内业操作考试和外业操作，对来自全国水文基层单位的 80 名选手进行全面考核。来自长江水利委员会水文局的杜思源获得决赛第一名。

杜思源 2020 年 8 月进入上游局万州分局工作。入职初期，她就在长江干流万县站、支流大宁河巫溪站，从最基础的水位观测、流量测验、资料整理等工作做起，分局还为她制定了新职工见习期培训计划，明确了辅导老师。其间，她参与高洪测验、大宁河巫溪片区 13 个雨量站资料整编等工作，参与编制《万县水文站超标洪水测报预案》，以及河道划界等多个市场服务项目，在实战中摸爬滚打、刻苦历练。

2021 年 3 月，上游局举办第七届水文勘测技能大赛。参加工作半年多的杜思源初生牛犊不怕虎，勇敢报名参赛。那次比赛，杜思源荣获个人二等奖。此后，她又参加 2021 年湖北省"工匠杯"职业技能大赛，荣获水文勘测专业二等奖、理论知识单项第一名。

前两次技能大赛表现出色，增强了杜思源的自信和底气。随后，她又勇敢地踏上了第七届全国水文勘测技能大赛选拔、集训的艰辛历程。杜思源外业操作很刻苦，理论和内业也下了常人难以想象的功夫。杜思源还先后参加了长江委水文局水文勘测技能业务培训班、2022 年全国水文勘测中高级技能强化班并荣获“优秀学员”称号。参加无人机操作技能培训，拿到了Ⅲ类多旋翼驾驶员执照。

2023 年 11 月 11 日，大赛尘埃落定，杜思源夺得桂冠，创造了女选手在全国水文勘测技能大赛中的最好成绩，站上了水文行业技能大赛的最高领奖台。2024 年 4 月，杜思源被授予“全国五一劳动奖章”。

CHANG JIANG SHUIWEN

江河记忆：长江三峡的形成

水文学及地质学研究表明，长江三峡的形成经历了数亿年的漫长岁月，是多次剧烈的造山运动、海陆变迁以及河流发育等共同作用的结果。

在距今约 2 亿年的三叠纪时期，中国的地形地貌东高西低，三峡一带一片汪洋。

地质年代持续的、强烈的造山运动，导致地壳上升，川鄂间的地壳褶皱、隆起，形成了巫山等山脉，奠定了三峡河谷的基础。江水的侵蚀，使得岩石和矿物发生移动。河流的冲刷下切和溯源侵蚀，使得峡谷不断加深，塑造了三峡典型的高山深谷河流侵蚀地貌轮廓形态。

长期持续的水流冲刷发挥了关键作用，长江上游的江水携带了大量泥沙，具有强大的侵蚀能力。三峡地区的岩石主要是坚硬的石灰岩和砂岩等，虽然抗侵蚀能力较强，但三峡地区降水丰富，河流水量充足，使得冲刷作用能够持续且有效地进行。在数百万年的漫长时间里，随着水流的冲刷河床不断下切，较软的岩石侵蚀更快，较硬的岩石则相反，从而塑造出了复杂多样的峡谷—宽谷—峡谷景观，即长江三峡——瞿塘峡（雄伟）、巫峡（秀丽）和西陵峡（险峻）。

长江三峡河段（俗称“峡江”）全长 193 千米，是川江（宜宾至宜昌）的下段。峡江内滩多险阻，水深流急，天然河道时期有“洪水阻于峡，枯水阻于滩”的航行特点，是入川“蜀道难，难于上青天”的险道之一，更有“青滩泄滩不算滩，崆岭才是鬼门关”之说。2003 年三峡水库蓄水运行，彻底改善了三峡通航条件，已演变成水上高速公路。

宜昌水文站

——服务“国之重器”

宜昌水文站站房（2023 年 10 月摄）

宜昌，古称夷陵，地处长江上中游分界点，“上控巴蜀、下引荆襄”，素有“三峡门户”“川鄂咽喉”之称，因“水至此而夷，山至此而陵”得名，清朝时取“宜于昌盛”之意改称宜昌，是屈原、王昭君等历史名人的故里，也是三峡和葛洲坝水利枢纽的所在地，还是长江黄金水道的关键节点。

宜昌海关水尺设立于 1877 年 4 月，1946 年设立宜昌水文站，是长江三峡地区第一个近代水文站。坐落在湖北省宜昌市主城区滨江公园，位于东经 111°17′，北纬 30°42′。从最先仅为航运提供水情信息，逐步发展成为系统收集雨情、水情、沙情、水质、水生态等基本资料的国家重要水文站、中央报汛站。宜昌水文站还是长江中游干流第一个大河控制站、三峡—葛洲坝梯级水库的出库总控制站。现隶属于长江委水文局长江三峡水文水资源勘测局宜昌分局。

宜昌水文站测验要素涵盖水位、水温、降水量、流量、泥沙、水质、水生态等 20 余项，是长江流域经济社会发展的重要基础支撑，在流域防汛抗旱、水资源利用、水环境保护、水生态治理、河道（航道）整治、梯级水库调度等方面发挥着重要作用。

一、河段概况

长江三峡（瞿塘峡、巫峡和西陵峡）位于川江末端，长约 193 千米，西陵峡又包括东段（香溪至庙河）和西段（南沱至南津关），三峡水利枢纽工程坝址位于两段之间的庙南开阔段内，葛洲坝水利枢纽工程坝址位于三峡出口（南津关）下游约 2.5 千米处。

测站位于长江三峡出口（南津关）下游约 9 千米，是长江从山区进入平原的过渡丘陵地带，上游 2 千米有镇川门弯道，下游 3 千米有胭脂坝洲滩，总体上测站上下游河道呈反“S”弯道平面形态，有南津关和镇川门弯道和西坝、胭脂坝等洲滩与汊道，具有左岸平坦、右岸山脉等河谷地貌和自然环境特征。

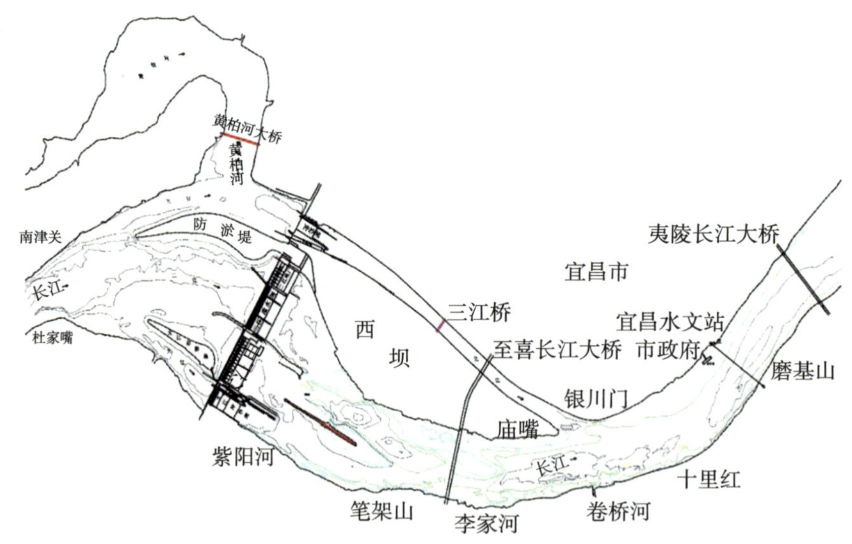

宜昌水文站水文测验河段形势图

宜昌水文站测验河段位于反“S”河道的尾部、西坝与胭脂坝之间，上下游约 3 千米顺直，左岸为宜昌市主城区，右岸为低山丘陵区，河岸稳定，断面宽 700～900 米，呈偏“V”形断面形态，深泓偏右岸，左岸为边滩。1970 年修建葛洲坝水利枢纽，挖除葛洲坝洲滩，修建城区左岸滨江公园；1994 年修建三峡水利枢纽，宜昌站分别位于三峡和葛洲坝下游 45 千米和 6 千米，上游左岸 7 千米有黄柏河支流入汇（葛洲坝水库蓄水后位于三江上引航道内，距大坝约 1 千米）。

宜昌水文站水位流量关系总体上受长河槽控制影响。在中高水期，下游河槽壅水和清江来水对宜昌水位有短时段的顶托影响，水位流量关系呈不规则绳套曲线。在中低水期，主要受洲滩节点控制，尤其芦家河、胭脂坝、宜都弯道等节点控制作用较强，天然时期控制条件基本稳定。葛洲坝和三峡工程分别于 1981 年和 2003 年蓄水运行，水库清水下泄和河道采砂等因素引起下游河床冲刷下切，中低水控制河段（宜昌至杨家脑河段）冲刷强度演变趋势可分宜昌、宜都和枝江三个小河段来分析，其中，宜昌河段在葛洲坝水库运行时期就已经达到冲刷平衡，宜都河段大约在 2017 年趋于冲刷平衡，枝江河段大约在 2020 年趋于冲刷平衡。中低水控制节点河段河床冲刷下切，导致宜昌中低水位显著下降。

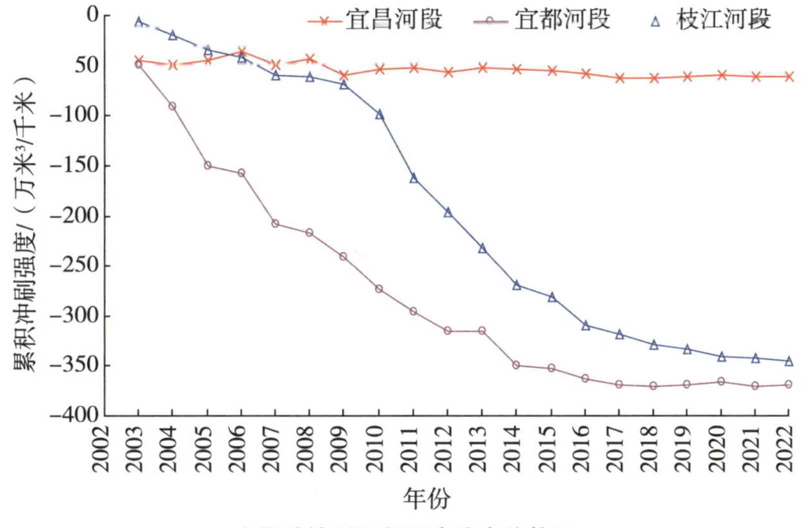

宜昌站控制河段河床演变趋势图

CHANG JIANG SHUIWEN

江河记忆：古夷陵水文化

宜昌，古称夷陵，因“水至此而夷，山至此而陵”而得名，是巴楚文化的发祥地之一。周初为夔国地。楚成王三十八年（公元前 634 年）楚灭夔，乃归于楚并为其西疆边防要地。楚顷襄王二十一年（公元前 278 年）秦将白起“攻楚、拔郢、烧夷陵”，夷陵之名始见于史。公元前 221 年开始置县，一代文宗欧阳修曾任夷陵县令。清顺治五年（公元 1648 年），改“夷陵”为“彝陵”。雍正十三年（公元 1735 年），升彝陵州为宜昌府。新中国成立后，先后设立宜昌县、宜昌市、宜昌专区。1970 年，宜昌县迁至小溪塔；2001 年撤县设立夷陵区。

夷陵境内现存古巴人兵寨、悬棺等巴楚文化遗迹，“石牌要塞保卫战”被誉为“中国的斯大林格勒保卫战”，“宜昌丝竹”“下堡坪民间故事”等被列入国家非物质文化遗产名录。在水文化方面，古夷陵可谓丰富多彩，现存有黄陵庙、南津关、三游洞、镇江阁等古文化元素，更有被誉为“世界水电明珠”的三峡和葛洲坝水利枢纽等水文化元素。

一、三游洞：以诗会友的文化胜地

三游洞位于南津关内小支流下牢溪内，得名于“前三游”，唐代诗人白居易、白行简、元稹一同游三游洞，白居易作《三游洞序》，记叙三人相会情形以及游览经过，全文叙事简洁有序，写景生动逼真，抒情含蕴深邃。“后三游”指宋代苏洵、苏轼、苏辙父子三人一同游三游洞。历代诗人在三游洞留下了众多壁刻诗句。

二、南津关：不仅仅是长江中游和上游的分界点

南津关是长江三峡的终点，也是长江中、上游的分界点。在古代，一般被称作“关”的地方大都是侧重于军事的隘口，通常设置在各山川交通要道上，也是历来兵家必争之地，三国时期“火烧连营七百里”就发生在南津关外猇亭附近，抗日战争时期“宜昌保卫战”主战场之一就是在南津关内的石牌。

1973—1975 年，宜昌水文站曾多次派人前往葛洲坝工程施工区开展测量，为葛洲坝工程航线设计及坝区河势调整提供了大量原型观测资料。如今，葛洲坝和三峡水利枢纽工程建成，三峡库区已变成“水上高速公路”，万吨级船舶可直达重庆。

二、测站探源

宜昌水文站水位资料始于 1877 年海关水尺水位观测，经历了水位站、水文站、流量站、实验站等不同发展时期。

（一）测站沿革

1877 年 3 月清政府设立宜昌海关，4 月 1 日设立海关水尺（位于今宜昌市政府外江边），每天定时观测水位一次，为英制计量单位。

民国三十五年（公元 1946 年）5 月，民国政府内务部扬子江水利委员会设立宜昌水文站。

1949 年 7 月 16 日，宜昌站由宜昌市军事管制委员会临时接管。8 月转交湖北省人民政府水利局领导。1950 年 2 月，中原临时人民政府农林水利部在汉口设立长江水利委员会；4 月，湖北省农业厅水利局改组成立长江水利委员会中游工程局和湖北省农业厅水利局两个机构；宜昌站由水利局改属中游工程局领导，恩施水位站同时划属宜昌站管理。

1951 年 2 月，宜昌站被列为二等水文站，1952 年 3 月升格为一等水文站，负责管辖枝江、牌楼口、松滋口、长阳 4 个二等水文站。1953 年，长委会成立水文处，下设沙市水文区站（简称“沙市区站”），宜昌站划入沙市区站管理。1956 年 4 月，改为宜昌中心水文站。1957 年 2 月随全国水文站名称统一改名为宜昌流量站；是年，成立汉口水文总站（简称“汉总”），宜昌站转由汉总管理。

1958 年 5 月，设立三峡坝区专用水位站网（共 19 组水尺），首次开展工程水文观测。1960 年 1 月，三峡工程水文站设立，与宜昌流量站合署办公，负责三峡工程 5 个测验断面（瓦厂沟、高家溪、东大溪、喜滩、宜昌）、25 个水位站和三斗坪气象站的观测工作。

1964 年 6 月，宜昌流量站复名宜昌水文站。1966 年 2 月成立宜昌水文管理区，负责宜昌、太阳沱、搬鱼咀、新江口、沙道观、弥陀寺、藕池口、新厂等 8 个水文站的管理工作。

1973 年 4 月，在宜昌水文站的基础上成立宜昌水文实验站（简称“宜实站”）。宜昌水文站水文测验工作先后由宜实站技术股（1973—1975 年）和河道勘测二队（1975—1980 年）承担。1980 年 3 月恢复宜昌水文站建制。

（二）测验断面变迁

1955 年 6 月 26 日，测流断面从大公桥上迁 1574 米（原怡和码头），水文测验断面与基本水尺断面合二为一。1965 年 9 月，在虎牙滩设立水尺和测流断面，作为高洪测验备用方案，1967 年 5 月撤销。为探讨比降法测流，于 1974 年 5 月设立下比降水尺——宝塔河水位站。20 世纪 70 年代先后采用上游巴东、三斗坪等站，80 年代先后采用下游杨家嘴、红花套、宜都等站，探讨水位流量关系单值化方法。

（三）测验项目变化

自 1877 年以来，根据不同时期的需求新增观测项目，共计达 20 余项。部分要素根据实际情况停止观测，截至 2023 年仍在观测的水文要素为 13 项。

宜昌站水文测验项目演变

序号	项目	开始观测时间	设站目的及变化
1	水位	1877 年 4 月 1 日	宜昌海关水尺（英制），提供航行水情信息。1941 年 10 月 1 日至 1945 年 9 月 30 日因抗战中断记录；1945 年 10 月 1 日起恢复观测；1957 年 1 月海关水尺拆除，停止水位观测
		1946 年 3 月 1 日	宜昌水文站水尺（公制），位于海关水尺下游约 150 米，收集基本水文资料
2	降水量	1882 年 7 月	收集雨量资料。1931 年停测，1933 年恢复观测，1937 年停测。1947 年恢复观测
3	流量	1946 年 6 月 3 日	收集基本水文资料，分析计算和掌握长江上游总径流量
4	水面蒸发量	1947 年 1 月	含辅助气象观测（温度、湿度、日照、水气压、风向风力等）。1954 年 1 月起因宜昌市设立气象台而停止观测
5	悬移质输沙率	1946 年 6 月 12 日	收集基本泥沙资料，分析计算和掌握长江上游总输沙量和宜昌河段含沙量，研究悬移质泥沙运动规律
6	水温	1955 年 7 月 1 日	收集基本水文资料
7	岸上气温	1955 年 7 月 1 日	探讨水温与岸温变化之关系。1965 年 1 月 1 日起停止观测
8	单样含沙量	1955 年 8 月 1 日	收集泥沙基本资料，建立单断沙关系，推求断面逐日含沙量
9	比降	1956 年 6 月 1 日	探索比降法测流和水位流量关系单值化处理方法。1960 年 1 月 1 日起停止观测
10	水流挟沙力	1956 年 5 月	探索水流泥沙运动规律。1959 年 1 月起停止观测
11	河床质（床沙）	1956 年 7 月 24 日	分析掌握河床冲淤及泥沙组成变化规律。1958 年 1 月 1 日起停止观测，至 1959 年 2 月 13 日起恢复观测至今
12	悬移质颗粒分析	1956 年 4 月 15 日	收集基本泥沙资料。1957 年 11 月 1 日起停止观测，1959 年 2 月 13 日恢复观测至今
13	沙质推移质	1956 年 7 月 24 日	分析研究推移质运动规律。1957 年 10 月 24 日起停止观测，1959 年 2 月 13 日恢复观测，1965 年 4 月 22 日起停止观测，1973 年 5 月 4 日恢复观测，1979 年 12 月起停止观测，1981 年恢复观测至今

续表

序号	项目	开始观测时间	设站目的及变化
14	水流平面图	1957年1月1日	分析水流结构变化，布置或检验水文测验断面是否垂直于河道主流线。1959年12月31日起停止观测
15	单位沙质推移质	1960年1月1日	探索单位沙质推移质输沙率与断面推移质输沙率关系。1961年8月31日起停止观测
16	近（临）底层含沙量分布实验	1973年5月4日	研究天然河流含沙量分布规律，1977年10月15日起停止观测。2006—2007年恢复观测2年，研究三峡水库运行对含沙量分布的影响
17	卵石推移质	1973年6月7日	收集资料并分析研究推移质运动规律。1979年12月起停止观测。1981年恢复观测至今
18	水化学分析	1957年4月1日	收集水化学成分基本资料，分析掌握水体质量，后改名为水质监测
19	水生态	2014年1月	试点监测，了解三峡水库运行对藻类和鱼类的影响
20	水面能见度	2014年12月	了解三峡水库对水面环境的影响，2018年3月起停止观测

（四）设施设备变迁

1. 测验断面设施

宜昌站地处宜昌市主城区，所有水文测验设施、观测道路、交通道路及附属工程都布设于永久性公园保护区内。

20世纪60年代，宜昌站曾使用六分仪作为垂线定位的技术手段。1983年建设滨江公园护岸工程时重建水文测验断面设施，包括断面标志杆6根、断面标点4个、辐射杆26根（含中心塔1座）、观测塔（基线桩点）1个、水准点9个等。

宜昌站采用1922—1926年扬子江技术委员会测设的铜牌水准点BMBRASS作为高程引据点，该水准点在原宜昌海关署办公楼（现为宜昌市人民政府办公楼）墙上，高程为57.708米，基面为吴淞（扬委）。经测量1877年设立的宜昌海关水尺零点，高程为39.686米。

2. 水位和水温观测

水位资料收集经历人工观测到自记水位，其技术装备也从纸介质（人工记录）、模拟打印、固态存储、远传遥测、自动测报等，逐步向视觉感知智能化方向发展。

引据水准点（1926 年设立）

浮标测验观测塔（20 世纪 50 年代设立）

断面标志杆（20 世纪 80 年代设立）

辐射杆及中心杆（20 世纪 80 年代设立）

宜昌站测验断面设施组图

（1）直立水尺

1877 年，宜昌海关水尺水位为人工观测，为英制计量单位。7.925 米以下低水位在右岸观读，7.925 米以上在左岸（即现在的缆道钢塔附近）观读；每天白天观测 1～3 次（7 时、12 时、17 时）。1923 年 7 月 2 日以前，水尺按呎及时观读记载，之后则按呎及呎的十分之几记载；海关水位以航行基准面为零点。1946 年设立宜昌水文站，其水尺位于海关水尺下游约 150 米处，因落差很小，两组水尺同步观测至 1957 年，海关水尺撤除，统一使用宜昌水文站水位（公制计量单位），发布航行水情公告时，需经航行基准面高程计算。

（2）自记、遥测和自动测报系统

1959 年 4 月 18 日，宜昌站在二马路设立水情公告牌，公告长江水情。1959 年 5 月 1 日，建成第一个水位自记设施，因岸边洲滩淤积影响，效果较差。1977—1983 年建成葛洲坝工程坝区水位遥测系统，宜昌站是遥测站之一，编号为 12#。2002—2003 年，宜昌水文站安装中澳合作项目的气泡压力式自记水位计，于 2005 年 7 月 1 日随全江 118 个中央报汛站实现自动测报，其报汛时效和精度均在 99%以上。

宜昌站直立式水尺及自动测报设施（2022 年摄）

水文科普

长江干流第一个水情遥测系统

葛洲坝水利枢纽坝区水情遥测系统自 1977 年 4 月起，历时 8 年的研制、联调、对比试验，于 1985 年 1 月 1 日投入使用，这是长江流域第一个水情遥测系统。

该系统由一次仪表（水位、雨量传感器）、执行单机、数传电台、调度单机四大部件组成。有 9 个遥测点（水位、雨量），即 1[#]（南津关）、2[#]（大堆子）、3[#]（杜家沟）、4[#]（黄柏河）、5[#]（闸上左）、7[#]（闸下左）、10[#]（庙嘴）、11[#]（向家嘴）、12[#]（宜昌）。各遥测点通过无线信道，将数据传至中心控制室，经 I/O 接口到微计算机（TP-803），终端配有 CRT 显示器和 M80 打印机，打印成所需的表格。

一次仪表全部国产化或自研，根据葛洲坝工程坝区条件，选用了三种类型，即压力式水位计（原汉总研制）、接触式水位计（原宜实站研制）和浮子式水位计（重庆水文仪器厂生产）。

（3）水温观测

1955 年开展水温观测，将表层水温计放入水位观测断面附近流动水体水面以下 0.5 米，停留 5 分钟提出水面，人工快速观测水温值。2008 年采用水温自记仪（趸船），2016 年采用 H-ADCP（右岸），实现连续水温过程监测。

3. 流量和泥沙测验

1946—1954 年，流量和泥沙测验主要采用浮标法测流，建设有浮标观测塔，采用木船投放浮标和施测大断面。1955 年开始采用流速仪法测流和器测法施测泥沙，过河设施主要为测船，定位设施包括断面定位、垂线定位和测点定位设施。水下抛锚（活齿锚）、固定木驳、高山引流、吊船缆道等用于测船在断面上的定位；六分仪、经纬仪、辐射杆、GNSS 等用于测船在垂线上的定位；船用绞关主要用于流速仪、采样器在垂线上测点定位，并辅助断面和垂线定位。

（1）吊船缆道

自 20 世纪 50 年代起，宜昌站先后探索抛锚、高山引流等断面和垂线定位方式方法。1973 年设计建造吊船缆道。吊船缆道由两座重力地锚、一座高钢塔（高 45.3 米）及斜拉线（4 组）、主索（直径 37 毫米、净跨度 980 米）、吊船索（直径 11.0 毫米）、行车滑轮等组成。为确保安全，吊船缆道主索分别于 1985 年和 2003 年更新，每年对主索、吊船索、行车、斜拉线等设施进行一次养护。

宜昌站吊船缆道钢塔（1991 年 5 月拍摄）

吊船缆道主索养护（1981 年 5 月拍摄）

（2）水文专用测船和码头

水文专用测船由船舶和水文测验设施组成。

在测船上，水文测验专用绞车是最重要的测验设施，用于提放水文仪器、测具到预定测点测量流速、水深、含沙量等水文参数。1959 年汛期，宜昌站在木船上安装水轮机械化绞关全套设备，利用水流冲力，代替手摇绞关，测得 8 月 16 日最高洪峰流量 5.7 万立方米每秒（水位 52.56 米，最大流速 4.0 米每秒）和 7 月 26 日最大含沙量 10.5 千克每立方米（历史实测最大值），并推广至枝江流量站；1961 年在测验中开展技术革新，改良测验设备，运用水下电池发射流速信号等；20 世纪 70 年代自行研制船用重型水文三绞系统，由三合一绞关（含离合器）、可旋转支架、水深计数器、悬索等组成，可满足高洪期流量、悬沙、推沙等测验。

宜昌站水文专用测船

宜昌站早期没有码头，20 世纪 60 年代筹建简易码头。1982 年 6 月，水文专用码头列入宜昌滨江公园和护岸工程建设项目，包括道路、浮船、趸船、系缆地锚等。

第一艘木船（20 世纪 50 年代摄）

船用重型三绞系统（2022 年 10 月摄）

宜昌站水文专用测船及测验绞关图

水文专用码头全景图（2010 年摄）

(3) 流量与含沙量在线监测

2004 年开展走航式 ADCP 比测和投产应用。2007 年开展水文测验方式方法技术创新，在水位流量单值化研究的基础上，优化工程影响下流量、泥沙测验方案，大幅减少流量测次。2016 年引进水平式 ADCP，实现流量实时在线监测。2020 年引进 TES-91 红外光含沙量在线监测系统，安装在专用码头趸船上运行。

(4) 降水量观测

宜昌站分别于 1882 年、1947 年、1951 年、1955 年开展降水量、水面蒸发量、气象和岸上气温观测，并逐步建设简易的降水和蒸发观测场。因宜昌市设立气象台站，宜昌站分别于 1953 年、1954 年停止观测水面蒸发量、气象等项目。20 世纪 80 年代改为屋顶雨量计，人工观测降水量，20 世纪 90 年代改为自记雨量计，2005 年建成降水量自动报汛设施，2021 年自动测报设施迁至水位观测断面滨江公园护坡上。

降水量观测先后经历了人工雨量器、虹吸式雨量计和翻斗式雨量计等几个阶段。人工雨量器由承雨口、滤网、外筒、引水管、储水瓶等部分组成。虹吸式雨量计由承雨器、虹吸、自记和外壳四个部分组成，可实现自记（模拟记录纸方式）。翻斗式雨量计由承水器、翻斗、干簧开关等构成，可实现自记（固态存储方式）、远传和报汛等功能，为目前普遍使用的雨量计。宜昌站 1882 年为 8 英寸（20.32 厘米）雨量器，用木尺量取雨量，1886 年对仪器进行了校正；民国时期改用 20 厘米雨量器；新中国成立后直至 1955 年统一使用 20 厘米口径带防风圈的雨量器，器口高出地面 2 米，用专用量杯计量；1958 年 6 月撤除防风圈，器口高出地面改为 0.7 米。

泥沙分析室（1960 年 3 月拍摄）

原站房（2017 年 7 月拍摄）

(5) 水质水生态监测

宜昌站 1957 年开展水化学成分分析，并建立分析室。1993 年成立长江三峡水环境监测中心后，宜昌站负责协助外业水样采集，送实验室分析。1996 年，首次通过国家级计量认证，2014 年开展水生态监测试点。2012 年建成 1000 平方米标准化实验室。2022 年，扩至 107 项不重复检测参数，包括地表水、地下水、饮用水、污水及再生水、土壤沉积物与固体废弃物和水生生物，共六大类，监测方法多达 481 项。

三、水文特征

（一）水沙基本特性

统计分析天然时期（1950—1980 年）、葛洲坝水库独立运行时期（1981—2002 年）和三峡与葛洲坝水库联合运行后（2003—2022 年）宜昌水沙资料，结果表明：

①多年平均径流量呈缓慢减少趋势。

②多年平均悬移质输沙量呈大幅减少趋势，主要原因为入库泥沙减少和三峡水库蓄水运用，大量泥沙淤积在库内。

③多年平均推移质（卵石＋沙质）输移量呈巨幅减少趋势，可见水库具有强烈的“淤粗排细”作用。

宜昌站实测水文泥沙特征统计表

统计时段	多年平均值			
	年径流量/亿米^3	年悬移质输移量/亿吨	年卵石推移量/万吨	年沙质推移量/万吨
1950—1980 年	4511	5.15	75.8	878
1981—2002 年	4380	4.79	30.0	150
2003—2022 年	4185	0.321	2.02	8.60

（二）水文特征演变

1. 水位特征演变

宜昌水文站从 1877 年设立海关水尺至今，除抗日战争期间有 5 年资料缺失外，全过程记录了长江宜昌江段的水位变化过程，其中实测最高水位为 55.92 米（1896 年），最低水位为 38.07（2003 年），多年平均水位 43.91 米。

2. 流量特征演变

宜昌站流量成果中，1877—1949 年为推算成果，1950 年以后为根据实测资料整编的成果。其中，最大洪峰流量为 7.11 万立方米每秒（1896 年），最小流量为

2770 立方米每秒（1937 年、1979 年），多年平均流量为 1.41 万立方米每秒。1981 年实测最大流量为 7.08 万立方米每秒，受葛洲坝水库削峰影响，经还原计算，实际流量为 7.16 万立方米每秒。

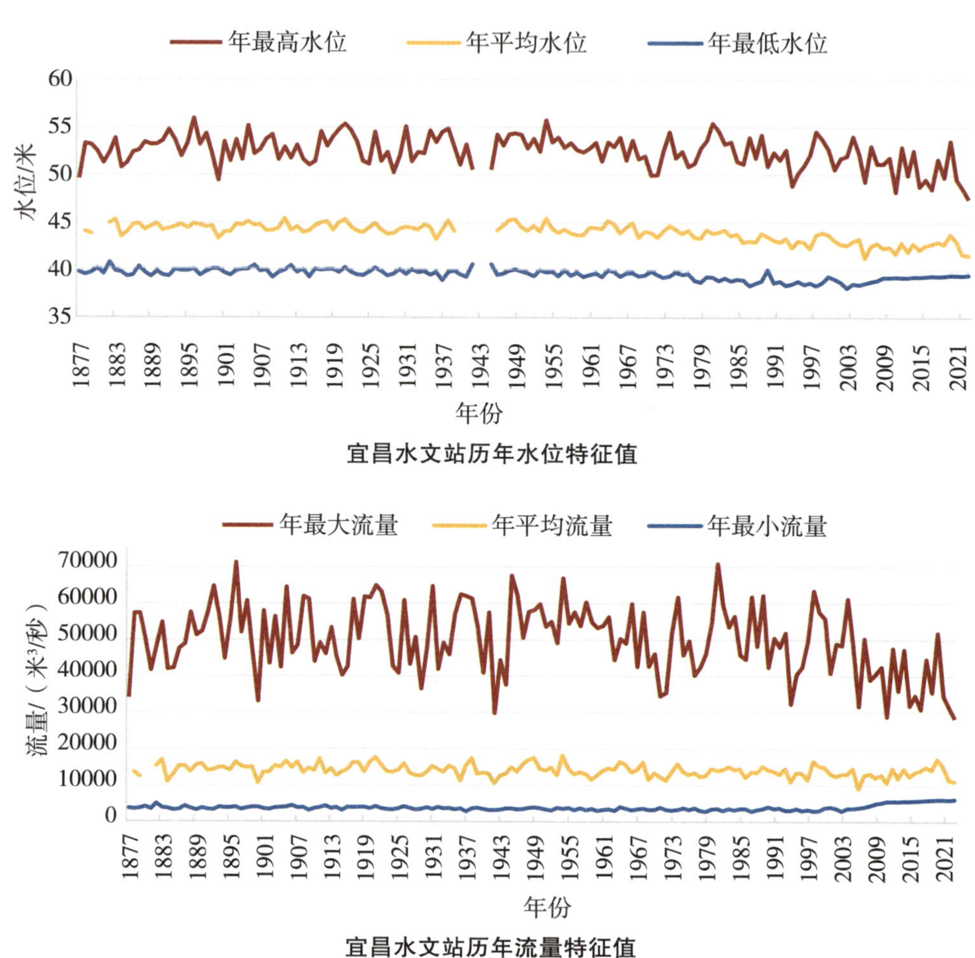

宜昌水文站历年水位特征值

宜昌水文站历年流量特征值

3. 含沙量特征演变

悬移质含沙量自 1950 年起有整编成果，含沙量最小值接近零，未绘制。其中，以 1959 年含沙量为最大，达 10.5 千克每立方米，多年平均为 0.822 千克每立方米。尤其 2003 年三峡水库蓄水运用后，多年平均含沙量仅为 0.083 千克每立方米，仅为蓄水前多年平均值 1.13 千克每立方米的 7.3%。

4. 水温特征演变

统计宜昌站 1981 年以来的水温观测成果，年最高水温为 30.0 摄氏度，出现在 1994 年；年最低水温为 7.4 摄氏度，出现在 1984 年。年最低水温和年平均水温呈明显上升趋势，多年平均水温为 18.6 摄氏度。

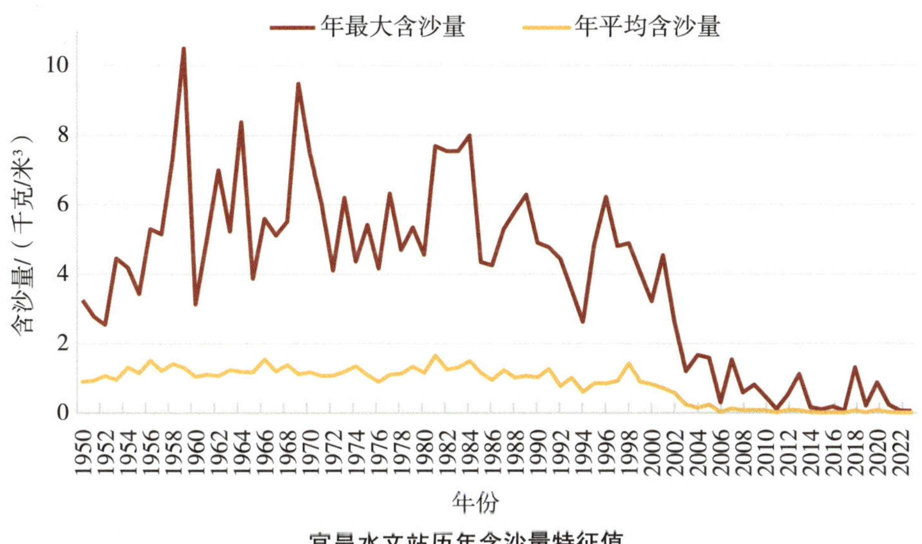

宜昌水文站历年含沙量特征值

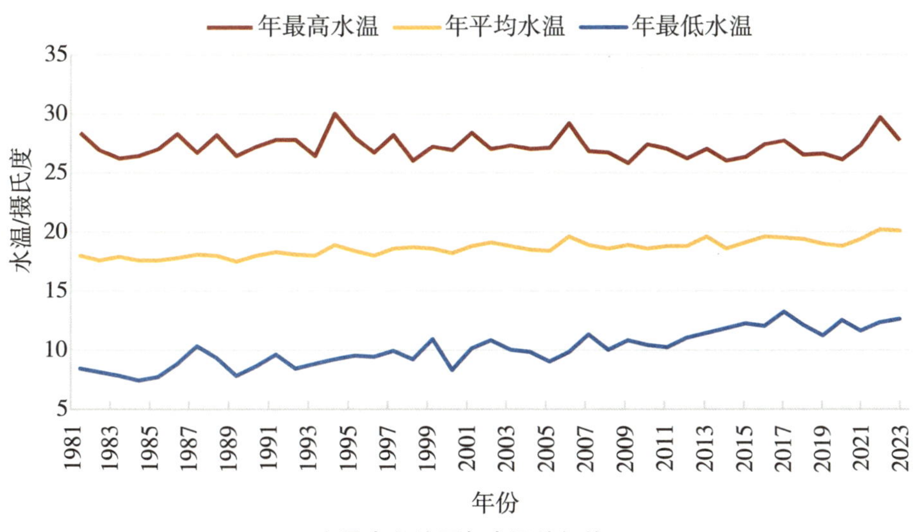

宜昌水文站历年水温特征值

（三）洪枯水记忆

1. 历史调查洪水

从大量历史文献资料中，挑选发生在宜昌的 5 次典型的历史大洪水，分别为 1153 年、1560 年、1788 年、1860 年、1870 年。

宜昌站典型历史洪水调查成果表

年份	洪峰水位/米	洪峰流量/（米^3/秒）	发生时间
1153	58.06	92800	7月31日
1560	58.45	93600	8月25日
1788	57.50	86000	7月23日
1860	58.32	92500	7月18日
1870	59.50	105000	7月20日

2. 典型实测洪水

三峡工程设计洪水过程线采用典型年法洪峰与分时段洪量同频率控制缩放法推求，设计和论证阶段选择1981年洪水（单峰型）、1982年洪水（双峰型）和1954年型（多峰型），其中1981年洪水代表上游偏大型洪水，1982年型洪水代表重庆—宜昌区间来水偏大型洪水，1954年洪水代表全流域性洪水。2008年“中国工程院重大咨询项目——三峡工程阶段性评估”增加了1998年全流域性典型洪水和2006年特偏枯典型洪水。在三峡水库175米试验性蓄水运行期，还出现过一次全流域性大洪水，入库洪水超过5万立方米每秒达5次之多。

（1）1981年洪水——单峰型洪水

1981年洪水为单峰型洪水过程，洪水主要来源于寸滩以上。1981年7月9—14日，连续六天的暴雨几乎笼罩了整个四川省，长江上游各干支流在11—12日开始涨水，岷江、沱江、嘉陵江三江洪峰自西向东先后注入长江，与仅处于暴雨边缘的金沙江洪水在干流的寸滩站遭遇，致使寸滩洪水在5天内水位陡涨20.35米。19日达到宜昌站，洪峰水位55.38米，为1877年有水位记载以来的第四位，洪峰流量为7.08万立方米每秒，约为15年一遇大洪水，超过1954年洪水（6.68万立方米每秒），居实测记录第二位，最大五日洪量达264.8亿立方米。

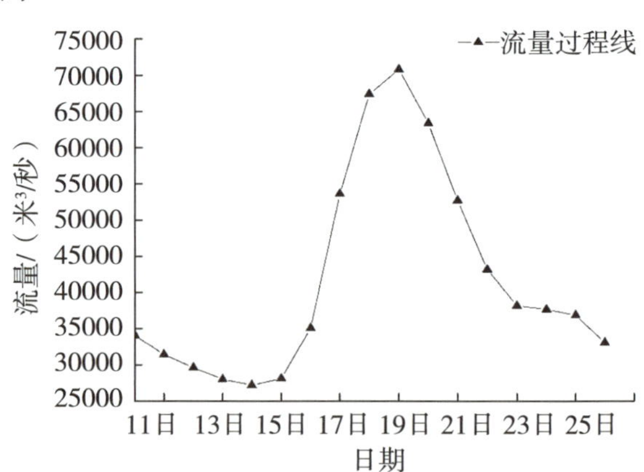

1981年7月宜昌站流量过程线（单峰型）

1981年洪水具有水位高、洪水过程尖瘦、涨水历时短、洪峰流量大等特点。葛洲坝水库蓄水第一年泄洪，宜昌站职工轮流观测坝下游水位，因水库几乎没有调洪能力，宜昌市二马路等多处街道被淹没。

葛洲坝泄洪及水位观测（1981 年摄）

洪水淹没二马路路口

1981 年 7 月洪水过境宜昌情形

（2）1982 年洪水——双峰型洪水

1982 年洪水属于典型的双峰型洪水，洪水主要来源于寸滩—宜昌区间，寸滩以上洪水占宜昌洪水总量相对较小。

1982 年 7 月 15—29 日，三峡区间共发生 3 次大暴雨过程，分析寸滩—宜昌区间产流量约 2.46 万立方米每秒，为新中国成立以来最大值。宜昌站分别在 7 月 18 日和 31 日出现两次洪峰，其中第一次洪峰主要为寸滩—宜昌区间洪水，区间径流总量为 65.58 亿立方米，占宜昌总量的 70.5%，约为长江上游干支流来水的 2.4 倍。第二次洪峰长江上游干支流洪水增大，顺江而下与寸滩—宜昌区间相遇，31 日宜昌站出现洪峰流量 5.93 万立方米每秒，洪峰水位 54.55 米，洪水淹没宜昌滨江段路面。

1982 年洪水最典型的特征为三峡区间（寸滩—宜昌）出现大洪水，宜昌水位陡涨近 3 米，且洪量大，洪峰尖瘦。

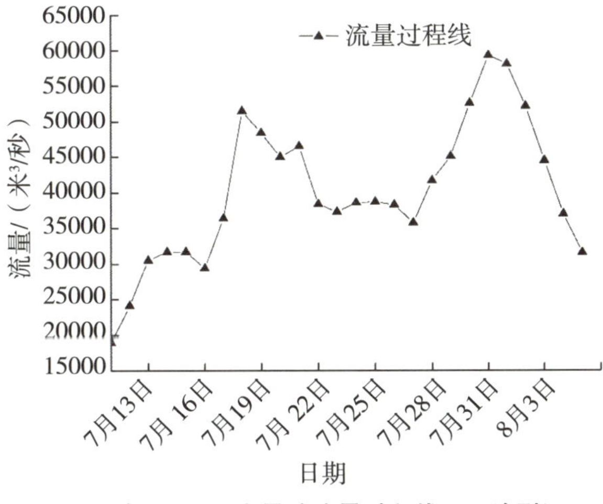

1982 年 7—8 月宜昌站流量过程线（双峰型）

（3）1954 年洪水——多峰型洪水

1954 年洪水属于典型的多峰型洪水，寸滩以上洪水及寸滩—宜昌区间洪水均较大，暴雨连续出现，且洪水持续时间长，并与中下游洪水相遇，形成多洪峰、全流域性大洪水。

宜昌站从 6 月 25 日至 9 月 6 日共发生 4 次连续性洪水过程。宜昌站洪量组成中，寸滩以上洪量占比 72.1%，其中寸滩—宜昌区间集水面积只占宜昌的 5.6%，而洪量占比高达 13.2%。不到两个半月的洪水量总计达 2795 亿立方米，约为 12 个洞庭湖容量的水量（其中最大 60 天洪量 2448 亿立方米），8 月 7 日，宜昌站水位达年最大值 55.73 米，出现最大洪峰流量 6.68 万立方米每秒。

1954 年长江洪水具有洪量大、洪峰水位流量高，峰型肥大、洪水历时长，上游洪水提前、中下游洪水推迟的特点，致使全江河段洪水过程叠加，交相影响，中下游地区成灾洪量巨大。1954 年洪水淹没宜昌站站房，临时在宜昌市人民政府办公楼办公。

（4）1998 年洪水——多峰型洪水

1998 年洪水是继 1954 年以来的又一次全流域性大洪水，宜昌站一共出现流量超过 5 万立方米每秒的 8 次洪峰。尤其第 4～6 次洪水洪峰流量均超过了 6 万立方米每秒，以第 6 次洪峰为最大，达 6.33 万立方米每秒，列新中国成立以来的第三位，洪峰水位 54.50 米，30 日洪量为 1379 亿立方米，相当于约 6 个洞庭湖的容量。

宜昌站 1954 年临时借用市人民政府办公室办公

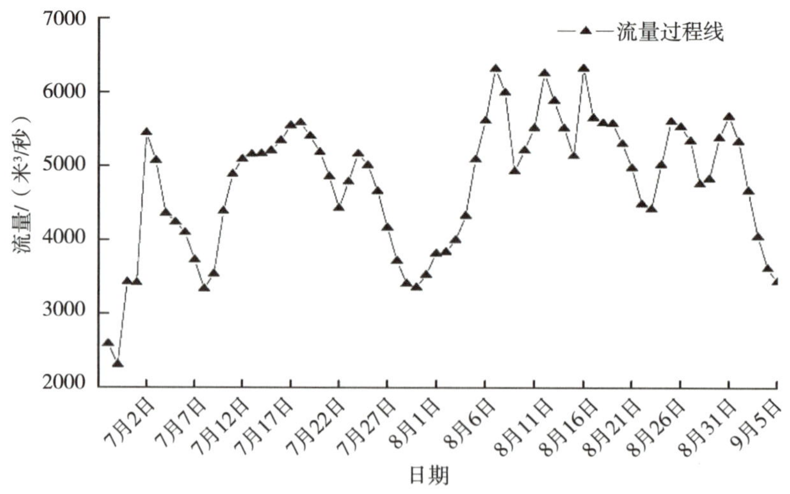

1998 年 7—8 月宜昌站流量过程线图（多峰型）

1998 年与 1954 年同为全流域性大洪水，其洪峰、洪量相当，其中洪峰流量重现期 5～10 年一遇，60 天洪量超过 100 年一遇。

宜昌站 1998 年与 1954 年洪水特征及重现期对比

年份	洪峰流量		60 天洪量	
	Q_m/（万米^3/秒）	重现期/年	W_{30}/亿米^3	重现期/年
1954 年	6.68	约 10	2448	约 100
1998 年	6.33	约 7	2545	超过 100

（5）2020 年洪水——多峰型洪水

2020 年 7—8 月，长江上、中、下游出现全流域性大洪水。其中，上游出现 5 次编号洪水，尤其是对于 8 月 17 日出现的第 5 号洪水，四川省首次启动Ⅰ级防汛应急响应，20 日，三峡水库最大入库流量超过 7.5 万立方米每秒，三峡水利枢纽首次开启 11 孔泄洪，控制出库流量，削峰率达 34.4%，共拦蓄洪水 76.6 亿立方米。宜昌水文站全天候连续监测出库流量，全过程记录了三峡水库强大的防洪作用及效益。

2020 年三峡水库进出库流量变化

洪水编号	日期	最大入库流量/（米^3/秒）	出库流量变化/（米^3/秒）	三峡—葛洲坝梯级水库拦洪效果
1	7 月 2 日	53000	35000→19000	拦蓄洪量约 30 亿立方米
2	7 月 17 日	61000	19000→41000	最大削峰率达 46%
3	7 月 26 日	60000	45000→38000	削峰率达 37%
4	8 月 14 日	62000	32000→41500	削峰率达 33%
5	8 月 17 日	75000	41500→49200	削峰率达 34%，拦蓄洪水 76.6 亿立方米

3. 典型实测枯水

（1）2006 年汛期返枯

2006 年长江流域大气环流极其异常，气温明显较多年平均值偏高 0.5～2.0℃，汛期降水量大幅减少且时间分配差异明显，致使长江出现全流域性历史罕见特枯水年。由于川渝大旱，三峡水库入库流量基本保持平衡（坝前水位汛期基本维护在 135 米运行），主汛期宜昌水位出现历史枯水位 40.46 米（8 月 22 日）。实测水文资料整编计算表明，2006 年宜昌站年径流量仅为 2934 亿立方米，较三峡水库蓄水前多年平均径流量 4370 亿立方米偏小 32.9%；年平均流量仅为 9040 立方米每秒，较三峡水库蓄水前多年平均流量 1.36 万立方米每秒偏小 36.8%；2006 年汛期（5—10

月）总水量为2060亿立方米，与三峡水库多年平均水量3526亿立方米偏小约41.6%。总之，2006年宜昌站年径流量、汛期平均流量和最低水位均为自1877年有记录以来的倒数第一位。

（2）2022年汛期返枯

2022年为全流域性枯水年，原因是汛期长江上游大部地区持续高温少雨，冬季高原积雪偏少，北方南下的冷空气活动偏弱，西太平洋副热带高压脊线偏北，大陆高压稳定，梅雨期降雨偏少等，造成川渝地区出现极端干旱。三峡水库坝前水位汛期6—9月基本维持在145～150米运行，仅在6月27日入库流量3.7万立方米每秒时进行过一次防洪调度，削减洪峰流量，28日出库最大流量为3.18万立方米每秒；8月16日起，三峡水库向中下游补水调度，9月12日实施长江流域水库群抗旱保供水联合调度；9月10日三峡水库开始蓄水，至11月4日蓄水至160米，未蓄至正常库水位175米。2022年宜昌站年径流量为3623亿立方米，较三峡水库蓄水前多年平均4370亿立方米偏小17.1%；年平均流量仅为1.15万立方米每秒，较三峡水库多年平均流量1.36万立方米每秒偏小15.4%，在宜昌实测资料系列中排倒数第三位，仅次于1942年的1.06万立方米每秒。2022年汛期（5—10月）总水量为2342亿立方米，相比三峡水库多年平均水量3526亿立方米偏小约33.6%；年最大流量仅为3.13万立方米每秒。8月28日出现月最低水位40.53米，排在历史同期最低水位倒数第二位。

四、技术发展

宜昌站自1958年组建水文车间以来，持续开展改造、革新工作，在同位素低含沙量仪、水情遥测系统、船用重型三绞、水深计数器、临底多仓悬移质采样器、墒情观测和推移质器测法研究等方面都有成功案例，呈现出宜昌站技术、质量、管理的创新特色。

（一）铅鱼测深悬索偏角改正试验

1955—1957年，宜昌水文站在全江率先开展铅鱼测深悬索偏角改正试验，3年共计收集了9个测次、60条垂线、6种不同铅鱼、4种悬索直径、附导线和不附导线等试验资料，提出“分段改正法”。这是一项开创性的实验工作，为水文测验理论研究和测验技术规范编制提供了大量实验资料。

(二)近底悬沙观测试验

宜昌站自主研发临底多仓悬沙采样器(1976年摄)

1976年对临底悬沙采样器进行改造，收集了一系列观测资料。三峡工程蓄水运用后，为确保垂线含沙量测验精度，探求临底层泥沙漏测引起的误差，于2006—2007年开展临底悬沙试验，分析表明宜昌站悬移质泥沙观测精度可靠。

(三)船用重型三绞研制

水文船用重型三绞系统是水文测验最重要的专用设备之一，主要解决水文测验船舶和测验仪器的定位问题，该系统主要由三绞、旋转支架、钢丝绳和水深计数器等组成。

1959年5月，宜昌水文站在木船上安装水轮绞关全套设备，利用水流冲力代替手摇绞关，做到了水轮绞锚、绞流速仪、绞含沙量采样器、绞"人"字形支架收放、绞测船摆线检钢丝绳、绞水轮机提升的水轮机械化六用。但水轮体积庞大，容易被漂浮物碰坏，维修任务繁重，行船和停靠码头均不方便，尤其当流速小或锚离河底时，水轮失去了动力作用，要靠人力推动水轮旋转才能将锚绞到水面，存在不安全因素。

1962年，宜昌水文站租用14.71千瓦柴油机和4吨卷扬机各一部，安装在测船上与水轮机联合试用。柴油机绞锚、水轮绞仪器试验成功，进一步完善传动部件。设计人员设计多片摩擦离合器，解决了离合器打滑问题。1964年正式取消了水轮，由柴油机取代。这个时期宜昌水文站的水文测船均不能自航，于是1969年在修理测船(水文401轮、水文203轮)时，加装了推进器，从而使测量和航行统一。

1970年，葛洲坝工程开工后，三峡局提出将测速、取沙两部绞关联合成一部，滚筒之间转换用抱箍制动，将绞锚绞关再合并到一起，成为三用、三合一的手摇绞关，下层单滚筒绞锚，上层横列两个滚筒测流、取沙，三部绞关合一，故按三合一绞关一体化设计制造，并取名为水文船用重型三绞。1972年定型设计为200千克，安装在水文103轮上使用。同时将悬吊仪器的"人"字形支架重新设计为可旋支架，满足了重型仪器进出的需求。1972年以后新修建测船时，将主、副机分开，主机用88.26千瓦、40吨量级测船，可在不低于4米每秒的流速中航行。副机为14.71千瓦，专用于三绞动力设备。

最终定型的水文船用重型三绞结构形式及性能，包括动力为柴油机或发电机组

（套）、三用绞关、离合器、可旋支架、水深计数器、悬索及绞锚鸡公头等。1983 年 3 月，长办水文局在汉口召开了测船测验设备研制成果交流会议，决定将水文测验船用绞关按驱动方式划分为电动、机动和手动三种。每种分类又按悬吊重量划分为 50 千克、100 千克、200 千克、300 千克及 300 千克以上共五种形式。宜昌是高流速测站，测量项目繁多，船用三绞均采用 300 千克型，连同旋转支架、水深计数器，在全江推广应用。

（四）推移质器测法研究

宜昌站自 20 世纪 50 年代从引进国外设备、自研仪器设备、比测试验、率定，到定型投产应用，选择 Y64 型和 Y78-1 型作为三峡河段卵石和沙质推移质采样器，主要研究成果《长江推移质器测法研究》在 1983 年 10 月南京“第二次河流泥沙国际学术讨论会”上交流。1987 年 7 月 16 日采用 Y64 型软底网式采样器，施测到历史上最大卵石推移质，单颗粒径达 360 毫米，重 37500 克。

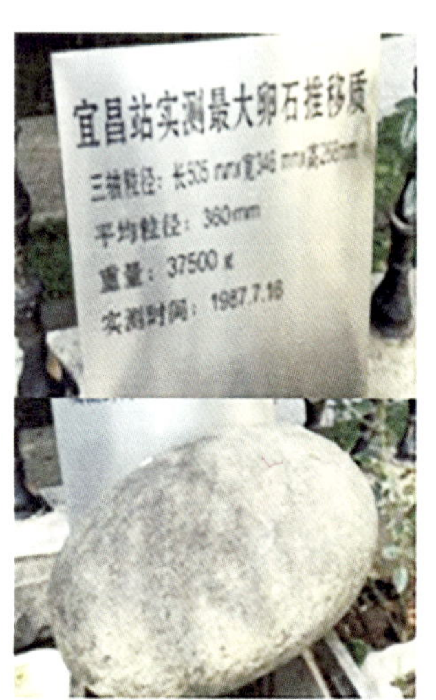

宜昌站实测最大卵石推移质
（2000 年摄）

（五）河床质采样器研制

在葛洲坝工程建设时期，需要详细勘测坝区河段河床组成情况，为设计、施工、科学试验研究提供基础依据。早期河床质（或床沙）采样采用锥式采样器，1979 年长办水文处提供一台挖斗式采样器样机，但在宜昌河段使用时效果较差。宜实站组织加工新样机，经多次优化最终定型。该采样器在下放接触河床时自动开关，上提时利用采样器重量旋转挖斗采样并关闭，成为定型产品：80 型和 120 型（以口门宽度命名，80 型口门宽度设为 80 厘米，120 型口门宽度 120 毫米）。

（六）有效负荷工作法探讨

1992 年 4 月，第七届全国人民代表大会第五次会议表决通过《关于兴建三峡工程的决议》。作为三峡水利工程的前沿水文阵地，宜昌水文站结合全面质量管理（TQC）、职业道德教育、站船一体化管理等工作，先后探讨了水文生产定额、优化劳动组合、流动岗位设置（如船员可承担部分取单沙水文测验工作；测员也可承担船用重型三绞操作）等。结合实际，学习借鉴张兴让（河北石家庄市第一塑料厂厂长）创造的“人尽其力、物尽其用、时尽其效”的“满负荷工作法”（该成果曾获国家级管理发明奖），在基层水文站探讨了“有效负荷工作法”，以提升测站工作效率和水文测验成果质量。

基于“有效负荷工作法”理念，宜昌水文站先后开发了流量、悬移质和推移质输沙率等测验软件和水文月报整理软件；研究提出一种单样含沙量计算方法——流量加权法；水文资料成果稳步提升，多次获全江水文资料整编优胜杯等奖项。

CHANG JIANG SHUIWEN

江河记忆：黄陵庙——见证长江千年洪水

黄陵庙，古称黄牛庙、黄牛祠，又称黄牛灵应庙，位于三峡大坝下游7千米的长江南岸黄牛岩脚下。历史上有关黄陵庙的传说很多，据《宜昌府志》载：此庙是为纪念大禹治水的丰功伟绩，建于春秋战国时期；也有相传此庙是为纪念神女助禹开峡的功绩而修建。黄陵庙初建时，气势宏伟，“庙前行客拜且舞，击鼓吹箫屠白羊”，香火极旺。后因战争屡遭毁坏，几经重建，虽不如初建，但仍然是长江三峡中规模最大的古代建筑物，现存明万历四十六年（公元1618年）重修的禹王殿、武侯祠等。

据《游黄陵庙记》碑中云：“考诸古迹，今庙之基，即汉建黄牛庙之遗址也，庙遭兵焚，古碣无存，迨明季重建，廓而大之，兼奉神禹，益嫌牛字不敬，故为黄陵。”可见，黄牛庙建于汉代，复建于唐朝，改名为黄牛祠，重修于明朝，再改名为黄陵庙。2006年5月25日，黄陵庙被中华人民共和国国务院公布为第六批全国文物保护单位。黄陵庙的主体建筑是禹王殿，富丽堂皇，斗拱飞檐，陶瓦兽脊，由36根大楠木立柱支撑，殿前高悬两块木匾。其中有清慈禧太后所书“砥定江澜”和署名惠王所书“玄功万古”。殿外立有《黄牛庙记》石碑，相传为诸葛亮所撰写。

黄陵庙禹王殿立柱上的1870年洪水痕迹
（2023年5月摄）

经考证，禹王殿内36根楠木立柱上的水浸痕迹，是1870年长江特大洪水时留下的历史洪痕，海拔高程为81.16米，经水文考古推算，流量达10.5万立方米每秒。1985年对黄陵庙进行修缮时，保留殿内两根洪痕立柱，作为重要水文文物标志予以保护。在长江委水文局和河海大学联合开展的“三峡古洪水研究”攻关课题中，应用地层学、地质学、年代学等理论综合研究三峡坝址附近古洪水沉积物，取得重要成果，得到了 1870 年洪水是距今 2500 年以来最大洪水的结论，该洪水痕迹成果也是三峡工程设计洪水的重要依据之一。

五、难忘岁月

（一）截断长江，水文记录惊心动魄

迄今为止，在三峡河段三次截断长江，第一次是 1981 年 1 月 4 日的葛洲坝工程大江截流，第二次是 1997 年 11 月 8 日的三峡工程大江截流，第三次是 2002 年 11 月 6 日的三峡工程明渠截流。

1. 葛洲坝工程大江截流：开创截流龙口水文监测之先河

葛洲坝水利枢纽是在长江干流上兴建的第一座大型低水头径流式电站。坝址位于长江三峡出口——南津关下游约 2.6 千米的湖北省宜昌市。葛洲坝工程大江截流水文测验项目的内容、规模、要求均为国内外罕见。整个测验工作分为三个阶段：一是截流前期阶段（1977 年—1980 年 9 月），主要收集大江上、下围堰江段范围内的水下地形、河床组成、流速流态、龙口区域河床护底及导流明渠开挖后的水下地形资料；二是戗堤进占施工阶段（1980 年 10 月—1981 年 1 月 3 日），主要收集上下戗堤裹头及龙口区域河段内的水下地形、流速流态和比降等资料；三是龙口合龙阶段（1981 年 1 月 3 日 7 时截流开始至 1 月 4 日合龙），这一阶段要求在龙口合龙的全过程中沿龙口轴线和中泓垂线的上下游，施测龙口的流速、水深和水面线的变化及渗流量。与此同时，在宜昌水文基本断面等处对各种水文要素进行观测。前两个阶段基本上还属于常规水文河道观测的范畴；第三个阶段其诸多观测项目与要求是没有先例的，这是截流施工最需要掌握水文动态的阶段，时间紧促且观测最困难、最关键，其复杂性与艰巨性给长江委水文人带来了极大的挑战。

1979 年，为紧密配合截流施工，长江委水文局成立了葛洲坝工程大江截流水文测验领导小组。1980 年，除葛洲坝水利枢纽水文实验站人员外，长江委水文局还从局机关、重总、荆江河床实验站、汉口水文总站、南京河床实验站、丹江口水文实验站等单位抽调了近 300 人和 9 艘船只参加会战。为解决龙口观测难题，与有关科研单位合作，设计制造了大功率测轮；为使当时生产的流速仪能够扩大施测范围，施测到 7 米每秒左右的高流速，也为使当时生产的回声测深仪能在流态十分恶劣的龙口水流中测深，组织开展了专题攻关，反复试验，成功试制“高速”流速仪和大功率回声测深仪；还组织研制了龙口测验的关键装备遥控无人双舟及其测控设备。所有测验作业由工作人员在水文 628 轮（专门为大江截流设计建造）上远程有

线控制。截流从1980年10月1日开始非龙口进占，至12月14日形成龙口；1981年1月3日7时30分开始进占，4日19时53分龙口合龙，历时36小时23分钟。长江水文在葛洲坝大江截流中的出色表现多次受到各方的好评。

2. 三峡工程大江截流：首次建立截流水文泥沙监测系统

三峡工程大江截流不是在天然河道中，而是在葛洲坝水库中进行，其难点是水深大，达60米，抛投物易坍塌；河床覆盖层厚达20米，其中新淤泥层10米；截流期间不断航；截流流量大，设计达14000立方米每秒；截流施工工期极紧。水文主要技术创新：

①平抛垫底骨料漂距试验，验证已有经验公式。

②葛洲坝调度对截流龙口水力学条件的影响试验，为截流设计、施工提供技术支撑。

③龙口采用无人双舟＋声速多普勒流速仪（哨兵型ADCP）代替传统的转子式流速仪，可实现连续不间断监测，完整收集截流全过程龙口流速资料。

④龙口宽度监测，经比测试验，采用经纬仪＋测距仪组合应用的无人立尺测量技术。

⑤分流量（比）采用自动化程度极高的走航式ADCP方法，效率远高于传统的流速面积法。

⑥建立了截流水文监测信息系统，包括2个水文站、26个水位站、5个雨量站、26个流速流量监测断面、3个泥沙监测断面、4个水质监测断面和37个固定断面、1个数据处理中心以及数据采集、传输、处理、发布等子系统，并组建多路径（无线电台、移动电话、对讲机）计算机局域网，开发数据库及处理软件，总体上人工与自动监测互补，提升了截流水文监测资料工作效率。

3. 三峡工程明渠截流：首创网站发布水文监测分析信息

三峡工程明渠截流在人工河道中进行，具有落差大、流量大、能量大等特点与难点，影响因素众多，技术问题复杂，其截流综合水力学指标堪称世界之最，因而截流施工难度与风险度大。实施中，以葛洲坝工程和三峡大江截流关键水文技术优化截流水文监测系统，实现了水位、雨量自动监测，流量（分流比）快速监测，龙口流速在线监测并辅以电波流速仪补充，确保龙口流速监测万无一失，截流戗堤水下地形多波束扫测，极大地提升了截流水文监测能力、监测效率和成果质量。同时，开发明渠截流水文信息发布网站，全过程快速发布和查阅监测信息以及分析成果。

总之，从葛洲坝大江截流到三峡大江截流，再到三峡明渠截流，水文监测突破

了常规的、传统的水文观测方法和技术手段，因地制宜、创造性地综合开发和有效应用系统工程的理论、方法和现代高新技术，建立了新一代的工程截流水文泥沙监测系统，为世界江河截流水文、水力学原型观测所鲜见。此项成果为水电工程截流积累了成功的经验。

葛洲坝及三峡截流水文水力学指标对照表

工程	截流流量范围/（米^3/秒）	截流最大落差/米	龙口最大流速/（米/秒）	最大戗堤渗流量/（米^3/秒）	备注
葛洲坝大江截流	4800	3.23	7.0	194	上戗堤
三峡大江截流	8400～11600	0.66	4.22	87.1	上戗堤
三峡明渠截流	8600～12000	1.73/1.12	6.0/5.13		上/下戗堤

（二）三峡历史洪水调查记

20 世纪 60 年代，长办水文处组织开展三峡工程所在的库区河段历史洪水调查。宜昌站主要负责宜渝段（香溪—万县）调查。

此次拉网式调查，在重庆—宜昌 600 多千米河道两岸不仅发现了 1788 年、1860 年等洪水题刻 20 余处，还发现了 90 余处洪痕。调查队员们根据调查资料，经过多方面的综合分析，拟定了万县 1870 年 30 天洪水过程线，再由万县流量过程演算至宜昌，与区间洪水过程叠加，得到宜昌 1870 年 30 天的洪水流量过程和各时段的洪量，为三峡枢纽设计提供了可靠的水文资料。

与此同时，此次调查不仅发现了一些新的点据题刻和洪痕，还首次采集到 1153 年、1227 年、1560 年、1796 年大洪水历史调查资料。如忠县东云公社红星五队选溪沟岩洞刻有“绍兴二十三年六月二十七日水此”，在此字旁边还有标志水位的横线；在江北麻柳活脚湾有 1227 年洪水题刻“宝庆三年丁亥六月初八日行水界”……这样的刻记还有数处，其高程便是历史洪水的洪峰水位，由此可推算洪峰流量，排列出历史洪水的序位，确定其洪水的重现期，为工程设计洪水计算、补充延续水文资料。

我国对于历史洪水，常以各种不同方式铭记发生时间和过程，这类民间记忆是历史洪水调查的重要源泉。新中国成立后，水利水电建设事业蓬勃发展，宜昌站也和广大水文科技工作者一样，十分重视和珍惜历史洪水资料，积极投身各项调查研究，反复核实，收集了大量的历史文献资料，为葛洲坝、三峡工程等设计洪水计算成果精度要求高的大型水利枢纽工程提供基础数据支撑。

CHANG JIANG SHUIWEN

江河记忆：消失的三峡工程专用水文站

在三峡工程（含葛洲坝工程）选址、规划、设计、科研试验过程中，先后建立了120余处专用水文（位）站，它们在完成自身使命后，便消失在历史长河中。其中，有两座典型的工程专用水文站——喜滩站和南津关站，因其开创性的水文观测工作，值得我们记忆。

一、喜滩水文站：吊船缆道测流，开水文观测之先河

喜滩水文站是最早设立在三峡坝区的专用水文站之一。

1958年5月首次设立太平溪、茅坪、三斗坪等19组专用水尺开展水位观测；1959年11月首次设立三峡坝区高家溪、瓦厂沟、喜滩三个专用流量站，其中喜滩流量站于1960年3月在西陵峡架设了长江流域干流第一座水文专用吊船测流缆道，探索在高流速河道中水文测验定位新技术，经过两年的流量资料收集，于1962年5月撤销。

二、南津关水文站：卵石出峡过坝，水文见证

葛洲坝水利枢纽是三峡工程的航运梯级，为工程建设需要，设立了坝上17号水文测验断面。从1971年开始测量流速、流量、悬移质、河床质和推移质（卵石、沙质）测验。1972年5月架设专用水文缆道，总跨度1127米；1981年水库蓄水前夕改建，以满足通航净空高度（大于20米）。1981年葛洲坝工程截流以后，恢复坝上17号断面流速、流量及推移质检测。

1982年3月27日，以坝上17号断面为水文测验断面，设立南津关专用水文站，在极其复杂恶劣的水域，在河底坡比为1∶7的反坡上开展水文原型观测，回答了各界关心的重大工程泥沙问题——卵石是否出峡过坝？7月5日正式开展水文测验工作。1984年增设库区水面蒸发观测实验项目，建设20平米大型蒸发池，次年1月正式观测。1988年从南津关站分离，成立宜昌蒸发站观测至今。

南津关站与坝下游宜昌水文站对比原型观测分析表明，长江三峡的卵石推移质泥沙是可以出峡和过坝的，1983年7月18日，南津关站实测到历史最大卵石，三轴平均粒径332毫米。

南津关专用水文站（坝上17号断面）1971年为间测，1982年为常年驻测，至2000年撤销，共计运行了30年，圆满完成各项观测和试验任务。

（三）高洪测验记

宜昌站是长江中下游防汛水情信息的第一个控制站，也是葛洲坝和三峡工程的设计依据代表站、三峡—葛洲坝梯级水库的总出库控制站。多年来，测站职工无惧风雨，无论寒暑，风里来雨里去，日复一日、年复一年，丈量着长江的水涨水落，为长江中下游提供第一手防汛数据，为水资源开发、利用和保护等提供基础支撑。越是洪水到来，越要迎峰而上，越是艰险越向前。困难再多再大，都阻挡不了他们测水量质、守护江河湖库安澜的脚步。

1. 迎战“81·7”特大洪水

1981年夏天那场洪水，留给了水文人难以忘却的记忆。据老同志回忆，为抢测洪峰，一线同志吃住在船上。那次洪水过程，从水位起涨到洪峰回落，短短的几天时间里仅测流量和采集含沙量样品就有几十次，还有配套颗分测验以及沙质和卵石推移质测验那几天的劳动强度和辛苦程度让人终生难忘。

这场洪水历史罕见，宜昌最高水位达到55.38米，仅次于1954年；实测洪峰流量7.08万立方米每秒，超过1954年，是近百年来的实测最大值。如果没有葛洲坝水库的短暂滞洪作用，洪峰流量经还原计算可达7.16万立方米每秒。7月31日，水利电力部为此颁布嘉奖令，这是该站首次获得部级集体和个人嘉奖（多人）。

2. 奋战8次“5万+”大洪水

1998年夏天，长江发生全流域性大洪水，水位之高、持续时间之长、洪峰次数之多、时段洪量之大均为历史罕见。那一年，宜昌站出现8次洪峰流量超过5万立方米每秒的大洪水过程，至今记忆犹新。伟大抗洪精神永远激励着水文人不忘初心、牢记使命，以守护长江安澜为己任。

1998年长江上游出现8次洪水（7月3次，8月5次）。宜昌站从6月4日起连续奋战3个半月，施测峰峰相连的洪水全过程，特别是为了抢测洪峰、沙峰，更是冒着生命危险进行了10余次夜测，最多一天施测流量达5次之多，全年施测流量150多次、含沙量200多次、推移质100多次，各要素年总测次均创历史纪录。尤其是8月16日第6次洪水，在长江防总的调度下，葛洲坝水库启动滞洪调度削减流量洪峰流量，加上下游支流清江来水，水库下泄流量加大，对宜昌产生顶托作用，导致水位流量关系异常复杂，必须加密布置连时序流量测次，宜昌站精准施测调度后的流量为6.33万立方米每秒，为防洪分析预测沙市最高水位及时提供宝贵的水情资料。

3. 测报技术创新记

（1）手中图纸变现实

1970年，葛洲坝工程开工兴建，为应对工程建设遇到的技术难题，服务葛洲坝工程建设，宜昌站水文设施制造车间自力更生，苦心钻研仪器设备，力求攻克技术难题。

在初建于1958年，“麻雀虽小、五脏俱全”的小车间，经多年更新改造，车、铣、钳、刨、电氧焊、油漆、翻砂工种样样齐全。

1978年，面对葛洲坝大江截流的方案，会碰到什么困难、遇到什么问题，大家心里都没有底。面对水位落差近4米最大流速达7米每秒的龙口水流条件，采用什么设施设备能够深入龙口测验呢？带着这个问题，大家冥思苦想，努力收集资料，不断寻找答案，最终找到了采用有线遥控双舟测量定位方案。长办施工设计处组织召开有关龙口水文测验方法的研讨会议。

寒来暑往间，灯火通明时，在车间全体同志的共同努力下，大家以蚂蚁啃骨头的精神，终于将一张张图纸都变成了一件件实物，悬索偏角采用自制偏角器和望远镜观测的方法解决，最终在葛洲坝大江截流龙口测验中发挥了重要作用，测得龙口最大流速为7米每秒，为龙口施工抛填骨料粒径和时机选择提供技术支撑。

后来，该双舟还在1997年三峡工程大江截流和明渠截流中成功搭载哨兵型ADCP连续监测龙口流速变化过程。

（2）采样器效率系数率定

为了向葛洲坝工程设计部门提供推移质泥沙数据，水文处在1972年启动了推移质采样器研制工作，将沙质推移质采样器交给了宜实站。1973年，宜实站专门成立一个小组——泥沙组，以长江112型沙质推移质采样器为基础，研制符合三峡河段特性的沙质推移质采样器。

采样器样机制造好了，可还需要率定其采样效率。率定点选在哪里？这成了一道难题。理想的率定点应是一条河底平坦的山区小河流，水深应当在1米左右，流速保持在3米每秒左右。几经辗转，在成都科技大学，终于觅得了适合流速率定的地方。

面对难得的实验条件，同志们废寝忘食地忙活起来，时常忙到吃不上一口热饭，经过一个多月的辛苦付出，率定工作终于完成。但沙质推移质采样器在河流中的表现又如何呢？实际效果与水槽试验结果能否一致呢？

为了验证试验结果，大家买来各种粒径的泥沙，按照长江推移质泥沙级配混合，再平铺在试验河流上，将试验仪器与邻坑相邻放置，确保试验条件趋于一致。

铺沙、放水、测流到仪器取样、测坑掏沙……为了葛洲坝工程，大家攒着一股劲，克服困难开展试验。

自 1974 年 6 月挺进都江堰开启率定测验，历时四个多月，效率率定完成。

1978 年，经水槽试验，率定该采样器的效率系数达 61.4%，正式定名为长江 78 型沙质推移质采样器，并荣获水利部科技进步三等奖。该仪器在宜昌水文站应用取得成功，黄光华、高焕锦、王玉成编撰的论文《长江推移质器测法研究》于 1983 年在南京召开的“第二次国际泥沙学术讨论会”上交流，得到与会专家的高度评价。

CHANG JIANG
SHUIWEN

江河记忆：屈原故里端午节与赛龙舟

端午节与春节、清明节、中秋节并称为中国四大传统节日。2006 年 5 月，国务院将其列入首批国家级非物质文化遗产名录；2008 年被列为国家法定节假日。2009 年 9 月，联合国教科文组织将其列入《人类非物质文化遗产代表作名录》，端午节成为中国首个入选世界非遗的节日。

赛龙舟是端午节最重要的节日民俗活动之一。是 2010 年广州亚运会正式比赛项目。2011 年 5 月 23 日，赛龙舟经国务院批准列入第三批国家级非物质文化遗产名录。

关于赛龙舟的起源，可追溯至战国时代。在湖北宜昌秭归屈原故里，赛龙舟更是传统文化活动。南朝梁宗懔所撰《荆楚风时记》就记载有“划龙舟，招屈魂”的习俗。明弘治九年（1496 年）刻本《夷陵州志》记载：“屈原以五月望如赴汨罗，土人追至洞庭不见，因而鼓棹争归，竞会亭上，习以相传，遂为竞渡之戏。”编纂于清同治四年（公元 1865 年）的《宜昌府志》记载更为详尽：“是日（五月初五）龙舟竞渡，楚俗咸同，至十五日曰大端阳，亦食角黍饮蒲酒，十三、十四、十五等日龙舟夺标尤盛，与他郡异。”

千余年来，宜昌人民钟情于龙舟竞赛，民间有“宁荒一年田，不输一年船”之说，竞赛不仅是为了夺标荣誉和丰收寓意，更是为了传承屈原高尚情操，塑造了迎难而上、永不停歇的精神。2023 年 6 月 20—23 日，由国际皮划艇联合会主办，中国皮划艇协会、湖北省体育局、宜昌市人民政府承办的国际划联龙舟世界杯在秭归徐家冲港湾举行，这是第一次在屈原家乡举办的世界级大型赛事。

六、文化提升

宜昌水文站文化展厅设文脉、业脉、人脉、水脉四大板块，即文脉——展示百年老站历史渊源；业脉——展示水文科技发展历程；人脉——弘扬水文传统精神风貌；水脉——科普水文水资源知识。通过展陈珍贵图片、实物，结合数字化等表现手段，展示其持续服务国之重器、推动水文技术创新、传播水文文化，为经济社会发展提供基础支撑，实现测站“历史感、文化感、科技感”的有机统一。

室内展示内容主要有历史沿革、发展成果、技术装备等；室外展示内容主要有历史洪水位墙、水情信息显示屏等。

入门展示区

一楼展示区

三楼展示区

宜昌站水文文化展示图（2023 年 5 月摄）

网络历史洪水标尺

原站房院内的历史洪水墙（2021年已拆除）

2023年重建的历史洪水标尺

宜昌站历史洪水位展示墙

“万里长江第一坝”——葛洲坝工程

葛洲坝工程是长江上建设的第一个大坝，被誉为“万里长江第一坝”，位于三峡出口南津关下游约 3 千米处。大坝全长 2595 米，坝顶高 70 米，宽 30 米，最大坝高 47 米，总库容 15.8 亿立方米，电站装机 21 台，总装机容量为 271.5 万千瓦。工程于 1970 年 12 月 30 日破土动工，1981 年实现有史以来第一次大江截流，同年 6 月水库蓄水发电。1988 年完成全部工程建设，1991 年通过竣工验收。

葛洲坝电站年均发电量 141 亿度，27 孔泄水闸和 15 孔冲沙闸全部开启后的最大泄洪量为 11 万立方米每秒，是我国水电建设史上的里程碑。它在一定程度上缓解了长江水患，具有发电、改善峡江航道等功能，发挥了巨大的经济和社会效益。它也是三峡工程的实战准备工程，为三峡水利枢纽工程建设积累了宝贵的经验和技术支持。

长江葛洲坝水利枢纽工程

葛洲坝工程大江截流水文测验

世界上最大的水利枢纽——三峡工程

三峡工程是世界上最大的水利枢纽工程，位于宜昌市夷陵区三斗坪镇，建设于长江中上游段。由拦河大坝、水电站厂房和通航建筑物三大部分组成。拦河大坝全长 2309 米，坝顶高程为 185 米，正常蓄水位 175 米，控制流域面积 180 万平方千米，总库容 393 亿立方米，防洪库容 221.5 亿立方米。水电站安装有 34 台水轮发电机组，电站总装机容量为 2250 万千瓦，年均发电量 882 亿千瓦·时。通航建筑物的船闸为五级船闸，可通过 5 万吨级船队，升船机可快速通过 3000 吨级的客货轮。工程于 1994 年 12 月 14 日正式开工，2020 年 11 月 1 日完成整体竣工验收全部程序。

三峡大坝建成后，可有效调节库容，削减洪峰，控制长江55%的流域面积，控制湖北荆江洪水来量的95%以上，能有效保护长江中游江汉平原和洞庭湖区人民生命财产安全和农田，大大减轻了洪水对中下游地区的威胁。水资源是一种清洁、可再生的水电能源，三峡水电站的装机容量大，发电量高，成为我国重要的电力供应来源。大坝建成后，抬高了水位，改善了航道条件，降低了航运成本，促进了区域间的经济交流和贸易发展。

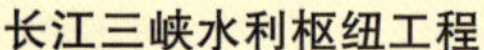
长江三峡水利枢纽工程

三峡工程大江截流水文测验

总体而言，三峡工程和葛洲坝工程是湖北省宜昌市境内长江上的两个重要水利枢纽工程，是我国水利工程建设的杰出代表，对我国的能源供应、防洪、航运等方面都具有极其重要的意义。

CHANG JIANG SHUIWEN

江河记忆：水文应急监测

一、国内首次堰塞湖水文应急监测

2000 年 4 月 9 日，西藏林芝地区波密县易贡藏布江扎木弄沟发生巨型高速滑坡，滑坡体长约 2500 米、面积约 6 平方千米、体积 2.8 亿～3.0 亿立方米，并引发泥石流，滑坡堆积体堵塞河床形成易贡滑坡堰塞湖（易贡湖）。易贡巨型滑坡的滑坡体体积、规模和滑程居国内之首，世界第三（仅次于加拿大道宁滑坡和意大利瓦伊昂滑坡）。

长江委水文局抢险队携带声学多普勒流速剖面仪（ADCP）从武汉出发，22 日到达易贡堰塞湖现场。在总指挥部、西藏自治区水文局和西藏军区舟桥部队的大力协助下，抢险队迅速开展滑坡泥石流灾害调查，收集现场有关资料，并利用先进的 ADCP 测流技术，快速开展了易贡湖的入湖流量和湖泊面积和容积测量，推算库容曲线（水位—湖泊面积、水位—湖泊容积），分析预测易贡湖容积的变化趋势，及时验证了采用其他方法推算的相关成果，为堰塞湖处置提供了精准的实测资料和分析预测成果。

易贡堰塞湖水文应急监测属国内首次，主要创新点是利用 ADCP 的底跟踪功能，精确测定船速、水深、时间等数据，进而计算出湖面宽度、断面间距及河底高程，是一次探索水文应急监测方式方法的成功案例。本次探索性创新成果纳入西藏水文局等单位的研究成果——《国际跨境河流典型山体滑坡（崩塌）堵江水文极值事件应急监测实验研究》，获 2006 年度大禹水利科技进步奖三等奖。

二、甘肃舟曲泥石流灾害水文应急抢险

2010 年 8 月 7 日深夜，舟曲县城，暴雨倾盆。一场突如其来的泥石流摧毁了这个素有“陇上桃花源”之称的美丽家园。泥石流发生在长江流域的西北一隅，作为流域机构的长江水利委员会再次义无反顾地投入抢险救灾之中。8 月 8 日，水利部水文局要求长江委水文局选派专业人员携带水文应急监测设备、生活和安全用品，随时准备出发。

当晚 20 时，长江委水文局 19 位同志在重庆集结完毕，没有片刻休息，分乘 4 台汽车，携 2 艘冲锋舟、2 台套 ADCP、3 台全站仪、2 台电波流速仪及 5 台套 GPS 等水文应急测验设备，在夜幕中疾驰舟曲……日夜兼程近 1000 千米，于 8 月 9 日 17 时到达舟曲。

顾不上舟车劳顿，与甘肃省水利厅同志会合后，19 位同志立即开展工作。9 日 19 时，特大泥石流发生后的第一份水文实测流量测出——堰塞河段下游流量 61.1 立方米每秒。此时距离 19 位同志到达舟曲仅仅只有两个小时。

为进一步了解分析舟曲县山洪泥石流的暴雨天气成因及造成的山洪影响，长江委水文局又派出水文气象预报和水文水资源方面的技术骨干赶赴现场实地开展水文调查，与先期到达的同志会合。至此，水利部、甘肃省水利厅前方工作组水文监测组长江委水文局 21 位同志全部到位。

初到舟曲，没有行军床，队员们只能睡在地上，遇上下雨就挤在老乡家的两间小房子里，沙发地板上睡的全都是人。到达舟曲的第 7 天，还没有人洗过澡，早晨每人一瓶矿泉水，饮用刷牙洗脸全靠它。

为了完成监测任务，监测组成员在挖掘机挖斗里、在冲锋舟上、在激流浪尖上测流速、流量、水深……爆炸的飞石、湍急的河水、隐藏在河里的钢筋建筑物等随时会危及同志们的生命安全，但他们全然不顾，依旧奔

走在各测验断面之间。截至 8 月 29 日，监测组在上下游断面共测流 146 次，每个断面日均 3 次以上；对堰塞河段 18 个水道断面进行河道测量 2 次……为制定河段疏通方案、清淤疏浚等提供了第一手水文基础资料。

2010 年 8 月，水文监测组成员在甘肃舟曲运用电波流速仪施测白龙江河道表面流速

从 8 月 8 日至 30 日的 23 个昼夜里，监测组开展了大量、翔实的水文监测、水文分析计算及水文预报工作，通过建立前后方联动与信息交换、资源共享机制，保证了舟曲堰塞河段水文应急各项工作的顺利完成，为舟曲特大泥石流灾害的除险与白龙江舟曲堰塞河段的疏浚清淤提供了有力的技术支撑。一本近 300 页 10 万字的《水文成果（初稿）》是水文监测组在舟曲工作的缩影。一直坚守舟曲抢险救灾一线时任水利部部长的陈雷在报告初稿上亲笔题写：“长江委水文人，连续二十三个昼夜奋战在水文监测一线，为夺取堰塞湖处置及淤堵河道清淤疏浚做出了突出贡献，践行了‘献身、负责、求实’的水利行业精神，展现了水利人忠于职守、献身事业、报效国家的风采。舟曲人民不会忘记你们！”

三、汶川大地震水文应急监测

2008 年 5 月 12 日 14 时 28 分，一场突如其来的 8.0 级特大地震，几乎将中国四川汶川夷为平地……

一场撼天动地的大救援，在中国大地、在世界范围内迅速展开；一场惊心动魄的特殊战役，在满目疮痍的废墟上、在险情频发的堰塞湖骤然打响。水利部、长江委迅即吹响了水利抗震救灾的集结号。长江委水文局举全局之力，迅速投入水利抗震救灾斗争中，从局长到驾驶员，从专家到后勤人员，一共向前方派出精干力量 41 人，同时在后方组建了近 100 人的预备队伍，随时整装待发。

5 月 16 日上午，水文专业组成员在成都迅速完成集结，第一时间指导四川省水文局编制完成了《2008 年汶川地震水文监测应急预案》，并在 12 小时内先后派出 4 个小组赶赴堰塞湖实施水文勘测。了解到堰塞湖险情后，水利部水文局马上从长江委和湖南、江西、四川等地的水文抢险预备队中紧急抽调了 30 位同志组成 10 个堰塞湖现场应急勘测突击队。长江委水文局的 8 名突击队员第一时间赶到灾区。

2008年5月21日，水文应急监测突击队员等首次登上唐家山堰塞湖堰塞体

被水利部抗震救灾指挥部前方专家列为1号风险的唐家山堰塞湖牵动着全国人民的心，灾区的人民更是盼望尽快排除险情。在决战唐家山的日日夜夜里，水文专业组不仅全程参与了唐家山堰塞湖抢险除险处置的专家会商，还组织水文突击队员两上唐家山，对导流槽过流情况进行水文监测，为唐家山抢险指挥部决策提供科学依据。其中5月21日，突击队员乘直升机悬降唐家山，在短短2个小时内，迅速监测到坝前水深、坝体形状、水位、渗流流量等相关数据。6月5日上午9时，在唐家山堰塞湖分洪除险的关键时刻，长江委水文局接到长江委抗震救灾领导小组的指令，要求在24小时之内建成唐家山堰塞湖抢险远程视频监控。仅仅20多个小时，长江委水文局就搭建了一条从长江委机关通往唐家山堰塞湖现场的“千里眼”，同时录制储存了坝上、坝下及沿程各站共计1122个小时的图像，留下了珍贵的影像技术档案资料。6月10日，悬在四川绵阳人民头上的唐家山堰塞湖顺利下泄，实现了预先制定方案中的最优方案，唐家山堰塞湖排险取得了决定性胜利。决战唐家山，水文人倾力提供科学支撑，按照《唐家山堰塞湖溃口洪水监测实施方案》，以无比的忠诚、优良的作风、精湛的技术，向党和政府、向灾区人民交上了一份优异的答卷！

四、金沙江白格堰塞湖水文应急监测

2018年11月3日，西藏自治区昌都市江达县白格段再次发生大规模山体滑坡，堵塞金沙江并形成堰塞湖。

应急处置决策的关键依据，是来自一线的水文监测资料。此次水文应急监测队以长江委水文局上游水文水资源勘测局为主体，7个监测组、21辆应急监测车、80余台（套）仪器设备，历经19个日日夜夜，在堰塞湖上下游的波罗、叶巴滩、巴塘、苏洼龙、奔子栏、塔城、石鼓、虎跳峡8个站点的600千米战线上，冒着生命危险，首次完整记录了“万年一遇”溃坝洪水过程，为抢险减灾、群众转移、溃坝洪水传播规律研究，提供宝贵的第一手水文资料，受到了水利部、长江委和地方政府高度赞扬。

（一）突围高寒雪山

兵贵神速，水文应急监测也是如此。从地处重庆的上游局机关到堰塞湖现场，大约1000千米，大部分为高寒崎岖山路。上游局兵分多路，冒着雨雪，昼夜兼程，赶往各监测地点。

2018年11月，长江水文奔子栏站监测小组开展白格堰塞湖溃坝洪水应急监测

11月7日傍晚，上游局高光成和杨安胜驾驶着满载物资设备的救援车，行驶到距叶巴滩水文站90千米处，车子突然失去动力和方向控制，左摇右甩，与冰面摩擦发出刺耳的“哧哧”声。高光成临危不乱，稳稳把住方向盘，间歇性轻踩刹车，车子后滑20多米后，呈45度横在路坎边；杨安胜赶紧下车用石头垫住后轮，总算躲过一险。此时的他们经过一天急行颠簸，已是饥肠辘辘，一身疲惫。紧急联系后方支援后，巴塘水文站傲次乃连夜送防滑链到事发地点，他们躺在零下15摄氏度的冰面上安装好防滑链后继续赶路，次日凌晨3点左右，一行人终于安全抵达叶巴滩，监测设备及时送到。

（二）临时站点的坚守

堰塞湖的水位变化，是应急处置的关键数据。随着水位的快速上涨，堰塞湖上游的城镇、村庄、工厂、农田……都淹没在水下。留守在堰塞湖上游波罗乡临时水位监测点的是张斌和胡江，他们必须坚守。那里海拔近3000米，高原反应严重，快走几步就会气喘吁吁。淹没区百姓撤离后，他们搭帐篷驻守在江边，设立临时水尺，安装自记水位计，密切监视堰塞湖水位变化。随着堰塞湖的水位上涨，山区地形形成多处孤岛，驻地帐篷一次次被淹没，他们一次次后撤再一次次搭建。饿了，啃一口干粮；冷了，烧一堆柴火；困了，就地一靠。交通中断、通信中断、手机没有信号，有一天在分头迁移临时水尺和自记水位计时，他们彼此失去联系，同时与后方也失去了联系。零下十几摄氏度的夜晚雨雪纷飞，荒山野岭上伸手不见五指，巨大的恐惧向他们袭来，所幸联系上留守的昌都市政府工作人员，在冲锋艇的帮助下，失联的两人才安全会合。堰塞体溃决后，水位陡落，多处道路塌方，只能绕行追赶水面线观测水位。他们背着仪器，钻刺丛、进灌木，徒步翻山越岭，到达一处可落脚的退水废墟时，已是凌晨1点40分。一眼望去，没有一丝丝光亮，也无法与外界取得联系，旁边捡来取暖的柴火，怎么也点不燃，但他们仍然穿着被雨雪和汗水打湿的衣服，冒着零下15摄氏度的严寒，坚持抢测水位。第二天一早，他们又步行4小时，到达一处村委会，与外界失联12小时后，终于给后方报了平安，大家揪着心也终于得以平复。

（三）抢测“万年一遇”洪水

叶巴滩水电站距堰塞体约60千米。这里山高谷深，悬崖峭壁，对外逃生只有一条几千米长的工程隧道。如果溃决洪水到来时不能及时撤离，后果不堪设想。但是放弃“万年一遇”的洪水资料，不是水文人的选择。

与叶巴滩水电站有关人员协商后，同意水文监测人员留守岗位，但“约法三章”。第一，禁止任何人进入警戒线以下；第二，随时做好撤离准备，车头向着隧道出口方向，不得熄火，驾驶员不得离开驾驶室；第三，号令一响，即刻无条件撤离。

当叶巴滩电站第三次发出紧急撤离警告时，监测小组以“北京、武汉、重庆，都在等着我们的数据，一定要坚持到最后”的勇气，据理力争“留下来”。傍晚，峡谷里渐渐暗下来。叶巴滩水位开始暴涨，1分钟上涨3.53米。临时水尺、自记设备转眼间被冲毁，手机信号时有时无，洪水咆哮声、山石垮塌声、惊恐喊叫声混杂在一起……紧张恐惧的气氛突袭而至。

19时左右，水位即将到达无条件撤离高度，现场响起撤离锣鼓声，监测组长冯东果断决定，按照预案留下他和另外一人继续坚守观测，驾驶员启动车子，车头朝外，做好最后的逃生准备！

所幸，洪水最终定格在无条件撤离标准线以下2厘米处，只差2厘米！

洪峰历时2小时，水位上涨34.57米，远超“万年一遇”洪水标准。

坚守在这里的每个人，都是普通的水文职工，面对重重困难和生命危险，他们目光坚定，勇毅前行！

据中新网、中国新闻网等媒体报道，灾情发生后，应急管理部立即与有关部门和单位会商研判，了解上下游水文、地质、气象等情况，并派出联合工作组赶赴现场。西藏、四川、云南三省区共紧急转移安置67449人，实现人员零伤亡。

沙市水文站

——守卫荆江安澜

沙市水文站（2024 年 6 月摄）

沙市水文站位于湖北省荆州市沙市区荆江大堤二郎矶处，可追溯的水文记录始于 1903 年 1 月，是国家基本水文站、长江中游干流控制站、中央报汛站，也是荆江防洪、荆江分洪工程调度应用的重要控制站。隶属于长江委水文局荆江水文水资源勘测局沙市分局。

沙市水文站上游约 600 米处伸入江中 200 多米的观音矶始建于南宋年间，矶上“陷”入地下 7.29 米的全国重点保护文物万寿宝塔是反映长江河床、水文、地理变迁的重要历史见证。下游约 500 米处有荆江分洪工程纪念碑、1954 年荆江分洪水位线、1998 年历史最高水位线刻痕和“九八抗洪纪念亭”，是荆楚人民抗洪斗争的纪念地。

沙市水文站监测项目有水位、流量、降水量、悬移质含沙量、悬移质颗粒级配、沙质推移质、床沙、水质等，在荆江河段及洞庭湖防汛抗旱、水资源合理调配、河道整治中发挥着重要作用。

一、河段概况

（一）荆江“悬河”

荆江河段从枝城至城陵矶，全长 347.2 千米。素有“万里长江，险在荆江”之称。根据不同的河床形态和演变特点，以藕池口为界分为上荆江和下荆江，其中，上荆江长 171.7 千米，包括枝江、沙市、公安三个小河段，为弯曲型河道，多洲、滩与汊道；下荆江长 175.5 千米，包括石首、监利两个小河段，为典型的蜿蜒型河道。

荆江流经江汉平原和洞庭湖平原之间。洪水期时，荆江的水位常常超过 40 米，而堤内的城市、农村地面高程大多不足 35 米，随着荆江河床的不断淤积，荆江大堤也逐渐升高，目前堤顶约 47 米。三峡水库投运后，长江中下游河段发生长距离冲刷，但每到长江汛期，荆江水面往往高出城市居住地面近 10 米，常有“人在水下走，船在天上行”的景观。

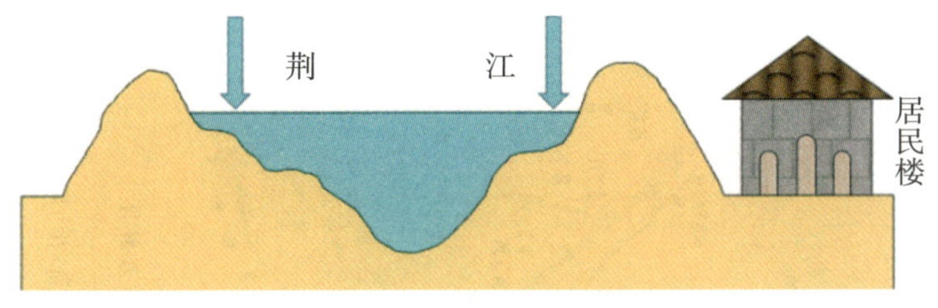

荆江“悬河”示意图

（二）荆江“四口”

荆江“四口”（分指松滋口、太平口、藕池口、调弦口）水系是长江分流入洞庭湖的通道，地跨湖北、湖南两省。据史籍记载，东晋以前荆江两岸穴口多达 20 余处，两宋时期，荆江两岸堤垸兴起，荆江河道开始形成，南北两岸留有“九穴十三口”向内地分泄洪水。明朝时期，荆江两岸大规模筑堤围垸，南北分流穴口减少。嘉靖二十一年（公元 1542 年），堵塞郝穴口，统一的荆江河道形成。至 1851 年

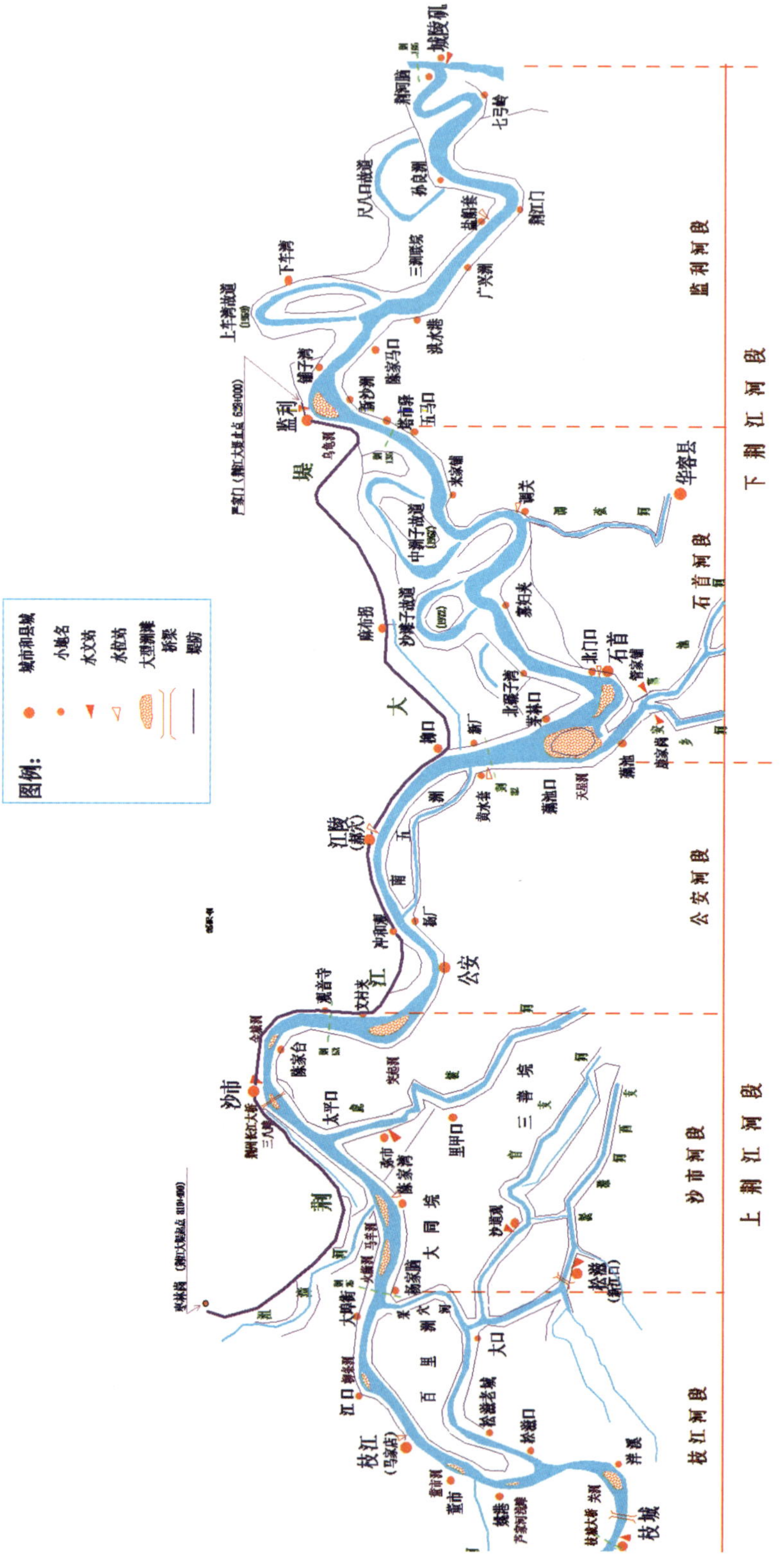
图例：
城市和县城
小地名
水文站
水位站
堤防
城陵矶
监利
华容县
石首
公安
沙市
江陵
枝江
枝城
下荆江河段
上荆江河段
监利河段
石首河段
公安河段
沙市河段
枝江河段

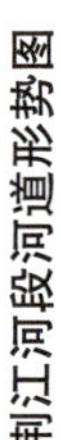

荆江河段河道形势图

只留下虎渡口（太平口）与调弦口向南北分流。1860 年荆江发生特大洪水，南岸藕池溃口，形成藕池河。1870 年，南岸松滋溃口，形成松滋河。从此，荆江河段形成近代四口向洞庭湖分流的格局。1958 年，调弦口封堵建闸，又有荆江“三口”之说。

荆江河道蜿蜒曲折，下荆江是典型的蜿蜒性河道，素有“九曲回肠”之称。每逢汛期，荆江河段洪水来量大、泄量小，加上江湖关系复杂、堤防堤基地质条件差，极易溃堤成灾。所以，荆江地区曾流行着“不惧荆州干戈起，只怕荆堤一梦终”的民谣。荆江“三口”分流对于调节荆江洪水，确保荆江地区防洪安全，起到了重要作用。

（三）沙市站测验河段

沙市水文站流量测验河段位于基本水尺断面下游 3920 米的沙市柳林洲，河段顺直长约 4 千米，河槽呈偏“U”形，主泓偏左。中高水主槽宽约 1170 米，测流断面上游约 3 千米是三八滩洲尾，下游约 3.5 千米是金城洲，两洲消长及汊道变动对本断面主泓摆动和冲淤影响较大，断面上游约 17.4 千米处有沮漳河入汇，本站水位流量关系主要受洪水涨落和断面冲淤影响。

三峡水库蓄水后，受清水下泄影响，河床下切明显。截至 2024 年，沙市站多年平均输沙量较蓄水前减少 90%；当流量为 14000m³/s 时，水位较蓄水前累积下降 2.46m。

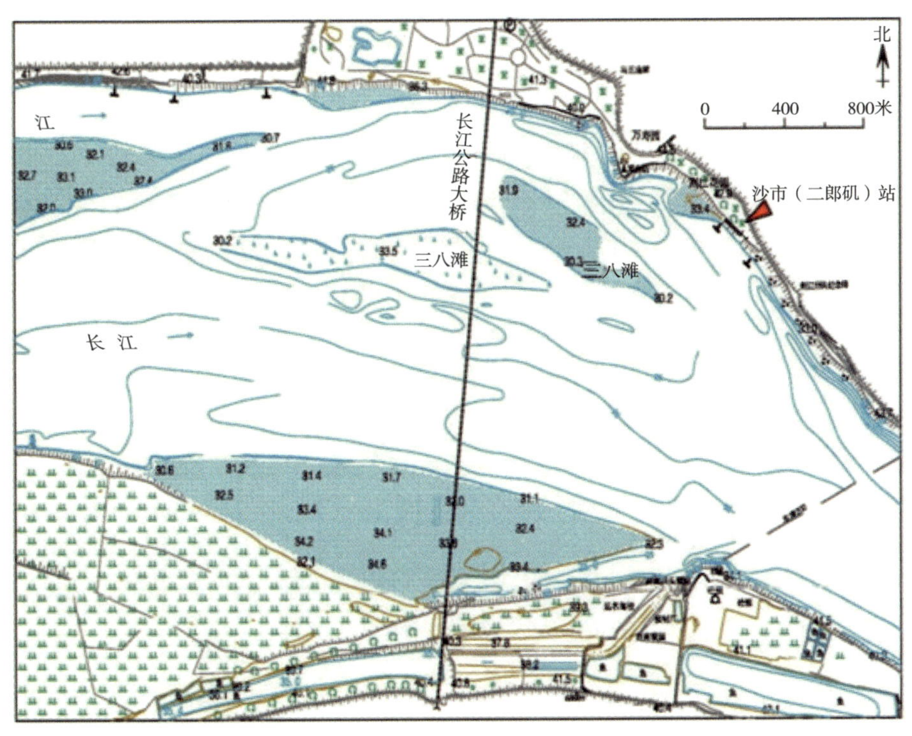

测站位置图

二、测站探源

（一）测站沿革

荆江河段早在清乾隆年间便有水情测报制度。1903 年 1 月，设立沙市海关水尺，开始观测记录水位信息，采用英制计量单位，整理成水位公报。旧址在荆州市现洋码头附近。1905 年 1 月增加了降水量观测。

1933 年 1 月，扬子江水道整理委员会江汉工程局在沙市海关上游约 2000 米的二郎矶（东经 112°14′、北纬 30°19′）处，设立沙市（二郎矶）水位站观测水位，采用市制计量单位。1940 年起水位观测数度中断，直到 1946 年 4 月恢复连续观测至今。1947 年 1 月增设蒸发量观测，1953 年 6 月增设湿度和气温观测，均于 1956 年 12 月停测。1951 年 7 月，水利部南京水利实验处整编长江流域历史水文资料，刊印了沙市站（海关水尺）1903 年逐日水位表，并采用统一的吴淞高程系统成果（公制计量单位）。

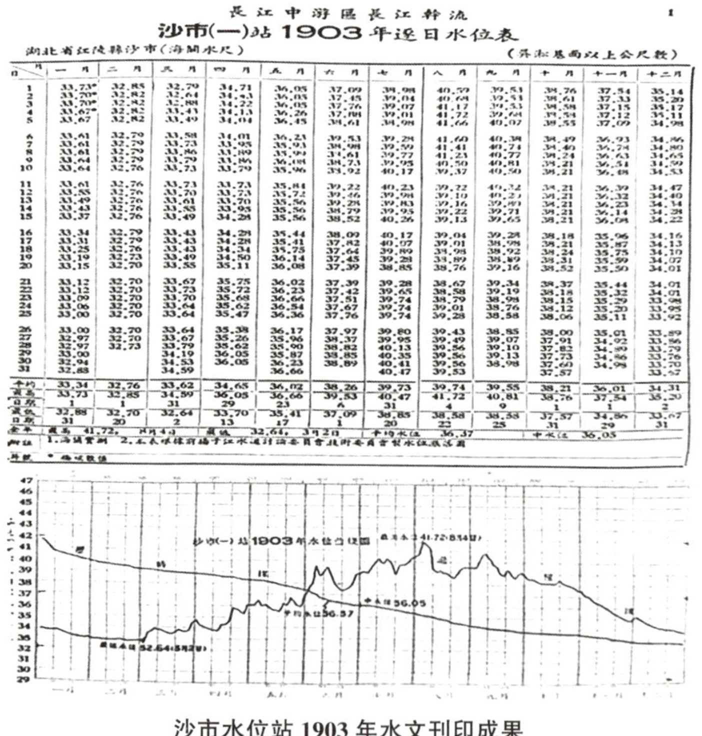

長江中游區長江幹流 1

沙市(一)站 1903 年逐日水位表

湖北省江陵縣沙市（海關水尺） （吳淞基面以上公尺數）

日＼月	一月	二月	三月	四月	五月	六月	七月	八月	九月	十月	十一月	十二月
1	33.73*	32.85	32.79	34.71	36.05	37.09	38.98	40.59	39.53	38.76	37.54	35.14
2	33.70*	32.82	32.64	34.43	36.05	37.45	39.04	40.68	39.53	38.61	37.33	35.20
3	33.70*	32.82	32.88	34.22	36.05	37.76	39.07	41.17	39.53	38.58	37.15	35.17
4	33.67*	32.82	33.43	34.13	36.26	37.88	39.01	41.72	39.68	38.58	37.12	35.11
5	33.67	32.82	33.49	34.04	36.45	38.61	38.98	41.66	40.07	38.55	37.09	34.98
6	33.61	32.70	33.58	34.01	36.23	39.53	39.28	41.60	40.38	38.49	36.93	34.86
7	33.61	32.79	33.73	33.95	35.93	38.98	39.59	41.41	40.74	38.40	36.78	34.80
8	33.61	32.79	33.86	33.89	35.99	39.61	39.77	41.23	40.77	38.24	36.63	34.65
9	33.64	32.79	33.79	33.86	36.08	38.73	39.95	40.50	40.81	38.21	36.51	34.59
10	33.64	32.76	33.73	33.79	35.96	39.92	40.17	39.37	40.50	38.21	36.48	34.53
11	33.61	32.76	33.73	33.73	35.84	39.22	40.23	39.22	40.32	38.21	36.39	34.47
12	33.55	32.76	33.70	33.73	35.72	39.46	39.98	39.10	40.27	38.21	36.32	34.40
13	33.49	32.76	33.61	33.70	35.56	39.28	39.83	39.16	39.80	38.21	36.23	34.34
14	33.43	32.76	33.55	33.95	35.56	38.79	39.95	39.22	39.71	38.21	36.14	34.28
15	33.37	32.76	33.49	34.28	35.56	38.52	40.26	39.13	39.65	38.21	36.08	34.22
16	33.34	32.79	33.43	34.28	35.44	38.09	40.17	39.04	39.28	38.18	35.96	34.16
17	33.31	32.79	33.43	34.28	35.41	37.82	40.07	39.01	38.98	38.21	35.87	34.13
18	33.25	32.76	33.43	34.34	35.75	37.64	39.89	38.98	38.92	38.24	35.75	34.10
19	33.19	32.73	33.49	34.50	36.14	37.45	39.28	38.89	38.89	38.31	35.59	34.07
20	33.15	32.70	33.55	35.11	36.08	37.39	38.85	38.76	39.16	38.52	35.50	34.01
21	33.12	32.70	33.67	35.75	36.02	37.39	39.28	38.67	39.34	38.37	35.44	34.01
22	33.12	32.70	33.73	35.72	36.23	37.42	39.65	38.58	39.19	38.18	35.32	34.01
23	33.09	32.70	33.70	35.68	36.66	37.51	39.74	38.79	38.98	38.15	35.29	33.98
24	33.06	32.70	33.64	35.62	36.54	37.67	39.74	39.01	38.76	38.12	35.20	33.95
25	33.00	32.70	33.64	35.47	36.36	37.76	39.74	39.28	38.58	38.06	35.11	33.92
26	33.00	32.70	33.64	35.38	36.17	37.97	39.80	39.43	38.85	38.00	35.01	33.89
27	32.97	32.70	33.67	35.26	35.96	38.37	39.95	39.49	39.07	37.91	34.92	33.86
28	32.97	32.73	33.79	35.62	35.90	38.82	40.13	39.56	39.10	37.82	34.89	33.79
29	33.00		34.19	36.05	35.87	38.85	40.35	39.56	39.13	37.73	34.86	33.76
30	32.94		34.53	36.05	36.23	38.89	40.41	39.56	38.98	37.60	34.98	33.70
31	32.88		34.59		36.66		40.47	39.53		37.57		33.67
平均	33.34	32.76	33.62	34.65	36.02	38.26	39.73	39.74	39.55	38.21	36.01	34.31
最高	33.73	32.85	34.59	36.05	36.66	39.53	40.47	41.72	40.81	38.76	37.54	35.20
日期	1	1	31	29	23	6	31	4	9	1	1	2
最低	32.88	32.70	32.64	33.70	35.41	37.09	38.85	38.58	38.58	37.57	34.86	33.67
日期	31	20	2	13	17	1	20	22	25	31	29	31

全年：最高 41.72，8月4日　最低 32.64，3月2日　平均水位 36.37　中水位 36.05

附註：1.海關實測 2.[illegible]

符號：* [illegible]

沙市水位站 1903 年水文刊印成果

1950 年，沙市水位站移交长委会管理。1991 年 1 月，新厂水文站测验断面迁至上游 67.8 千米沙市荆 45 号断面，与沙市水位站合并，改为沙市水文站。

（二）测验项目变化

新中国成立后，先后增加气象要素（温度湿度、雨量等）观测。与新厂水文站合并后，延续流量、泥沙（悬移质、推移质、床沙）等观测要素和水情拍报。

1977 年增加水质监测，是荆江河段最早的水质监测断面。从监测地表水环境质量标准中少数水质参数，逐步拓展到地表水环境质量标准基本项目全 24 项，集中式生活饮用水地表水源地补充项目全 5 项，2010 年后开展集中式生活饮用水地表水源地特定项目中 8 种苯系物、总有机碳、甲萘威等水质参数观测，如今稳定监测共计 39 项水质参数。2016 年开展水生态试点监测，是荆江水环境监测中心第一个水生态试点监测断面。

沙市水文站观测项目变化表

测验项目	开始观测日期	测验项目变动的原因
水位	1933 年 1 月	1938 年 1 月停测；1939 年 6 月恢复；1940 年 6 月停测；1946 年 4 月恢复后延续至今
蒸发量	1947 年 1 月	1956 年 12 月停测
相对湿度	1953 年 6 月 1 日	1956 年 12 月 31 日停测
气温	1953 年 6 月 1 日	1956 年 12 月 31 日停测
流量	1991 年 1 月	水位站改水文站后延续至今
降水量	1950 年 1 月 1 日	设立后延续至今
悬移质输沙率	1991 年 1 月	设立后延续至今
悬移质颗粒级配	1991 年 1 月	设立后延续至今
床沙	1991 年 1 月	设立后延续至今
沙质推移质	1999 年 7 月	收集泥沙基本资料
卵石推移质	2003 年 1 月	收集泥沙基本资料，2019 年 1 月停测
水质	1977 年 3 月	收集水质基本资料
水生态	2016 年	试点监测项目

（三）设施设备变迁

1. 水位观测

1933 年沙市（二郎矶）站水位采用石刻水尺。新中国成立后，采用直立木桩或钢管为靠桩绑搪瓷水尺片。

沙市二郎矶的石刻水尺遗迹

1980 年 8 月沙市高洪期水位观测

1989 年 6 月，沙市水位站建立岛岸结合式水位自记台，采用日记式浮子自记水位计纸质划线记录水位。

水位自记台

1992 年安装基于 PC-1500 微处理机的水位数据自动采集装置，1999 年 5 月安装 DCS-1A 型固态存储水位计。

2002 年 5 月，使用 SE-109 型浮子式水位计，以及 YAC2000 遥测系统，并配备压力式水位自记仪。2005 年 7 月 1 日，实现水位、雨量报汛自动化。2016 年，安装气泡压力式水位计，并配备 YAC9900 遥测系统。2022 年开展设施标识标准化建设，直立水尺更新为不锈钢烤漆刻度水尺桩。

江河记忆：荆江大堤观音矶

观音矶，位于荆江大堤之上，南宋时期为抵御洪水而建，因矶上建有“观音寺”而得名。观音矶伸入江中200多米，每逢洪水来袭，观音矶顶承江流，挑杀水势，维护江堤，对控制荆江河势变化、稳定岸坡和保护荆江大堤安全起着重要的作用，有“荆江第一矶”之称。

观音矶初建时为土矶，明嘉靖年间改建为石矶，清乾隆五十四年（公元1789年）重新增修，后历经多次补修、增筑。历史上，是荆江大堤著名的历史险工，曾多次出现下腮崩坍、上腮被水流冲刷导致石脚空虚、滩岸崩矬、矶身裂缝等险情。1999年12月实施的观音矶护岸综合整治工程提高了观音矶防洪能力，工程防洪效益和社会效益显著。

万寿宝塔位于观音矶头之上，是1956年湖北省人民政府公布的第一批重点文物保护单位。宝塔于明嘉靖二十七年（1548年）破土动工，历时4年建成。塔身八面七层，通高40.76米。在漫长的岁月中，长江河床、水位因泥沙淤积不断抬高，逐渐形成“地上悬河”，荆江大堤随之层层加筑，原本高耸的塔基已“陷”入堤面以下7.29米，成为见证长江河床、水文变迁的活化石。

陷入地下7.29米的万寿宝塔

观音矶所在的荆州大堤为国家一级堤防。1998年和1954年是镌刻在荆江抗洪史上两道最深的印记，观音矶见证了波澜壮阔的军民抗洪场景，留下了1998年洪水沙市最高水位线45.22米和1954年荆江分洪水位线44.67米的史迹刻痕。

万寿宝塔东侧建有九八抗洪纪念碑和纪念亭。1999年初，为纪念1998年抗洪抢险中牺牲的李向群等35名英烈，荆州市委、市政府修建九八抗洪纪念亭。2015年7月建成的九八抗洪纪念碑，基座长19.98米、宽2.785米、高1米，基座上方是一组军民携手抗洪的铸铜雕像，展现人民解放军、武警战士和荆州人民与洪水殊死抗争的场景。观音矶因此成为抗洪斗争胜利的纪念地。

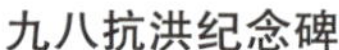

九八抗洪纪念碑

九八抗洪纪念亭

2. 流量与泥沙测验

(1) 水文测船

1991 年 1 月，新厂水文站测验设备转移至沙市水文站，测船为水文 034 轮和水文 111 轮。水文 034 轮为单机单舵，机械式舵机，通过手动控制带动舵运动。配备主机 29.4 千瓦，无副机。采用机驾合一系统和机械三绞取样设备，应用铅鱼测深、流速仪测流。水文 111 轮为单机单舵（人力舵），配备主机 88.2 千瓦、副机 14.7 千瓦，采用机驾合一系统和机械三绞取样设备，后改造成电动三绞取样设备配备。

2000 年 12 月，水文 303 轮投产使用，为双机双舵（液压舵），配备主机 2×110 千瓦、副机 29.4 千瓦。采用机驾合一系统和电动三绞取样设备，其中电动三绞取样设备经船员改造完善，实现取样半自动化。2002 年 4 月配备全球定位系统（GPS）及回声测深仪。

1998 年水文 111 轮开展高洪测验

2022 年 10 月，水文 406 轮投入使用，为双机双舵（液压舵），配备主机 2×224 千瓦、副机 47.0 千瓦。采用机驾合一系统和电动三绞取样设备，其中电动三绞取样设备经改造升级，操作方式实现人机界面，取样过程实现自动化。配备全球导航卫星定位系统（GNSS）及数字测深仪。

(2) 流量测验

1991 年流量测验采用浮标和转子式流速仪。2004 年引进 ADCP，经过与转子式流速仪 3 年的比测，2007 年投产。2022 年 4 月，在流量断面建成水沙监测平台，

2022年11月获得实用新型专利证书（ZL202221659178.3）。

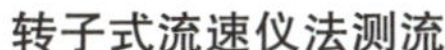
转子式流速仪法测流

走航式ADCP测流

流量在线监测平台

（3）泥沙测验

荆江段泥沙研究一直是水利专家研究的重点，沙市水文站地处荆江河段中部，自建站以来为荆江泥沙研究提供了大量的泥沙测验资料，为荆江河段泥沙运动及三峡工程建成后荆江河段的泥沙变化研究做出了重要贡献，是国际泥沙研究培训中心荆江实验基地。

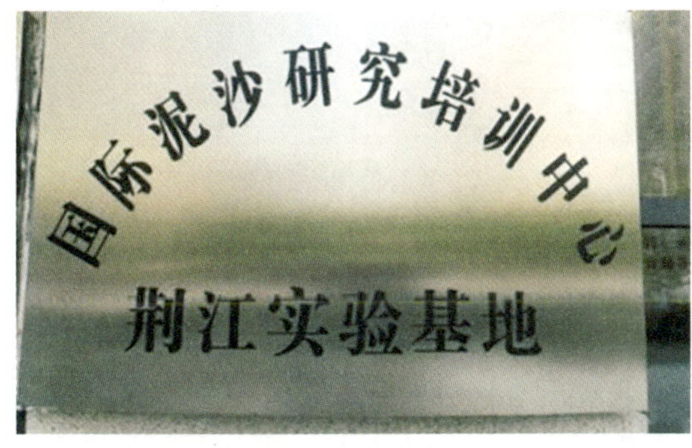

国际泥沙研究培训中心荆江实验基地

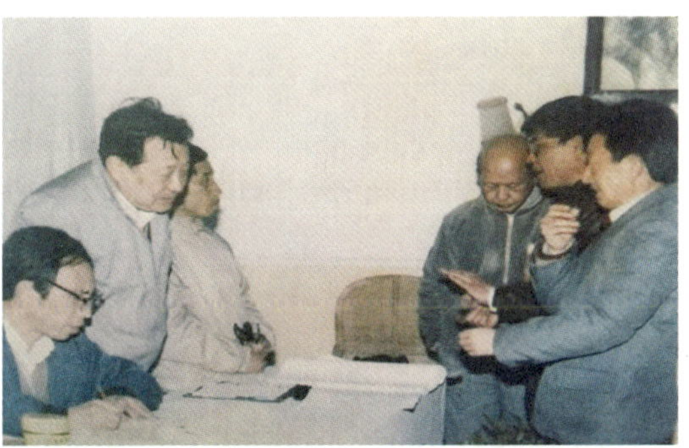
泥沙专家现场讨论

沙市水文站使用的泥沙测验仪器有横式采样器、挖斗式床沙采样器、Y78-1 型沙质推移质采样器、AYT-300 型卵石推移质采样器。其中挖斗式床沙采样器是自主研制的取沙设备。

泥沙分析仪器有电子天平、粒径计、移液管、光电颗分仪、激光粒度仪、音波筛分仪等。

Y78-1 型沙质推移质采样器

挖斗式床沙采样器

（4）降水量观测

1950 年 1 月人工观测采用 20 厘米 JQR01 雨量计，分辨力为 0.1 毫米。2002 年 7 月以来使用 20 厘米 JDZ05 型翻斗式雨量计实现实时数据采集，分辨率为 0.5 毫米。

（5）水准点及高程系统

沙市水文站布设有基本水准点和校核水准点。本站冻结基面是吴淞（江汉），基面关系为：冻结基面与吴淞（资用）基面差值为－0.418 米；冻结基面与黄海基面差值为－2.208 米；冻结基面与 1985 国家高程基准的差值左岸 1994—2014 年为－2.152 米，2015 年至今为－2.169 米，右岸 1994 年至今为－2.173 米。

降水量观测场

基本水准点

（6）水质水生态监测

沙市水质监测断面设立于 1977 年 3 月，也是监测最连续、监测水质参数和生态参数最全面的断面。监测频率也从 4 次/年、6 次/年发展到 12 次/年，用于水质分析的仪器设备共有 95 台（套）。2016 年试点水生态监测，按季度布点水生态采样，监测浮游植物、浮游动物和着生藻类等。

配制分析溶液

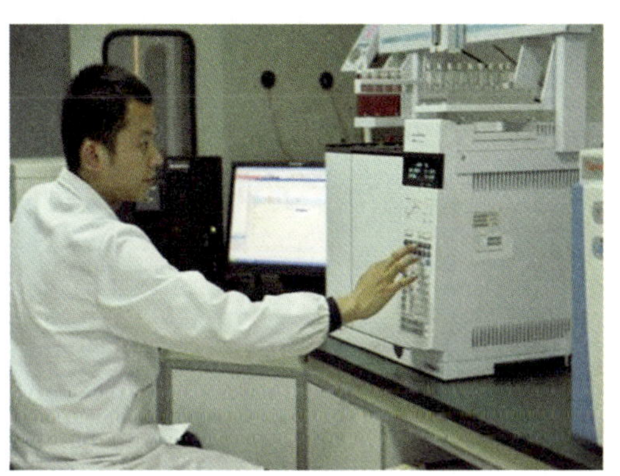

应用生物显微镜开展分析

分析高锰酸钾指数

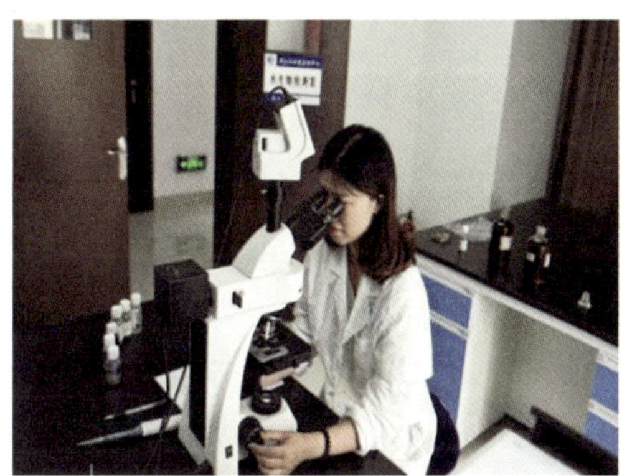

应用气相色谱仪开展分析

三峡工程的防洪能力“缩水”了吗？

每到长江汛期，三峡工程的防洪能力就会成为社会关注的焦点，防洪能力“缩水”说时不时冲上热搜。

事实上，三峡工程防洪能力从没改变过，“缩水”说是一种误解。误读的根源在于，一些人没有把三峡大坝自身的防洪能力与其对大坝下游保护区的保护作用区分开来。三峡大坝的防洪能力即设计标准是“防千年一遇的洪水”，并按照“防万年一遇的洪水，再加 10%”进行校核。这是针对三峡工程本身安全的抵御洪水能力而言的。即当发生千年一遇的洪水时，大坝的各种运行指标都不受影响；当遭遇万年一遇的特大洪水时，大坝的主体结构不会受影响，不会产生溃坝，但其附属工程可能会受到一些影响。“防百年一遇的洪水”是针对三峡水库对下游河段的保护作用而言的，反映的是三峡水库对其下游的防洪保障作用。通过三峡水库拦蓄洪水，可使荆江河段的防洪标准从十年一遇提高到百年一遇，即遇百年一遇洪水，可控制沙市水位不超过 44.50 米，不需启用荆江分洪区；遇千年一遇或类似 1870 年洪水，可控制枝城流量不超过 80000 立方米每秒，配合荆江地区蓄滞洪区运用，可使沙市水位不超过 45.00 米，从而保证荆江河段的安全。

三、水文特征

（一）基本特性

沙市河段径流和泥沙主要来自宜昌以上长江干流，宜昌以下有清江入汇，松滋、太平口两口门分流至洞庭湖，沮漳河于沙市上游 15 千米临江寺入汇。断面年最大流量一般出现在 7—9 月，其中 7 月来水量最大，占全年的 17.0%；年最小流量一般出现在 12 月—次年 3 月，其中 2 月来水量最小，仅占全年的 3.4%。输沙量年内分配规律与径流分配规律相似，年最大含沙量一般出现在 7—8 月，最小含沙量出现在 2—3 月。三峡水库蓄水运行后，清水下泄，年径流量变化不大，但年输沙量大幅减少。

1. 设防水位、警戒水位和保证水位

1951 年 3 月 9 日，长委会中游工程局确定沙市水文站的设防水位为 41.40 米，警戒水位为 42.30 米，保证水位为 44.49 米（1949 年 7 月 9 日实测值）。1955 年 5 月，沙市的设防水位修订至 42.00 米；1956 年 5 月，湖北省防汛总指挥部将沙市的警戒水位修订到 43.00 米，保证水位修订到 44.67 米；1978 年 6 月，沙市设防水位改为 41.50 米；1994 年 5 月，沙市设防水位由 41.50 米提高到 42.00 米，并沿用至今；2003 年，长江防汛总指挥部办公室修订沙市保证水位为 45.00 米。

2. 水文特征值

根据 1991 年以来的统计结果，历史最高水位：45.22 米，1998 年 8 月 17 日；

历史最低水位：29.30 米，2023 年 2 月 2 日；最大流量：53700 立方米每秒，1998 年 8 月 17 日；最小流量：3260 立方米每秒，2003 年 2 月 10 日；最大含沙量：4.79 千克每立方米，1995 年 8 月 17 日；最小含沙量：0.006 千克每立方米，2022 年 2 月 4 日。

（1）历史洪水位排位

沙市水文站年最高（低）洪水位排位

排序	年最高洪水位排位			年最低水位排位		
	年份	最高水位/米	发生日期	年份	最低水/米	发生日期
1	1998	45.22	8 月 17 日	2023	29.30	2 月 2 日
2	1999	44.74	7 月 21 日	2022	29.45	11 月 29 日
3	1954	44.67	8 月 7 日	2019	29.67	11 月 29 日
4	1949	44.49	7 月 11 日	2021	29.84	12 月 26 日
5	1981	44.47	7 月 19 日	2018	29.95	12 月 26 日
6	1950	44.38	7 月 11 日	2003	30.02	2 月 10 日
7	1962	44.35	7 月 11 日	2020	30.02	2 月 21 日
8	1948	44.27	7 月 22 日	1999	30.28	3 月 14 日
9	1989	44.20	7 月 14 日	2016	30.30	12 月 29 日
10	1956	44.19	7 月 1 日	2017	30.30	12 月 26 日

注：1954 年为分洪后水位，如不分洪，洪峰水位预计为 45.63 米。

（2）丰枯水典型年

1954—2023 年共计 70 年实测水位、流量资料（1954—1990 年流量为新厂站）中，最小年径流量是 2006 年的 2795 亿立方米，最大年径流量是 2020 年的 4978 亿立方米（1954 年进行了分洪）。

沙市水文站历史典型丰、枯水年统计

丰水年份	1954、1964、1965、1968、1974、1983、1989、1998、2020
枯水年份	1959、1969、1972、1994、1997、2006、2011、2022、2023

（二）水文特征演变

1. 水位特征值（年最高、年最低、年平均）历年变化

沙市水文站从 1903 年设立海关水尺至今，除抗日战争期间有 6 年资料缺失外，全过程记录了长江沙市江段的水位变化过程，其中实测最高水位为 45.22 米（1998 年），最低水位为 29.30 米（2023 年），多年平均水位 35.97 米。

2. 流量特征值（年最大、年最小、年平均）历年变化

流量采用新厂站 1955—1990 年、沙市（二郎矶）站 1991—2023 年整编成果统计，其中，最大洪峰流量为 55200 立方米每秒（1989 年），最小流量为 2900 立方米每秒（1960 年），多年平均流量为 12400 立方米每秒。

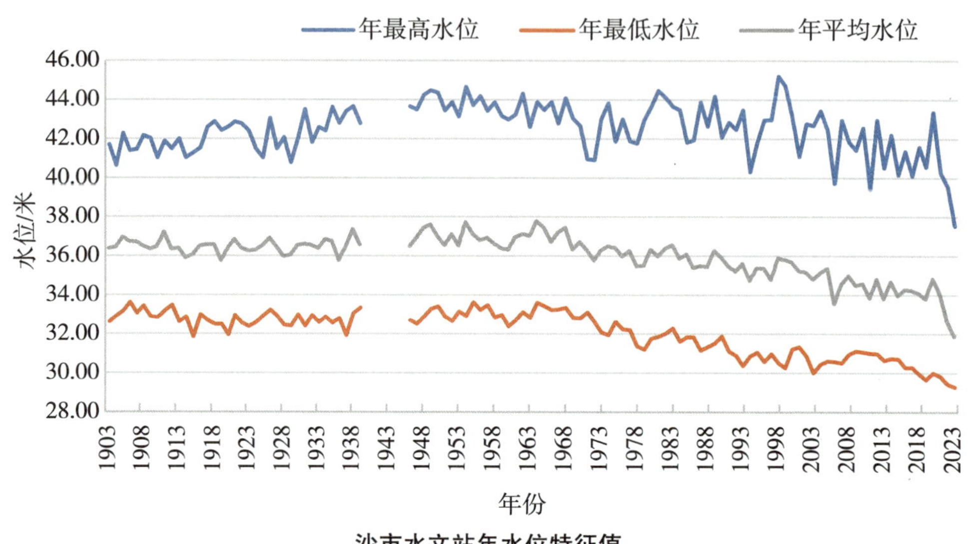

沙市水文站年水位特征值

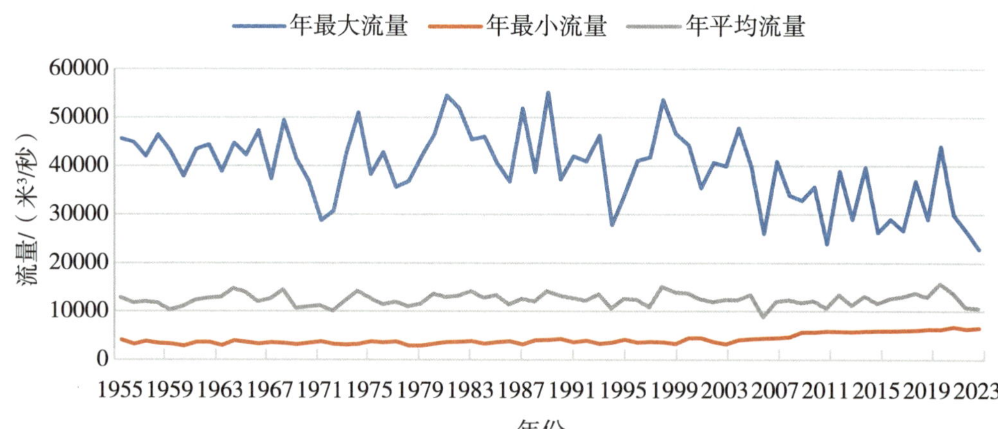

沙市水文站年流量特征值

3. 悬移质输沙率特征值（年最大）历年变化

悬移质输沙率采用新厂站 1955—1990 年、沙市（二郎矶）站 1991—2023 年整编成果统计。其中，1981 年最大输沙率为历年最大，达 28400 千克。

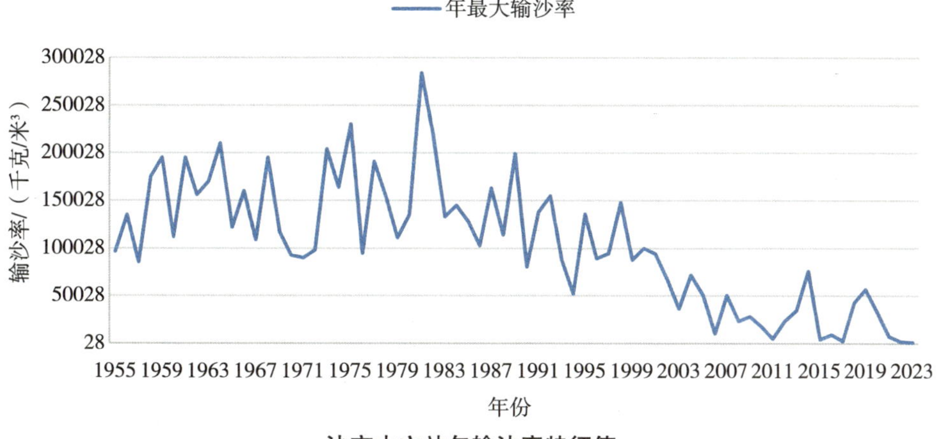

沙市水文站年输沙率特征值

4. 悬移质含沙量特征值（年最大、年平均）历年变化

悬移质含沙量采用新厂站 1955—1990 年、沙市（二郎矶）站 1991—2023 年整编成果统计。其中，以 1975 年含沙量为最大，年最大含沙量达 13.1 千克每立方米；多年平均含沙量为 0.789 千克每立方米。2003 年三峡水库蓄水运用后，多年平均含沙量仅为 0.117 千克每立方米，仅为蓄水前多年平均值 1.10 千克每立方米的 10.6%。

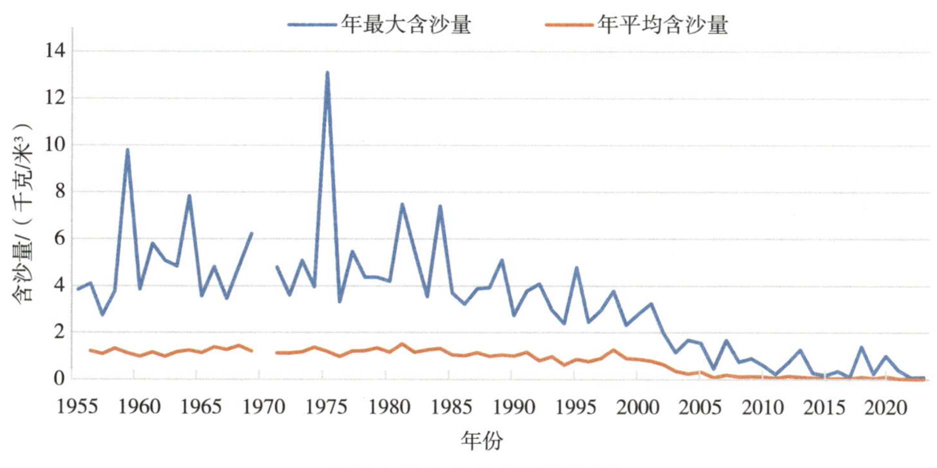

沙市水文站年含沙量特征值

5. 典型洪枯水

(1) 1954 年洪水

1954 年长江发生流域性大洪水。7 月 22 日，沙市水文站水位达到 44.38 米的荆江分洪控制水位，经中央批准，荆江分洪区于 7 月 22 日、7 月 29 日、8 月 1 日开闸分洪。三次分洪使沙市水位分别降低 0.47 米、0.64 米、0.96 米，分蓄洪水 122.6 亿立方米。沙市水文站 8 月 7 日达到最高水位 44.67 米。

（2）1998 年洪水

1998 年的洪水历史罕见，其特点可概括为：来得早，来得猛，洪峰多，洪量大，时间长。在上压下顶的情形下，7 月 1 日进入主汛期的第一天，沙市水位就超过了设防水位。3 日 5 时，第 1 号洪峰过境沙市时洪峰水位超过警戒水位近 1 米，洪峰流量逼近 5 万立方米每秒。此后洪水持续居高不下，洪峰复式叠加，超过警戒水位的洪峰 7 月就出现了 3 次，8 月甚至出现了 5 次，其中 8 月 8 日和 12 日两次洪峰水位都逼近 45 米保证水位，8 月 17 日 9 时创下了 45.22 米的历史最高洪水位记录。

（3）2022 年汛期返枯

洪水中的沙市水位自记台

沙市水文站 1—9 月流量过程与水位过程相似，6 月中下旬有一次较大的涨水过程，6 月 30 日出现本年最大流量 26600 立方米每秒，为 1991 年沙市站有流量记载以来的年最大流量倒数第四位。6 月 30 日以后流量逐渐减小，9 月 20 日流量减小至 7000 立方米每秒。出现 7000 立方米每秒的时间比 2019 年提前 68 天，比 2020 年提前 68 天，比 2021 年提前 82 天。从流量年际变化情况看，与多年正常年份相比，2022 年汛期尚未达到正常水情情况，“汛期返枯”现象十分明显。

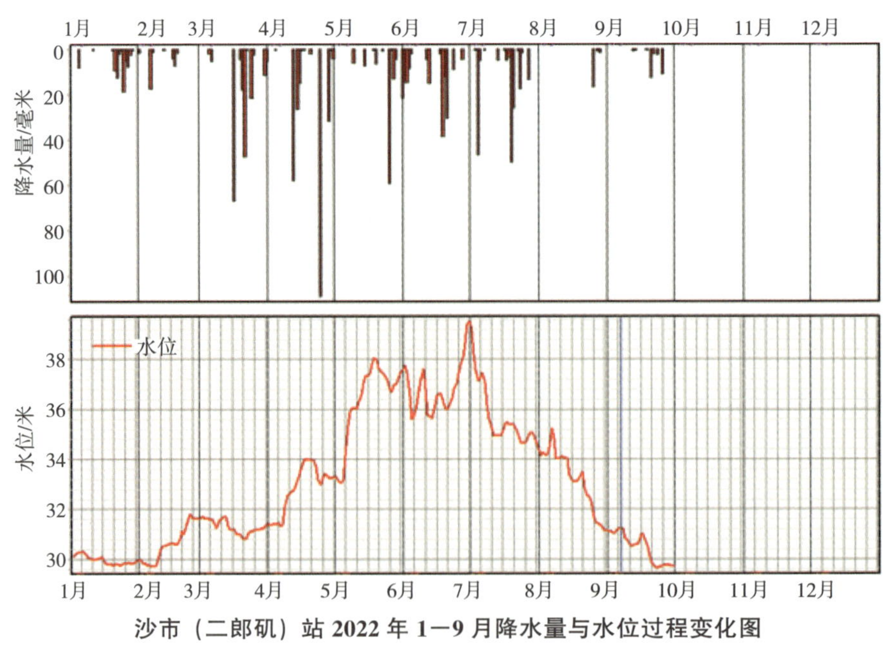

沙市（二郎矶）站 2022 年 1—9 月降水量与水位过程变化图

CHANG JIANG SHUIWEN

江河记忆：荆江分洪工程总指挥部旧址

荆江分洪工程是新中国成立后建设的首个全国性的水利工程，从1952年4月5日荆江分洪工程全面动工兴建，到6月20日第一期主体工程建成，仅用了75天，参加工程建设的有军工10万人，民工16万人以及各类技术工人、工程技术人员4万人，总计30万人，速度之快，令中外水利界人士所瞩目。荆江分洪工程至今仍是长江防洪体系的重要组成部分。

1952年4月，荆江分洪工程总指挥部在湖北沙市通路42号荆江大楼（现为长江委水文局荆江局荆南分局办公楼）设立。当时唐天际任总指挥，李先念任总政治委员；副总指挥有王树声、许子威、林一山，副总政委为袁振。另设进洪闸、泄洪闸和荆江大堤加固等三个工程指挥部，具体负责工程的实施。1952年6月25日，荆江分洪工程总指挥部在此发布《公告》宣布："荆江分洪工程胜利建成！"

工程建成后的第二年即1954年，长江发生特大洪水。荆江分洪工程三次开闸泄洪，确保了荆江大堤及两岸人民的安全。

1986年11月，林一山为荆江大楼题词"荆江分洪工程总指挥部旧址"并设立纪念碑。1987年2月12日，沙市文化局（87）01号文将荆江分洪工程总指挥部（旧址）列为长江水利文史馆。

荆江分洪工程总指挥部旧址

四、技术发展

（一）仪器设备研发

1. 水文测验设备联控装置

2011年1月，水文测验设备联控装置主要由沙市水文站技术力量完成研发。该装置主要用于走航式ADCP在测船上的稳固安装，在水文测船303轮上经历了高、

中、低水位级的流量测验和应急测验，设备运行正常。该装置具有造价低廉、结构简单、维修保养方便、起落旋转轻松自如、固定稳定、占地面积小、适用性强等特点，在长江水文多个测站得到推广使用。2017 年 10 月，该产品取得国家实用新专利证书，2018 年 3 月取得国家发明专利证书。

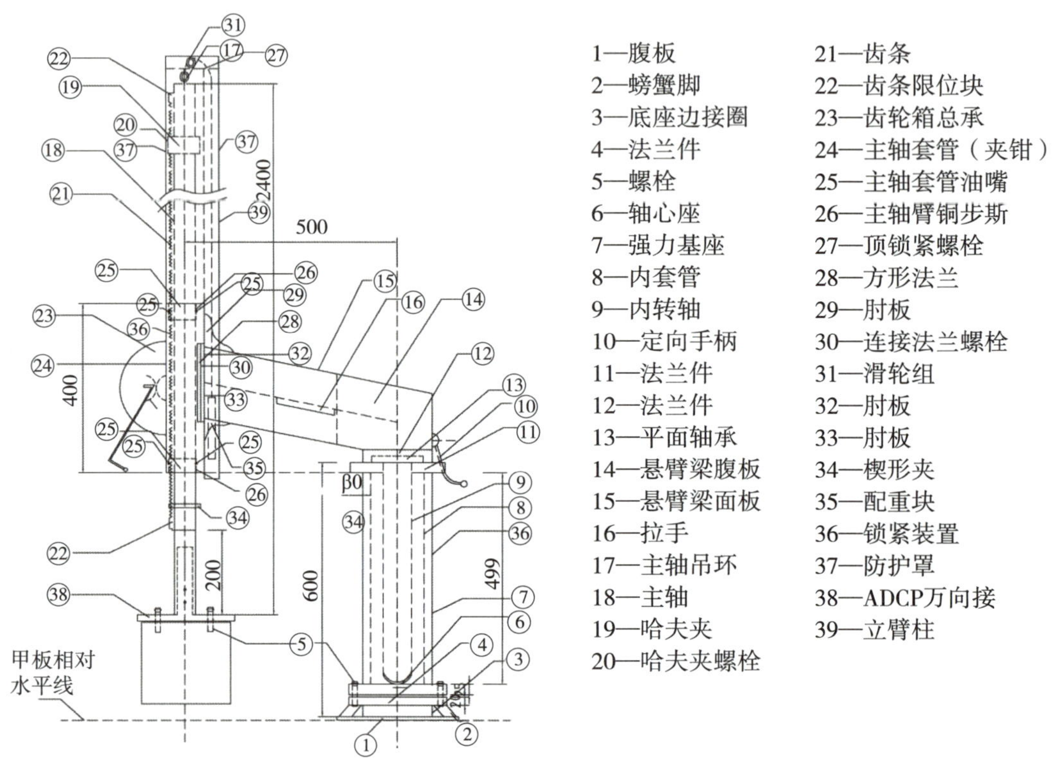

水文测验设备联控装置设计图

2. JJ-CY02 型双门挖斗式床沙采样器

20 世纪 50—70 年代，床沙采样器主要有锹式、碗式、蚌式、钳式及锥式等，一般口门及内置容量设计较小，结构制作简单。之后出现特殊用途的床沙采样器，如冲击式深水床沙采样器，只适用深水河床表面及以下小颗粒物。而体积稍大的采样器在取样过程中易受水流影响，在工作中其斗门存在“推”和“扫”的扰动作用，在触底时将部分沙、石挖进斗内，其他轻、细沙却被推扫出去，造成样品失真。

沙市水文站在多年的使用中潜心研究摸索，研制出 JJ-CY02 型双控斗门式床沙采样器。该设备采用双斗式，主要部件可调节，增加获取床沙各粒径组的能力；采用触发自动开关门设计，克服水流扰动作用，提高了一次性获取较完整级配的河床样品的能力。该设备适用于多种水流及深水条件下河流或水库的床沙样品采集，已在长江中下游荆江河段、清江及湖南部分中小河流水文测验中使用。2013 年 8 月，该设备获得长江委科学技术进步三等奖。2015 年 7 月取得实用新型专利证书。

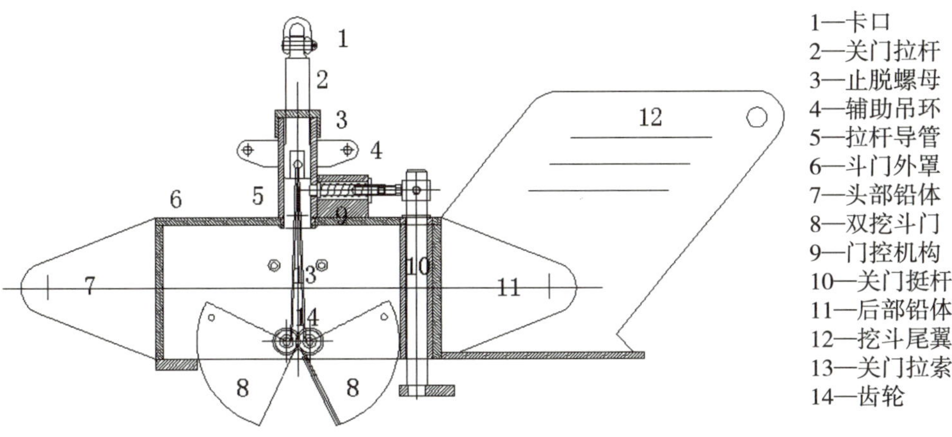

JJ-CY02 型双挖斗门式床沙采样器设计图

3. 临底悬移质泥沙采样器

2005 年，沙市水文站参与研制临底悬移质泥沙采样器，体积小，造价低，结构简单，安装、维修保养方便，适用性强。2016 年 8 月取得实用新型专利证书。

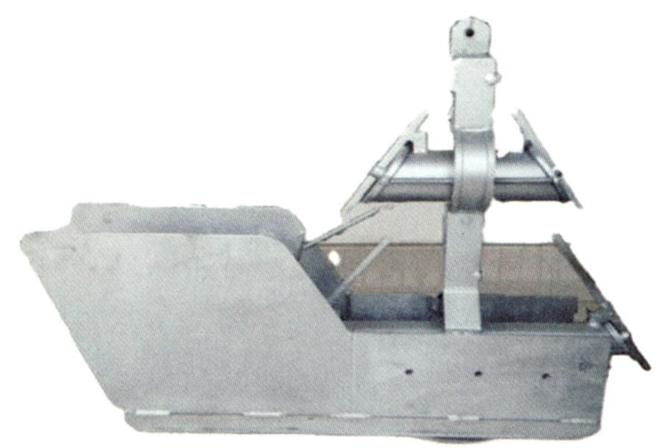

临底悬移质泥沙采样器

4. 水沙监测集成平台

2021 年沙市水文站研发水沙监测集成平台，用于搭载设备开展流量和泥沙实时在线监测。

平台以航道部门航标浮船为载体改造，综合考虑水文特性和航道部门要求定点布置，利用航标浮船有效空间进行合理布局，对在线监测设施设备进行集成，有利于管理部门对设施设备的维修维护。2022 年 11 月取得实用新型专利证书。

（二）软件开发

1. 水位流量关系定线软件

2006 年 3 月，沙市水文站开发了水位流量关系定线软件，主要功能是水位流量关系计算机辅助定线、曲线定线精度检验、自动生成满足整汇编要求的节点文件，并利用计算机进行整编还原作业。具备处理水位流速、水位面积图的功能，有推移质整编任务的测站可自选节点用于推移质资料整编。经荆江局技术管理部门评审后投产使用，几代水文人使用的手工绘图、查读结点、推流还原、精度检验计算完全由计算机替代。2007 年 11 月，该成果获长江水利委员会科学进步奖三等奖，并取得计算机软件著作权登记证书。

2. ADCP 数据后处理软件

2004 年沙市水文站引进 ADCP 并投产使用。为方便提取测点流速及合理性分析，技术人员刻苦钻研，在完全掌握 ADCP 外业生产各个要素之后，着手对 ADCP 测验资料深加工，开发出一整套完善的 ADCP 测验数据后处理程序，能按不同要求提取相应的测验数据并按需生成各种图表。2009 年 ADCP 正式投产，为进一步提高程序运行效率，沙市水文站再度开发，完善功能，具有快速查补左右水边距离、生成流量表、垂线部分流量、断面含沙量和输沙率、垂线多点法流速流向、起点距坐标等功能。2009 年在荆江局推广使用。2022 年该软件取得计算机软件著作权登记证书。

（三）测验方式方法创新

1. ADCP 比测

沙市水文站于 2004 年 7 月开展 ADCP 与流速仪法测流的比测工作。测站技术人员边学习边探索，进行了大量的试验分析，得出了 ADCP 在长江上的最佳测流参数设置。与此同时，技术人员还采用 ADCP 与常规流速仪法同步在沙市水文站流量断面测流，对两种仪器所测流量进行细致分析，得出 ADCP 在各水位（流量）级测验的可行性、测验误差及原因，并进一步确定在各水位（流量）级的测验方案。经过不断努力，比测分析报告通过审核，2009 年 ADCP 在沙市水文站正式投产使用。

2. 悬移质输沙率异步测验方法

传统的悬移质输沙率测验与流量测验同步进行，垂线平均含沙量按垂线混合法施测，然后采用部分流量加权法计算断面平均含沙量。为了能在汛期含沙量较大期间更好地抓测沙峰变化过程，节约时间，沙市水文站 2007 年进行了悬移质输沙率异步测验方法分析，在不改变垂线平均含沙量测验方法的前提下，根据测沙垂线的平均含沙量和部分流量权重系数计算断面平均含沙量。通过分析，该方法理论原理充分，测验精度较高，大大缩短测验历时，减少外业测验工作量，提高了单次输沙测验成果的代表性，尤其是在抢测沙峰期间，提高了单次输沙测验成果精度。

3. 水位流量关系的研究

自三峡水库 2003 年 6 月蓄水运行以来，受上游来水来沙情势变化以及沙市河段河道演变影响，沙市水文站水位流量关系发生了相应变化，尤其是枯水水位流量关系发生了较大变化。2008 年对沙市水文站 2002—2007 年枯季实测流量成果、大断面测量成果以及水道地形资料进行分析后，发现水位流量关系在 36.00 米以下可合并成一条单一线，对低水流量测次进行了精简。

在流量整编方法创新方面，沙市水文站自 1991 年恢复流量测验以来，一直按连时序法（按水位—流量关系绳套线型布置测点）进行流量测验和资料整编，多年来年平均流量测次达 111 次之多，导致测验生产成本高、职工外业劳动强度大。2007 年，沙市水文站结合测验河段特性与上下游水位站网布置实际情况，积极开展水位流量关系单值化分析。2010 年沙市站水位流量单值化方案投产，水位流量关系单值化方案精度满足现行水文测验与整编规范要求，实施后大幅度减少流量测次，降低了测验成本和职工劳动强度。

五、难忘岁月

（一）从水文站走出的院士

著名泥沙专家韩其为院士（1933 年 11 月 2 日—2019 年 10 月 1 日），湖北省松滋人。1950—1980 年在长江水利委员会工作，2001 年当选中国工程院院士。其中 1951—1961 年曾在荆江河床实验站沙市水位站、观音寺水文站工作。在水文系统工作期间，先后设计制造了流向仪，研究了水下铅鱼悬索曲线方程、泥沙测验理论与方法等。

1958 年 7 月，韩其为在南京观测队协作下，运用航空上的远读磁罗盘试制成一部新型自动同步流向仪，被命名为“长江 58 型流向仪”。经鉴定，其观测精度已达国际水平。同年 10 月 15 日，为了奖励韩其为这项创造，苏联电站部代表团团长巴连柯在北京向他授予奖章和奖状。

韩其为长期从事泥沙运动理论、水库淤积、河床演变及工程泥沙研究，建立了泥沙运动统计理论体系，奠定了泥沙理论研究的基础。

（二）1954 年荆江三次分洪

1954 年，汛期长江上游川江先后出现五次较大洪峰，其中三次在 7 月下旬。与此同时，三峡区间和荆江上游支流清江暴雨区又相继降了大到暴雨，由于暴雨面广且强度较大，持续时间又长，荆江河段各站水位均超过历史最高纪录，如枝江站超过 0.66 米，沙市二郎矶 8 月 7 日 17 时 30 分水位比历年最高水位 44.49 米（1949 年 7 月 9 日）还高 0.18 米，当时荆江大堤抗洪能力较弱，遇洪水侵袭便险象丛生。1954 年汛期，荆江大堤先后发生脱坡、浑水漏洞、散浸、清水漏洞、冲刷、翻沙鼓水、跌窝和其他险情总计约 2100 处，其中 7 月 21 日一天出险 300 多处。22 日沙市水位达 43.38 米，预报还将继续上涨，荆江防汛总指挥部根据上述情况报请上级指挥机关批准，决定于 7 月 22 日凌晨 2 时 20 分首次启用新建成的荆江分洪工程进洪闸，以分泄荆江上游的超量来洪量。当时如不开闸分洪，预计沙市洪峰水位可能超过 44.41 米。开闸分洪时（7 月 22 日 4 时），沙市二郎矶水位就已高达 44.38 米。到 7 月 27 日 13 时 10 分进洪闸关闭，此次分洪流量为 4400 立方米每秒。分洪总量达 23.5 亿立方米，加上分洪区内渍水 8.2 亿～10.5 亿立方米，分洪区总蓄水量约为 33 亿立方米。

7 月 23 日以后，上游金沙江、岷江水位再次暴涨，并与嘉陵江、乌江洪水遭遇。洪峰沿途叠加，至 7 月 29 日沙市水位上升至 44.24 米。中央决定第二次启用荆江分洪工程，分洪流量为 4000 立方米每秒，分洪总量为 17.17 亿立方米，分洪区内此时总蓄水量已达 47.2 亿立方米。

在第二次分洪的同时，长江上游地区先后连续降雨，预计沙市水位达 45.63 米，洪水将漫溢荆江大堤。8 月 1 日 21 时 40 分，沙市水位达 44.35 米时荆江分洪工程第三次开闸分洪。由于分洪区所余库容仅 47 亿立方米，难以继续蓄洪，中央又决定开启泄洪闸（即南闸）泄洪，同时扒开虎渡河东大堤及虎渡河西大堤，使分洪区超额洪水进入洞庭湖与虎西备蓄区。同时，黄天湖排水闸也开始泄洪，使进洪与泄洪同时进行，第三次分洪最大分洪流量为 7700 立方米每秒。经过这一系列分洪泄洪措施，至 8 月 7 日沙市水位仍在 44.67 米，突破历史最高洪水位。如不分洪，沙市二郎矶洪峰水位预计将达到 45.63 米，后果不堪设想。

荆江分洪工程三次开闸分泄荆江洪流总量达 122.6 亿立方米。第三次分洪期间，宜昌 8 月 1 日最大流量为 66800 立方米每秒，加上清江来洪量最大流量高达 71900 立方米每秒，而荆江沙市河段的安全泄洪量仅有 50000 立方米每秒左右，荆江分洪工程开闸分洪后，上荆江（枝江—藕池口）沙市河段流量降为 49200 立方米每秒，下荆江（藕池口—湖南岳阳城陵矶）监利河段仅为 35000 立方米每秒，从而确保了荆江大堤和武汉市的安全。（根据冯自强文章《我记忆中的荆江分洪工程首次运用》整理）

1954年8月22日，在沙市站水位退落到42.70米时，关闭进洪闸（北闸）闸门

（三）1998年测报记忆

1. 抢测高洪

1998年第1号洪峰来势凶猛，自6月29日14时起涨，到7月3日5时出现洪峰，3天多的时间上涨了3.96米，这种涨幅在长江中游平原河流不多见，荆江防洪测报的战斗从此打响。

8月16日19时，沙市水位已突破保证水位（44.67米）0.30米，仍然以每小时0.02米的速度上涨，据此推测，20时以后将会突破45米的分洪上限水位。此时，荆州市电视台和广播正在滚动播报荆江分洪区33万人口紧急转移的命令，军警挨村挨户清场，工兵已在荆江分洪区北闸防淤堤上掩埋了炸药，时刻等待实施爆破的命令。这样的紧张气氛在和平年代是很难见的。沙市水文站的水情是荆江是否需要分洪的重要决策参数。从19时起，沙市水位每隔一个小时上报一次。

校测水尺零点高程

为了确保沙市水位的观测精度，虽有水位自记仪记录，荆江局仍增派人员支援沙市水文站，每半小时人工观测一次水位。高洪水位风大浪涌，还降雨不停，人工

观测难度较大，观测人员索性打着雨伞坐在水尺边，24 小时连续观测水位。

在荆江河段早已封航，浊浪滔滔、洪魔肆虐的恶劣环境下，20 时，快速测洪反应小组毅然冒雨起航。根据要求，本次流量测验必须要赶在开闸分洪、沙市水位下降之前完成，然后再于开闸分洪之后连续测验，为中央科学决策、指挥调度提供分洪前后沙市水位、流量变化过程的实时水文信息。

洪水在不断刷新历史纪录的同时，也超出了沙市水文站水文 111 测船的抗浪能力。这艘动力不足的旧船在近 4 米每秒的流速中无法前进，老船长凭借他丰富的航行驾驶经验，采取迂回绕行的办法抛锚定位，每抛一锚都相当艰难。雨点大，影响激光测距仪测距，操作人员就采用连续发射的方法去伪存真，取最接近数平均值的方法。23 时 10 分，大家终于安全顺利地实测到了在分洪上限水位以上（45.04 米）时的流量 51900 立方米每秒，并迅速将这一重要水情上报。

水文测船驶过观音矶头

（四）新丝路上的“筑路人”

巴基斯坦卡洛特水电站是“一带一路”首个大型水电投资建设项目和中巴经济走廊能源合作优先实施项目，也是首个被写入中巴两国政府联合声明的水电投资项目。该项目的水文专项工作由长江委水文局负责。

1. 水文标准“走出去”

卡洛特水电站项目属世行融资项目，对项目的过程管控、成果质量与资料验收等有极高的要求，各参建单位使用的技术标准必须提供英文版。水文专项工作涉及水文测验、河道观测调查、水文情报预报等方面，水文技术标准虽有 40 余项，但没有英文版本。2016 年下半年，荆江局对现场急需的 10 余项水文规范突击开展翻译工作。2017 年 5 月，提交的英文水文规范通过验收，推动了中国水文规范的国际化进程。其中由长江委水文局主编的《河流流量测验规范》（GB 50179—2015）英译本于 2024 年 2 月出版发行，进一步扩大了中国水文的影响力。

2. “90 后”的亲密搭档

长江委水文荆江局作为现场水文专项工作的主要承担者，全程参与了该电站的可研设计、建设施工、运行管理等阶段的水文技术支撑工作。在卡洛特水电站坝址以上的吉拉姆河流域，荆江局通过实地查勘论证，先后建设了 1 个水情预报中心、34 个水雨情遥测站点以及 2 个水库专用水文站。

沙市水文站抽调精锐骨干，为卡洛特水电站项目提供了水文站网建设、河道勘测调查、水文监测分析、水情气象预报等全链条、长周期的水文技术服务。从 2015 年底施工期准备阶段至 2022 年下半年施工期结束，荆江局派驻现场人员近 170 人次。

中巴“90 后”进行水文测量

2018 年 11 月，沙市水文站 28 岁的徐志第一次来到卡洛特水电站营区。水电站还在打地基，周边村庄时常无电。徐志常常看到亮着灯的小村在断电的一瞬间淹没在黑暗里。

不流畅的英文口语让徐志一时难以适应。在全英文的交流环境中，难以部署的工作和陌生的同事常常令他感到挫败。

工作现场，他和巴基斯坦小伙穆罕默德 · 瑞兹的接触逐渐多了起来。瑞兹，1993 年出生，眼睛很亮，一头卷发。他来项目营地比徐志早，但由于没有水文专业基础，只能从事简单的辅助工作。

这一年中，徐志的口语水平稳步提升，瑞兹也越来越熟悉他的表达方式。除了工作交流外，他们还在项目营地搭建了一个简易健身器械，热爱运动的哥俩成了一对健身搭子。

以前，徐志接到上级任务后，会将大任务一个个分解，然后安排给瑞兹。瑞兹接到指令，机械性完成任务。现在，徐志只需告诉瑞兹需要共同面对的任务是什么，瑞兹会主动思考如何完成。在手把手的水文培训中，瑞兹的水文监测能力稳步提升。渐渐地，他已能独当一面。

荆江局在卡洛特水电站坝区及河道上游区域布设了 33 个遥测站，实时监测降雨和水量变化。

水文水情自动测报系统能最大限度地保障电站的安全和经济效益。在施工建设期，一旦观测到强降雨或山洪，水文系统将第一时间预警，通知施工区域采取措施；在运行发电期，系统采集的信息将及时预报水情，能为电站调配库容、调整发电量提供决策依据。

巴基斯坦河流多，但当地的水文监测技术现代化、信息化程度低，迫切需要先进技术充分开发水力资源。据了解，这里普遍采用人工观测，一组数据从采集到反馈需要很长时间，难以实时监测水情，为后续决策增添了难度。

“一带一路”带来了卡洛特水电站，也使现代水文技术在巴生根。徐志介绍，卡洛特水电站建设运行期间，中方为巴基斯坦培养了 6 名具有专业能力的水文工程师，瑞兹便是其一，他们是中国标准和中国技术最好的践行者和推广者。（根据长江日报特派记者刘克取、高文举 2023 年 10 月的《中巴“90 后”：从争执到亲密搭档》梳理）

六、文化提升

荆江水文水情教育园于 2022 年 11 月依托沙市水文站建成，由水情科普园区、荆江水文展馆、水文工作体验区三部分组成。在水情科普园区可了解荆江基本水情、水文常识、水文科技、治水成就、治水文化等。荆江水文展馆展示了水文历史沿革、水文技术发展、水文仪器变迁等。在雨量自记场、水位自记台、水文码头等场所可沉浸式体验水文工作。2023 年 12 月，荆江水文水情教育园入选湖北省水情教育基地。

水情科普园区借助历代治水兴水典籍典故、荆江历史洪枯水位等，唤起社会公众的水忧患、水安全意识，是水情科普教育主阵地。

荆江水文展馆以沙市水文站为视点，以实物、图片等形式，展示测站发展史、水文技术发展、测量仪器变迁等，揭示水文在防汛抗旱、水利工程、科技创新中发挥的作用。

通过参观水位自记台、水文码头、雨量自记场等，可沉浸式体验水文工作。

荆江水文水情教育园

洪水编号由来和规定

全国主要江河洪水统一编号，始于1998年长江8次洪水防御实践。1998年夏天，长江发生了流域性大洪水，上游出现极端天气，暴雨洪水来势之猛、水位之高、洪峰之多、洪量之大、时间之长均为历史罕见。7—8月出现的8次洪峰流量均超过了5万立方米每秒，呈现出峰峰相连的态势，其水位、洪量、沙量及高水位持续时间等均接近或超过1954年，给长江中下游地区带来了巨大的威胁和考验。鉴于洪水次数多，也因1998年洪水主要来自上游，为便于比较、分析、预报、决策等工作，故对控制长江上游洪水的宜昌站洪峰流量超过5万立方米每秒进行编号，并得到水利部、长江委防洪调度决策部门的认可。后来的总结报告、分析研究报告、论文、专著出版物等均按此编号，这一约定俗成在社会公众中也得到了广泛的认同。

2008年，为统一流域洪水编号管理及向社会公众宣传，也是便于防汛部门对洪水的全过程指挥决策调度，国家防总办公室（水利部）为规范全国主要江河洪水编号工作，提高社会公众防洪意识，编制了《全国主要江河干流洪峰编号规定（试行）》（办汛〔2008〕7号），该文件对长江、黄河、淮河、松花江及珠江（西江）干流编号进行了规范，统一了洪峰编号范围、编号依据站、编号标准和编号格式，并对各流域干流和支流洪峰编号权限做出了规定。

2013年4月修订为《全国主要江河洪水编号规定》，将适用范围扩大至全国大江大河大湖以及跨省独流入海的主要江河，并对长江、黄河、淮河、海河、珠江、松花江、辽河、太湖流域洪水编号范围、编号标准、编号格式等内容再次进行了明确规定。2019年4月，鉴于各流域洪水情势发生了变化，机构改革对水旱灾害防御工作提出了新的要求，水利部组织修订了《全国主要江河洪水编号规定》（水防〔2019〕118号）。

江河记忆：1998年抗洪的幕后英雄

1998年是长江防洪史上浓墨重彩的一年。对于肩负长江治理开发、水旱灾害防御的长江委而言，也是非同寻常、令人难忘的。如果决策部门是作战指挥部，那么水文就是指挥部的耳目和参谋。水文如何为水旱灾害防御提供技术支撑？测验一线的水文数据如何发挥作用？请通过以下两篇文章，领略在那场波澜壮阔的抗洪斗争中幕后英雄的风采。

一、惊心动魄的15小时

1999年8月，时任长江委主任、长江防汛总指挥部常务副指挥长黎安田在为《1998年长江洪水及水文监测预报》一书所作的序中说："回顾1998年，轰轰烈烈的抗洪斗争场景历历在目，是可歌可泣的，水文战士同样是值得赞颂的。1998年长江的测洪报汛和洪水预报成果及时准确，高于发达国家的水平，其工作成绩是有目共睹的。"

长江委水文局原局长、时任预报处处长的王俊深情回忆了1998年长江水文预报的一些难忘经历。

1998年初，长江干流水位出现持续上涨、枯季不枯的罕见异象。4月初，预报处发布的长期水文气象预报中，预计长江流域汛期水雨情总趋势明显偏丰，国内各专业部门及科研单位的预报意见也高度契合，防汛形势严峻。种种迹象表明，1998年的防汛，绝对是场硬仗！

洪水肆虐的2个多月，王俊签发了数百份水情预报。若将防汛比作是和洪水的一场战役，水情预报就是战术中"知彼"的关键依据。预报员肩负的责任和使命，让王俊每一次落笔都格外审慎。

由于客观条件的欠缺，当时报汛的方式方法还存在诸多限制，突出表现为信息化程度不高，流域内水情电文传送主要依赖邮局发报，8时的水情到11时才勉强收齐，还常常中断；卫星云图是冲洗的黑白胶片，雷达回波信息靠传真接收，耗费大量时间；人工点绘天气、水雨情过程图；不分昼夜地对外提供查询人工服务，使多少预报员熬红双眼；BB机向手机过渡的年代，那时没有短信、微信，也没有E-mail，全处仅处长配有一部模拟信号手机，已成为对外联络的热线……

从干流寸滩、宜昌、沙市、螺山、汉口、九江、大通站，到洞庭湖城陵矶、鄱阳湖湖口站，到汉江丹江口水库，甚至再到洞庭湖区的南咀、小河咀、沅江、营田、鹿角、岳阳站，每6小时甚至3小时重复作业一次，紧张的收报、预报、会商、发布，有条不紊，夜以继日。时任长江委水文局局长季学武等局领导轮流值守，不时组织专题会商，预报处仿佛成为水文局的“中枢”。在5次洪峰过境期间，预报起到了积极的参谋作用。

但高水位下浸泡了1个多月的长江堤防险象环生，使他们不敢懈怠。8月1日，嘉鱼簰洲湾溃口！8月7日凌晨，公安孟溪垸溃口！同日，九江大堤出现重大险情！从防汛调度大楼上望向不远处的江岸车站，一列列遂行抗洪抢险任务的军列不时到达，奔赴前线，让预报员的心和大堤紧紧地连在了一起。虽然不在出险现场，但水位过程线上欲降还升的一组组数据会被预报员的第一反应及时捕捉，随即而来的是为现场抢险做应急预报。无须动员，一切按预案和分工进行，加班加点就是预报员的常事了。

更为严峻的考验是第6次洪峰，超长期二度梅造成的中下游洪水与“七下八上”的上游来水恶劣遭遇，形成了流域性洪水，对预报员实操能力和心理素质的“终极”检验终究是来了。

8月16日，周日，全员上岗。

早8时的水雨情显示，72小时前预报的三峡区间和清江流域暴雨如约而至，出现峰上“戴帽”叠加效应，据此预报，宜昌站洪峰流量将在10时达到63000立方米每秒。

“沙市站水位肯定要超过45米!”和预报员短暂商讨后，时任预报处副处长的程海云语气平稳地作出了研判。静谧的水情室内，一时没有谁来打破沉默，大家都明白这意味着什么。

沙市站45米，意味着荆江分洪区随时要准备启用。

分洪，荆江分洪区900多平方千米内将成为一片泽国，50余万百姓将搬离家园，尽管已提前做出了布置，但局部损失巨大。然而，荆江分洪区是长江防洪综合体系的有效组成部分，正是为缓解荆江水患而设。如遇超标准洪水，若不按规定分洪，当时已处于超高防守的荆江大堤尤其是险象环生的洪湖干堤，防汛压力倍增，一旦出现重大险情，将严重威胁沿江人民生命财产的安全，事关国家社会安定和经济发展的大局。

但是启用分洪在防御大洪水方案里还是有极限条件的，当沙市站水位超过45米并预报继续上涨时，才能做出最终选择。一个很现实的问题摆在了面前：面对具有54亿立方米库容的荆江分洪区，预报的沙市水位是否还会继续上涨很多？超过45米水位的超额洪量会有多大？形象地说，是否会出现用 54 亿立方米的“大脚盆”去装几亿立方米的“一瓢水”？

关键预报在关键时刻的关键作用，就体现在对决策支持的分量。

11 时，沙市站水位达到 45.05 米。雨洪不利组合继续呈现，据预测，未来 24 小时三峡区间、清江流域还将有大到暴雨，但历时和强度还有待进一步判断。12 时，一份水位预报表通过传真发往包括长江防总的各级防指：沙市站洪峰水位将达 45.20 米。

16 时，从水利部水利信息中心打来的一个电话，将水文预报推至风口浪尖：国家防总要求，在 60 分钟之内紧急回答 6 个问题，时间从接电话后 15 分钟算起。

这 6 个问题分别是：沙市站洪峰水位及出现时间，超 45 米持续时间，超 45 米超额洪量，隔河岩出流过程预估，分洪对降低监利、螺山等站水位影响以及未来降雨对洪峰的影响等情况分析。

要回答这 6 个问题，必须从长江沿线 1000 多个水文站汇总的几十万个数据中再次计算推演。千头万绪，却环环相扣。仅仅 60 分钟，要处理海量数据，并精准预报，技术压力可见一斑。比之更甚的，是心理上的压力。预报处所有人都清楚，这些问题事关分洪决策，容不得半点闪失！

与此同时，时任长江委主任、长江防汛总指挥部常务副指挥长黎安田在洞庭湖抗洪一线现场，也静待着最新预报结果。水文局领导带领水文应急监测突击队赶赴荆江分洪区北闸，在现场做好了分洪监测的准备。

无愧使命，预报处做到了。紧张有序的预报和果断急促的会商后，形成了“沙市站最高水位超过 45 米的分洪水位不多；超高水位的历时不长；超额洪量很小；未来降雨量不大，不会再加高洪峰；分洪后降低城螺河段水位有限”的会商意见。仅仅一个小时，王俊及时签发了沙市最新水位预报，并就荆江不分洪条件下长江中下游各站的峰值做了预报。其中，“沙市站最高洪水位不超 45.30 米，超高水位持续时间不超 24 小时，超额洪量不超 2 亿立方米”的预报事后得到实测结果“沙市站最高水位 45.22 米、超过 45.0 米的持续时间 22 小时，超额洪量 1.7 亿立方米”的验证。

当这份电文上传至国家防总时，时任国务院副总理、国家防总总指挥温家宝正准备第 7 次下荆州。登机前，他指示，荆江是否分洪，一定要听长江委的意见。随即，预报处受长江防总之命开通了至荆州宾馆的热线，一份份传真预报经由时任长江委副总工程师陈雪英送达首长身边。

同时，预报也发送给黎安田主任。根据这份预报，黎安田主任正式向国家防总提出了关于运用荆江分洪区工程的5点书面意见。其中提出，根据预报的水雨情，确保荆江大堤安全尚不存在不可克服的困难；分洪对缓解洪湖干堤的紧张状况没有决定性作用。

一宿无眠，彻夜无声，分洪的命令始终没有发出。当8月17日的曙光喷薄而出，在9时沙市站出现洪峰水位45.22米的那一刻，王俊及预报员们知道，他们的预报发挥了作用，在这条无形的抗洪一线上，他们也取得了辉煌的战绩！

与洪水的博弈，不仅是预报。遍布长江流域的一线水文职工就像长江水文预报体系中的末梢神经，坚守在每一个断面，收集水文情报。为此，许多水文职工在淹水的站房里浸泡了一个多月。在48段制报汛时，半小时一次的间隔时间，来不及回站房，于是，一人腰间系上麻绳在水边看水位，一人站在岸上牵住绳子，以免因为疲劳栽进水中……在内业，水文分析计算人员抓紧论证得出1998年洪水重现期为30—60年，是20世纪仅次于1954年的又一场流域性大洪水的结论，为《中国’98大洪水》白皮书的编纂提供技术支撑。

二、难忘的一天——一个水情预报员的日记

1998年8月16日（星期日）。

近两个月的连续奋战，大家都已经相当疲倦。记不清已经有多少天未回家了，也记不清度过了多少不眠之夜。

昨日，根据对宜昌来水和隔河岩下泄的分析，预报沙市水位将达到44.90米。是否突破45.00米？而45.00米意味着什么？这将是运用荆江分洪区的控制水位。中期和短期降水量预报都警示今日三峡区间和清江流域将有大到暴雨，况且隔河岩水库已经超蓄！昨夜，我彻夜难眠。

08：00，三峡区间、清江果然下了暴雨，宜昌站的流量迅速增加。清江隔河岩水库的库水位也在迅猛上涨，尽管是星期日，但同事们都赶到了办公室，一切都在有条不紊地进行中。“沙市站水位肯定要超过45米!”突然的一句话打破了平静。究竟超过多少，关键要看隔河岩水库的下泄变化。

10：00，根据上游来水和三峡区间的降水，作出了宜昌站的洪峰流量将达到63000立方米每秒的结论。而此时湖北省防指正在紧急磋商隔河岩水库调度计划，尚未最后敲定，虽经多方联系，仍未得到确实信息。

10：30，值班副局长立即将沙市站洪峰水位将要超过45米的信息向委领导、长江防办和水文局领导口头报告。

11：00，根据当时隔河岩水库按3000立方米每秒泄流的情况，正式发布沙市站水位将达到45.05米；未来24小时，三峡区间、清江流域还将可能有大到暴雨。

11：30，分析计算隔河岩水库的入库过程，预计库水位将超过204米校核水位，水库将可能不得不加大泄量。在不能准确确定水库下泄的情况下，分别按4000立方米每秒、5000立方米每秒下泄条件，作出沙市站的洪峰水位预报为45.10～45.15米、45.15～45.20米。

12：00，一份沉甸甸的关于沙市等站的水位预报表通过传真机发往国家防总、长江防总等各级防指，一个明确的信号已经发出：沙市站水位极有可能达到45.20米！

13：00，预报处会商室。水文局召开会议，对荆江分洪区行水测验和预报进行紧急部署。

16：00，一阵急促的电话铃响起，部水利信息中心孙副主任传达钮部长指示，要求立即就沙市站洪峰水位及其出现时间，超过45.00米的持续时间，超过44.67米和45.00米的超额洪量，分洪对降低监利、螺山、汉口等站水位的影响，预见期降雨条件下的洪峰预报等情况作出分析上报，国家防总将据此作出是否运用荆江分洪区的重大决策。时间紧迫，责任重大！一天中最紧张的时刻开始了。

此时，隔河岩水库已按6000立方米每秒、7000立方米每秒逐步加大泄量，葛洲坝电厂开始为下游错峰。

17：00，国家防办、部水利信息中心的电话频频催急，在经过紧急会商后，“沙市站将于17日8时左右出现洪峰水位约45.30米，超过45.00米的持续时间为22小时左右，超额洪量为2亿立方米左右”的预报分析向国家防办口头电告。

17：30，正式核准签发的第13期《最新预报》传往国家防总。在这期《最新预报》中，不仅就沙市站的洪峰水位及其出现时间、超过45.00米持续时间和超额洪量作出了正式确认，还就荆江不分洪条件下石首、监利、城陵矶、莲花塘、螺山、汉口等站的峰值作出预报；同时提出预见期内未来24小时每6小时时段的降水量预报。这期预报的意义在于：指出超额洪量不大，水位超过45.00米的持续时间不长，为国家防总作出重大决策提供了极其关键的决策依据。

17：45，水文局发出紧急通知，要求干流各主要站立即按24段次逐时报汛。处紧急抽调人员轮班接听、录入报汛数据，最新实时水情通过计算机网络源源不断地发往各级防指。

18：00，考虑预见期降雨影响的洪水预测的第14期《最新预报》发往国家防总。预测表明，预见期内10～20毫米的降雨已不会加大沙市的洪峰水位。

19：00，第15期《最新预报》发往国家防总。在假定采用荆江分洪以"砍平头"调度方式控制沙市站水位不超过45.00米的条件下，分析预测出了对降低石首、监利、城陵矶、莲花塘、螺山、汉口站的最高水位的效果。

20：00，荆江分洪区行水测验突击队已奔赴各测验点。

20：30，荆江分洪区行水测验报汛通信线路畅通，模拟报汛成功。与此同时，相应分洪条件下的预报方案已调出。一切都在有条不紊地进行着。

21：00，沙市站水位达到45.01米，荆州市防办、公安县防办、广州军区前指、济南军区前指……询问水情的电话此起彼伏。

与此同时，汉江洪水也将达到杜家台分洪区的运用控制流量。汉江中下游的预报也在紧张进行之中。长江、汉江两条战线同时静悄悄地展开着无声的战斗。

22：00，预报处与沙市已保持着密切联系。

22：20，向正在安乡防汛前线的黎主任汇报最新水情。由于葛洲坝电厂错峰调度，沙市洪峰水位将降为45.20米左右。

22：45，长江防办值班室向正在紧急会商重大决策的防办领导报告上述最新沙市洪峰预报。

17日00：00，一份关于荆江分洪对降低下游站水位作用的分析报告以第17期《最新预报》发往国家防总和正在沙市陪同温家宝副总理的长江委副总工陈雪英，指出如果分洪流量按5000立方米每秒持续进行，则降低荆江河段各站最高水位0.02～0.23米，与第15期的分析结果无本质区别。

17日1：00—5：00，沙市水位还在继续上涨，45.10米、45.15米、45.17米……滚动预报仍在进行。

05：00，枝城站4时转退，明确判断沙市站的洪峰水位和超过45.00

米的持续时间已到。再次确认沙市站预报：17 日 8 时左右出现洪峰，洪峰水位 45.20 米左右，超过 45.00 米的水位将维持到 18 日 2—8 时。以上预报以第 19 期《最新预报》发往国家防总和有关防汛指挥部门。

此时，天空已经开始放亮，我们又度过了一个不眠之夜。荆江分洪命令始终没有下达，看来我们的分析预报成果已被有关决策部门采纳。这些预报成果表明，在考虑预见期降雨和葛洲坝水利枢纽错峰调度的情况下，沙市站的预报洪峰水位不会再增高而只会略有降低；45.00 米以上的超额洪量有限；荆江分洪对降低石首至汉口各站最高水位的作用有限。与避免上百亿的损失和保卫 50 多万人民的生命财产相比，我们的工作显得是那么平凡而又有意义。（于波的《难忘的一天——一个水情预报员的日记》，刊载于 1998 年 8 月 29 日的《人民长江报》第 4 版）

8 月 16、17 日的水情公报

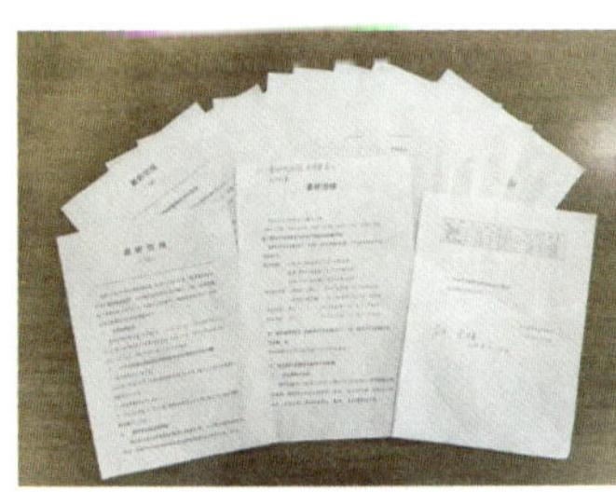

签发的预报原件

决战长江大洪水

难忘的一天

刊载于《人民长江报》

城陵矶水文站

——洞庭湖及长江水情“晴雨表”

城陵矶水文站水位自记台

洞庭湖，古称云梦、九江和重湖，处于长江中游荆江南岸，北纳长江松滋、藕池、太平、调弦“四口”来水，南和西接湘、资、沅、澧“四水”及汨罗江、新墙河等小支流，由城陵矶注入长江。城陵矶，长江中游第一矶；城陵矶港，中国最大的内陆港，“长江八大良港”之一。

城陵矶水文站设立于1904年，是洞庭湖汇入长江的出口控制站，国家重要水文站、中央报汛站，被誉为洞庭湖及长江流域水情“晴雨表”，隶属于长江委水文局长江中游水文水资源勘测局岳阳分局。

城陵矶水文站位于湖南省岳阳市七里山，地处洞庭湖汇入长江出口处。城陵矶断面是国家重点水质基本断面、省界断面和国家重点水功能区断面。测验项目有水位、水温、流量、悬移质输沙率、悬移质颗粒分析、床沙颗粒分析、降水量、蒸发量、水质、水生态（浮游植物、浮游动物种类组成、密度和生物多样性指数、着生藻类种类组成、密度和多样性指数）等。

一、河段概况

（一）长江城陵矶河段

长江在城陵矶上游拐了一个“S”形大弯道，形成八姑洲、七姑洲等洲滩。江湖汇合后，主流偏靠右岸进入下游河段，深泓整体历年来变化不大。纵向上下荆江河床有冲有淤，冲淤交替，河道总体处于冲刷状态。下荆江系统裁弯后，河长缩短，水面比降增大，水流挟沙能力加大，河道剧烈冲刷。洞庭湖段河床纵向变化较小，历年河底高程有所抬高，总体略呈淤积状态，河床基本稳定。

洞庭湖水系及测站分布图

（二）测验河段

城陵矶水文站测验河段位于洞庭湖出口水道（全长约 7.5 千米），上起岳阳市北门，下至城陵矶，河段顺直，洞庭湖出湖水量进入测验河段即刻收缩至 1000 米至 1200 米水道，测验断面上 800 米、下 1000 米为顺直河段。城陵矶水文测验断面位于江湖汇合口上游 3.5 千米处（七里山），左岸上游约 11 千米为君山，右岸上游约 5 千米为岳阳楼，上游约 2.5 千米建有洞庭湖大桥，下游约 0.8 千米、1.5 千米分别建有杭瑞高速公路大桥和蒙华铁路大桥。洞庭湖在下游 3.5 千米注入长江。

从防洪角度看，城陵矶（莲花塘）站位于洞庭湖与长江汇合口，为长江中游洪水编号依据站之一。当莲花塘水位站水位达到警戒水位（32.50 米，冻结吴淞高程）进行洪水编号。在长江上游来水不大，三峡水库尚不需为荆江河段防洪大量蓄水，而城陵矶附近防洪形势严峻，且三峡水库水位不高于 155.0 米时，三峡水库兼顾对城陵矶河段进行防洪补偿调度，即按控制沙市水位不高于 44.50 米，同时城陵矶（莲花塘）水位不超过 34.40 米进行防洪补偿调度。当三峡水库水位高于 155.0 米后，转为对荆江河段进行防洪补偿调度，不再对城陵矶河段进行防洪补偿调度。

莲花塘水位站位置图

（三）测验断面

从历史资料分析，断面为砂质河床，有缓慢淤积趋势，年内冲淤变化不大，无水生植物。断面为复式河床，右岸为块石驳岸，修有大堤，高程 37 米（冻结）。左岸起点距 1251 米起为芦苇滩，滩地高程约 28.50 米（冻结），芦苇滩地延伸至起点距约 3900 米（长江边）止。1999 年 3 月，七弓岭长江大堤竣工，将江湖分隔，终止了过去水位达约 31.00 米（冻结）时江湖混流的现象。

河床质构成以沙质为主，中泓（起点距 600～900 米）受洪水涨落影响，有不显著冲淤变化，对流量变化影响不太明显。主泓基本稳定，最大流速出现在起点距 720～960 米处，流速横向分布呈不对称的抛物线型，左大右小，受长江顶托影响，有时呈马鞍形，流速横向分布，与断面形状基本相对应。

二、测站探源

（一）测站沿革

清光绪二十五年（公元 1899 年）岳州正式开埠。1904 年 1 月，岳州海关在城陵矶（现城陵矶客运码头）设立水尺观测水位。1930 年 7 月，由湘鄂湖江水文总站接管，1940 年，由扬子江水利委员会领导，1950 年 1 月，由湖南省人民政府水利局接管，1952 年 4 月，交长江委领导，1953 年 1 月，由长江委汉口水文分站领导。1956 年 5 月，由长办沙市水文总站领导。1957 年 1 月，由沙市水文总站移交长办汉口水文总站。1994 年 8 月汉口水文总站更名为长江中游水文水资源勘测局。1994 年 10 月组建岳勘队，队部驻城陵矶水文站。2012 年 9 月，岳勘队升格为岳阳分局。

城陵矶水文站在不同时期，测站片区管理变化很大，最多时达 8 个站。1924—1929 年，下设城陵矶、湘阴等站；1930—1935 年，下设城陵矶、湘阴、岳阳等站；1936—1950 年，下设城陵矶、湘阴、岳阳、莲花塘等站；1951—1988 年，下设城陵矶、湘阴、岳阳、莲花塘、营田、鹿角等站；1989—1993 年，下设城陵矶、湘阴、岳阳、莲花塘、营田、鹿角、包公庙、荷叶湖等站；1994 年至今，下设城陵矶、湘阴、岳阳、莲花塘、营田、鹿角、螺山、石矶头等站。

（二）测验断面变迁

1930 年 7 月，海关水尺断面上迁 7500 米，更名为城陵矶（一）站，增加流量测验项目，流量测验断面位于七里山。1936 年，在莲花塘处设立城陵矶（二）站，1938 年，受抗日战争影响均停测。1946 年恢复。1950 年 1 月，城陵矶（一）站分为两站，水尺断面处更名为岳阳站，流量测验断面处更名为城陵矶（七里山）站，城陵矶（二）站更名为莲花塘站。1952 年 4 月，岳阳站下迁 4000 米，迁至七里山脚下，与流量测验断面重合，建有简易砖瓦值班站房三间，设立基本水尺断面和测流断面，上、中、下浮标断面各相距 50 米，设立辐射杆（右岸）、六分仪标塔（左岸）定位进行水文测验。

城陵矶水文站水文测验断面受长江和洞庭湖来水的双重影响，在长江来洪水时会发生长江洪水对洞庭湖出口水道的严重顶托，同水位下流量在万级到千级间来回波动。为提高测流精度，在1998年长江七弓岭新建挡水子堤前，高水尤其是顶托时期，流量调整到岳阳水位站处的高洪断面施测。

莲花塘水位站建于1936年，站址位于湖南省岳阳市岳阳楼区城港社区，是监测荆江与洞庭湖出流汇合口水情的基本站。受不同来水的综合影响，交汇口水流紊乱，水尺附近有回流、假潮现象，对水位观测有一定的影响。测验项目包括水位、降水量和水质。

（三）测验项目变化

测站测验项目变迁统计表

观测要素	开始时间	变动原因
水位	1904年1月1日	初为海关水尺，1930年7月上迁7500米，改名为城陵矶（一）站，1938年9月—1946年9月停测，1952年4月断面下迁4千米，位于七里山附近
流量	1930年7月23日	1933年4月15日—1938年10月27日抗日战争停测，1946年8月16日—1949年3月16日解放战争停测
悬移质含沙量	1930年12月18日	1933年5月19日—1938年10月27日抗日战争停测，1946年9月5日—1949年3月16日解放战争停测
悬移质输沙率	1950年1月16日	
推移质输沙率	1956年7月	1957年2月—1960年1月、1961年7月后因任务调整停测
床沙	1956年7月	1957年3月—1959年4月、1961年8月1日—2005年12月因任务调整停测，2006年1月恢复观测
泥沙级配颗粒分析	1959年5月25日	1961年8月1日—1962年5月25日停测
单位推移质	1960年1月4日	1960年11月后因任务调整停测
降水量	1946年7月	
蒸发量	1946年7月1日	1946年7月—1956年6月停测，1957年3月恢复观测
气温	1946年7月	1954年6月后因任务调整停测
天气	1946年7月	1954年6月后因任务调整停测
风向、风力	1946年7月	1954年6月后因任务调整停测
相对湿度	1950年4月	1954年6月后因任务调整停测
气压	1950年4月	1954年6月后因任务调整停测
云	1950年4月	1954年6月后因任务调整停测
能见度	1950年4月	1954年6月后因任务调整停测
岸上气温	1956年1月	1957年6月—1958年3月、1965年6月后因任务调整停测
水温	1956年1月1日	1957年6月后因任务调整停测

续表

观测要素	开始时间	变动原因
波浪观测	1959 年 7 月	1961 年后因任务调整停测
水质	1962 年 5 月 26 日	1976 年 1 月开始常规水质分析，收集水质基本资料
水生态	2017 年 1 月	试点监测

（四）设施设备变迁

1. 测验断面设施

（1）测验断面及基线

测验河段基础设施包含断面标志、定位标志、水准点、断面界桩、保护标志牌、水文码头、观测道路等。基线及标点包括右中幅基起、右中幅基止、浮标基线基起、浮标基线基止、1000 米基线基起（六分仪）、1000 米基线基止（六分仪）、中起点、中止点。

20 世纪 60、70 年代站房及基本设施

20 世纪 90 年代城陵矶（七里山）站房

（2）高程系统

1949 年前采用吴淞（扬委）基面，1950—1952 年采用吴淞（江汉）基面（冻结基面），冻结基面以上高程－0.208＝吴淞（资用）基面以上高程，冻结基面以上高程－1.938＝1985 国家高程基准以上高程。

2. 水位观测

20 世纪 70 年代兴建岛岸结合式自记台，安装浮子式水位计；1994 年在原址重建，安装浮子式、气泡压力式水位计全程采集记录水位。

20 世纪 80 年代以前，水情信息报送由邮电局拍发水情电报，90 年代先后配置无线电台、超短波电台报汛、电传机、X.25 及电话语音等报送水情信息。2005 年通过 YAC9900 遥测终端实现自动传输和自动报汛。

水温在 1958 年采用表层水温计进行人工观测记录，2010 年采用 YJD-1 电子水温计自记观测。

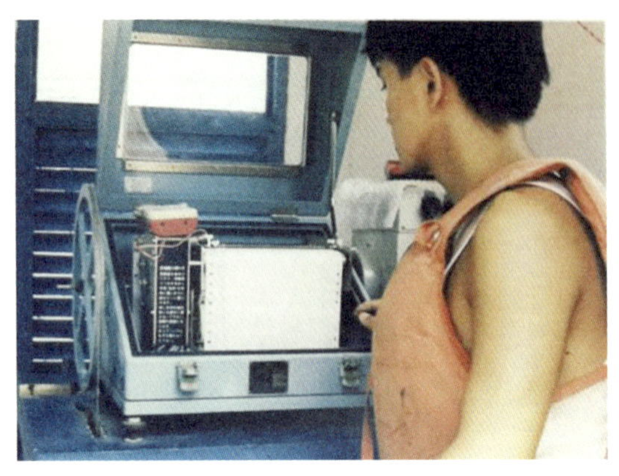

1998年使用的长期水位自记仪

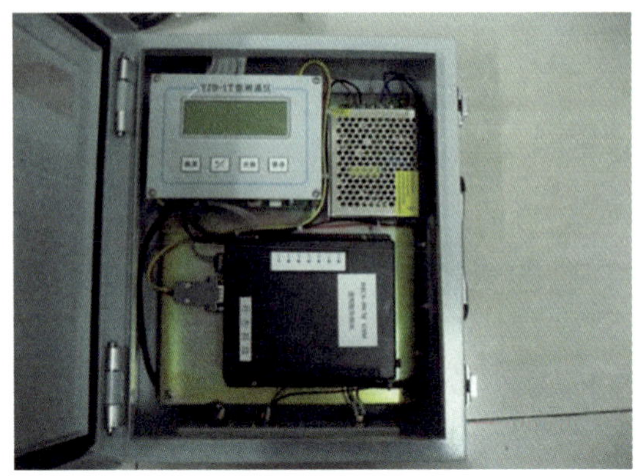

YJD-1电子水温计

3. 流量测验

（1）测船和码头

新中国成立初期，木船人力划桨施测流量、含沙量。20世纪60—80年代为机动船。20世纪70、80年代，城陵矶配备40马力的水文040小型钢质测船，借靠在城陵矶客运码头趸船。2023年，有钢制测船3艘、铝合金快艇1艘、趸船2艘。

水文113轮测船（2012年11月摄）

专用水文码头（2022年摄）

1994年码头迁至岳阳楼下游800米、岳阳北门渡口处。2006年专用水文码头迁建至七里山，位于城陵矶水文站断面下游50米处。

（2）流量设备

1930年采用浮标法测验，20世纪50年代利用木船人力划桨、六分仪定位，LS25-1旋桨式、旋杯式流速仪施测流量。60—80年代采用机动测船、辐射杆（右岸）结合六分仪（左岸）定位，LS25-3A旋桨式、旋杯式流速仪测流。90年代末采用微机测流系统，2009年采用GPS定位、测船走航式ADCP开展流量测验。2023年，建设在线测流系统。

4. 泥沙测验

（1）悬移质输沙率

20 世纪 50 年代至今采用横式采样器测流取沙，分析称重采用精度为千分之一的机械天平、万分之一自动天平、万分之一电子天平；泥沙烘干经历了人工调温电烘箱到电热恒温干燥箱的过程。

悬移质颗粒级配测验仪器为横式采样器，悬移质颗粒分析采用粒径计和移液管相结合的分析方法，2016 年起悬移质泥沙颗粒级配分析采用激光粒度分析仪。

（2）床沙

2014 年开展床沙颗粒级配分析，床沙取样为锥式采样器。床沙颗粒级配分析采用人工筛分、粒径计和移液管相结合的分析方法，2016 年采用激光粒度分析仪和全自动音波振筛仪相结合进行分析。

床沙取样锥式采样器

5. 降水量和蒸发量观测

1946 年开展降水量观测，经历了从人工观测、虹吸式自记雨量计到采用 20 厘米 JDZ05 翻斗式自记雨量计的过程。蒸发量 1957 年采用 E601 蒸发器人工观测，1997 年起采用 20 厘米 JDZ01 自记雨量计。2023 年长江委水文局研发的 CQS·FZR-1 型水面蒸发器投产应用。

城陵矶水文站气象场（2023 年 7 月摄）

6. 水质水生态监测

常规水质分析从 1976 年 1 月开始，监测参数包括地表水环境质量标准基本项目（24 项）、有机物等。水生态分析于 2017 年 1 月试点监测，包括浮游植物、浮游动物种类组成、密度和生物多样性指数、着生藻类种类组成、密度和多样性指数等。

CHANG JIANG SHUIWEN

江河记忆：城陵矶的由来

河流边突出水面的山岩，三面环水，单面靠岸，通常称之为“矶”。城陵矶为长江中游第一矶，与南京燕子矶、马鞍山采石矶并称“长江三大名矶”。城陵矶港与湖北省监利县隔江相望，是长江八大深水良港之一。城陵矶的名称由来，应与“城”相关。

北魏郦道元《水经注》载：“江之右岸有城陵山，山有故城”。清康熙二十四年（公元1685年）《临湘县志》在其“山川”篇中载：“城陵矶山，县西南四十五里，上为古彭城”。城陵矶上有商代“大彭故城”遗址，考古发现火烧土层及集中居住痕迹，推测为早期城邑雏形。城陵矶南北的君山乌龙嘴、陆城黄沙岭遗址均发现新石器时代人类活动痕迹，包括水稻种植证据，反映远古先民依水而居的生存智慧。

明代递运所、水驿的设立和漕粮交兑的定点，给城陵矶港带来了兴旺之气，港口的兴旺促进了城陵矶镇商业发展。交通便利，商业发达，城陵矶镇规模不断扩大，被誉为“小南京”。1899年岳州海关设立（岳州关），成为中国近代重要通商口岸；岳州关旧址，现仍矗立于洞庭湖畔，见证城陵矶港的百年变迁。

城陵矶南地处洞庭湖与长江交汇咽喉，南控三湘、北扼荆汉，易守难攻，历来为兵家必争之地。

三、水文特征

（一）测站水文要素特征

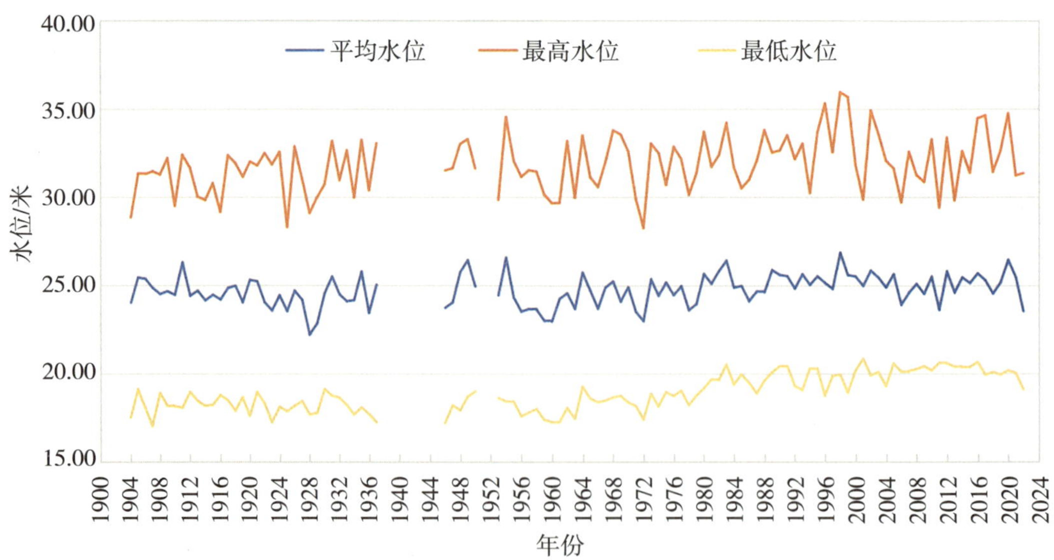

城陵矶水文站历年水位特征值

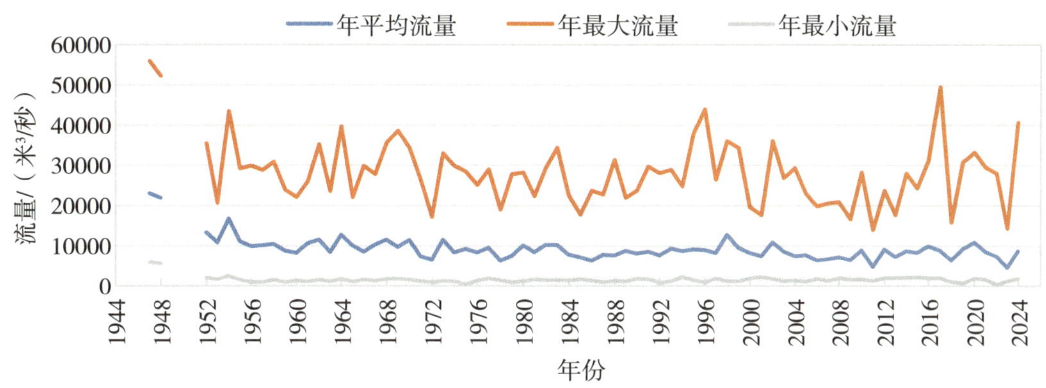

城陵矶水文站历年流量特征值

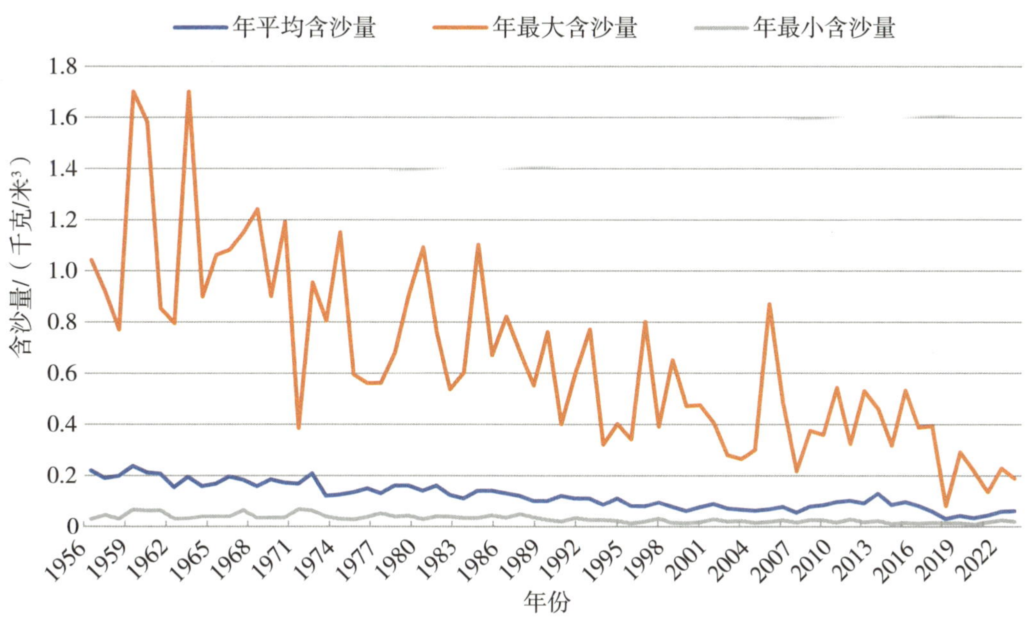

城陵矶水文站历年含沙量特征值

城陵矶站水文要素特征值（1907—2022 年）

要素	单位	多年平均	最高（大）	发生日期	最低（小）	发生日期
水位	米	24.84	35.94	1998 年 8 月 20 日	17.03	1907 年 1 月 23 日
流量	米³/秒	8750	57900	1931 年 7 月 30 日	306	2022 年 10 月 5 日
年径流量	亿米³	2761	5268	1954 年	1475	2011 年
测点流速	米/秒		2.76	2017 年 7 月 3 日		
断面最大含沙量	千克/米³	0.12	1.7	1959 年 2 月 8 日	0.012	1995 年 6 月 30 日
输沙率	千克/秒	1077	18900	1963 年 4 月 23 日		

续表

要素	单位	多年平均	最高（大）	发生日期	最低（小）	发生日期
年平均输沙率	千克/秒		2680	1954 年	182	2018 年
年输沙量	亿吨	3610	8460	1954 年	575	2018 年
年降水量	毫米		2262.4	1954 年	850	1968 年
日蒸发量	毫米		11.9	1936 年 4 月 21 日		
年蒸发量	毫米		1567.7	1961 年	728.1	1994 年

城陵矶站历年实测水文要素前十位排序表

排序	年最高水位/米	出现时间	年最大流量/（米³/秒）	出现时间	年最大含沙量/（千克/米³）	出现时间
1	35.94	1998 年 8 月 20 日	76500	1937 年 8 月 20 日	1.7	1959 年 2 月 8 日
2	35.68	1999 年 7 月 22 日	55900	1947 年 8 月 8 日	1.7	1963 年 4 月 23 日
3	35.31	1996 年 7 月 22 日	52200	1948 年 7 月 23 日	1.58	1960 年 3 月 20 日
4	34.91	2002 年 8 月 24 日	49400	2017 年 7 月 4 日	1.24	1968 年 3 月 23 日
5	34.74	2020 年 7 月 28 日	43900	1996 年 7 月 21 日	1.19	1970 年 4 月 4 日
6	34.63	2017 年 7 月 4 日	43400	1954 年 8 月 2 日	1.15	1967 年 3 月 31 日
7	34.55	1954 年 8 月 3 日	39600	1964 年 7 月 4 日	1.15	1974 年 4 月 23 日
8	34.47	2016 年 7 月 8 日	38600	1969 年 7 月 19 日	1.1	1984 年 4 月 5 日
9	34.21	1983 年 7 月 18 日	37700	1995 年 7 月 3 日	1.09	1980 年 2 月 27 日
10	33.8	1988 年 9 月 16 日	35900	1998 年 7 月 31 日	1.08	1966 年 4 月 10 日

（二）洞庭湖水文特征

洞庭湖接纳“四水”和长江“三口”等来水来沙，并进行调蓄，典型洪水过程中，“三口”分流比随长江干流水位、流量变化而变化，干流水位越高、流量越大，分流比则越大，一般介于 20%～29%。

1. 防洪特征水位与生态最小流量

城陵矶水文站警戒水位 33.00 米，保证水位 34.55 米，历年最高水位 35.94 米（1998 年 8 月 20 日），最低水位 17.03 米（1907 年 1 月 23 日）。根据《湖南省水利厅 湖南省发展和改革委员会 湖南省生态环境厅关于印发〈湖南省主要河流控制断面生态流量方案〉的通知》（湘水发〔2019〕17 号），城陵矶水文站的生态流量和最小流量均为 1080 立方米每秒。

2. 洞庭湖水系径流特征

据统计（1956—2022 年），洞庭湖多年平均入湖径流总量（三口＋四水）为 2441 亿立方米，多年平均出湖径流总量为 2752 亿立方米。2003 年前、后的出湖总径流中，四水来流比例分别为 58.2%、66.3%，三口比例分别为 31.6%、19.7%，区间比例分别为 10.3%、14.1%。三峡水库蓄水前后，三口、四水的时段平均入湖流量过程和城陵矶水位过程年内总体特征基本未变，仅个别月份有所调整。

洞庭湖四水、三口年入湖流量以 7 月最大，6 月次之，12 月最小。汛期（4—10 月）多年平均汛期入湖量占多年平均入湖径流总量的 82.2%，其中三口入湖占汛期入湖总量的 37.2%、四水入湖占 62.8%。

3. 洞庭湖不同类型洪水组合的水文特征

洞庭湖洪水遭遇组合极为复杂，不同类型洪水组合及其洪峰流量、洪水总量构成了洞庭湖入湖出湖洪水的独特水文特征。

大量的水文资料显示，洞庭湖不同的洪水遭遇组合可能导致不同程度的洪水灾害。实际发生的长江、四水洪水遭遇组合主要分三种情况：

(1) 四水洪水很大，同期长江洪水不大

如：1926 年 7 月上旬，湘江长沙站最大日平均流量 19800 立方米每秒、沅江常德站 24200 立方米每秒、澧水乔家河站 6050 立方米每秒、资江益阳站 9000 立方米每秒，四水洪峰严重遭遇，同期长江洪水并不大。长江洪峰出现在一个月之后（8 月中旬）。1995、1996 年的洪水均属这种类型。四水各自亦有不同年份出现大洪水，如湘江 1994 年洪水、资江 1955 年洪水、沅江 1969 年洪水、澧水 1991 年洪水，均造成流域性的洪灾。

(2) 长江洪水很大，而同期四水洪水不大

最突出的例子是长江 1870 年特大洪水，洞庭湖区一片汪洋，而四水流域无大洪水记载。1935 年长江大水，四水中除澧水发生“35・7”大洪水外，其他三水均未发生大洪水。1981 年的洪水也属此类型。

(3) 长江、四水洪水遭遇

以 1954 年、1998 年大洪水最为典型。1954 年洞庭湖水系、鄱阳湖水系等重要支流、湖泊的洪水量几乎全部超过或接近各该水系的大洪水年份，最大流量自城陵矶以下均突破历年实测纪录。1998 年长江流域大多数干流站的年最高水位、最大流量创造了实测最高纪录，城陵矶水文站创历史最高水位 35.94 米，流量居历史第八位，为 35900 立方米每秒。1998 年以长江中游干流、两湖湖区、洞庭四水、鄱阳五河尾闾站水位创历史纪录为特点。

1954 年洪水中的城陵矶港（距下街老站约 500 米）

4. “江湖关系”演变

长江，出三峡进入丘陵浅山过渡地带，自枝城进入江汉平原。由于大地运动与三角洲发育，河滩不断抬高，形成南北支汊道，北支逐渐扩展成为主流，即演变成现在的荆江河道；南支演变复杂，从“四口”演变成“三口”，长江部分水沙分流进入洞庭湖，经湖区水系调蓄后，在城陵矶（莲花塘）汇入长江。

受自然和人类活动影响，洞庭湖与长江的江湖关系持续发生变化。洞庭湖和长江的江湖关系演变，近代以来大致可以分为三个阶段：

（1）近代江湖格局形成至 20 世纪 30 年代

这一阶段对长江中游干流防洪有利，但是该时期洞庭湖则是灾害连绵。其特征表现为荆江三口分流入湖水量、沙量显著增加，与此相应的变化是长江干流下荆江撇弯切滩，洞庭湖大幅度淤积。

（2）20 世纪 40 年代至三峡水库运用前

这一阶段的变化对江湖防洪均不利。其特征表现为三口分流分沙减少、河道淤积，干流河道冲刷，下荆江河道裁弯，城陵矶—汉口河段淤积。由于三口分流减少，洞庭湖调蓄减弱，监利以下河段的洪峰流量增加，城陵矶附近水位抬高。

（3）三峡工程运用后

这一阶段的变化为洞庭湖的治理创造了良好的条件。长江干流来水过程发生变化，来沙明显减少，三口分流分沙减少，荆江河段继续冲刷，且冲刷强度加大，干流水位降低，城陵矶至汉口河段转淤为冲，洞庭湖淤积明显减缓。

5. 三峡水利枢纽对洞庭湖区防洪的作用

三峡水利枢纽建成前，受江湖自然演变和人类活动的影响，长江中游尤其是洞庭湖调蓄洪水的能力、部分河段的泄流能力有所减小，导致洞庭湖遇大洪水时水位抬高、超额洪量增加，防洪形势严峻，城陵矶防洪控制水位广受关注。

三峡水利枢纽建成后，一方面，遇大洪水三峡水库发挥拦洪削峰作用，可降低洞庭湖高洪水位、减少城陵矶附近超额洪量；另一方面，三峡水库蓄水拦沙，水库下泄含沙量减少，中下游河道将发生长时期长河段的冲淤调整，引起江湖关系变化，总体上“高水不高、枯水不枯”，有利于改善城陵矶附近的防洪形势。

水文科普

城陵矶（莲花塘）“假潮”现象

莲花塘水位站位于长江干流与洞庭湖交汇口下游处，其上游紧邻干流七弓岭连续弯道，河道蜿蜒，平面呈“S”形。受河流形态和江湖水流交汇（长江与洞庭湖）等多方面影响，在特殊水情下，莲花塘水位呈现“潮汐”式不规则周期性波动，俗称“假潮”。已有研究表明，莲花塘水位站“假潮”波动周期一般为0.8～1小时，最大波幅达0.29米。城陵矶河段“假潮”主要发生在主汛期，且越接近洪峰水位，波动越大。通常单日水位波动值大于0.05米时，可视为发生“假潮”。据记载，20世纪50年代长江武穴、湖口站也曾观测到“假潮”。

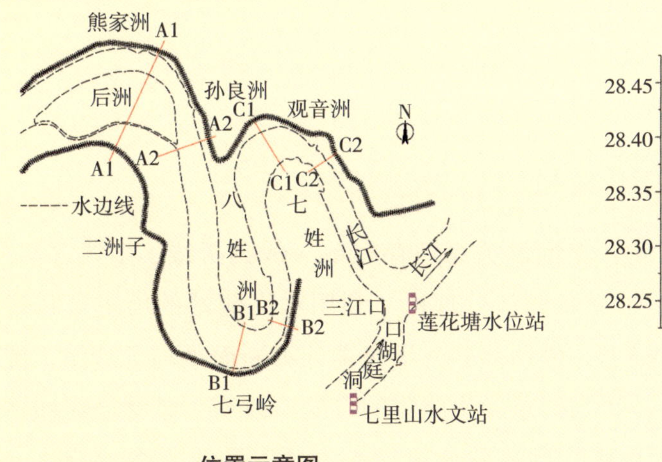

位置示意图

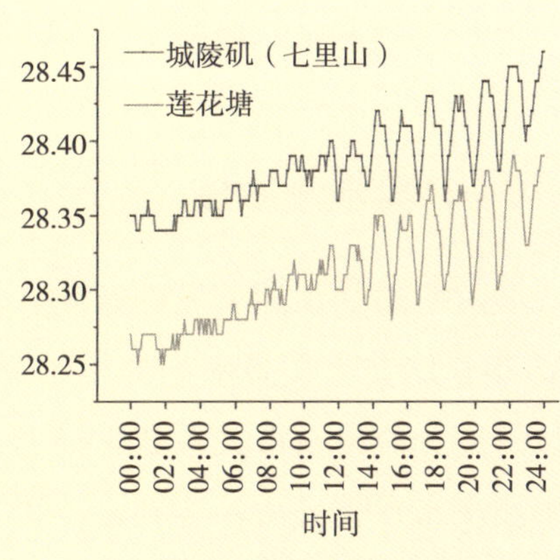

“假潮”水位波动

“假潮”的形成机理十分复杂，目前尚无定论，有多种解释。但莲花塘的“假潮”应与弯道水力学特性有关。弯道曲率、河床坡度、平面形态、来流大小等，都会影响水流流态。一方面弯道水流受向外离心力作用，表层水流偏向凹岸侧，底层水流偏向凸岸侧，形成横向环流；另一方面弯道水流速沿程、沿断面分布规律随来流变化，集中表现为主流往复摆动，低水时主流傍岸贴走凹岸侧，凹岸侧流速大于凸岸侧，高水时主流趋直偏向凸岸侧；再者七弓岭弯道沿程宽窄相间，连续3处急弯弯顶放宽段与顶冲点束窄段河宽比都高达3.0左右，水流出弯顶至顶冲点附近，河宽骤减，流速倍增。纵向、垂向及横向的速度差异交织，使水流在弯道中形成螺旋形的运动模式，加大了弯道凹岸顶冲点附近形成局部冲击波的可能性。水流强力冲击岸坡，岸坡对水流产生反作用力，迫使水流沿岸坡转向，动量发生变化，造成局部水面壅高。岸坡对水流扰动产生的冲击波，造成弯道内外交替出现水面高点和低点及冲击波振荡。研究表明，这种冲击波现象，不仅造成水面纵向的起伏变化，横断面上水位也发生局部壅高，平面上常形成菱形波浪。水流经连续急弯振荡作用后，振荡波传播至莲花塘水位站，是以形成“假潮”。

城陵矶水文站对岸七弓岭河段自1998年修建防洪大堤后，长江大洪水时不能直接从七弓岭漫溢至三江口，而是“掉头”北上，再南下抵达莲花塘站，进一步加剧了“假潮”的水位波动幅度。

四、技术发展

（一）异步测沙法

城陵矶站受江湖关系的影响，单断沙关系还存在单一线到折线、多线等演变。1995年长江委水文局率先提出“异步测沙”理论，利用水文测站的历史资料建立水位—部分流量权重关系数学模型，借用部分流量权重计算断面平均含沙量，使输沙率测次布置更灵活，达到输沙率与流量异步施测的目的，改变了悬移质泥沙不能单独测验的历史。城陵矶（七里山）站悬移质输沙率测验方法为垂线混合法（10线/3点法），2012年开展悬移质输沙率与流量异步测验方案研究，2013年批准投产。测沙异步化在保证测验精度的前提下，测验历时由原来的5～6小时缩短到1小时左右，提升了抢测沙峰过程的时效性，减少了外业测验的工作量，降低了劳动强度。

（二）ADCP 数据后处理技术

随着走航式 ADCP 的广泛应用，中游局开发了 ADCP 数据后处理软件，对 ADCP 剖面测流系统的采集数据进行标准化计算，快捷有效地输出各类测验表格、流速矢量化图或等值线图，并结合基于 SurFer 等值线图和余流计算，真实再现流速矢量分布，满足水文测验成果输出、水文分析计算辅助及成果整编等工作的需要，已在长江水文以及部分省（市）水文系统推广应用。相关成果获得国家版权局计算机软件著作权，入选水利部《2019 年度水利先进实用技术重点推广指导目录》和《2020 年水文测报新技术装备推广目录》，成果应用于《声学多普勒流速仪测流规范》（T/CHES 61—2021）。

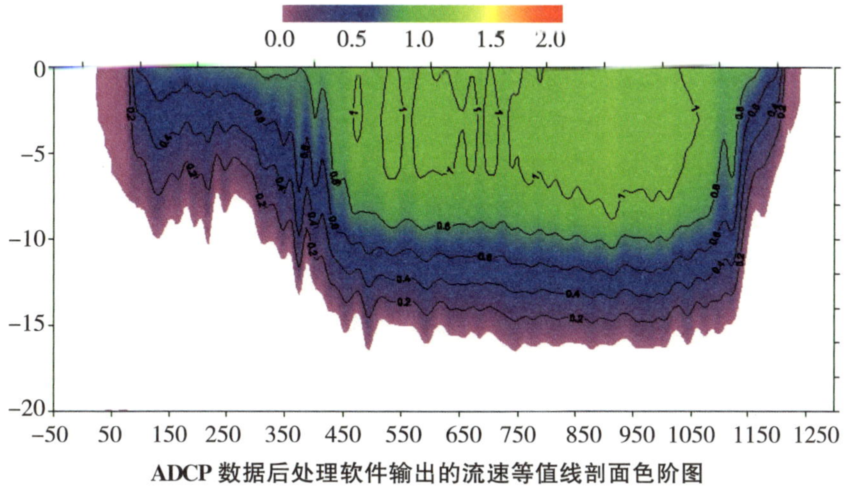

ADCP 数据后处理软件输出的流速等值线剖面色阶图

长江智慧水文监测系统

长江智慧水文监测系统（WISH/愿景系统）是一款以全要素信息采集、全链条数据贯通、全智能数据处理为目标的水文监测业务系统，也是水文监测信息化的重要成果和智慧水文的重要载体。

该系统整合了监测业务全流程数据，遵循水文监测规范，构建了水文测验核心数据库，实现了全部测验项目从原始信息、中间数据、计算成果到整编资料的数字化，并覆盖多级用户体系，实现多功能一体化。系统采用微服务架构设计，满足专业化信息系统需求。

2022年4月，该系统在长江委水文局全面应用投产，局属国家基本站均使用其作为统一的数字化平台，实现了水文监测信息的无纸化、数字化和智能化处理，标志着长江水文监测迈向全数字化阶段。该系统的应用提高了水文监测的效率和准确性，为水利高质量发展提供了全新形态的数据支撑。

五、难忘岁月

（一）习近平总书记考察城陵矶水文站

2018年4月25日下午，中共中央总书记、国家主席、中央军委主席习近平考察被誉为洞庭湖及长江流域水情“晴雨表”的城陵矶水文站。在城陵矶水文站自记台上，岳阳分局陈建湘向习近平总书记汇报了长江湖南段和洞庭湖流域水资源综合监测管理情况。4月27日下午，长江水文微信公众号刊发了专题文章《我给总书记当“讲解员”》。5月4日，中国水利报在头版刊发了专题文章《服务长江大保护 水文人责无旁贷——习近平总书记考察城陵矶水文站在长江水文干部职工中引起强烈反响》。

在《我给总书记当“讲解员”》中，陈建湘说：

我在水文基层工作了30多年，亲身经历过1998年、2016年、2017年较大洪水的防洪测报工作，见证了在党和国家的关心支持下，长江水文一步一步的发展历程，也深切体会到水文工作的重要性和作为水文工作者肩负的责任。如何在总书记视察水文站的有限时间里，汇报城陵矶水文站的基本情况和重要作用，表达水文职工对党和国家的感激之情，表达作为水文职工的荣誉感、自豪感，我一直在琢磨，夜不能寐，于是开始认真地梳理、反复地核查数据、仔细地分析……

25日下午，接到通知，我在城陵矶水文站做好讲解准备。怀着紧张而又幸福的心情，我穿着工作服在微风荡漾的水文栈桥上一遍遍梳理准备的讲解词，生怕出现疏忽和差错。等待中，我听见交警对讲机中传来声音：不得扰民，保持有效通行。随后，我看到四辆面包车在引导车的指引下匀速向测站驶来。车停稳后，习近平总书记精神焕发地走下车，面带微笑地向我站的方向走来。我连忙迎了上去：“总书记好，我是水利部长江水利委员会水文中游局岳阳分局局长陈建湘。”握着总书记温暖的手，看着他慈祥的微笑，我紧张的心绪一下子就平静了下来。

在城陵矶水文站水位自记仪前，我开始讲解。从该站的百年历史、历史极值与2000年之后的现状演变、当天实时水情和趋势预报线以及头一天实测流量剖面图，到该站监测技术手段的提升和站点设立的重要作用等方面，一一作了汇报。习近平总书记听得很认真很仔细，其间还询问了清朝建站的位置、历史极值出现的年份、1998年最高洪水位痕迹线和去年洪水过境图片上相应的位置。总书记还向随行的有关领导询问了洞庭湖治理项目的资金到位没有、老百姓享受到实惠没有……听得我心头暖如潮涌。总书记在百忙中专门到长江水文基层水文站考察调研水文工作，了解防汛抗旱基础数据的收集、分析和报送流程，体现了对水文工作的高度重视，也是对水文人的最大鼓励。

习近平总书记考察城陵矶水文站，在长江水文干部职工中引起强烈反响，大家纷纷表示，要认真学习习近平总书记重要讲话精神，立足岗位，做好水文工作，更好地服务长江大保护和长江绿色发展。

（二）全国先进工作者兰炳玉

兰炳玉（1911—1997年），男，湖南湘阴人，高小文化程度，中共党员。他是一名业内闻名的革新能手。

1951年汛后城陵矶一等水文站全体职工合影（右三为兰炳玉）

兰炳玉原为长办汉口水文总站6级测工。1953年，在城陵矶水文站工作时，兰炳玉革新了“泥沙蒸汽烘干法”，并在当年全江水文系统测汛竞赛评模大会上推广。1954年，他提出改进浮标测流中的“浮标制作形式及投放方法”，缩短了测流时间，提高了成果质量。1955年，他在采用流速仪法测流中，克服困难，大胆试验，利用天然目标，创造了一锚多线的“曲线抛锚法”，大大缩短了测速时间，减轻了劳动强度；他还在实践中不断改进抛锚绞关装置，保证了测验和人身安全，为当时在大江大河中全面采用流速仪法测流提供了成功的经验，作出了重要贡献。

1956年，兰炳玉被评为“全国农业水利系统先进生产者”“湖北省劳动模范”“全国先进工作者”。

（三）“一站三能手”

城陵矶站有人才培养“传帮带”的优良传统，工作中注重技术交流，相互借鉴，共同提高，优秀技能人才言传身教，培养出一批批技能骨干，带动职工整体素质的提升。

2000年，汪卫东获评“全国技术能手”，他是水文“传帮带”优良传统的践行者。在工作中，除了传授技术，他更注重思想、品德、作风和意志的培养，注重在实践中培养青年，做他们工作上的领路人、生活上的贴心人。他经常与青年们分享老一辈水文人为水文事业拼搏奉献的青春过往，和青年们探讨奋进方向，给刻苦钻研技术的“好苗子”给予鼓励和支持。汪卫东的“传帮带”培训成效显著，多名经他培训和指导的青年职工在各级职业技能竞赛中获奖。

陈建湘先后在湘阴、城陵矶、崇阳、螺山等水文测站工作过，熟悉水文测验、资料整编、工程监理、软件开发与技术管理等工作。在2002年第三届全国水文勘测工技能竞赛中，取得第三名，荣获“全国技术能手”称号。

2012年2月，（左起）汪卫东、陈建湘、罗兴在西洞庭湖测区测量工地

罗兴对技术钻研近乎“狂热”，独自“啃下”上万单词的英文指南，摸索仪器使用方法，曾用3元钱修好了价值26万的测流仪器。在第五届全国水文勘测工大赛中，荣获综合第一名和一个单项第一。2012年荣获“全国技术能手”称号。

（四）抗洪往事

关键时刻的坚守，是水文工作的一大特点，水文站职工有“以站为家”的传统。

1951 年参加工作的牛祥云是水位观测员，同时从事泥沙、颗粒分析等工作。当时，牛祥云一家人住在七里山，与队部相隔较远。平时的生活用品通常由同事测流时带来，有时也乘划子到下街购买物资。每逢主汛期，整个测站繁忙异常。尤其是采用粒径计法进行泥沙粒径级分时，需要将浓缩后的水样倒入一米多长的沉降管内，根据沉降时间与不同粒径范围的对应关系来区分不同粒径范围。每次操作，当第一组粒径沉降历时终了时，得迅速将量杯移开，同时换上第二个接沙杯，几秒钟后再换杯，如此交替接、换，直至最后一级水样接完。一个人操作时无法腾出手来记录，这时还在念书的子女便充当小助手，在父亲的指挥下进行记录，“全家总动员”完成工作。

检查虹吸式雨量计

施测洲滩流量（使用六分仪定位）

下街城陵矶站房被淹

高洪测验

1998 年长江大洪水期间，岳阳水文勘测队所属的螺山、城陵矶、莲花塘等水文站水位连创历史新高。7 月 27 日第二次洪峰到达城陵矶站时，他们转移了一楼的物资，用砂石灌装砂包、搬运砂袋，垒起一道道防线。随着洪峰一次次创新高，砂包防线抵挡不住了，他们在洪水中用铁丝将门牢牢稳住。在 8 次组合洪峰的轮番冲击下，城陵矶站成了一座“孤岛”。8 月 20 日洪峰达到 35.94 米时，院内最深处水已齐胸部。关键时刻，时任岳阳勘测队队长金升高调来血防艇，保证了水位观测。在金升高的带领下，大家坚守测站，张怀球、林红武、胡立承担了人工观测水位、电话电报发送水文数据的重任。金升高患有血吸虫引发的胆囊炎综合征，肝区常有疼痛，经过连日的劳累，同志们发现他捂住肝部的次数多了。多日的夜间值班报汛，加之起居、饮食不正常，让金升高的身体不堪重负。8 月 7 日 1 时许，金升高再次来到报汛室，由于深夜看不清，他高大的身躯重重地摔在楼梯坎上，摔伤了尾脊骨，他忍着剧烈的疼痛趴在报汛台上坚持完成了报汛任务，直到几天后疼痛加剧才去医院检查治疗。

六、文化提升

2022 年 6 月，城陵矶水文站依托测站文化提升工程建成文化展厅，宣传百年老站历史，普及水文科技，在防汛抗旱、河湖治理、岸线管理、生态环境保护等工作中发挥了重要支撑作用。

城陵矶文化展厅分为 5 个版块：“总书记来到城陵矶”是核心展区；“科普园地”利用 VR 和滑屏普及水文水资源知识；“晴雨表”介绍城陵矶水文站被誉为洞庭湖及长江流域“晴雨表”的由来；“踏石留痕中游击楫”展示测站发展历程和水文人风采；“空天地一体监测体系”展示技术创新及水文现代化建设成就。

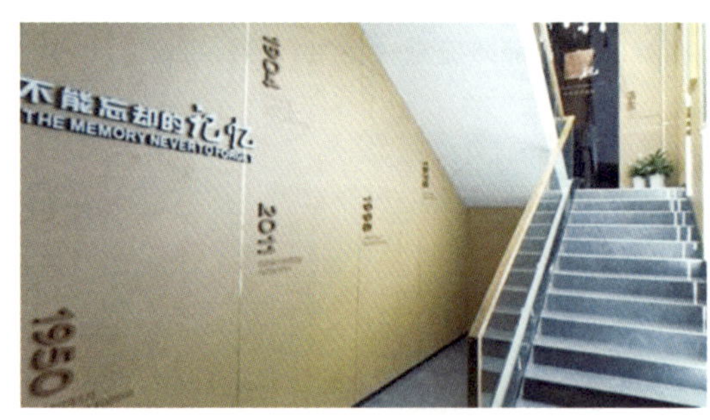

文化展厅一角

栈桥及自记台

CHANG JIANG SHUIWEN

江河记忆：岳阳楼水文化

岳阳楼地处岳阳古城西门城墙之上，紧靠湖畔，下瞰洞庭，前望君山；始建于东汉建安二十年（公元 215 年），历代屡次重修，现存建筑沿袭清光绪六年（公元 1880 年）重建时的形制与格局；自古有“洞庭天下水，岳阳天下楼”之美誉，与湖北武汉黄鹤楼、江西南昌滕王阁并称为“江南三大名楼”。

岳阳楼主楼为长方体，高 19.42 米，进深 14.54 米，宽 17.42 米，为三层、四柱、飞檐、盔顶、纯木结构。岳阳楼作为三大名楼中唯一保持原构的古建筑，独特的盔顶结构体现了古代劳动人民的智慧及能工巧匠的精巧设计技能。

岳阳楼作为洞庭湖畔的标志性建筑，见证了洞庭湖的历史变迁，也形成了独特的“楼湖共生”水文化。自唐代以来，300 多位诗人在其作品中描绘岳阳楼与洞庭湖景观。“衔远山，吞长江，浩浩汤汤，横无际涯”，依托楼湖地理关系，勾勒洞庭湖吞吐长江的磅礴水势；“朝晖夕阴，气象万千”“水天一色，风月无边”，以辽阔的视觉震撼，刻画洞庭湖水文气象的动态变化；“气蒸云梦泽，波撼岳阳城”“楼观岳阳尽，川迥洞庭开”，融合水文现象与建筑景观，赋予洞庭湖水文以美学价值；“不以物喜，不以己悲”“先天下之忧而忧，后天下之乐而乐”，更是表达了古人的仁人之心和忧国情怀。

CHANG JIANG SHUIWEN

江河记忆：抗洪精神

2021 年 9 月，党中央批准中央宣传部梳理第一批纳入中国共产党人精神谱系的伟大精神，“万众一心、众志成城，不怕困难、顽强拼搏，坚韧不拔、敢于胜利”的抗洪精神被纳入其中。

1998 年入夏，长江流域发生了全流域性大洪水，先后出现 8 次洪峰，有 360 多千米的江段和洞庭湖、鄱阳湖超过历史最高水位；嫩江、松花江发生超历史纪录的特大洪水，先后出现 3 次洪峰。湖北、湖南、江西、安徽、江苏、黑龙江、吉林、内蒙古等省区沿江、沿湖的众多城市和广大农村，人民生命财产安全和国民经济生产受到严重威胁。在党中央的坚强领导下，全党、全军和全国人民紧急行动起来，开展了气势恢宏、艰苦卓绝的抗洪抢险斗争。遵照中共中央、中央军事委员会的命令，中国人民解放军和中国人民武装警察部队官兵迅速奔赴抗洪前线，与灾区广大干部群众一起，同心同德，团结奋战。经过两个多月的顽强拼搏，战胜了一次又一次洪峰，成功地保卫了重要城市和主要交通干线的安全，保卫了广大人民生命财产的安全，创造了人类征服自然灾害的伟大壮举和辉煌业绩。

抗洪精神的基本内涵是：

①万众一心、众志成城。指中华民族的强大凝聚力。面对特大洪水的威胁，全党、全军和全国人民在中共中央的坚强领导下，同心同德，风雨同舟，团结奋战，共同筑起了坚不可摧的抗洪大堤。一方有难，八方支援，处处现真情，人人讲奉献。包括港澳台同胞、海外侨胞在内的12亿中华儿女的力量凝结在一起，汇成了抗击洪灾的巨大力量，中华民族的内聚力得到了空前加强。

②不怕困难、顽强拼搏。指中国人民大无畏的英雄气概。在抗洪前线，每个人的世界观、人生观、价值观都面临着严峻的考验。抗洪军民把国家和人民的利益摆在至高无上的地位，不怕艰难困苦，不怕流血牺牲，英勇顽强，浴血奋战，与肆虐的洪水进行了殊死搏斗。各级领导干部身先士卒，涉艰履危；共产党员冲锋在前，奋勇当先；广大党员和人民群众奋不顾身，严防死守，涌现出了无数奋不顾身、舍生忘死的模范人物和英雄群体，创造了可歌可泣的英雄业绩。

③坚韧不拔、敢于胜利。指中国共产党人、中国人民解放军和中国人民为了实现自己的理想，不怕艰难险阻，百折不挠的坚强意志和必胜信念。面对长时间的异常险恶情况，抗洪军民始终保持了必胜的坚定信念和不获全胜誓不罢休的高昂士气，发扬了不怕疲劳、连续作战的作风，立下军令状，竖立生死牌，组织敢死队，哪里最危险就冲向哪里，越是情况危急越是不屈不挠，守大堤，堵决口，排险情，表现出了超人的勇气和毅力，夺取了抗洪抢险斗争的伟大胜利。

汉口水文站

——中国第一个近代水文站

汉口水文站站房

武汉地处江汉平原东部、长江与汉江出口交汇处，形成汉口、武昌、汉阳三镇鼎立的城市格局，素有“九省通衢”之称。

汉口水文站是控制长江中游干流在汉江入汇后水情变化的国家重要水文站、中央报汛站、中游干流洪水编号依据站。1865 年江汉关设立水尺观测水位，1922 年增加流量测验，1923 年增加含沙量测验，是全国最早设立的近代水文站。隶属于长江委水文局长江中游水文水资源勘测局汉口分局。

汉口站基本水尺断面位于武汉关苗家码头，东经 114°17′29.3″，北纬 30°34′41.1″。测验项目现有水位、水温、流量、单沙、悬移质输沙率、推移质输沙率、床沙、颗粒分析、降水、蒸发、气象、水质监测等，已实现水文多要素、全量程、自动在线监测。

汉口站历经 150 多年沧海桑田，静观两江交汇、三镇雄峙，为水旱灾害决策提供科学依据，为地方经济社会发展提供有力的水文基础支撑。

一、河段概况

（一）长江武汉河段

武汉河段位于古云梦泽东南角沼泽地带，由于水流挟带大量泥沙落淤，江湖分离，水流归槽，形成河道的雏形。通过水流与河床相互作用，汊道合并，洲滩与河道反复分合，逐渐形成今天的双汊形态。

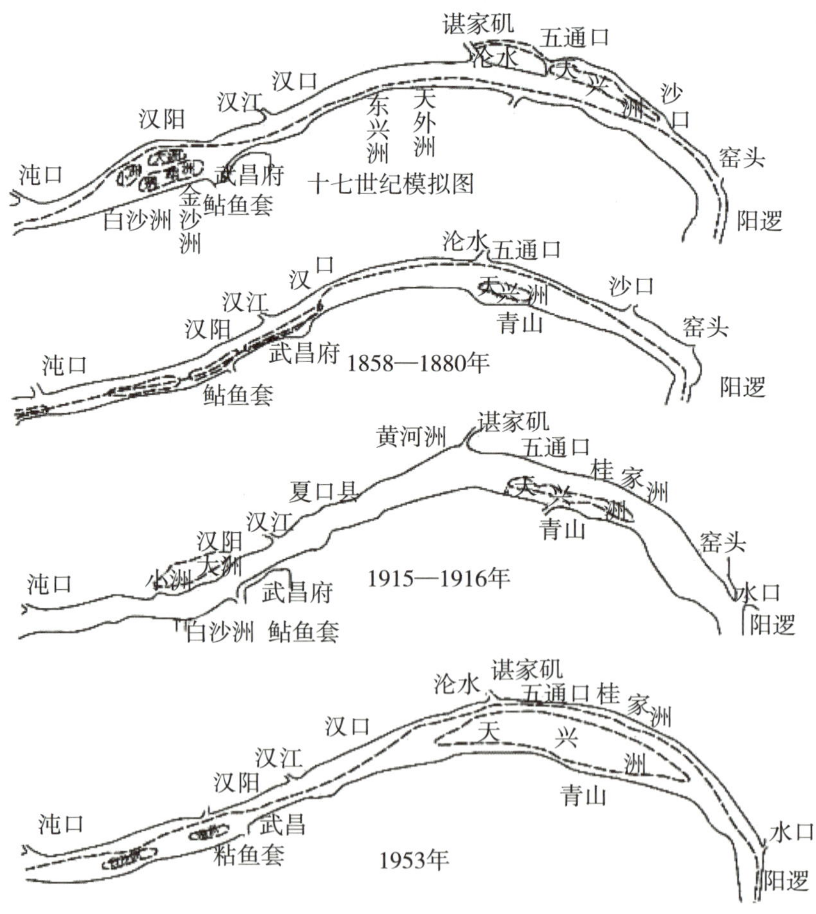

武汉河段历史变迁图

武汉河段上起纱帽山，下至阳逻镇，全长约 70.3 千米，其间，蛤蟆矶—石咀、龟山—蛇山两对天然节点将河段划分为上、中、下三段：上段为铁板洲顺直分汊段，自纱帽山至沌口，长约 19.9 千米；中段为白沙洲顺直分汊段，自沌口至龟山、蛇山，长约 15.1 千米；下段为天兴洲微弯分汊段，自龟山、蛇山至阳逻，长约 35.3 千米。

武汉河段主流自纱帽山下行，经沌口走白沙洲左汊，过龟山、蛇山节点，沿武昌深槽下行，平顺进入天兴洲右汊，在洲尾水口附近与左汊水流汇合后，贴左岸阳逻下行。

武汉河段沿江两岸受节点及堤防的控制，河道外形基本稳定，岸线变化相对较小，河床演变主要表现在河床冲淤、洲滩消长和汊道的兴衰变化。铁板洲、白沙洲汊道维持左主右支的格局；天兴洲汊道分流、分沙比相对稳定，实施天兴洲整治工程后，洲头淤积上延，洲体平面形态变化不大。

阳逻段在 1858 年左岸沙口—阳逻间有边滩，1924—1934 年，沙口—阳逻间的边滩消失，其深泓一直贴左岸下行，20 世纪 50 年代至今，天兴洲两汊水流在洲尾汇合后，主流过渡到水口—阳逻一带贴岸下行；阳逻弯道下游牧鹅洲水道近百年来的主要变迁表现为由微弯分汊型转变为微弯单一型河道。据资料记载，1842—1880 年，主流走牧鹅洲右汊，但左汊高水仍可通航。1931 年后左汊逐渐衰亡，1953 年牧鹅洲已靠岸形成边滩形式的江心洲，河段由分汊河型转化为微弯单一河型。

（二）测验河段

汉口站基本水尺位于长江中游干流左岸武汉关，上游 3000 米有武汉长江大桥，下游 3800 米有武汉长江二桥，6800 米有二七长江大桥。上游左岸约 1400 米处有汉江汇入，下游左岸有武湖水汇入，再下游有倒水、举水、巴水、浠水等水及张渡湖入汇。右岸有梁子湖、富水等入汇，再下游有鄱阳湖入汇，对长江水流有不同程度的影响。

流量测验断面位于基本水尺下游 5400 米，测验河段大致顺直，呈上狭下宽喇叭形，水流自西南向东北，低水期河宽在 1550 米，高水期在 2200 米。河流主槽居右，中高水位形成两股，一股在 300～920 米，一股在 1200～1700 米处，分界线约在 1100 米处。一般在高水期左岸流速大于右岸，低水期右岸大于左岸，测验河段低水有岔流、串沟、沙包。中水位期局部时间左岸边有回流现象，中水期左岸 300～640 米有流向偏角。近几十年来，由于测验河段内节点控制较好，两岸的崩岸险工段均已实施护岸工程，整体河势格局相对稳定，除局部滩槽冲刷变幅较大外，滩槽平面位置和形态总体而言相对较为稳定。

（三）测验断面

测验断面呈单式河床，河床由细沙组成，冲淤变化较大，河底不平顺，左岸坡度平缓，有宽滩。滩地上长有芦苇，春夏茂盛，秋冬枯萎。水位约 22 米时，左岸开始漫滩，最大漫滩宽度约 200 米。测验河段顺直，下游呈喇叭形，两岸均筑有砌石护坡，大堤脚有防浪林。

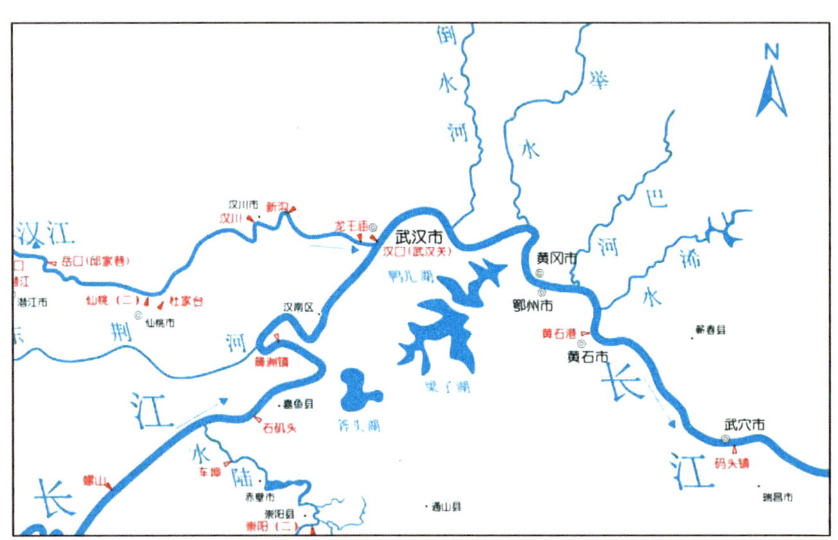

汉口河段水系及测站位置图

以三峡水库蓄水前（1991—2003 年）、蓄水后（2003—2023 年）的实测大断面资料来分析汉口附近河道断面的横向变化。三峡水库蓄水前，断面总体呈“U”字形态，1995 年断面左岸因冲刷产生了一个深槽，之后至 1999 年断面有所冲刷，右岸主流发生了冲刷下切。三峡水库蓄水后断面形态总体来看比较稳定，年际未出现明显的持续冲刷或淤积的情况，两岸岸坡较为稳固。近年来断面基本呈现冲淤交替的状态，断面形态基本保持稳定。采用 1991—2023 年实测大断面数据资料对历年汉口水文站大断面深泓点进行分析，三峡水库蓄水前（1991—2002 年）河床最低点高程多年平均值为 3.53 米（位于起点距 1200 米处），蓄水后河床最低点高程多年平均值为 2.64 米（位于起点距 1900 米处）。河床最低点受上游来水影响持续冲刷下切，总体呈降低趋势。

二、测站探源

（一）测站沿革

1865 年 1 月 1 日，江汉关署在江汉关江边设立水尺进行水位观测，为英制计量单位。1950 年 1 月 15 日，江汉关改称汉口关。1950 年 10 月 16 日，汉口关改名为武汉关。

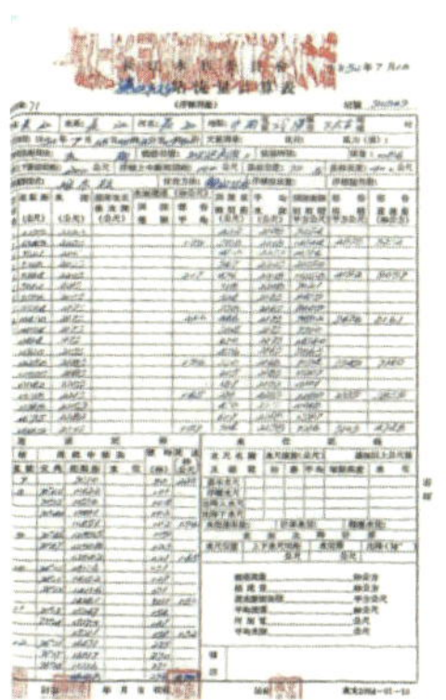

1917—1931 年汉口站水文记录和 1954 年水文资料

1921 年 12 月，扬子江水道讨论委员会驻沪测量处下设汉口流量测量队。1922 年 9 月水位观测设施交扬子江水道讨论委员会接管，汉口流量测量队设立水文断面进行巡回测验。1931 年 10 月由海关接管。1944 年 10 月因抗日战争中断，1946 年 1 月恢复观测。1949 年 5 月由湖北省人民政府水利局接管，1950 年 4 月交由长委会领导；1953 年 6 月由长委会汉口水文分站领导；1956 年 3 月由长委会汉口水文总站（简称“汉总”）领导。1994 年 8 月由长江中游水文水资源勘测局领导。

1952 年阳逻二等水文站职工合影

在不同时期，测站片区管理变化很大，汉口水文站最多时管理 10 个水位站。1953—1955 年，下设阳逻、岱家山、界埠、谌家矶、武太闸等站；1959—1960 年，下设青山、五通口、沙口、八大家、西流湾、八集、阳逻等站；1961 年 4 月—1973 年 4 月，下设汉川、新沟等站；1973 年 5 月—1982 年 10 月有汉川、黄石港、武穴、田家镇等站；1982 年 11 月—1984 年 12 月，下设黄石港、武穴、田家镇、汉川、新沟（水口）、金口、沌口、任家路、光华油厂（二）、阳逻等站；1985 年 1 月—1985 年 5 月，下设有黄石港、武穴、田家镇、汉川、金口、沌口、任家路、光华油厂（二）、阳逻等站；1985 年 6 月—1989 年，下设黄石港、武穴、田家镇、汉川、金口、沌口、任家路、光华油厂（二）、阳逻、窑头等站；1989—2006 年，下设黄石港、汉川、武穴、田家镇等站；2007 年 1 月—2021 年 6 月，下设黄石港、汉川、码头镇、新沟等站；2021 年 6 月至今，下设龙王庙、黄石港、汉川、码头镇、新沟等站。

（二）测验断面变迁

新中国成立前，测流断面位于武汉关下游约 400 米处的武汉港。1949 年 6 月至 1952 年，测流断面位于武汉关下游 33.5 千米的阳逻。1952 年迁回下太古第 17 码头，1990 年 9 月因武汉长江二桥建设下迁至距武汉关下游 5400 米处第 37 码头。

（三）测验项目变化

自 1865 年有水位观测以来，逐步增加观测项目，最多时近 20 项。汉口水文站于 1922 年开始流量测验，于 1923 年开始含沙量测验，是长江流域干流最早进行该项目的测站之一。

汉口水文站测验项目历史演变统计

测验项目	开始测验日期	测验项目变动情况
水位	1865 年 1 月 1 日	1944 年 10 月 24 日因抗日战争停测，后于 1946 年 1 月抗日战争胜利恢复观测
流量	1922 年 9 月 7 日	1925 年 5 月 19 日—1926 年 1 月 17 日、1926 年 5 月 14 日—1931 年 8 月 3 日、1931 年 9 月 16 日—1952 年 2 月 10 日停测，原因不详；1990 年 9 月 15 日因武汉长江二桥的建设停用，迁至 37 码头处，22 日恢复观测
含沙量	1923 年 4 月 26 日	1925 年 5 月 10 日—1926 年 1 月 17 日、5 月 14 日停测，原因不详
悬移质输沙率	1953 年 3 月 13 日	1990 年 9 月 15 日因武汉长江二桥的建设停用，迁至 37 码头处，22 日恢复观测
悬移质单样含沙量	1955 年 7 月 1 日	1990 年 9 月 15 日因长江公路桥的建设停用，迁至 37 码头处，22 日恢复观测
推移质输沙率	1955 年 4 月	1964 年 12 月 9 日因仪器及取样方法未解决停测，2009 年恢复观测
单位推移质	1960 年 1 月 2 日	1965 年 4 月 22 日因仪器及取样方法未解决停测
推移质颗粒分析	1955 年 11 月 17 日	1964 年 12 月 9 日因仪器及取样方法未解决停测，2009 年恢复观测
河床质颗粒分析	1955 年 12 月 16 日	1968 年 4 月 20 日—1975 年 3 月 18 日因仪器及取样方法未解决停测，1990 年 9 月 15 日因武汉长江二桥的建设停用，迁至 37 码头处，22 日恢复观测
悬移质输沙率颗粒分析	1954 年 6 月 8 日	1990 年 9 月 15 日因武汉长江二桥的建设停用，迁至 37 码头处，22 日恢复观测
河流挟沙力	1957 年 5 月	1959 年 1 月停测，原因不详

续表

测验项目	开始测验日期	测验项目变动情况
气象	1948 年 6 月	1953 年 4 月停测，2008 年 1 月恢复观测
降水量	1880 年 3 月 1 日	1883 年 12 月 1 日—1885 年 1 月 5 日、1938 年 5 月 1 日—1940 年 6 月 1 日、1944 年 1 月 1 日停测，1948 年 5 月 11 日恢复观测
蒸发量	1936 年 4 月 1 日	1938 年 5 月 1 日—1940 年 6 月 1 日、1994 年 1 月 1 日—1948 年 6 月 15 日、1954 年 1 月 1 日停测，2008 年 1 月恢复观测
水温	1955 年 7 月 1 日	
岸温	1955 年 7 月 1 日	1965 年 6 月停测
比降	1924 年 9 月	1925 年 1 月—1952 年 2 月停测，1963 年 1 月 8 日恢复观测
波浪观测	1959 年 7 月	1959 年 9 月停测
水质	1958 年 1 月 30 日	收集基本水质资料。1973 年 8 月 31 日开展污染情况水化学成分分析
水生态监测	2015 年 1 月	为试点观测项目

（四）设施设备变迁

1. 基础设施

测验基础设施包含断面标志、定位标志、水准点、断面界桩、保护标志牌、水文码头、观测道路等。早期水文测验定位采用六分仪配合六分仪杆法；2009 年采用 GPS 定位，结束了用六分仪进行船舶定位的历史。

六分仪杆

断面杆

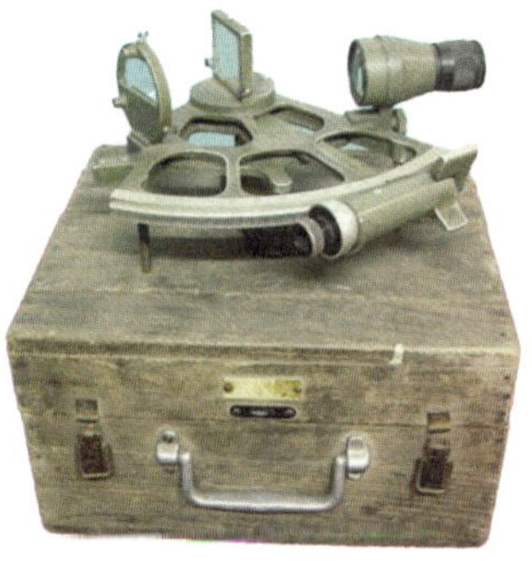

六分仪

测验标杆

2. 水位（含水温）观测

采用直立水尺桩+水尺板进行人工观测。20 世纪 70 年代建立水位自记井，采用日记式和月记式浮子自记水位计纸质划线记录。1989 年在海关水尺断面原址重建水位自记台，2002 年采用固态存储自记水位计记录并自动传输，2015 年增加气泡压力式水位计采集低枯水位数据。

1955 年采用表层水温计观测水温。2007 年采用水温传感器实现水温自记传输。

汉口水文站水位自记台（2003 年摄）

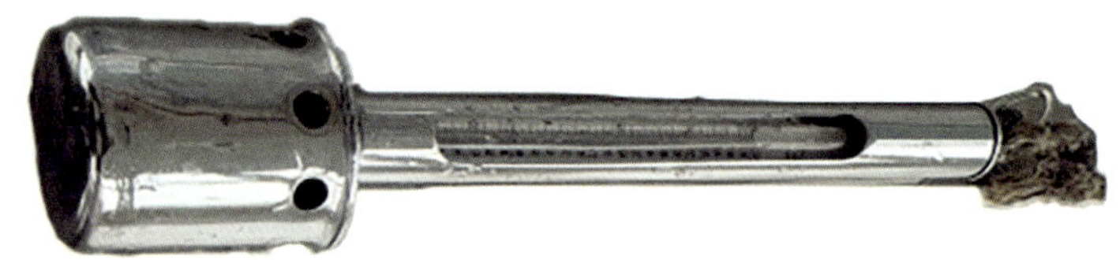

表层水温计

3. 流量及泥沙观测

1922 年采用木船投掷浮标施测流量；1973 年前为机动木船，主要有水文 005 轮蒸汽机船、111 轮内燃机船、水文 824 轮（由汉总自制）和租用人力木筏；1973—1997 年为水文 102 轮，单机单舵（人力舵），机驾合一系统和机械三绞（测流、测沙、主锚）系统；1997—2000 年为水文 121 轮，单机双舵（人力舵），机驾合一系统和电动三绞系统，测流测沙主锚可以同时绞放；2000 年以来为水文 302 轮，导航、测验设施设备配备齐全，主机 2×110 千瓦、副机 2×32.4 千瓦、发电机 2×24 千瓦及液压舵系操作系统，安装微机辅助测流系统、GPS、导航雷达等设备。

2009 年以前，流量测验设备主要采用搭配铅鱼固定的流速仪，2009 年 ADCP 投产。

水文 302 测船

码头

悬移质及颗粒级配测验采用横式采样器，床沙采样为锥式采样器，推移质测验采用 Y78-1100 型。2022 年建设泥沙在线监测平台开展比测实验工作。

1991 年初改用纸质记录的回声测深仪，2009 年采用数字化回声测深仪，2018 年新增纸质和电子记录的回声测深仪。

4. 降水量及蒸发量观测

20 世纪 90 年代采用 DY1090 型遥测雨量器，2007 年在汉口江滩新建雨量和蒸发量观测场，采用翻斗式雨量计 20 厘米 JDZ05 型。2009 年采用 E601B 型蒸发器人工观测和 FFZ-01Z 型蒸发仪自记数据，气象辅助项目包括风速风向仪 EL15-2D 型和气象自记仪 CAWS 600 型。

5. 水质水生态监测

2008 年在汉口水文站趸船上建设汉口水质自动监测站，监测参数有水温、pH 值、电导率、浊度、氨氮、化学需氧量、总有机碳等。2020 年与武汉市生态环境局合作共建，监测参数有水温、pH 值、溶解氧、电导率、浊度、总氮、总磷、氨氮、高锰酸盐指数等 9 项。

雨量和蒸发量场（2022 年摄）

汉口水质自动监测示范站（2009 年 2 月）

三、水文特征

汉口水文站断面来水来沙受长江和汉江的双重影响，历史上最大的十场洪水都出现在主汛期7—8月，主要受长江上游干流、洞庭湖来水及下游鄱阳湖、鄂东北倒水、举水、巴水、浠水等中小河流的顶托影响。每年3月前后受洞庭湖桃花汛影响，汉口水文站的水沙会出现明显的涨落过程变化；9—10月会受到汉江流域秋汛来水影响，总体水情特性较为复杂。

（一）水文要素特征值

汉口站实测历史最高最低水位排序成果

排序	年最高水位/米	出现时间	年最低水位/米	出现时间
1	29.73	1954年8月18日	10.08	1865年2月4日
2	29.43	1998年8月20日	10.96	1901年3月10日
3	28.89	1999年7月23日	11.30	1966年1月1日
4	28.77	2020年7月12日	11.46	1943年1月27日
5	28.66	1996年7月22日	11.60	1929年3月28日
6	28.37	2016年7月7日	11.70	1900年12月29日
7	28.28	1931年8月19日	11.70	1961年2月15日
8	28.11	1983年7月19日	11.73	1873年3月6日
9	28.00	2024年7月4日	11.74	1960年2月18日
10	27.79	1995年7月9日	11.78	1979年1月30日

汉口站水文要素特征值

保证水位/米	29.73
警戒水位/米	27.30
设防水位/米	25.00
历史最高水位/米	29.73（1954年8月18日），相应流量64000立方米每秒
历史最低水位/米	10.08（1865年2月4日）
最大流量	76100立方米每秒（1954年8月14日）
最小流量	4830立方米每秒（1963年2月5日）
实测最大流速	3.68米每秒（2010年7月28日），相应流量58500立方米每秒
实测最大水深	29.0米（2016年7月7日），相应流量56600立方米每秒

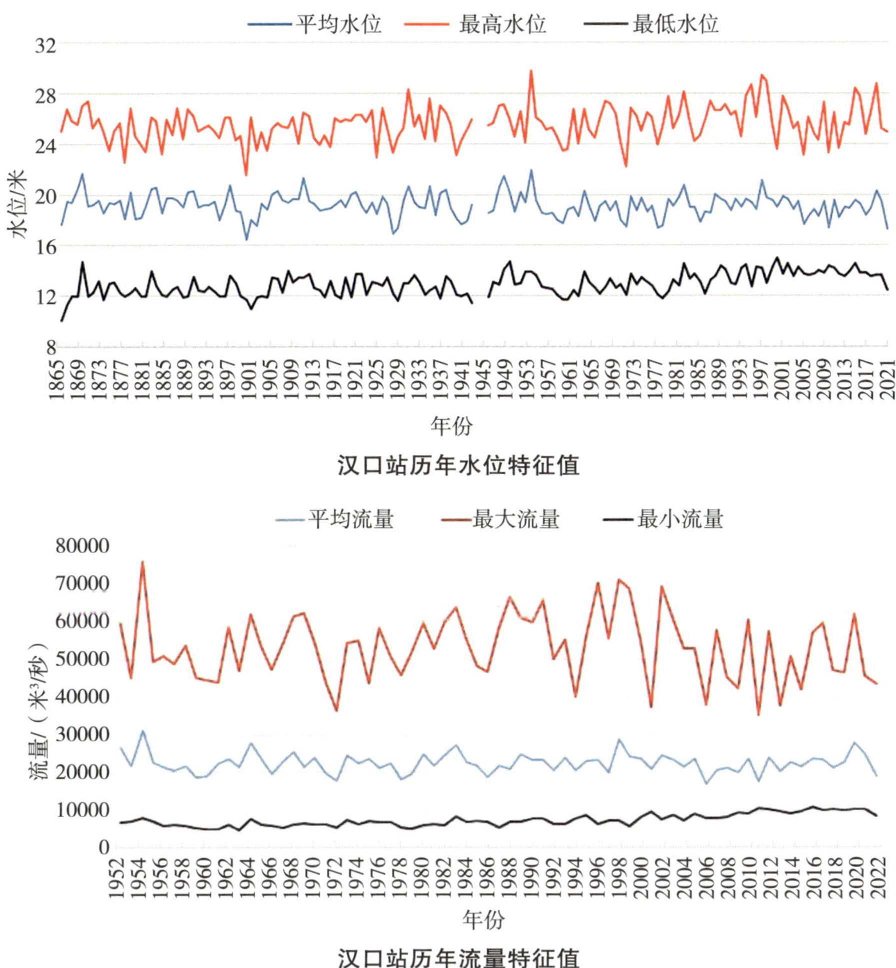

汉口站历年水位特征值

汉口站历年流量特征值

（二）洪水特性

长江流域洪水主要由暴雨形成，洪水发生的时间和地区分布与暴雨一致。长江中上游洪水主要出现时间：洞庭湖的湘、资、沅水洪水一般为 4—7 月；澧水、清江稍晚，并与上游南岸支流乌江洪水发生时间同为 5—8 月，金沙江和上游北岸各支流为 6—9 月；中游北岸支流汉江为 6—10 月。长江上游干流受上游各支流洪水的影响，洪水主要发生时间为 7—9 月，长江中游干流因承泄上游和中游支流的洪水，汛期为 5—10 月。

长江流域年最大洪峰出现时间以洞庭湖水系的湘江、资水、澧水最早，3 月就可出现年最大洪峰。而年最大洪峰最迟出现时间则以清江长阳站和汉江最晚，11 月仍可出现。上游干流站洪峰主要集中在 7—8 月，中下游干流主要集中在 7 月。

汉口站年最大洪峰出现在 6—10 月，以 7 月最多，达 62.7%；年最大洪峰流量在 3.5 万～8.0 万立方米每秒，年最大洪峰发生在 4.0 万～6.0 万立方米每秒的频

次最多，占 74%。实测最大流量出现在 1954 年 8 月 14 日，流量为 7.61 万立方米每秒。

（三）典型洪水

1.1931 年洪水

1931 年洪水由长江流域大范围的强降雨形成，洪水在长江中下游恶劣遭遇，酿成巨大洪灾。宜昌 8 月 10 日出现洪峰 6.47 万立方米每秒，汉口 8 月 19 日最高水位达 53.65 英尺（28.28 米）。

1931 年洪水中的江汉关及最高洪水位标记

2.1954 年洪水

1954 年洪水是 20 世纪以来长江发生的最大的一次流域性洪水。汉口河段水位在 6 月中下旬达到或超过警戒水位。汉口站 7 月 18 日突破 1931 年水位记录 28.28 米，8 月 14 日出现最大流量 7.61 万立方米每秒，8 月 18 日最高水位达 29.73 米，为有水位记录以来第一位。汉口站自 6 月 25 日—10 月 3 日，持续 100 天超警戒水位，超保证水位 52 天。

1954 年夏初武汉关护堤抢险及最高洪水位标记

3. 1998 年洪水

1998 年，长江流域发生 20 世纪以来仅次于 1954 年的流域性大洪水，为多峰型洪水。1998 年夏季，受强厄尔尼诺及其他综合因素影响，长江流域气候异常，中下游干流及洞庭、鄱阳两湖水系出现枯季不枯的现象，形成汛前底水较高的局面，特别是 6 月 11 日进入梅雨季节后，长江中下游水系暴雨不断，强度大，面积广，主雨带长期徘徊于长江流域，使得长江上、中、下游地区相继发生大洪水，汉口最高洪峰水位达 29.43 米（8 月 20 日），居历史实测记录的第二位。

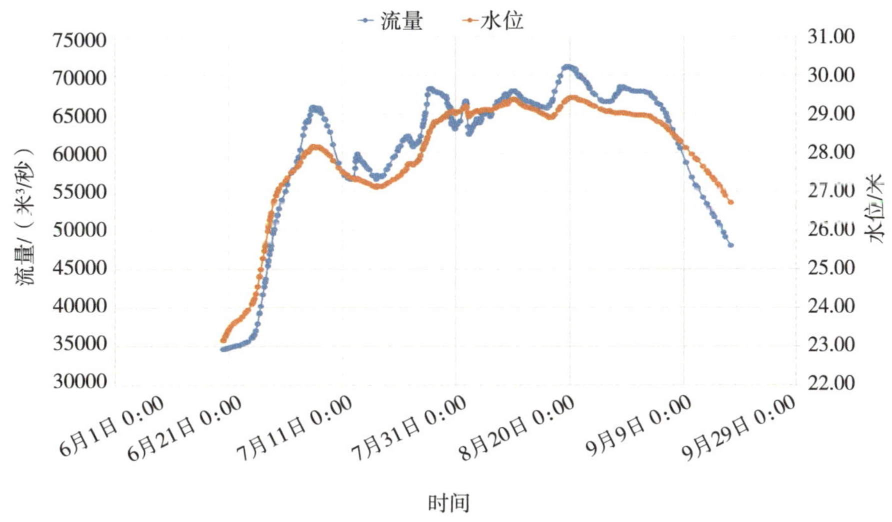

1998 年汉口站洪水过程线

4. 2020 年洪水

2020 年，长江发生新中国成立以来仅次于 1954 年、1998 年的流域性大洪水，共发生 5 次编号洪水，均在上游形成，其中三峡水库最大入库洪峰流量为 7.74 万立方米每秒（8 月 20 日 8 时），为 2003 年建库以来最大入库流量。上游来水经三峡水库等水库群调蓄后向中下游演进，叠加中下游洪水，造成长江中游江段全线超警，汉口站自 7 月 7 日超警戒水位，7 月 12 日洪峰水位 28.77 米，居历史第四位，持续超警 32 天。

5. 2016 年洪水

2016 年长江流域汛期降雨集中、强度大，暴雨洪水遭遇恶劣，长江中下游地区发生区域性大洪水，部分支流发生特大洪水。是年，长江中下游干流水位高，高水位持续时间长。7 月，长江中下游干流附近及两湖水系共 23 条支流发生超历史洪水。7 月 1 日和 3 日，长江第 1 号和第 2 号洪水先后在长江上游和中下游形成。长江监利以下江段全线超警戒水位，汉口站洪峰水位为 28.37 米（7 月 7 日），历史第六位。

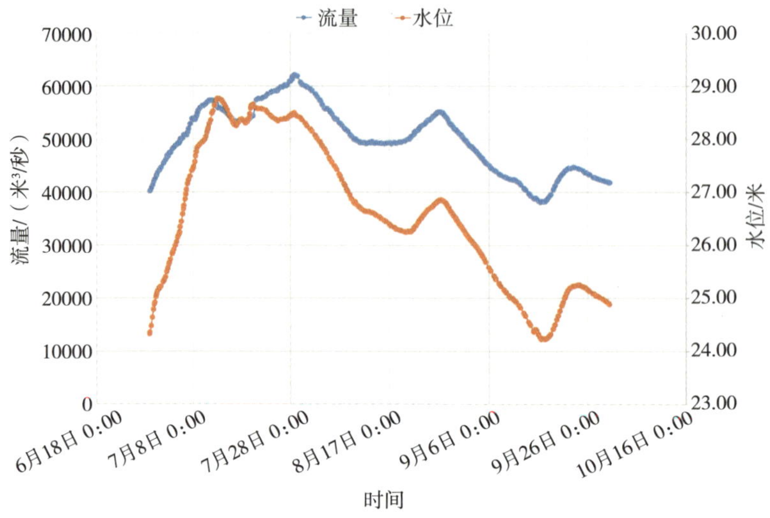

2020 年汉口站洪水过程线

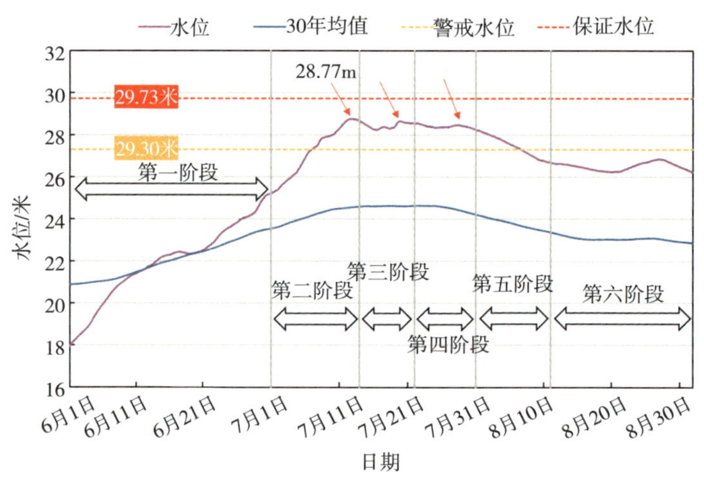

2020 年 6—8 月汉口站水位与 30 年均值过程对比图

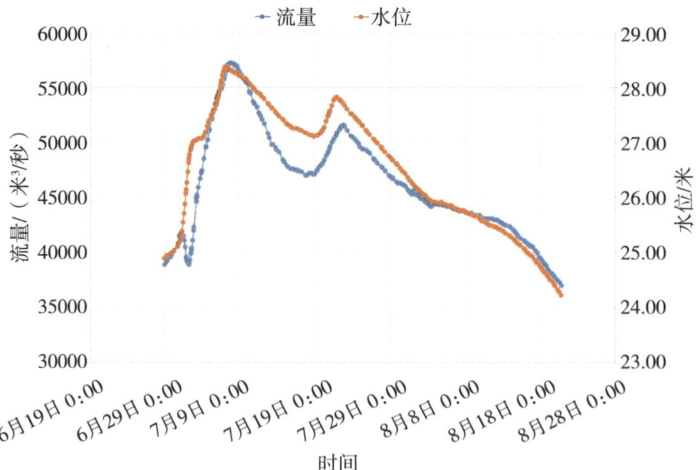

2016 年汉口站洪水过程线

四、技术发展

（一）JY-10 型水压式自记水位仪

1978 年，汉口水文站参与研制生产全国第一台压力式自记水位计——JY-10 型水压式自记水位仪，并于 1979 年投产使用。该设备实现了无测井的水位自记远传、自动穿孔和自动语言答询要求，经比测试验，性能稳定，精度满足规范要求。1979 年获长办技术改进三等奖，同年获湖北省科委颁发的优秀科研成果奖。

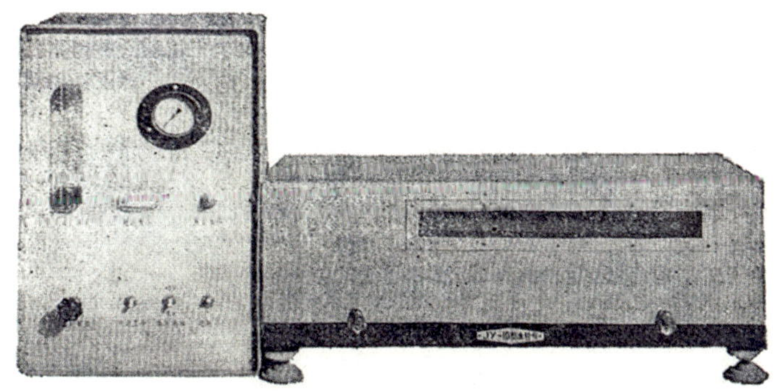

JY-10 型水压式自记水位仪

（二）微机测流系统

汉口水文站参与研制并于 1998 年 4 月使用微机测流系统。2002 年将分散的一次仪表等集成为 EKZ-Ⅱ型水文测船操作系统，2020 年将 EKZ-Ⅱ型升级为 EKZ-Ⅲ型水文缆道/测船测验控制系统。

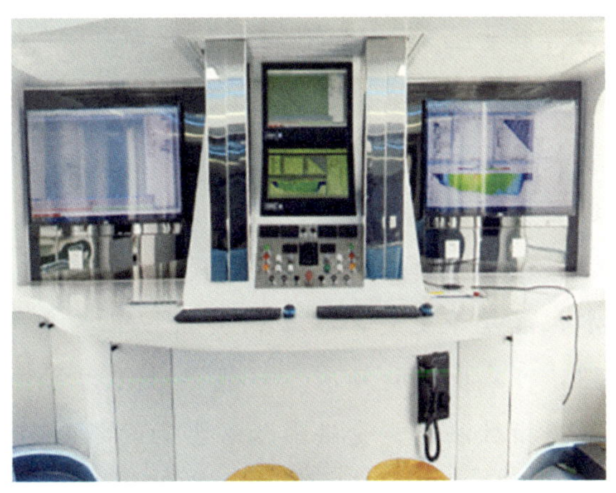

EKZ-Ⅲ型测验系统

EKZ-Ⅱ型水文测船测验智能控制仪经过 10 多年的技术改进，设备软硬件功能不断提高，实现垂线自动测流功能。主要由主控接口、综合计数接口、垂线自动装置、动力控制器、水下信号源等部分组成，具备流速、水深、偏角等项目的测量功能，数据通过数据接口自动进入微机进行处理。水下信号源具备交/直流信号输出、流速仪比测等功能，耗电省，可靠性高。计算机通过接口控制垂线自动装置、动力控制器等设备实现垂线自动测流功能。

EKZ-Ⅲ型水文缆道/测船测验控制仪系统软件兼顾缆道和测船一体化的系统，以自动测控为向导，将信息技术与水文测验有机结合，实现水文缆道/测船控制、自动/半自动水文测量（流速仪法）、成果计算与报表生成等功能。EKZ-Ⅲ型水文缆道/测船测验控制系统软件获得国家软件著作权及湖北省软件行业协会颁发的软件产品证书。

（三）测流单值化方案研究

汉口站水位流量关系受洪水涨落、变动回水、断面冲淤变化等综合水力因素影响，而这些因素在不同时期又各有侧重，致使水位流量关系呈不规则的绳套型曲线。1982 年，《用综合落差法对汉口站水位流量关系单值化处理》获得长江委优秀论文二等奖。2009 年应用综合落差模型技术，采用 1996—2008 年连续 13 年的水位流量资料，完成汉口站水位流量关系单值化方案。从连时序法与单值化方案整编成果来看，年径流量误差均不超过 1%，定线不确定度满足规范要求，于 2011 年获批投产。应用水位流量关系单值化方案后，每年流量测次从原来的 80～160 次减少为 40～50 次。

水位流量关系单值化

水位流量关系，反映了河流断面水位与流量的对应关系，是水文测报、水文分析的重要基础。

山区性河流水位陡涨陡落，水位流量关系一般呈单一关系，即“一个水位对应一个流量”。平原区河流或受水利工程影响的河段，水位流量关系一般呈现出多值关系，即“一个水位对应多个流量”，如绳套型水位流量关系。对于多值关系的水文站需要加密流量测验频次，将多值关系分段成多个单一函数关系，如洪水涨水期、落水期分成两段单一关系。

水位流量关系单值化，是在水位流量关系中加入水位涨落率、上下游水位落差等变量，将多值关系校正为单一关系，线型简单，不必分段处理，可减少测验频次。一般单值化的方法包括校正因素法、抵偿河长法、落差指数法等。受洪水涨落影响的断面，同水位下涨水比落水流量大，可以采用校正因素法、抵偿河长法等方法，将涨水期、落水期的多值分段关系变换为单一关系；受回水顶托影响的断面，同水位下涨水比落水流量小，可以采用落差指数法等方法，将受顶托期和顶托消失期的多值分段关系变换为单一函数关系。由于水位涨落率、水位落差不能反映河道断面形态的变化，因此，水位流量关系单值化仅适用于河道形态稳定、冲淤变化小的河段。

水位流量关系单值化，有明确的理论依据，有助于水文测验人员认识断面水流规律；可以优化流量测验频次，提高工作效率，对于促进水文测验方式由驻测向巡测转变，意义重大。

（四）泥沙异步测验技术研究

汉口站原有的悬移质输沙率测验方法为垂线混合法（14 线/3 点法），采用流量加权法计算输沙率，求断面平均含沙量。泥沙流量同步监测一次测验过程历时需 3～4 小时，遇到特殊水情（漂浮物多、流速大）时，测验所需历时更长。2012 年开展悬移质输沙率与流量异步测验方案研究，采用多年悬移质输沙率及流量测验资料进行分析，并于 2013 年获批投产。悬移质输沙率和流量异步测验方案在保证测验精度的前提下，创新了测验方式方法，尤其是在抢测沙峰期间，可大大缩短测验历时，提升抢测沙峰过程的时效性。

（五）数字孪生水文站

2019 年 8 月，汉口分局完成 5G 网络建设；2020 年 10 月，水文码头和测船完成 5G 网络建设，实现了 5G 全覆盖，成为长江水文第一个 5G 水文站。

2021 年，汉口水文站建设在线测流、测沙系统，在 2 个浮标测船（测验断面下游 200 米，对应断面测流固定垂线起点距 1200 米、1700 米）安装 V-ADCP（垂直式 ADCP）及量子点光谱、光学测沙仪等设备，并开展相应比测工作，持续开发集成了大数据分析、泛在智能应用为一体的在线水文监测平台。

2023 年 10 月，汉口水文站数字孪生水文站平台正式上线，以需求为导向，以应用为牵引，以水文监测传统技术、算法模型及海量数据为依托，在三维仿真、机器学习、计算机视觉等新一代数字技术的加持下，为测站管理、业务应用、对外展示等进行了全要素数字赋能与智慧升级。

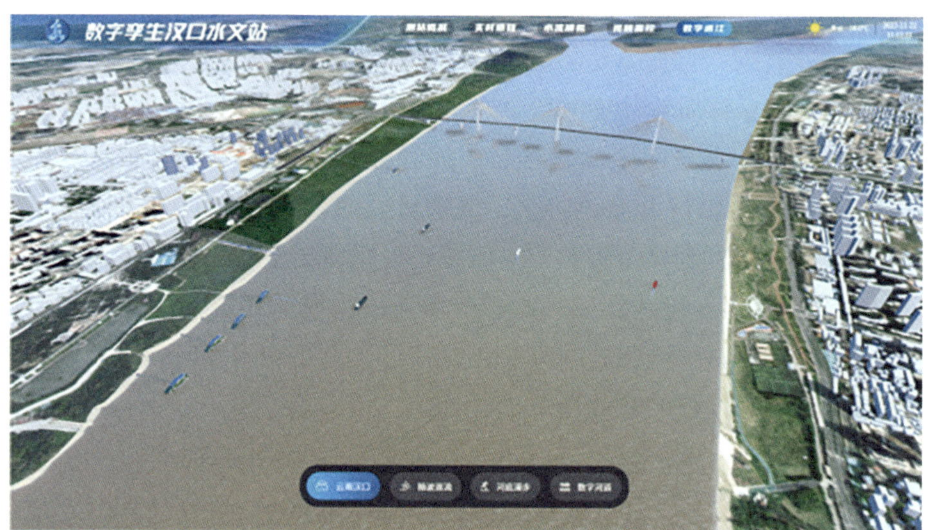

数字孪生汉口水文站水流模拟和云观汉口等演示

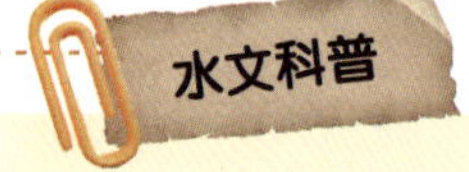

数字孪生水文站

数字孪生水文站是在数字空间中与物理水文站相对应的虚拟水文站，它以物理水文站监测数据为底座、水文监测模型为核心、测验管理知识为驱动，对物理水文站测验业务全流程和水文测站管理全过程进行数字化映射、智能化模拟，实现与物理水文站同步仿真运行、虚实交互、迭代优化，通过对水文站各类资源的高效配置，使水文测验更精准、更高效、更安全，为数字孪生流域建设提供更高质量的基础支撑。

江河记忆：长江委118个中央报汛站在全国率先实现自动报汛

长江委水文局118个中央报汛站自动报汛启动仪式

2005年7月1日，长江委水文局所属的118个中央报汛站在全国率先实现自动报汛。在“长江防洪报汛自动化技术研究与实践”成果鉴定会上，由张勇传、许厚泽、文伏波院士等专家组成的鉴定委员会认为，项目采用多传感器集成技术、多信息源同化技术、水文信息双流技术、网络水文站技术、多信道接收与控制技术等多种技术集成，建立了长江委水文局118个中央报汛站网的自动报汛系统，完全替代了原有的人工报汛，将原需要2小时收齐的水情信息缩短至20分钟以内，有效保证了长江流域主要报汛站信息的时效性和准确性，为防洪决策提供了强有力的支撑。该项成果集成创新明显，总体上达到国际先进水平，其中在流量实时数据同化方面居国际领先水平，建议该项成果尽快在长江流域乃至全国推广。

2007年“长江防洪报汛自动化技术研究与实践——长江委水文局118个中央报汛站自动报汛技术与创新”获湖北省科学技术进步奖一等奖。

五、难忘岁月

（一）最后一次观测

李均模，汉口水文站武穴水位站观测员。在几十年的水文生涯中，武穴水位站是他工作的最后一站。

1981年，李均模感到头和胸腹阵阵疼痛，每次他总是到医院开点药忍过去。1984年，他被确诊为晚期鼻咽癌，在武汉肿瘤医院做了两个月的放射治疗后，便回到武穴站坚守岗位。组织上要他继续治疗，他却说：“算了，我得的是不治之症，我回去多做些工作，不要为我多花钱！”组织上要派人替换他工作，他也表示自己还能坚持在测站。

由于测站水尺附近泥沙淤积严重，他常常拖着铁锹到江边挖泥后再观测，有时还要下到半米深的水和泥坑里埋设水尺。每次从江边回到站房兼住房的家中，他总是汗流浃背，瘫倒在床上。1986 年 3 月底，李均模最后一次向上级呈报了水位月报表和认真点绘的水位过程线图。当上级领导把写有“身患重病，坚持工作，观测资料评为全优，成绩显著”的三等功证书授予他时，他禁不住泪流满面，颤抖地在纸上写道：“我为党所做的工作太少了，感谢组织对我的关心。”

1986 年 4 月下旬的一天傍晚，妻子邱细兰代替李均模看水位回到站房，喃喃地说：“老李，我刚才看水位 P8 和 P9 两根水尺相差 4 厘米，你看是不是高程有问题呀?”（按技术规定，相邻两根水尺衔接的比测数据差不能超过 2 厘米。）

听得见说不出的李均模颤巍巍地从床上爬起来，伸开双臂，嘴唇翕动着想说什么，神色焦急，挣扎着要下床。妻子明白了，丈夫要亲自去看水位。李均模自 4 月 13 日晕倒后，卧床已半个月了，身体非常虚弱。

观测质量高于一切，邱细兰深知丈夫的脾气，只得按丈夫的意愿，和 13 岁的女儿一左一右地搀扶着李均模走出站房。从站房到江边有 300 多米，虚弱的李均模在妻子、女儿的搀扶下以惊人的毅力，一步一挪地走完这段艰难的路程。他终于到了江边，妻子女儿扶着他在水尺旁俯下身子，他喘着粗气，借着手电光仔细观察，发现原来是泥巴盖住了 P8 水尺的刻度线，致使数字出现误差。他颤抖着手，示意妻子把泥挖开，使江水涌到水尺周围，把比测数字校正过来。误差消除了，李均模艰难地呼出了一口气，那变了形的脸上露出欣慰的笑容。他吃力地比划着，向妻子表达一种意思。邱细兰深深理解丈夫的“哑语”，是让她今后注意类似的情况，千万不能马虎，不能粗心大意。

然而，邱细兰没想到，这是丈夫 31 年水文生涯的最后一次观测。8 天后，李均模离开了人世，年仅 48 岁。

（二）1998 抗洪记忆

1998 年大洪水，武汉处于设防水位以上高水位时间共持续 91 天 5 小时，超警戒水位运行 40 天，武汉市域的汉江府环河、金水河、滠水、倒水、举水均突破历史最高洪水位，先后经历 8 次大洪峰，武汉关积水达一米多深。

“哪里有洪水哪里就有水文人，他们始终坚守在防汛抗洪的最前沿”，据汉口水文站原站长刘少安讲述，当年 7 月初，武汉关水位直逼历史最高，此后 2 个月居高不下，汉口水文站职工天天值守在测报工作岗位上。大家顶烈日、冒酷暑，上船抢测洪峰、沙峰，进行流量误差试验。汉口水文站高洪时所在测验断面江面宽达 2000

多米，完成一次测验要五六个小时。7 月 29 日，长江第三次洪峰逼近武汉，当晚 10 时暴雨倾盆，武汉关报汛站 16 支固定水尺只剩下最后一根露出江面。观测员姚新海和同事冒着风雨，每隔半小时便去水尺边进行水位观测，逐时发报，每次回来都浑身湿透。由于站房一楼被淹，他们进出依靠在堤墙上架设的舷梯和临时吊桥。次日凌晨 4 时，他们观测并及时报出汉口水文站在这次洪峰中的最高水位——28.96 米。8 月 20 日，实测并报出汉口水文站最高水位 29.43 米（居历史第二位）。

六、文化提升

汉口水文站展示形式新颖多样，内容设置科学合理、特色鲜明，包括展板、模型、实物、多媒体演示、互动体验及音视频等资料。每年结合“世界水日 中国水周”和全国科普日，以及长江流域水旱灾害防御等工作，深入学校、社区等，并通过联合武汉长江文明馆等单位，向公众开展主题鲜明、形式创新的水情教育活动，传播普及与水相关的科学文化知识，介绍长江水文先进实用技术与设备，宣传科技前沿领域的创新成果。

2019 年，汉口水文站在原办公用房的基础上进行文化提升改造，通过全员参与讨论，提炼出“家”文化：以水为家、以站为家、爱站爱家，并将“家”文化凝聚成原创的站标，以不同的材质在测站内合理布置展示，充分发挥“家”文化外塑形象、内聚人心的重要作用。汉口水文站“家”文化设计（美术）获湖北省版权局登记证书（鄂作登记字 2021-F-00042915）。

改造后的汉口水文站文化长廊和文化板块展示了“家”字站标、长江流域沙盘、水文知识长廊和 3D 裸眼水文智慧互动、汉口水情分中心信息平台等，特色鲜明，展示形式新颖多样。

获颁国际水利环境遗产奖

2021 年，“河海大学大学生优质实习实践就业基地”在汉口水文站挂牌。汉口水文站 2023 年入选国家水情教育基地，2024 年获颁国际水利与环境学会国际水利环境遗产奖。

1996 年，汉口水文站获国家防汛抗旱总指挥部办公室颁发的“拍报 6 时水情成绩优异”证书。2021 年，明确为长江委党建工作“水利系统内的红色资源”。刘少安同志获“1998 年长江防汛总指挥部长江抗洪先进个人”“2001 年全国水利系统先进工作者”称号；元国洪获“1998—1999 年湖北省技术能手”称号，胡国山获“2022 年湖北省技术能手”称号。

以水为家 以站为家
漢口水文站 百年老站
——始于1865年——

汉口水文站“家”文化站标

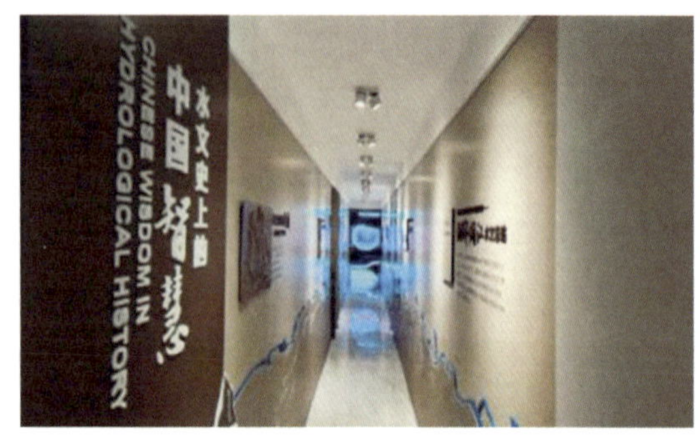

文化长廊

水情教育基地

水情科普亲子活动

“神奇”的天兴洲

长江流域分布有江心洲（洲也称岛、坝、矶）数百个。江心洲是河流水动力与河床组成相互作用的结果。长江是一条雨洪河流，汛期洪水挟带大量泥沙，沿程分选堆积（淤粗排细），并受河槽主流摆动、弯道环流等输沙作用，在河谷中形成堆积平原，若洲滩堆积体逐渐长高，最终就会形成江心洲。天兴洲是长江中游最大的几个江心洲之一，面积约 26 平方千米，东西长 13 千米，南北宽约 2 千米。洲头距长江二桥 5 千米，洲尾与阳逻开发区隔江相望。

天兴洲，隶属于武汉市洪山区天兴乡，位于市区东北部，青山区青山镇、江岸区谌家矶所夹的长江段江心，四面环长江。天兴洲成洲于 19 世纪 30 年代，由长江泥沙自然冲积而成，是数千年来河床演变、洲滩变迁的结果。据记载，在清同治年间，因新添一洲故得名“添新洲”，后改称“天兴洲”。

1988 年以来，由于被江水冲洗，天兴洲洲头不断向下游移动。洲头防洪堤分别在 1989 年、1995 年和 1996 年发生了 3 次大移动，洲头下移了 1500 多米。洲头不断缩短的同时，洲的南岸出现多次崩塌。1992 年以来，天兴洲与南岸江面不断拓宽到 1400 米。在洲头和南岸因遭到冲刷而缩短的同时，洲尾由于泥沙的淤积，以每年 100 多米的速度向下游移动。2004 年修建天兴洲大桥时，为保证天兴洲大桥及航运安全，拉住“漂移”洲体，在洲头迎水面修建起 4.3 千米长的护坡。近年来，天兴洲未再出现大幅漂移。

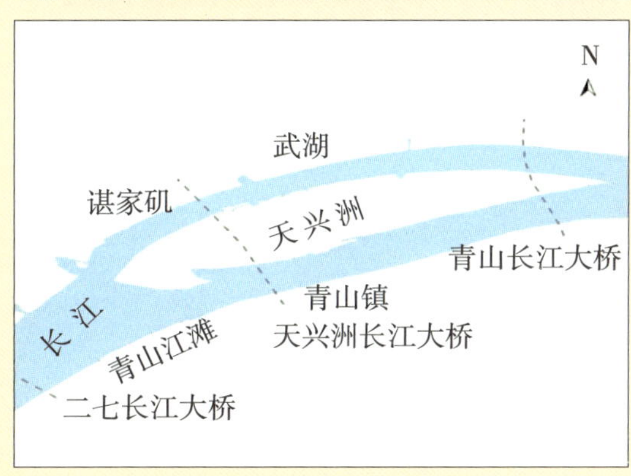

天兴洲实景及地理位置

注：数据来源于历史地图和卫星影像，为长江丰水期的状况。

由于 4.3 千米护坡的存在，坝内、坝外形成了不同的沉积特征和自然环境。坝内由深厚的灰褐色粉沙质黏土构成，土地肥沃，植被茂密。坝外，江水的冲刷在此留下了沙丘和壶穴，江风则在沙滩上刻画出波状的纹理。独特的地质风貌不仅展现了江水与风力的精妙合作，也赋予了沙滩一种动态的美。天兴洲洲头有直劈长江分二汊的恢宏，洲尾有两汊翻腾合一的豪迈，中间有细细的沙滩，具有得天独厚的原生态江岛风情，四面长有环长江摇曳的芦苇，生长着鸬鹚、候鸟、乌龟、草鱼、鲇鱼等，还有遍布洲岸的绿绿青草地，让人们无限向往。

近年来，每逢长江枯水年份，天兴洲便成为热门打卡点。网络上不时流传出一些河床裸露的画面，并有所谓长江“断流”的危言耸听文章。事实上，这种现象在长江上十分普遍。天兴洲北汊属长江支汊，由于河床淤积，枯水期常露出水面，属于正常的自然现象。而长江主流位于天兴洲南侧的主汊，即使处于枯水期，水流也依然通畅，航运繁忙，并不存在“断流”现象。

九江水文站

——守护“天下眉目”

九江水文站站房

九江市，地处长江中下游南岸，位于赣、皖、鄂、湘交界处，自古为“七省通衢”和“江西北大门”之称，享有“天下眉目之地”之美誉。九江水文站位于江西省九江市浔阳区湓浦街道滨江路60号，东经115°59′、北纬29°44′。所处河段属于长江中游干流尾间，是长江中下游分界过渡区、鄱阳湖入汇长江前的重要控制站，长江下游洪水编号依据站之一。

九江水文站的水文资料记录始于1891年1月的雨量观测，1904年1月1日起有海关水尺水位观测。现有测验项目有水位、水温、流量、降水量、悬移质含沙量及输沙率、泥沙（悬移质、床沙、沙质推移质）颗粒级配、水质。隶属于长江委水文局长江下游水文水资源勘测局九江分局。

跨越百余年历史，九江水文站从最先仅为航运提供水情服务，逐步发展成为系统收集雨情、水情、沙情、水质等基本资料的国家重要水文站。在长江流域水资源管理、防洪减灾、河道（航道）整治、供水调度以及生态环境保护等方面扮演着重要的角色。

一、河段概况

（一）九江河段

九江河段（上段）上起大树下，下至九江锁江楼，全长约 27 千米。河段内有江心人民洲，属顺直分汊河型。河段两岸堤防、低山矶头以及护岸工程等控制着河道的横向发展，河道特有的地质地貌条件造就了河段沿程宽窄相间。

九江河段河势总体较为稳定，历年岸线变化较小。将河道分为左右两汊，右汊为主汊，两汊水流汇合点上提下移，深泓摆动频繁且呈右移趋势。江心人民洲平面位置基本稳定，平面形态变化不大。右汊汊道深槽头部整体向上延伸，深槽尾部上移下延，呈冲刷发展态势。

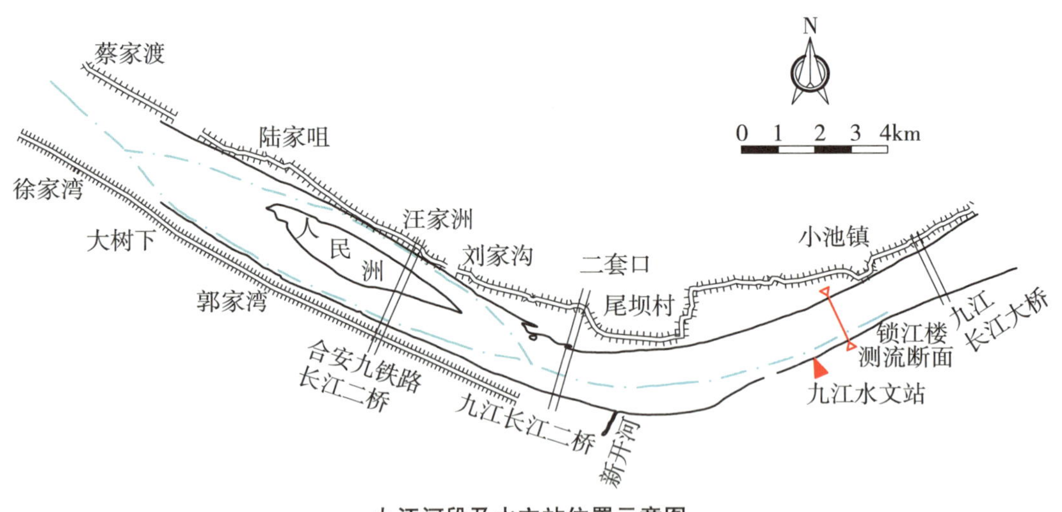

九江河段及水文站位置示意图

（二）测验河段

九江水文站测验断面位于九江河段，上下游河道顺直，无回流、死水，最大水面宽度约为 1400 米。河段左岸为黄广大堤，堤外 300 米处有子堤。右岸为九江市区，有城防大堤。

九江水文站位于长江右岸，上游约 6 千米处有九江长江二桥，上游约 11 千米有长江九江高铁大桥，下游约 3 千米处有九江长江一桥，下游 9 千米处有张家洲横亘江心、30 千米处有鄱阳湖入汇长江，对本站水位、流量有顶托影响，河床大部分由沙土组成。上游 42 千米处有码头镇水位站；下游 30 千米处鄱阳湖湖口水道有湖口水文站控制鄱阳湖入汇长江，下游约 40 千米处有八里江水文站。

二、测站探源

（一）测站沿革

据现存于南京中国第二历史档案馆的《全国气象测候所调查表、水利委员会水文气象测候站调查表及松潘测候移交清册等有关文书》记载，1885 年 3 月设立九江站观测雨量，隶属于江海关，采用 8 段制观测。1886 年 2 月，九江海关测候所记录逐日气温、气压、风向、风力、天气现象等要素观测资料。1904 年设立海关水尺观测水位，为英制计量单位，主要服务于航运。

1921 年 12 月，扬子江水道讨论委员会驻沪测量处下设九江流量测量队。1922 年在九江开展水位、流量观测，基本水尺断面位于海关水尺下约 400 米处，流量断面在基本水尺下游 1086 米处。1925 年流量停测；1938 年因抗日战争爆发，水位停测；抗战胜利后，1946 年恢复水位观测。1947 年隶属长江水利工程总局领导。1949 年 5 月 17 日，由九江港务局接管。1951 年 11 月，水文站由长江水利委员会九江修防处领导。1954 年 7 月隶属长委会下游工程局南京水文分站。1956 年 4 月，领导机关调整为长办汉总。1970 年基本水尺断面上迁 100 米，靠近九江港七号大轮码头。1973 年 4 月，领导机关调整为长办南京河床实验站。1981 年 5—9 月，长办水文局在九江开展流量试测工作，1988 年正式进行流量测验，1989 年 3 月升级为九江水文站。1994 年 1 月隶属长江委水文局长江下游水文水资源勘测局。2004 年 1 月九江水文水资源勘测队成立，2012 年升格为九江分局，下辖九江水文站。

（二）观测项目变化

九江站水文观测项目变化

序号	项目	开始观测时间	设站目的及观测变化
1	降水量	1885 年 3 月	1938 年停测，1951 年恢复观测，1955 年停测，2003 年恢复观测，收集基本雨情信息

续表

序号	项目	开始观测时间	设站目的及观测变化
2	水位	1904 年 1 月	1938 年停测，1946 年恢复观测
3	流量	1922 年 10 月	收集基本水文资料，1925 年停测
		1981 年 5 月	开展流量试测工作
		1988 年 1 月	收集基本水文资料
4	悬移质输沙率	1996 年 1 月	收集基本泥沙资料
5	单样含沙量	2006 年 1 月	建立单断沙关系，推求断面逐日含沙量
6	水温	2003 年 7 月	收集基本水文资料
7	悬移质颗粒分析	2006 年 1 月	收集基本泥沙资料
8	河床质（床沙）	2006 年 1 月	收集基本泥沙资料
9	沙质推移质颗粒分析	2008 年 10 月	收集基本泥沙资料
10	水质	1990 年 4 月	收集水质基本资料

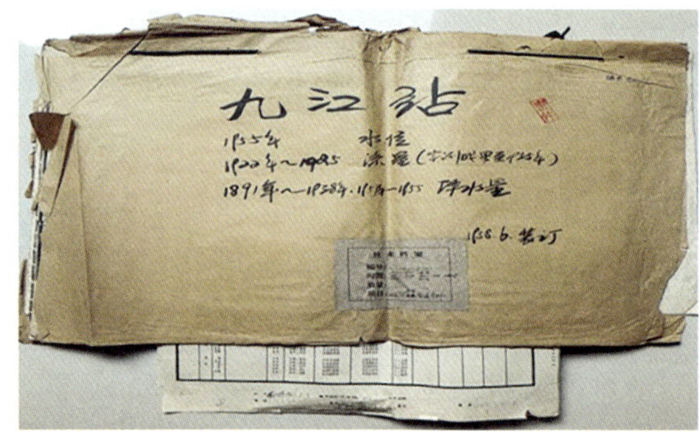

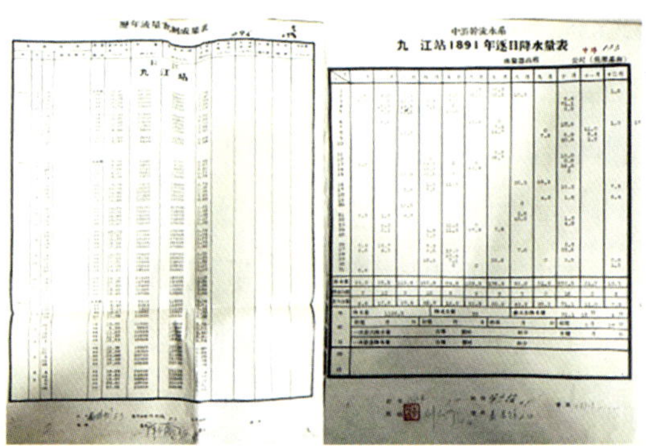

九江站早期水文观测原始记录簿及水文资料整编刊印成果

（三）设施设备变迁

1. 水文测验断面设施

九江站有断面标志杆 8 根（中断面左右岸各 2 根，上、下断面左右岸各 1 根）、断面标点 2 个（中断面左、右岸各 1 个）、六分仪标杆和断面标定位系统（左岸池烟和右岸锁江楼作为六分仪标）、基线桩点 2 个和 GNSS 定位系统基站点 2 个，水准点 5 个（基本点 2 个、校核点 3 个）。

2. 水位观测

九江站早期水位采用直立水尺，人工观测。1994 年高水位自记台建成投产，中低水采用活动自记台；2004 年重建自记台，实现水位全时段、全量程自记。2018 年搪瓷靠桩式水尺替换成夜光型不锈钢水尺。

九江水文站高程系统在1960年以前采用吴淞（扬委）基面，1961年以后采用冻结基面，冻结基面－0.046＝吴淞（资用）基面以上高程。1966—1975年冻结基面－1.929米＝黄海基面以上高程，冻结基面－1.945米＝黄海基面以上高程（73）。1994年至今，冻结基面－1.895米＝1985国家高程基准以上高程。

九江站于2020年配备了自记遥测水温计，2021年配备视频校核水位计，经比测投产。2022年配备自记风速风向仪。

3. 流量测验

（1）水文测船

九江水文站水文123轮、水文132轮、水文218轮、水文219轮在长江和鄱阳湖担负防汛测报任务。水文123轮和水文132轮分别于2013年3月和2017年12月停航报废。有水文专用码头1座（含趸船1艘）。

九江水文站船舶基本参数情况

船名	总长/米	型深/米	型宽/米	总吨位	净吨位	功率/千瓦	投产时间
水文123	17.0	1.32	3.3	26	10	88	1976年5月
水文132	23.5	1.80	4.5	56	16	94	1998年4月
水文218	25.6	1.95	5.2	78	23	146	2007年7月
水文219	27.3	1.80	5.4	82	24	215	2015年6月
水文九江趸船	40.4	1.70	9.0	292	87	—	2021年3月

水文测船（2017年摄）

九江趸船（2024年摄）

（2）浮标

建站以来，浮标法仅用于流向测验，施测水面流速流向，计算断面平均流向，并率定浮标系数。

（3）流速仪

20 世纪 80 年代采用 Ls25-1 型流速仪施测流速，90 年代改为 Ls25-3A 型流速仪，以秒表计时，电铃人工计数，后期升级为计时计数器，并接入计算机实现自动化或半自动测流。2001 年 7 月水文测船测验智能控制仪投入使用。2003 年配备 ADCP，经历时 5 年的比测试验，2008 年 1 月投产应用。

（4）定位仪

早期采用六分仪配合六分仪杆和经纬仪给测船定位，动船情况下采用后方交会和前方交会方式定位，精度相对较低，定位误差在 2～5 米。2003 年配备亚米级 GPS 用于流量测验测船定位。

（5）测深仪

九江水文站流量测验断面最大水深在 37 米左右，采用铅鱼测深，在大流量时悬索偏角有三四十度，不仅水深测量效率低，还存在安全隐患。20 世纪 90 年代初期引进纸质记录及数字记录的回声测深仪。

HD-310 型

HY-1600 型

测深仪（2022 年摄）

4. 泥沙测验

悬移质测验采用横式采样器现场取样，送实验室经过沉淀（自然沉降）、浓缩（去除清水）、烘干（烘箱）、称重（天平或电子天平）。

2006 年采用锥式采样器进行床沙取样。推移质测验 2008 年采用 Y78-1 型沙质推移质采样器，采样效率为 61.4%，修正系数 1.63。

2006 年采用粒径计与吸管法相结合的分析方法，进行悬移质泥沙颗粒级配分析，采用筛吸结合法分析床沙样。2010 年采用激光粒度分析仪和音波振筛仪分析悬移质、床沙及沙质推移质颗粒级配。

横式采样器

Y78-1 型沙质推移质采样器

锥式采样器

5. 降水量观测

1955 年降水量使用 20 厘米口径带防风圈的雨量器，器口高出地面 2 米，用专用量杯计量。1958 年 6 月撤除防风圈，器口高出地面改为 0.7 米，一直沿用至今。20 世纪 90 年代，采用固态存储翻斗式自记雨量计观测降水量。

6. 水质监测

1990 年 4 月设水化学分析室，陆续配备万分之一电光天平，蒸馏器、电烘箱、玻璃器皿、电导仪、酸度计等。2016 年以后，配置了 72 型分光光度计、测汞仪、气相色谱仪、原子吸收仪、紫外分光光度计、电子天平、显微镜、电冰箱、培养箱、流动注射分析仪等较为先进的仪器设备。

2024 年使用实验室信息管理系统进行水质资料录入、整编、生成打印等工作，替代原始手工作业。

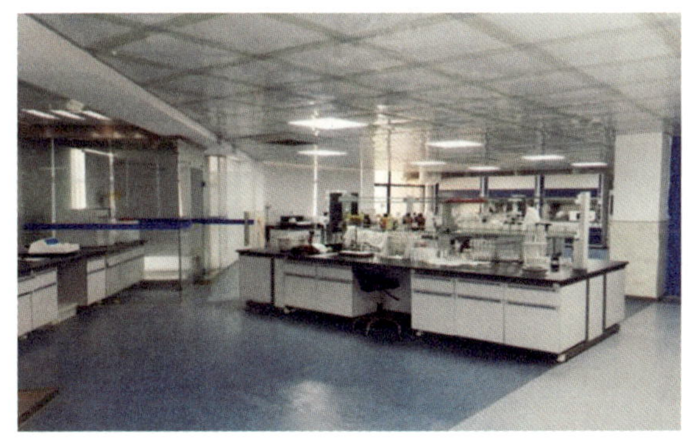
九江水环境监测分中心

水质分析（2023 年摄）

三、水文特征

（一）水文要素特征

九江水文站径流量年际变化较大，汛期（通常为 4—9 月）径流量占全年的

60%～70%。汛期主要受上游来水影响，流量测验断面下游 9 千米有张家洲，分长江水为南、北两支，下游 30 千米处有鄱阳湖入汇长江，对九江水文站水位、流量有顶托影响。这些地理特征对水文监测有着重要影响，故水文情势较为复杂。

九江站水文要素特征值

保证水位/米	23.25
警戒水位/米	20.00
设防水位/米	17.00
历史最高水位/米	23.03（1998 年 8 月 2 日）
历史最低水位/米	6.51（1929 年 3 月 28 日）
最大流量/（米^3/秒）	75000（1996 年 7 月 23 日）
最小流量/（米^3/秒）	5850（1999 年 3 月 27 日）
年平均流量/（米^3/秒）	30400
最大年径流量/亿米^3	9590（1998 年）
最小年径流量/亿米^3	5381（2006 年）
最大含沙量/（千克/米^3）	1.48（1997 年 7 月 14 日）
最大年输沙量/亿吨	3.22（1998 年）

（二）水文特征演变

1. 水位

九江站从 1904 年至今，除抗日战争期间停测有 8 年水位资料缺失外，全过程记录了长江九江段的水位变化过程，其中实测最高水位为 23.03 米（1998 年），最低水位为 6.51 米（1929 年）。

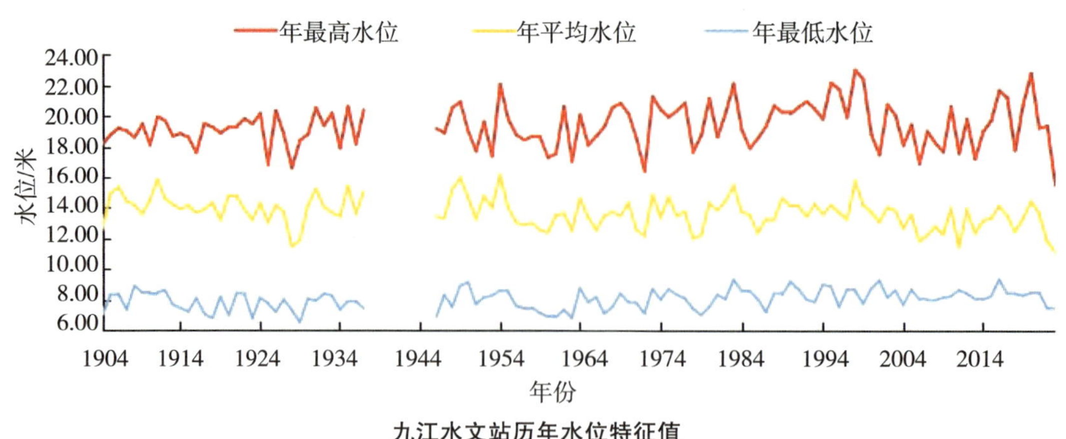

九江水文站历年水位特征值

2. 流量

九江站流量测量开展得较晚，1988—2023 年为实测成果，1922—1925 年、1981 年 5 月—1981 年 9 月为临时实测流量成果，未参加统计。其中，最大流量为 7.5 万立方米每秒（1996 年），最小流量为 5850 立方米每秒（1999 年），多年平均流量为 3.04 万立方米每秒。

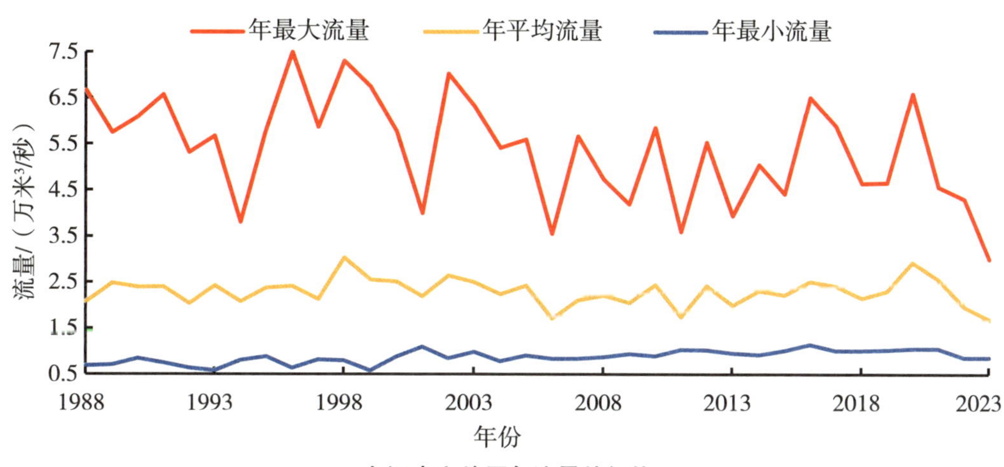

九江水文站历年流量特征值

3. 含沙量

九江站于 1996 年开始施测悬移质含沙量，其中，1997 年年最大含沙量为 1.48 千克每立方米，为建站以来年最大含沙量极值，多年平均为 0.178 千克每立方米。

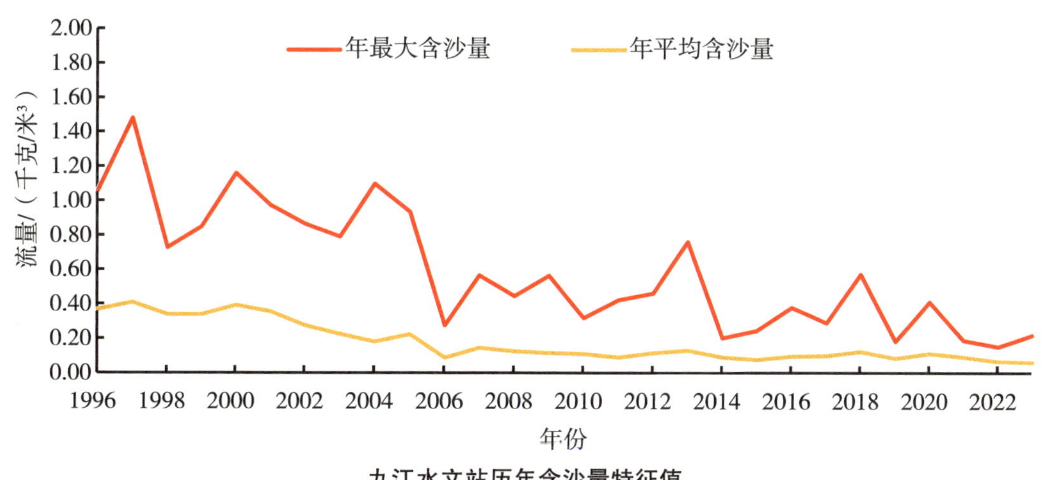

九江水文站历年含沙量特征值

4. 水温

2003 年以来的水温观测成果显示，九江站历年来最高水温为 31.5 摄氏度，出

现在 2022 年；年最低水温为 5.1 摄氏度，出现在 2005 年。年最高水温、年最低水温和年平均水温多年以来基本平稳，多年平均水温 19.2 摄氏度。

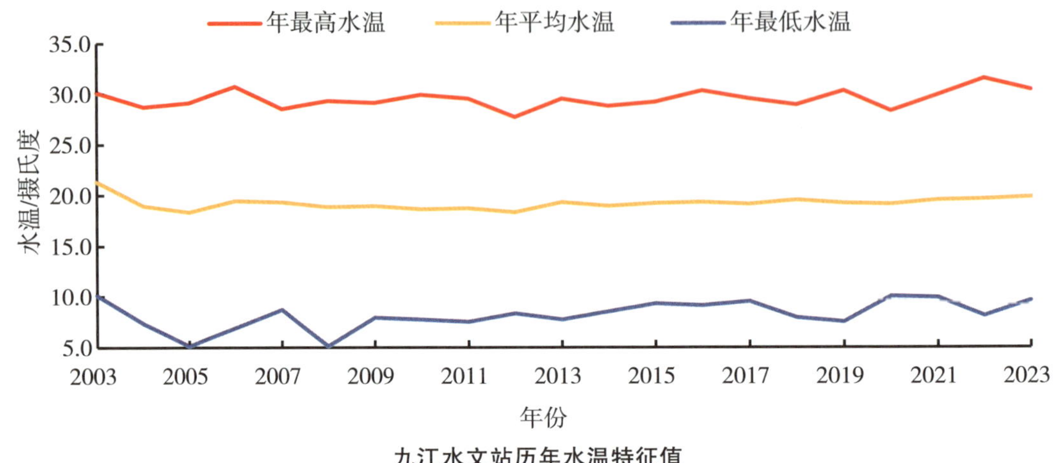

九江水文站历年水温特征值

（三）历史洪水

九江站有实测资料以来发生过的大洪水，主要有 1931 年、1935 年、1949 年、1954 年、1973 年、1983 年、1995 年、1998 年、1999 年、2020 年洪水。

九江站实测历史最高和最低水位排序表

排序	年最高水位/米	出现时间	年最低水位/米	出现时间
1	23.03	1998 年 8 月 2 日	6.51	1929 年 3 月 28 日
2	22.81	2020 年 7 月 12 日	6.79	1918 年 2 月 9 日
3	22.43	1999 年 7 月 21 日	6.79	1923 年 2 月 11 日
4	22.20	1995 年 7 月 9 日	6.83	1963 年 2 月 12 日
5	22.12	1983 年 7 月 13 日	6.87	1961 年 2 月 3 日
6	22.08	1954 年 7 月 16 日	6.90	1946 年 2 月 25 日
7	21.78	1996 年 7 月 23 日	6.94	1960 年 2 月 20 日
8	21.68	2016 年 7 月 9 日	6.99	1920 年 1 月 28 日
9	21.28	1973 年 7 月 8 日	7.01	1979 年 2 月 1 日
10	21.23	2017 年 7 月 6 日	7.03	1904 年 2 月 4 日

1. 1931 年洪水

据《申报》1931 年 8 月 20 日报道，1931 年水灾期间，江面宽度达到 20 里①，

① 九江市人民政府 https://www.jiujiang.gov.cn [引用日期：2024 年 04 月 20 日]。

江南的九江市区、八里湖等全淹，江北的小池口都在水里，长江和龙感湖接通，可谓一片汪洋。《申报》于1931年8月5日发表的来自九江7月30日的报道称：“自二十五日起，九江市各低洼处，如沿江马路、南门湖、龙池寺以及西门等处，即已浸水，商店大都闭门歇业。近因水势继涨增高，各马路均水深数尺，交通断绝，非船不行。”

1931年7月水淹大中路

2.1954年洪水

九江水文站在5月下旬就进入高水期，并持续5个多月时间，其中7月16日出现最高水位22.08米。

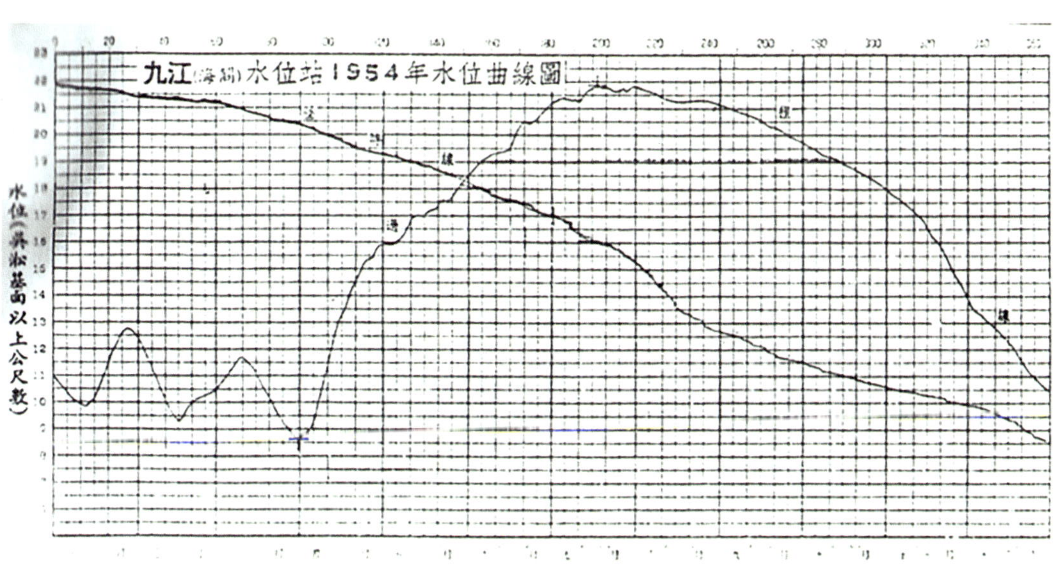

1954年水位过程线图

3.1998 年洪水

1998 年 6 月 24 日，九江站进入警戒水位，到 9 月 25 日退出警戒水位，历时长达 94 天。8 月 2 日出现最高洪水位 23.03 米，比 1954 年的 22.08 米还要高出 0.95 米，日涨幅达 0.77 米。

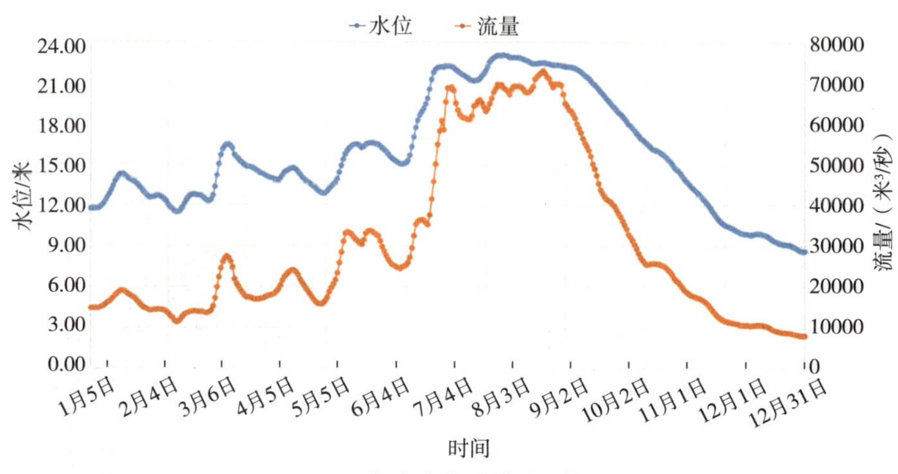

1998 年水位和流量过程线

4.2020 年洪水

自 6 月 2 日开始，长江干流接连发生 5 次编号洪水。主汛期长江干流主要控制站全线超警，数条支流出现超保证甚至超历史洪水。7 月 12 日最高水位 22.81 米，仅次于 1998 年，位列历史第二位。

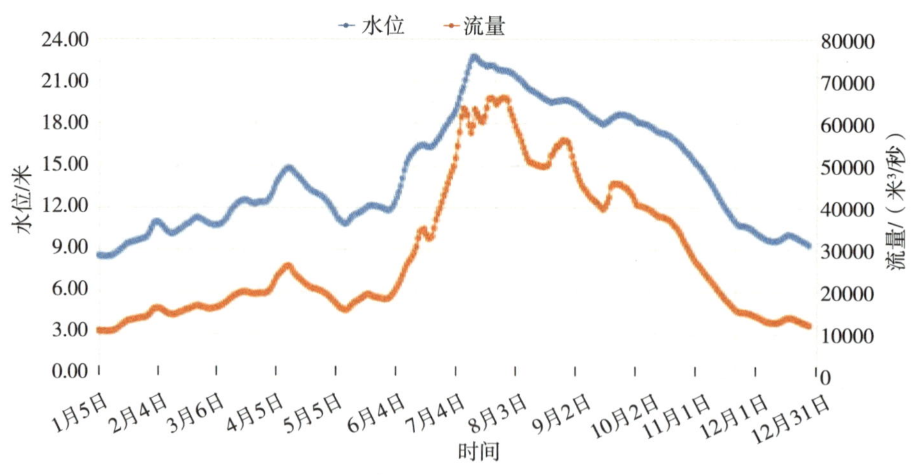

2020 年水位和流量过程线

2020 年 7 月 19 日九江站进行全套水文测验（施测流量、含沙量及沙质推移质）

四、技术发展

（一）无线测流系统

九江站流量测验断面位于九江港区，上下水航道来往船只较多，汛期断面宽约 1400 米，最大水深近 40 米，最大流速超过 3 米每秒，采用流速仪法测验流量历时 4 小时左右。

测深系统

流速记录系统（1999 年摄）

流速测量在测船抛锚定位后将流速仪通过绝缘皮线和电铃方式传输记录，水深通过铅鱼钢丝绳上的尺码标记来测量。这种测验方法存在两大缺点：一是在高洪期来临流速加大时水文测验困难，且容易走锚；二是会导致偏角大，水深测量精度不高，加上九江港区上下水船舶较多，给水文测验工作带来风险。为此，九江站参与研制了无线测流测深系统，在测速方面通过钢丝绳为正极、船体为负极实现无线传输，测深通过光电码盘将水深数据输至计算机，极大地减轻了劳动强度，增加了水上测验的安全性，并提高了成果质量。

（二）水文测验软件

20 世纪 80 年代末期，测站配备 PC-1500 计算机，用 Basic 语言编写水位计算等小程序，提高水文资料计算校核的效率和准确性。1997 年配备台式计算机，编写水位月报、流量、输沙率计算程序。1999 年微机测流系统应用，将软件进行了更新，实现了现场记录、分析、计算、校核等一体化作业。

PC-1500 计算机

（三）在线流量监测平台

在断面上优选 3 条测速垂线建立在线流量监测平台，采用 ADCP 自动监测流速，建立垂线代表流速与流量关系，实现流量在线监测。

CHANG JIANG SHUIWEN

江河记忆：流域水安全全息监测与全域预报预警

由长江委水文局、华中科技大学、中国水利水电科学研究院、武汉大学、河海大学等单位共同参与完成的“流域水安全全息监测与全域预报预警”项目，主要聚焦监测预报预警面临的观测要素不全、信息密度不高、预报精度不够、预警时效不足、智能支撑不强等系列难题，围绕全要素、全过程、全自动立体在线监测和“大中小”“长中短”“年内、年际”时空全链条预报预警系统开展技术创新研究，在全息自动监测、全域智能预警、全链条智慧调控等3个方面取得系列创新成果，构建了流域“空—天—地”融合的河流全息智能监测体系、流域水安全全域智能预报预警体系、基于预报—预警—预演—预案的流域水工程智慧调控体系等3大体系。

该成果已在长江流域投入使用，并推广至珠江、湄公河、吉拉姆河等数十条国内、国际河流；为长江流域综合规划、防洪规划等10余项国家级规划，“一带一路”沿线巴基斯坦、老挝等10余个共建“一带一路”国家的水文水资源信息监测及预报预警提供了重要技术支撑；成功服务于三峡、南水北调中线水源、卡洛特等国内外重大水利工程（群）调度运行，直接应用于金沙江白格堰塞湖等近10次应急抢险，助力实现流域河流信息监测、预报、预警和流域水工程调控的自动化、智能化、现代化，为保障流域水安全提供重要技术支撑。相关成果纳入国家标准4部、行业标准30部；获得授权发明专利55项、实用新型80项、软件著作权70项、水利先进实用技术推广10项；出版专著15部，发表学术论文400余篇。

2023年“流域水安全全息监测与全域预报预警”获湖北省科学技术进步奖一等奖。

五、难忘岁月

记忆中的1998年抗洪

1. 测船历险记

1998年的九江站仅有一条已运行20多年、120马力的测船。按测洪能力，这条小测船仅能在18米以下水位使用，但在防汛抗洪最吃紧的时刻，测站职工没有退缩。最危险的经历，是在一次测洪中突遭暴风，测船在风浪中上下颠簸，上级领导用报话机令大家立即回港，可测船在大风浪中已抛锚定位，难以即时返航，更糟的是偏偏有一堆树枝、芦苇秆及水草等漂浮物缠住了绞关上的仪器。眼看船只开始倾斜，党员余火龙拼命稳住舵，袁斌同志从厨房拿把菜刀，奋不顾身地扑向船舷外，在激流中一刀一刀地向漂浮物砍去，唐显忠同志死死抱住他的腿，怕他被风浪卷走。一阵拼命奋力挥砍后，终于摆脱了漂浮物的缠绕，船只复位了，危险解除了。

2. 增援、增援、增援

在测站职工专注监测九江洪水时，上级来电：增测八里江断面流量。同时，湖口水文站因船小无法施测，也向九江站求援。次日清晨6时，时任站长唐显忠和5名同志一同乘水文123号轮赶赴断面，冒着狂风大雨，在4千米宽的湖面上艰难施测了24条垂线，直到中午13时多才完成水文测验工作。他们顾不上吃午饭，调转船头又开回九江断面，开始抓测九江的洪峰。测量结束后，大家又主动请缨，再次支援湖口站，天不亮就出发，轮番转战在相距40多千米的三个测流断面上，湖口、八里江都是风大浪狂之地，工作强度极大。

8月4日21时15分，因持续高水位浸泡，江洲镇江洲洲头段堤坝决口300米，接到九江市防汛指挥部电话后，按上级指令，九江站迅速响应，立即赶赴决口处开展险情处置水文监测工作，为抢险处置提供了有力的水文技术支撑。

在洪水持续的3个多月时间里，九江水文站先后迎战了8次洪峰，为防汛抗洪提供了关键数据支持。唐显忠同志被人事部、水利部授予“全国水利系统先进工作者”称号。

长江委水文局 **1998** 年防汛抗洪总结表彰纪念

湖口水文站

——相伴石钟山

湖口水文站

鄱阳湖与长江的汇合口即湖口，是长江中下游的分界点。湖口水文站坐落于被联合国教科文组织列入世界文化遗产名录的石钟山脚下。

湖口水文站1922年设立，其设站目的是掌握鄱阳湖出口与长江汇合后的总水量，现为鄱阳湖区出口控制站，是国家重要水文站、中央报汛站，也是国家重点水质基本断面、国家重点水功能区监测断面。隶属于长江委水文局长江下游水文水资源勘测局九江分局。

湖口水文站位于湖口县双钟镇城德路，东经116°13′59.6″，北纬29°44′47.3″。测验项目现有水位、水温、流量、悬移质含沙量及输沙率、泥沙颗粒级配（悬移质、床沙）、降水量、水质水生态等，为国家收集雨情、水情、沙情、水质等基本水文资料，为鄱阳湖流域防汛抗旱、水资源合理开发利用和水生态保护提供服务。

一、河段概况

（一）鄱阳湖及其湖口水道

鄱阳湖古称彭蠡、彭泽、彭湖，是我国最大的淡水湖。鄱阳湖汇纳赣江、抚河、信江、饶河、修水五大河流及博阳河、漳田河、清丰山溪、潼津河等小河流来水，经调蓄后由湖口注入长江，是一个过水性、吞吐型、季节性的湖泊，湖区面积约 3841 平方千米。

鄱阳湖水系及测站位置示意图

鄱阳湖流域位于长江中下游南岸，是鄱阳湖水系集水范围的总称，南北长约620千米，东西宽约490千米，流域面积16.2万平方千米，其中96.6%的集水面积在江西省，其余分属闽、浙、皖、湘、粤等省份，多年平均径流量1433亿立方米。

湖口水道南从湖口县屏峰与庐山海会镇东侧最窄处（屏峰卡口，约2.8千米），到湖口县双钟镇汇合长江止，全长26千米，平均宽4千米，最宽处8千米，水深随水位涨落在5～21米变化。

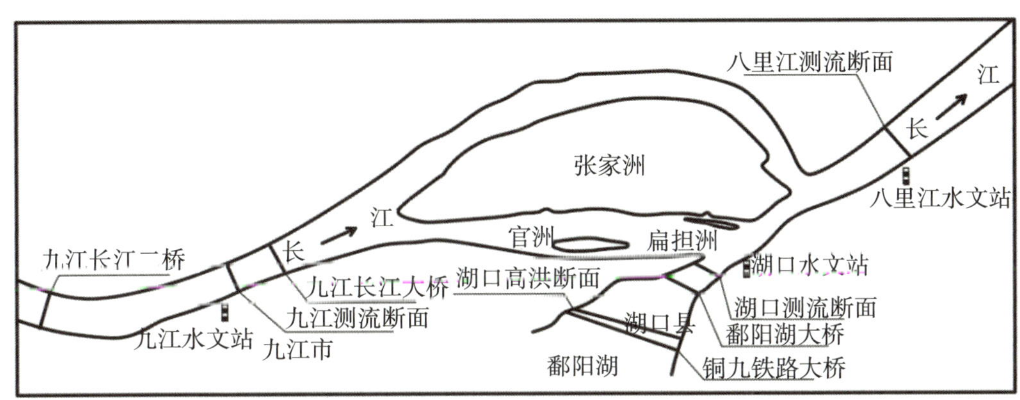

鄱阳湖与长江汇合口及水文测验断面布置图

（二）测验河段

湖口水文站测验河段位于鄱阳湖湖口水道末端，为收缩河段，向上游湖面逐渐加宽，无岔流、串沟、逆流、回水、死水等情况。

流量测验断面下游777米为鄱阳湖与长江的汇合口，上游1千米处建有鄱阳湖大桥，上游约5千米处建有铜九铁路大桥。断面形态呈偏“V”形，中高水主槽宽度约1300米，主泓靠近右岸。左岸有滩地，1964年修建圩堤；2001年右岸修建防洪堤，石钟山突出于河口；断面为砂质河床，较稳定，长江来水顶托倒灌时水流较紊乱。

高洪测流断面距河口约5千米，为复式河床，最大河宽约4700米。左岸有宽达3700米的滩地，水位约11.00米时滩地开始淹没，主要由淤泥组成，滩地露出时有水草生长；右岸由砾石及黏土组成。

河道深泓点在20世纪50年代初期居左岸525米处，1954年大洪水后向右移动，从此河道深泓点有逐年向右移动的趋势。1953—1965年向右移动255米；1965—1984年在距左岸780～810米范围摆动，变化幅度不大。1987—2010年深泓点在距左岸910～940米摆动；2010—2018年深泓点主要在距左岸840～920米摆动，最深点距左岸900米，并逐年向左移动；2019—2022年深泓点在距左岸840～850米摆动。

根据历年高水水面宽统计可知，在 1984 年以前高水河面宽 1392～1410 米，1985—1986 年修建右岸的圩堤使得右岸河滩比 1984 年缩窄约 70 米，1987—2022 年高水河面宽稳定在 1320 米左右，说明 35 年来该断面河岸基本稳定。

湖口河段冲淤变化规律较复杂，受长江和鄱阳湖水流、泥沙条件相互作用的影响。据历年实测河道地形资料分析，鄱阳湖出口河段变化总趋势是左岸淤积，右岸冲刷，主河槽右移，并缓慢刷深，左岸滩缓慢淤积增长。

石钟山下的“江湖两色”

长江和鄱阳湖于石钟山下合流，共赴大海。由于水体泥沙等颗粒物浓度的差异，江水与湖水一清一浊，绵延数千米而不相混，形成江湖两色的奇特景象，其壮阔与“泾渭分明”奇景颇为相似，但更为震撼人心。南宋周必大《游石钟山录》：“江水西来而浊，湖水南来而清。”陆游途经湖口时也记录：“江水浑浊，每汲用，皆以杏仁澄之，过夕乃可饮。南江则极清澈，合处如引绳不相乱”。1965 年 7 月，郭沫若至湖口，以“水文黄赤界”描述这一奇观；石钟山上的清浊亭镌刻有楹联：“江湖两色，石钟千年”。

湖口“水文黄赤界”（清浊）图

长江上中游绵延 5500 千米，受水土流失和人类活动影响，水体含沙量浓度较高，江水显得浑浊。而鄱阳湖汇聚赣江、抚河、信江、饶河、修河五大河流之水，湖面广阔，流域内植被茂盛，泥沙含量相对低，湖水相对清澈透明。因此，多数情况下呈现江水浑而湖水清的“江湖两色”。

但“江湖两色”并非一成不变，而是随着季节和天气更替而不断“变脸”。每年三月，鄱阳湖来水开始增加，湖水颜色变浑，而此时长江来水相对清澈，于是出现了“清浊倒置”现象。而在梅雨季节，长江中下游水位迅速上涨，甚至高于鄱阳湖，江水倒灌入鄱阳湖。此时，赤褐色的江水和碧绿的湖水相混，湖水变得浑黄，显现出一黄一赤的两种颜色。此外，“江湖两色”还会根据天气变化调整“对比度”和“饱和度”。天气晴朗时，江水呈浅黄色，湖水碧绿如玉；阴天时，江水浑黄一片，湖水则变为蓝绿色；而雨天或有雾时，江湖则融为一体，界线变得相对模糊。这种因季节和天气而变化的“江湖两色”景观，无疑为大自然增添了无尽的魅力。

一、测站探源

（一）测站沿革

1922 年 10 月，扬子江水道讨论委员会在江西省湖口县设立湖口水文站，施测水位、流量（长江干流八里江断面），从此湖口始有实测水位和流量资料。1925 年 6 月撤销。1931 年 1 月由扬子江水道整理委员会恢复湖口水位观测。

1947 年 4 月 15 日，扬子江水利委员会恢复流量测验项目，在湖口水道设立测流断面，同时施测水位和悬移质含沙量。1949 年 4 月停测，同年 6 月恢复水位观测，9 月恢复流量、悬移质含沙量测验。

1950 年 7 月，领导机关为华东军政委员会水利部；1951 年 1 月，领导机关改属长委会下游工程局，列为二等水文站，管辖小孤山、星子、马当、九江、东流、杨柳湖等 6 个水位站。

1953 年 5 月，湖口站由二等水文站升格为一等水文站；1955 年 4 月，湖口站改属长委会南京水文分站；1955 年 5 月管辖增加八里江水位站，6 月撤销八里江断面，湖口站管辖小孤山、星子、九江、东流、下新、下仓埠等水位站。

1956 年 4 月，领导机关调整为长办汉总，管辖的水位站变更为东流、小孤山、九江。1957 年 1 月，湖口水文站改为湖口流量站。1961 年 1 月，管辖水位站增加黄石港、武穴。1962 年 1 月，管辖黄石港、武穴、九江、田家镇、小孤山水位站。1964 年 1 月，湖口流量站恢复为水文站。1972 年 12 月，小孤山水位站上迁 3.2 千米并改名为彭泽水位站。

1973 年 4 月，领导机构调整为长办南京河床实验站，管辖九江、彭泽水位站。

1989 年 1 月，仅管辖彭泽水位站。

2004 年 1 月，湖口水文站实行站队结合，由九江水文水资源勘测队开展水文巡测。

位于石钟山下的湖口水文站（2003 年摄）

（二）测验项目变化

湖口水文站水文测验项目演变表

序号	观测项目	开始测验日期	目的及观测变化
1	水位	1922 年 10 月 14 日	收集长江干流（八里江）水位，1925 年 6 月 7 日撤销
		1931 年 1 月	收集鄱阳湖湖口水位，1938 年 9 月停测，1947 年 4 月恢复观测，1949 年 4—6 月停测，1949 年 6 月恢复观测至今
2	流量	1922 年 10 月 14 日	收集鄱阳湖汇入长江后的总水量（长江干流八里江断面），1925 年 6 月撤销
		1947 年 4 月 15 日	收集鄱阳湖湖口水道流量，1949 年 1—9 月停测，1949 年 9 月 20 日恢复观测至今
3	悬移质输沙率	1947 年 4 月 15 日	收集泥沙资料，1949 年 1—9 月停测，1949 年 9 月恢复观测至今
4	单样含沙量	1955 年 5 月 1 日	分析单断沙关系，1961 年 8 月 1 日停测
5	水温	1958 年 6 月 1 日	收集基本水文资料
6	悬移质颗粒分析	1959 年 5 月 1 日	收集泥沙资料，1961 年 8 月 1 日暂停，1962 年 4 月 1 日恢复观测，1965 年 12 月停测，2006 年 1 月恢复观测至今
7	床沙	1960 年 1 月 1 日	收集河床组成基本资料。1961 年 8 月暂停，2006 年 1 月恢复观测至今

续表

序号	观测项目	开始测验日期	目的及观测变化
8	降水量	1952 年 1 月 1 日	1959 年 1 月 1 日移交湖口县气象站；1963 年 3 月 1 日原地恢复观测；1968 年 5 月 1 日停测，改为抄录湖口县气象站降水量资料；1993 年 1 月停抄湖口县气象站资料；2004 年 1 月恢复观测至今
9	蒸发量	1952 年 1 月 1 日	1959 年 1 月 1 日移交湖口县气象站，1963 年 8 月 1 日奉命在原地恢复观测，1968 年 5 月 1 日停测
10	水质	1958 年 6 月 1 日	收集基本水质资料，1966 年 12 月停测。2011 年 1 月恢复观测，有气温、水温、硫化物、阴离子表面活性剂、总氮、透明度等 31 项；2020 年调整为水温、pH 值、氯化物、阴离子表面活性剂、总氮、透明度、叶绿素 a 等 27 项
11	水生态	2017 年	试点观测浮游动物、浮游植物和着生藻类、叶绿素 a 等

(三) 设施设备变迁

1. 高程系统

1922—1961 年采用吴淞（扬委）基面，1961 年采用冻结吴淞（扬委）基面，并建立冻结基面与吴淞（资用）基面的关系。1973 年建立冻结基面与黄海基面的关系，1994 年建立冻结基面与 1985 国家高程基准的关系。

2. 水位（含水温）观测

1950 年采用直立式搪瓷靠桩水尺进行水位观测。20 世纪 90 年代后将木质靠桩更换成钢管。2017 年，夜光型不锈钢水尺投入使用。

1959 年 8 月修建高、中、低 3 级水位自记台，采用浮子式水位计（机械式日记式）记录水位。1987 年使用机械模拟月记式水位仪。1995—1997 年修建全量程水位自记台。2001 年使用机械模拟式和光电方式数据采集存储并行的月记式固态存储水位仪。2004 年实现实时水情自动测报。

1958 年采用表层水温计进行人工观测记录。2021 年采用水温传感器自动采集记录并远传。

3. 降水量观测

1952 年采用人工雨量器观测降水量。2004 年修建雨量观测场，采用翻斗式自记雨量计。2017 年在原站房前重修标准雨量观测场。

中高水水位台

中低水水位台

低水水位台

全量程水位台

2004 年雨量观测场

2017 年雨量观测场

4. 流量和泥沙测验

（1）水文测船

20 世纪 70 年代初期，自制可变螺距小型机动船。1977 年 5 月建成水文 123 轮。1985 年添置水文 028 轮。1995 年水文 028 轮绞关改造为“三合一”绞关。2000 年 6 月建造水文巡测 05。2007 年后由水文 218 轮、219 轮巡测，2015 年 7 月水文 219 轮加入巡测。

水文 132 轮（2012 年摄）

水文巡测 05（2005 年摄）

（2）在线监测平台

2019 年建成在线测流系统，由两个 V-ADCP 浮标监测平台、一个 H-ADCP 和水文自动监测管理系统组成。2023 年在浮标监测平台上安装在线测沙仪。

流量在线监测系统平台（2021 年摄）

（3）流量测验

1922 年使用旋杯式流速仪。20 世纪 70 年代采用 LS25-1 旋桨式流速仪，90 年代升级为 LS25-3A 旋桨式流速仪。

1986 年使用直读式流速流向仪。2003 年引进 ADCP，2007 年投产应用收集流量基本资料。

（4）泥沙测验

悬移质测验采用瞬时横式采样器，床沙取样为锥式采样器。分析称重先后采用千分之一机械天平、万分之一自动天平和万分之一电子天平；泥沙烘干也经历了从煤油烘箱、人工调温电烘箱到电热恒温干燥箱的过程。

2006 年采用粒径计和移液管相结合的分析方法。2010 年采用激光粒度分析仪。颗粒级配分析采用全自动音波振筛仪、粒径计和移液管相结合的分析方法，2010 年采用激光粒度分析仪和全自动音波振筛仪相结合的分析方法。

5. 水质水生态监测

水质监测仪器有连续流动分析仪、电感耦合等离子体发射光谱仪、离子色谱仪、气相分子吸收光谱仪、全自动氨氮分析仪、全自动总氮总磷分析仪、全自动高锰酸盐测定仪、藻类自动分类鉴定与计数系统等。

三、水文特征

（一）水位特征值历年变化

湖口水文站受鄱阳湖和长江干流双重影响，高水位时间长，4—6 月水位随鄱阳湖水系洪水入湖而上涨，7—9 月受长江洪水顶托或倒灌而维持高水位。水位年变幅大，最大达 15.36 米（1999 年），最小为 8.45 米（2023 年）。警戒水位为 19.50 米，保证水位为 22.50 米。

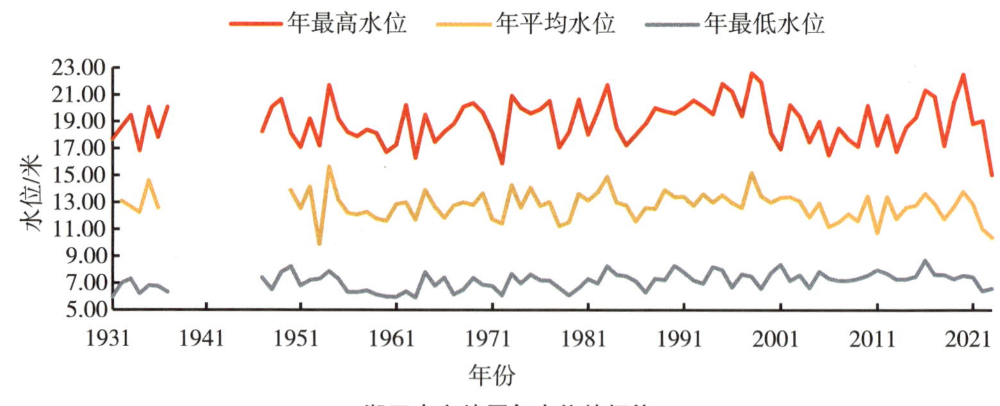

湖口水文站历年水位特征值

（二）流量特征值历年变化

湖口水文站实测资料记录以来最大流量为3.19万立方米每秒（1998年6月26日），最小流量为－1.37万立方米每秒（1991年7月11日）；最大年径流量2646亿立方米（1998年），最小年径流量566.4亿立方米（1963年）。

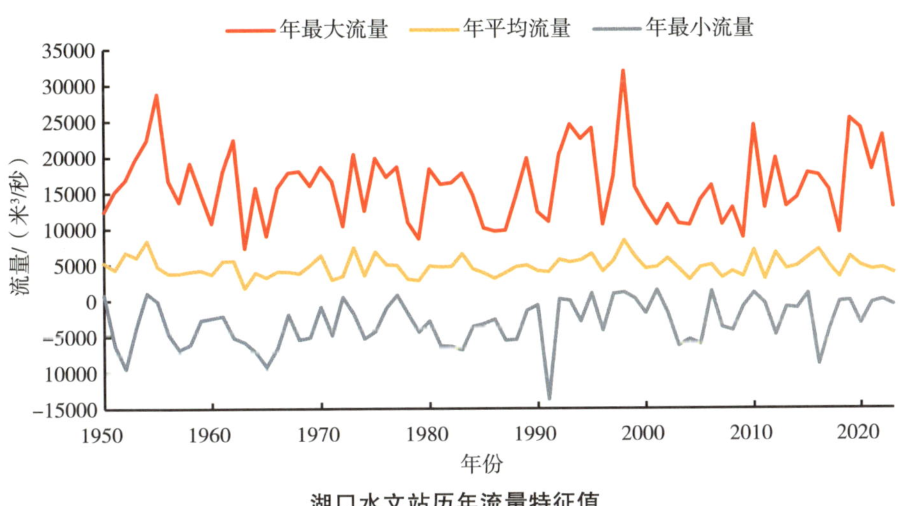

湖口水文站历年流量特征值

（三）悬移质含沙量特征值历年变化

湖口水文站多年平均年入湖输沙量为1860万吨，泥沙入湖主要集中在4—7月。通过湖口进入长江的多年平均年输沙量为938万吨，入出湖相抵，每年淤积于湖中的泥沙量为922万吨，泥沙出湖集中于长江主汛前的2—6月。7—9月长江主汛期间，长江泥沙常倒灌入湖，平均每年倒灌入湖沙量105万吨。多年汛期含沙量最大达2.74千克每立方米，枯水期含沙量最小为0.002千克每立方米。

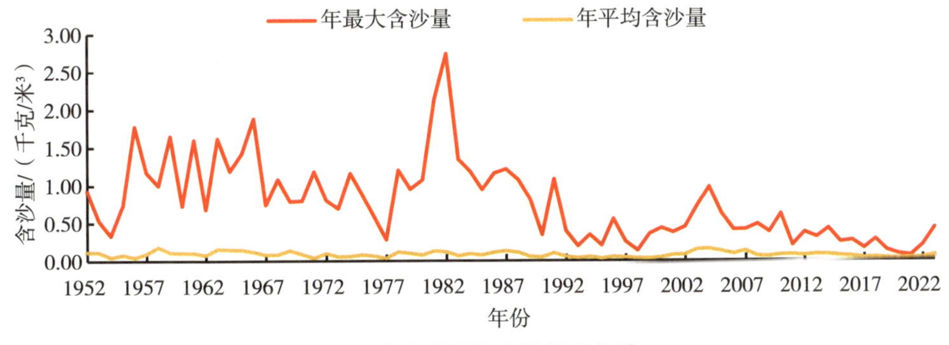

湖口水文站历年含沙量特征值

（四）水温特征值历年变化

鄱阳湖水系多年平均水温 18.0℃，最高 35.0℃，最低 0.3℃。日最高水温出现在 15—17 时，日最低水温出现在 6—8 时，水温日变幅在 2.5℃以内。水温的年内变化分为增温期和降温期两个阶段，从 2 月开始增温，至 8 月达最高值，9 月开始降温，至次年 1 月降至最低。

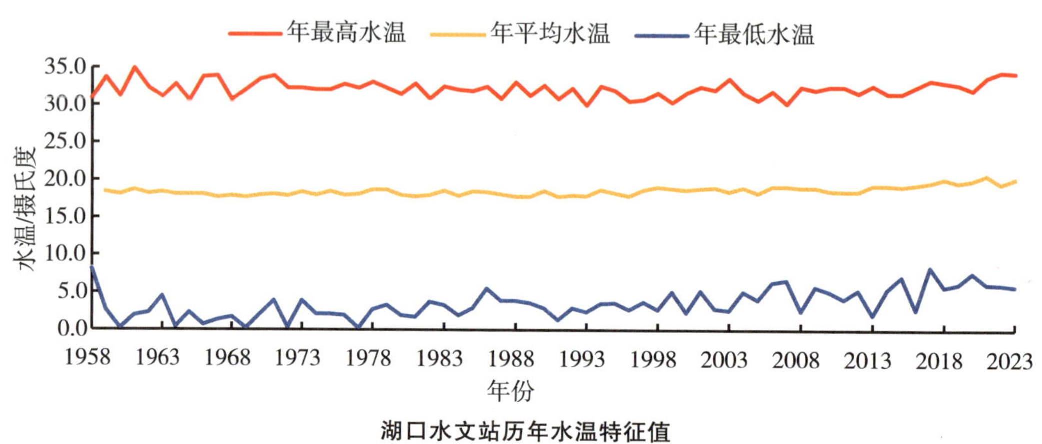

湖口水文站历年水温特征值

（五）江湖关系特点

鄱阳湖是典型的吞吐型、季节性湖泊；低水为河道型，中高水呈湖泊型。鄱阳湖汛期为 4—7 月，先于长江洪水期，称之为春峰，9—11 月往往出现第二次洪峰，称之为秋峰。7—10 月，当长江洪水流量较大时，往往发生江水倒灌入湖，湖口出现负流量。

长江与鄱阳湖的水沙关系主要表现为江湖水流因来水来沙的大小不同而相互顶托，从而对水流泥沙运动及江湖演变产生相应的影响。

鄱阳湖水系主汛期集中在 4—7 月，而长江主汛期为 7—9 月。每年 4—7 月鄱阳湖水系进入主汛期，来水流量集中，湖水位随五河来水入湖而逐渐升高，湖口出流对湖口以上附近的长江干流段水位有一定的顶托作用，其水位随湖口出流量的增加而上涨。

7—9 月鄱阳湖水系五河来水逐渐减少，但长江处于主汛期，长江水位达到最高点，长江干流对鄱阳湖出流的顶托作用最大，湖口出流量减少，水位抬高，当出现负比降时，将发生江水倒灌现象，长江泥沙将进入湖区，此时湖区流速减小，泥沙易于淤积。

9 月下旬后，湖区水位随着长江水流顶托作用逐渐减小，其比降随之增加。10

月底，随着长江水位的降低，顶托作用逐渐消失，江湖水位逐渐消落至枯水位，水面比降相应增大。12 月至次年 3 月间，江湖同时处于枯水季节，相互顶托作用最小，江湖水位均降至各自的最低点，江湖水面比降均较大。

鄱阳湖水系的泥沙通过湖口进入长江集中于 2—6 月，该时段输沙量占年总输沙量的 90%。

（六）历史洪枯水

湖口水文站历年最高最低水位排序

序号	最高水位/米	日期	最低水位/米	日期
1	22.59	1998 年 7 月 31 日	5.90	1963 年 2 月 6 日
2	22.49	2020 年 7 月 12 日	5.94	1961 年 2 月 4 日
3	21.93	1999 年 7 月 21 日	5.98	1931 年 1 月 17 日
4	21.80	1995 年 7 月 9 日	5.98	1960 年 2 月 20 日
5	21.71	1983 年 7 月 13 日	6.06	1979 年 1 月 27 日
6	21.68	1954 年 7 月 16 日	6.07	1972 年 1 月 31 日
7	21.32	2016 年 7 月 11 日	6.12	1959 年 1 月 24 日
8	21.22	1996 年 7 月 24 日	6.13	1967 年 1 月 27 日
9	20.91	1973 年 7 月 8 日	6.18	1934 年 2 月 21 日
10	20.86	2017 年 7 月 6 日	6.27	1987 年 2 月 14 日

1. 1954 年大洪水

1954 年晚春初夏，冷暖空气一直在长江中下游上空盘旋徘徊，造成连续持久的降雨过程。4 月开始下雨，暴雨过程频繁，持续时间长，降雨强度大，笼罩面积广。5—7 月的主汛期，洞庭湖水系、鄱阳湖水系和皖南山区、大别山区的很多地区，3 个月累计雨量在 1200 毫米以上；湖口水文站这三个月实测累计雨量为 1185.1 毫米，占全年总量的 61.2%，大大超过正常年份的雨量。

1998 年洪水中的湖口县街道

1954 年 7 月 16 日，湖口水文站最高水位达 21.68 米，6 月 20 日实测最大流量 2.24 万立方米每秒。自 6 月 16 日至

9月28日，19.50米以上的高水位持续105天；6月27日达1949年最高水位20.65米，直到9月7日才退到20.65米以下，历时73天。

2.1998年大洪水

1998年夏季，受强厄尔尼诺及其他综合因素影响，长江流域气候异常，中下游干流及洞庭、鄱阳两湖水系出现枯季不枯的现象，形成汛前底水较高的局面。6月中旬进入梅雨季节后，长江中下游水系暴雨不断，强度大，面积广，主雨带长期徘徊于长江流域，使得长江上、中、下游地区以及鄱阳湖水系五河、洞庭湖水系四水相继发生大洪水，并发生恶劣遭遇。

湖口水文站实测最高水位涨到22.59米，实测最大流量3.19万立方米每秒，属有记录以来最大流量。自6月22日—9月20日，19.50米以上的高水位持续91天；7月25日达1954年最高水位21.68米，直到8月26日退到21.68米以下，历时33天。

3.2020年大洪水

2020年入汛以来，长江流域强降雨轮番来袭，干流接连发生5次编号洪水。6月2日开始，江西省遭遇当年持续时间最长、影响范围最广、降水量和雨强最大的一次连续性暴雨天气过程。7月2—11日湖口水文站降水量达450.5毫米，其中7日降水量为202毫米；7月2日10时，“长江2020年第1号洪水”在长江上游形成并向中下游演进。由于中下游持续强降雨，长江防洪形势日益严峻，7月10日13时，长江委水文局升级发布鄱阳湖湖口附近江段、鄱阳湖湖区洪水红色预警；7月10日14时，长江委将长江水旱灾害防御Ⅲ级应急响应提升至Ⅱ级。7月12日23时，湖口水文站最高水位涨至22.49米，与1998年仅差0.10米，离保证水位只有0.01米，是湖口水文站有实测资料以来的第二高水位。7月14日12时起，长江委水文局将长江中下游干流九江至湖口江段、鄱阳湖区洪水红色预警调整为洪水橙色预警。

江水倒灌

江水倒灌是一种自然现象。民间有一种说法，叫做“大河涨水小河满”，说的就是江水倒灌的现象。在长江，通常在汛期或梅雨季节，干流水位涨速率较快时，就会倒灌进入小的河流。江水倒灌在鄱阳湖流域影响尤其特殊且深远，不仅影响湖区，还会影响一些水系如“五河”的尾闾，实际上是江湖关系的一种具体表现形式。

江水倒灌是长江干流、鄱阳湖湖区以及“五河”尾闾共同作用的结果，是一种水流能量的比拼。监测分析表明：江水倒灌鄱阳湖的根本原因是长江水流能量强于鄱阳湖。通常，长江的能量可用水位及其变化率表示，湖区的能量可用水面比降表示。江水倒灌鄱阳湖主要有以下 3 种情况：

①当鄱阳湖及“五河”来水不大，长江干流涨水会对鄱阳湖入江水道的出流产生一定的顶托作用，当长江水位持续上涨到一定程度且上涨速率过快时，江水会通过湖口水道倒灌进入鄱阳湖。

②当鄱阳湖、“五河”及长江均处于涨水的情况，长江干流水位上涨的幅度大于“五河”来水及鄱阳湖自身调蓄引起的水位上涨幅度时，也会发生江水倒灌鄱阳湖的现象。

③当鄱阳湖及“五河”处于落水，而长江处于涨水的情况时，即使长江水位上涨速率较小，也可能发生江水倒灌。

例如，湖口水文站 2017 年 10 月 11 日采用先进的 ADCP 测流技术测得，断面右边倒灌流量达 4300 立方米每秒，左岸顺流为 250 立方米每秒，断面总倒灌流量达 4050 立方米每秒。

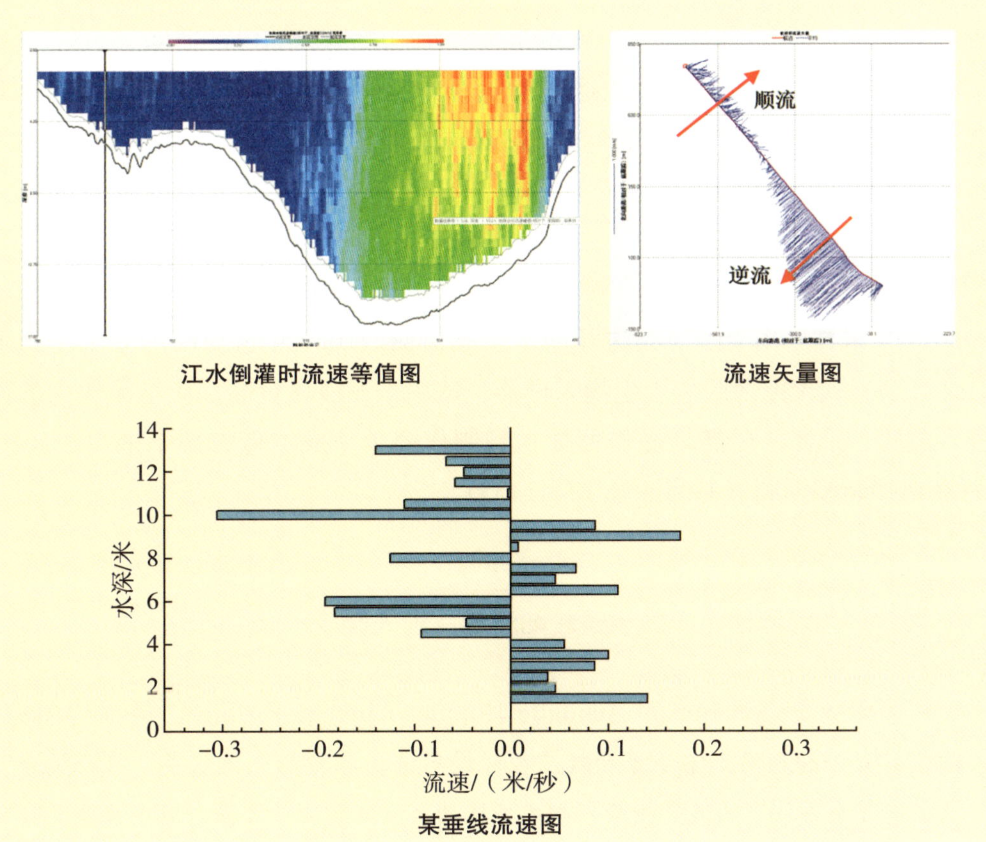

江水倒灌时流速等值图

流速矢量图

某垂线流速图

四、技术发展

（一）顺逆流判别方法

1954 年汛期，长江流域洪水泛滥，湖口水文站受长江和鄱阳湖来水的双重影响，长江对鄱阳湖顶托严重，水流交错顺逆不定，水头一度可达星子县。此时，湖口水文站使用的旋桨式流速仪在水下无法判定流速的方向，于是，研制了一种适合顺逆流量测验的装置，采用乒乓球积深浮标，由水下投放器投放乒乓球，水面观测乒乓球位置，经过 3 个多月的反复试验和不断优化后投入使用。该装置在很长一段时间成为湖口判别正负流速的主要工具。

1986 年，为更好解决顺逆不定时的测验问题，湖口水文站使用直读式流速流向仪与积深浮标比测，这个方法能直接测量流速和流向，在当时能比较好地解决顶托期的测验工作。2003 年引进 ADCP 收集流量基本资料，缩短流量测验时间，提高工作效率，解决了顺逆不定时测验的流速小和流向问题。

（二）水文测验软件

2007 年，用 Visual Basic6.0 编写水位流量输沙处理计算软件，对走航式 ADCP 施测的水文要素处理计算。该软件集成测站水位处理与计算、流量、输沙计算、水温、降水以及大断面处理计算等各要素于一体，2022 年获计算机软件著作权登记证书。

（三）着生生物采样器

2017 年采样采用聚酯薄膜法开展水生态监测。2020 年参与改进着生生物采样器，命名为夹式聚酯薄膜着生生物采样器，适用于泥沙含量高、流量流速大的河流江段，放置、采样、更换均操作便捷，且制作简单、成本低、易于推广。2020 年 12 月获实用新型专利（专利证号 12041458）。

CHANG JIANG SHUIWEN

江河记忆：声学多普勒流量测验关键技术应用研究

声学多普勒流速仪（Acoustic Doppler Current Profiler，简称“ADCP”）是一种利用声学多普勒效应原理进行流速测量的先进设备，特别适合于流态复杂条件下的流量测验，相比传统的河流流量测量方法，效率提高了几倍至几十倍。

20 世纪 90 年代初，长江委水文局引进走航式声学多普勒流速剖面仪。2002 年 5 月，为解决声学多普勒在流量测验中存在的应用技术问题，使先进的流速（量）监测新仪器能在长江得到推广使用，同时为编制我国第一部水利行业标准《声学多普勒流量测验规范》，长江委水文局组织开展了声学多普勒流量测量关键技术的开发研究工作。2004 年又引进了水平式声学多普勒（H-ADCP）等流速（量）自动实时监测仪器，在河流流量和三峡工程大江截流以及受工程影响的水文测验中得到了成功应用。

长江委水文局在大量野外比测试验工作的基础上，首次针对声学多普勒在“底沙运动”、外界磁场干扰影响、大含沙量和受工程影响复杂水流等条件下流量测量中存在的关键技术问题，进行较为全面、深入、系统的分析研究，提出了解决关键技术问题的方法，取得了多项开发研究成果。研究成果的应用，解决了 ADCP 测流中一系列关键性应用技术问题，直接应用于国家水利行业标准《声学多普勒流量测验规范》，为 ADCP 在中国河流流量测验中迅速推广应用作出重要贡献。

2006 年，“声学多普勒流量测验关键技术应用研究”获大禹水利科学技术奖二等奖。

五、难忘岁月

（一）“孤军”坚守

李承厚，江西彭泽人，中共党员。1957 年被评为全国水利系统先进生产者。

1953 年在湖口站工作时，领导派李承厚送器具到星子站，时间紧迫。为了完成任务，他连夜赶路，按时将雨量筒送到星子站。

1954 年，长江遭遇百年一遇的大洪水，八里江附近堤圩多处溃决，八里江站所在堤段也出现溃口，四周一片汪洋，测站在一小段孤堤上设立水尺，随时有冲垮的危险，使得水位观测变得十分困难。李承厚深知水文资料的宝贵，主动请缨去八里江站看水位。到八里江后站房已被冲毁，眼前波浪汹涌、洪水咆哮，李承厚和另一职工在一小段废堤上搭起一座水中楼台，日夜坚守，逐时观测水位。

与此同时，李承厚他们还面临着蛇虫侵扰、无干柴烧水煮饭的困难，甚至出现断米断粮的危机。但李承厚他们仍然在困境中坚守，想尽办法保证观测顺利。9 月 23 日晚，八级大风下，楼台倒了。见此情景，李承厚顶着大风，逆向而行，跑向倒塌的楼台抢救资料，将资料放至树上安全处后，立即在水尺旁打桩，保障水尺稳固，然后和同事忍着饥饿在树上熬了一夜。经过三天两夜的苦斗和煎熬，最终保证了八里江水位资料的完整。

（二）“小虫”防御战

“绿水青山枉自多，华佗无奈小虫何”，这是毛泽东主席在 1958 年 6 月 30 日《人民日报》上读到余江县消灭了血吸虫病的消息后写下的组诗作品《七律二首·送瘟神》中的诗句。这里的“小虫”就是指曾经横行长江中下游地区的血吸虫。血吸虫病是一种自然疫源性和地方性人畜共患寄生虫病，对当地人民构成较大威胁。江西省曾是我国血吸虫病流行最严重的省份之一。

湖口水文站位于鄱阳湖湖口水道，处在血吸虫重疫区范围。20 世纪 70、80 年代，因水文站职工外业测验难免接触疫水，许多职工感染血吸虫，对身体健康甚至生命安全造成很大威胁。进入 21 世纪，血吸虫病的患病与感染进入历史较低水平，但局部易感地带仍存在较高感染风险。每当汛期来临前，湖口水文站职工都会进行灭螺工作。

湖口地区在汛前低水期间，有大面积滩地裸露，水草丛生，其中有一种植物名曰藜蒿。在江西有句话人们耳熟能详——“鄱阳湖的草，南昌人的宝”，这根草说的就是藜蒿。南昌人爱藜蒿的味美，藜蒿在人们的心中分量也很重，是赣鄱大地居民极为钟爱的一种野菜。每年春季，当地居民都会成群结队来河边滩地采摘藜蒿。湖口水文站职工便利用这个机会宣传血防工作，讲授血吸虫病的基本知识，开展有关血吸虫病防治和个人防护的教育，并将之作为传统一直延续至今，得到当地居民的一致好评。

（三）水文观测路的蜕变

湖口水文站观测水尺位于石钟山下山嘴处。原水位观测路巧妙地利用石钟山山岩“空中而多窍”依山而建，在山岩上搭建预制板，下面形成“山洞”，观测路从“山洞”中穿过，因地势陡峭，“山洞”外架设一段悬空的简易钢架楼梯，还有一段陡峭的没有护栏的呈 90 度弯道的水泥台阶。在人工观测的年代里，测站职工沿着这样的小路观测水位，风雨无阻，上上下下，收集了大量宝贵的水文资料。但这条小路也给测站职工带来诸多不便，尤其是在夜晚或雨雪天气时，路滑，有蛇出没，十分危险。2005 年，在原观测路旁修建了新的水位观测路，楼梯变宽了，坡度变缓了，十多根水尺从上到下依次排列，并在观测路两边增加了大理石护栏，既安全又美观，还与石钟山周围的环境和谐相融。

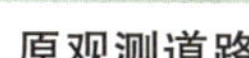
原观测道路

新观测道路

（四）断面测流的变迁

湖口水文站设有两个测流断面，一个为高水测流断面，一个为低水测流断面。高水测流断面在基本水尺断面上游约 4.5 千米，低水测流断面在基本水尺断面上游约 800 米。当水位较高时，低水断面左岸湖水与江水连成一片，需启用高水断面测流，这时水面宽达 4.7 千米以上，施测流量难度非常大。湖口水文站拥有的第一艘水文测船是一艘重 1 吨左右的手工划桨小木测船，测员们要从测站往上游划船数千米到达高水测流断面，才能进行抛锚定位测量。测完一条垂线，要抓紧计算垂线平均流速，点绘流速横向分布图，成果验证合理后再进行下一条垂线。由于断面较宽，测验垂线数较多，基本上一干就得一整天，绞锚、划桨一刻也不停歇才能完成测验任务，一天下来光是划船都将近 20 千米。遇到刮风下雨、夜测等情况，更是马灯斗笠齐上阵。所以职工们用“马灯斗笠、撑篙划桨、测测算算、点点绘绘”来概括他们的工作。2007 年由水文 218 轮搭载 ADCP 实行巡测后，进行一次高水测流断面测验仅需一个半小时左右，降低了工作强度，提高了工作效率。

六、文化提升

2020 年 1 月，石钟山下集长江与鄱阳湖交汇点、长江中下游分界点、长江江豚观察点、长江与鄱阳湖水文观测点（湖口水文站）、解放军渡江战役的西起点于一体的“五点合一”特色文旅项目建成。

湖口水文站具有“背靠石钟山、面向鄱阳湖”的独特地理优势。2017 年湖口县石钟山风景区进行周边环境升级改造，湖口水文站融入规划改造的景观广场。景观广场建有“五点合一”宣传壁画、观豚平台、水文站展示长廊等。

水文展示长廊及电子宣传屏（2020 年摄）

“五点合一”宣传壁画为：江湖交汇点，形成“江湖两色”自然景观；长江中下游分界点，系我国重要地理坐标；长江鄱阳湖水文监测点，为河湖治理及灾害防御提供重要保障；长江江豚观察点，江豚作为长江唯一一种水生哺乳动物，是重要的生态标志；百万雄师过大江西起点，是人民解放军向解放全中国进军的伟大起点。

江湖交汇点、长江中下游分界点、水文监测点蕴含着丰富的水文知识，新旧水位自记井、观测路与观豚平台融为一体。文化长廊利用站房走廊建成，介绍湖口站发展历史，科普水文知识，展陈使用过的水文仪器设备，反映水文测验的变迁过程。过往游人在景观广场既欣赏了江湖美景，又了解了水文知识等。

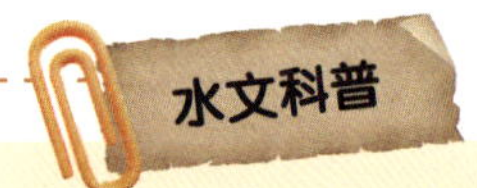

“中国百慕大”之谜

鄱阳湖老爷庙水域，位于江西都昌县多宝乡鄱阳湖的北端，南起松门山，北至星子县城，全长 24 千米，最宽处 12 千米，最窄处只有 3 千米，有“扼五水一湖于咽喉”之说。这里发生过多起船只神秘失踪和沉没事件，引发了众多关于自然现象与超自然力量的猜测和传说。其中，1945 年日本“神户号”运输船在此沉没，船上财宝和 200 余人失踪，成为最大的未解之谜。老爷庙水域也因此被誉为中国的“百慕大”。

为解开老爷庙水域沉船之谜，有关科技人员从水文、气象、地理、地质等先后作了长时间的观察、探测和研究，谜团也逐步解开。初步认为有四种可能的原因，一是水流紊乱形成漩涡；二是狭管地形地貌形成大风或龙卷风；三是水生动物兴风作浪；四是地下电磁场诱发雷电。据分析，水文气象条件综合影响的可能性更大。

老爷庙水域水文条件复杂多变，由于吉山、松门山两岛横立于鄱阳湖中，把老爷庙水域与南湖大湖体隔开，赣江北支修河从吉山西面流入老爷庙水域，而赣江中支、南支的抚河、晓河、信江汇入鄱阳湖南湖后，从松门山东面注入老爷庙水域，几股强大的水流在老爷庙水域交汇。鄱阳湖南湖湖面开阔，落差不大，流水缓慢，除主河槽外，流速均在 0.3 米每秒以下。而到了老爷庙水域后骤然狭窄，同样造成水流的狭管作用，使流速增大到 1.54～2.00 米每秒，且在主河槽产生涡流，增加了该水域的危险性。

老爷庙水域气象条件独特，是江西省少有的大风区，最大风力达 16 级，且全年平均两天中就有一天属大风日，风力至少可达 6 级。观察研究表明，在老爷庙水域西北面，傲然耸立着庐山，其走向与老爷庙北部的湖口水道平行，离鄱阳湖平均距离仅 5 千米。当气流自北南下，即刮北风时，庐山的东南面峰峦使气流受到压缩，气流的加速由此开始。当流向仅宽 3 千米的老爷庙处时，风速加快，狂风或龙卷风会怒吼着扑来，风大浪大，波浪就会形成强大的冲击力，从而导致船毁人亡。

大通水文站

——入海径流代表站

大通水文站

大通水文站1922年10月在安徽省大通镇和悦洲上设立，采集当地水位与流量资料。1949年后虽数次迁站，但资料系列连续，“大通”站名沿用至今。

大通水文站是长江最下游的径流控制站、基本水文站、国家重要水文测站、长江下游洪水编号的重要依据站。隶属于长江委水文局长江下游水文水资源勘测局南京分局。

大通水文站现位于安徽省池州市贵池区梅龙街道，东经117°37′58.3″、北纬30°46′06.3″，距长江入海口距离624千米。现测验项目主要有水位、水温、流量、悬移质输沙率、悬移质颗粒级配、床沙、降水量、蒸发量等，还担负着长江下游生态流量监测工作，1万立方米每秒的生态基本流量保障目标，为下游城镇取水用水提供了重要参考依据。

一、河段概况

大通水文站位于长江下游大通河段。大通河段上接贵池河段，下至羊山矶（铜陵长江大桥），干流长度约 21 千米，平面形态为微弯分汊河段。河段两岸基本都有堤防，城镇比较密集，人烟较少的江边则生长着密集的树林和芦苇。大通河段河道流向总体为西南—东北向，上半段河道顺直，下半段河道分汊，河段内唯一的江心洲名为和悦洲。

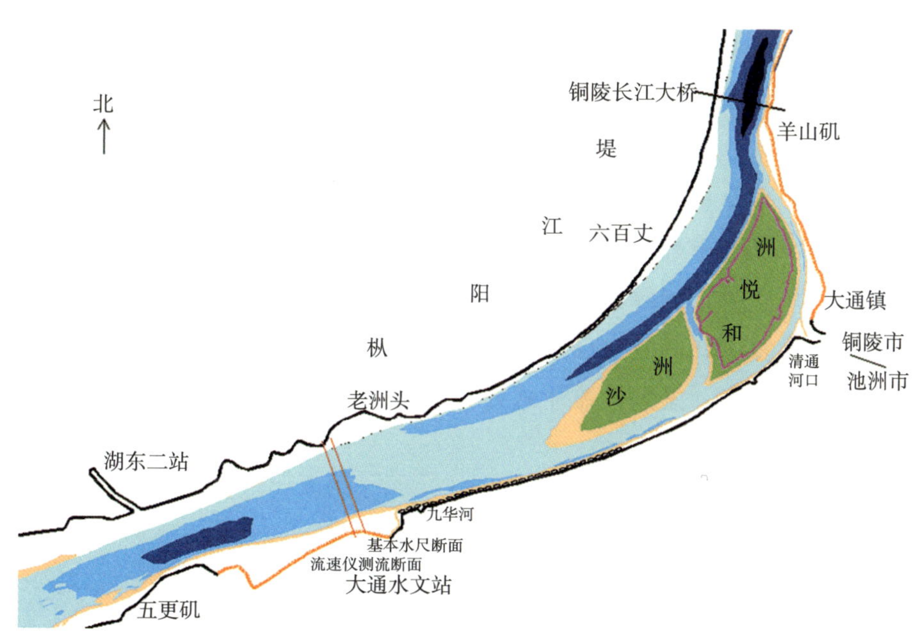

大通水文站断面位置及洲滩示意图

大通水文站基本水尺断面与流量测验断面河段顺直单一，为水文测验工作提供了较好的测站控制和测验环境。大通站测验断面呈偏“V”形，单一河床，断面主泓紧靠右岸，高水宽度约 2000 米，枯水期水面宽 1700 米。左岸至起点距 500 米间河床由细砂泥浆组成，高洪期局部时段有 3 米左右的冲淤。河槽中部起点距 500～1200 米河床质系砂土，比左部略粗，高洪期局部时段略有冲淤，变化比左部为小。

河槽右部起点距 1400～1800 米河床为礁板，礁板上有少量砂砾及卵石，河床稳定。再右部河岸是黄土丘陵。历年来高丘边缘及河岸礁板上覆盖浅薄土层，各段有不同程度的侵蚀、坍塌。

大通水文站上游 219 千米处有鄱阳湖，往下还有华阳河、皖河、秋浦河等汇入，测站水情受干流来水和鄱阳湖出水的影响最大。下游约 110 千米处有青弋江、水阳江等在芜湖汇入长江。测站上、下游河道内存在多个江心洲，其中上游约 20 千米处有凤凰洲和长沙洲；下游约 10 千米处有和悦洲，和悦洲迫使水流偏向左岸。

感潮河段

感潮河段是流量及水位受潮汐影响较大的河段。

潮汐具有周期性，周期性潮汐长波进入河口后，不仅受水深渐减及两岸收束的影响，同时还因河水下泄使潮波的推进受到阻碍，河口的潮汐现象也较一般情况复杂。

在河口段潮波向前推进时，一方面受河床上升和阻力的影响，一方面又受河水下注的阻碍，潮流能力逐渐消耗，流速渐减。当潮波推进相当距离，河口外落潮时，河口内的潮水便又流回海中，潮水位继续降落，自潮波后坡落潮的水量也就愈多。潮波上溯的流速因河流的阻力而削弱，水量也因落潮而减少。等到潮波上溯到某一地点，潮流流速正好和河水下泄速度相抵消，潮水停止倒灌，此处称为潮流界。

在潮流界以上，潮波仍继续上溯，这是由于河水受壅积的结果，但潮波的波高急剧减小，至潮差等于零处为止，所谓潮区界。河口至潮区界河段即为感潮河段。

二、测站探源

（一）测站沿革

1. 站址变迁

站房位置随着测验断面的变迁而多次改变，设站初，站房位于大通镇和悦洲；1950 年，出于测验需求，站房搬迁至池州市梅龙镇风楼山顶；1972 年 1 月，搬迁至梅龙镇王家山顶；1986 年建设了水文专用血防水塔；2008 年 1 月，搬迁至池州市梅龙街道，测站有了水文趸船。

2008 年搬迁前测站与水位自记台

2008 年搬迁后测站与水位自记台

2. 断面迁移

498

長　江

大通(横 港)站1922年逐日平均流量表

流量以公方/秒計

日＼月	一月	二月	三月	四月	五月	六月	七月	八月	九月	十月	十一月	十二月
1											35100	13300
2											33600	13300
3											33300	13300
4										53600	32700	13200
5										52800	32200	12800
6										52300	31600	12300
7										51800	30900	11800
8										51500	29700	11600
9										50400	29200	11600
10										49500	27900	11400
11										49000	26600	11100
12										48400	25900	10800
13										47600	25000	10400
14										46800	24200	10200
15										45100	23600	9930
16										45600	22700	9770
17										45200	22000	9820
18										44300	21800	9650
19										43800	21300	9740
20										43000	20500	9840
21										42400	20100	9900
22										41800	18700	10000
23										41200	18800	10300
24										40600	18400	9800
25										39600	17500	9770
26										38700	16100	9520
27										37900	14700	9180
28										37200	14000	8820
29										36400	13600	8540
30										36000	13400	8450
31										35400		8320
平均											23800	10600
最大										(53600)	35900	13300
最小										35400	13400	8320
年統計	最大流量 (53600) (10月4日)				最小流量 (8320) (12月31日)					平均流量		
	逕流量 公方				逕流模數 秒公升/平方公里					流域面積 公里		

1922 年 10 月始有水位、流量整编成果

1922 年 10 月，扬子江水道讨论委员会九江流量测量队在大通和悦洲设立大通水文站。1922 年 10 月，大通水文站成立之初，基本水尺断面与流速仪测流断面都设在大通镇和悦洲下横港附近。

（1）基本水尺断面的迁移

1935 年 9 月，基本水尺断面上迁至和悦洲洲腰，上迁距离约 7.5 千米；1947 年 1 月，下迁至和悦洲洲尾，下迁距离约 1 千米；1948 年 1 月上迁至和悦洲大邑港口，上迁距离约 3.5 千米；1951 年，上迁至梅埂，上迁距离约 10.5 千米；1972 年 1 月，下迁 1190

米，同时更改站名为大通（二），并将气象观测场迁至梅龙镇王家山顶；2008 年 1 月，基本水尺断面上迁 479 米，气象观测场随基本水尺断面同步搬迁至如今的大通水文站所在位置，站名仍为大通（二）。

（2）流速仪测流断面的迁移

1935 年 9 月流速仪测流断面上迁至 1922 年基本水尺断面上游附近，上迁距离约 500 米；1937 年 3 月，流速仪测流断面上迁至梅埂附近；1947 年 7 月，下迁至横港，在 1947 年基本水尺断面与 1935—1937 年流速仪测流断面间，下迁距离约 16 千米；1950 年 8 月，流速仪测流断面上迁回梅埂，上迁距离约 16 千米，并在两岸设立基线标、六分仪杆与辐射杆。

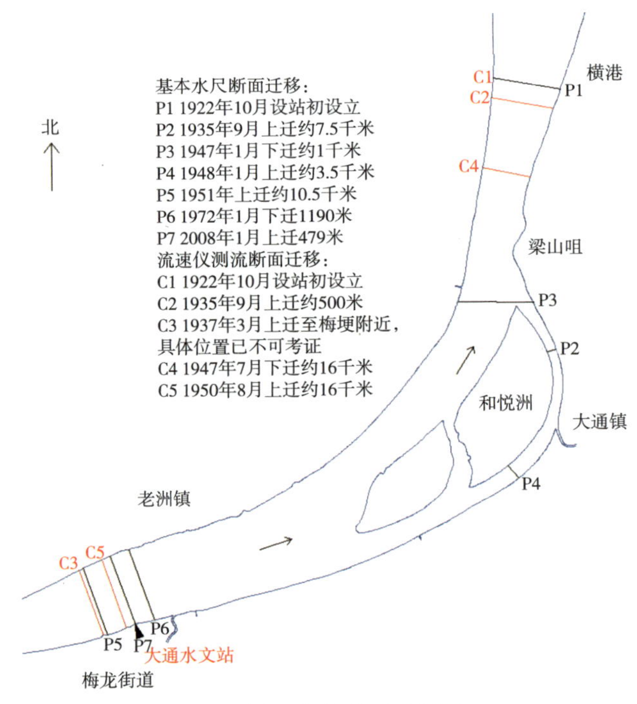

大通水文站断面迁移图

3. 领导机构

1922 年 10 月，大通水文站隶属于扬子江水道讨论委员会；1929 年 10 月，经停测、恢复测验后，隶属于扬子江水道整理委员会；1935 年 9 月，经停测、恢复测验后，隶属于扬子江水利委员会；1947 年 7 月，经停测、恢复测验后，隶属于长江水利工程总局；1950 年 7 月，隶属于华东军政委员会水利部；1951 年，隶属于长委会下游工程局；1952 年 9 月，隶属于长委会南京水文分站；1956 年 1 月，隶属于长委会汉口水文总站；1973 年 4 月，隶属于长办南京河床实验站；1994 年 1 月至今，隶属于长江下游水文水资源勘测局。2013 年隶属于长江委水文局南京分局。

（二）测验项目演变

大通水文站设站之初，测验项目只有水位和流量，1949—1976 年测验项目经过多次增设与停测，至今主要包括水位、水温、流量、悬移质输沙率、悬移质颗粒级配、床沙颗粒级配、降水量、蒸发量等。

大通水文站测验项目演变表

测验项目	时间	变动原因
水位	1922 年 10 月	1925 年 6 月，因测站人员赶赴洞庭湖支援湖区测验工作停测 4 年，1929 年 10 月恢复；1931 年 6 月，因战争原因停测 4 年，1935 年 9 月恢复；1937 年 12 月，因抗日战争和解放战争停测近 10 年，1947 年 7 月恢复
流量	1922 年 10 月	同水位
比降	1949 年 7 月	1962 年 5 月 1 日停测
悬移质输沙率	1949 年 7 月	1968 年 4 月—1976 年改为中间停二年的间测
降水量	1949 年 7 月	
蒸发量	1949 年 7 月	
气温与风力风向	1949 年 7 月	1965 年 6 月 1 日停测
湿度	1952 年	1965 年 6 月 1 日停测
气压	1953 年 1 月	1957 年 4 月 1 日停测
云量云状	1953 年 1 月	1957 年 4 月 1 日停测
能见度	1953 年 1 月	1955 年 6 月 1 日停测
日照	1953 年 1 月	1957 年 4 月 1 日停测
推移质输沙率	1955 年 1 月	1965 年 6 月 1 日停测
断悬沙颗粒分析	1955 年 1 月	1968 年 4 月—1976 年改为中间停二年的间测
单位悬移质	1955 年 7 月	
水温	1955 年 8 月	
河流挟沙能力	1956 年 7 月	1957 年 2 月停测
水化学分析	1957 年 1 月	1967 年停测一年
单位推移质	1958 年 4 月	1961 年 8 月 1 日停测
推移质颗粒分析	1959 年	1965 年停测
河床质颗粒分析	1959 年	1968 年 4 月—1976 年改为中间停二年的间测
单悬沙颗粒分析	1959 年 7 月	1967 年 4 月停测
波浪观测	1959 年 7 月	1960 年 7 月停测
蒸发器水温	1960 年 1 月	1962 年 3 月停测
二米高风速	1960 年 1 月	1962 年 3 月停测

（三）设施设备变迁

1. 高程系统

1922—1949 年，采用吴淞（扬委）基面。1950 年 1 月 1 日将吴淞（扬委）基面冻结，冻结基面－1.938 米等于 1956 年黄海高程系统，冻结基面－0.043 米等于吴淞（资用）基面。1960 年 1 月 1 日调整为冻结基面－1.932 米等于 1956 年黄海高程系统，冻结基面－0.037 米等于吴淞（资用）基面。1994 年 1 月 1 日使用的绝对基面更换为 1985 国家高程基准，冻结基面－1.857 米等于 1985 国家高程基准。

2. 水位观测

（1）水尺

1950 年以前使用人工刻划木质水尺，最小刻划为 1～2 厘米。1951 年采用搪瓷水尺。2008 年水尺材料由木质更换成镀锌管。2017 年采用夜光型不锈钢水尺。

木质靠桩水尺

镀锌搪瓷水尺

夜光型不锈钢水尺

（2）水位自记仪

1960 年采用日记式浮子水位计观测水位，1987 年月记式水位计取代了日记式水位计。2004 年使用浮子水位计＋固态存储＋远传模式观测水位，初步实现水位自动观测。2005 年实现水位、雨量的自记，固态存储和自动报汛。2021 年引进远程终端智能控制系统（RTU）。2022 年引进一体化智能雷达式水位计，可通过手机 App 实时查看水雨情的变化过程。在当年“汛期反枯”水文测验中，浮子水位计触底发挥了重要的应急监测作用。

3. 流量测验

(1) 流速仪

1977年以前使用旋杯式流速仪，1977年更换为旋桨式流速仪，1997年升级旋桨式流速仪。2003年引进ADCP，2008年正式投产应用。2022年开展流量在线监测系统建设。

(2) 测船

1922年采用载重量约250千克的无动力木头划子，20世纪50年代更换为载重量约500千克的木头划子。

20世纪70年代至1987年，采用水文020轮（20马力）和水文049轮（40马力）两艘木船进行水文测验。1987年建造第一艘铁船水文119轮，长17.9米、宽4米左右，80马力。2000年，建造水文138轮，长23.9米，宽5.2米，144匹马力（双车），机械式锚链和绞关等，有操作室、休息室、船员仓和卫生间。2015年建造长江水文217轮（标准化A型测船），长27米，宽5.5米，300马力（双车），人力舵换成了液压舵。绞关机械臂升级为液压机械臂。2022年长江水文巡测21轮投产，90马力冲锋艇适用于断面测验浅水作业。

20世纪70年代使用的木船

1987—2010年使用的测船水文119轮

2000年投产的测船水文138轮

2015年投产的测船水文217轮

（3）水文码头

新中国成立初期，大通水文站的木质测船以拴靠木桩的形式停泊。20 世纪 60 年代在江边开挖“U”形避风湾，专门供测船停靠，是测站的第一个码头。1972 年，随着断面与站址迁移，测船停靠九华河梅龙小轮码头。2008 年测站再次迁址，建设栈桥和活动浮码头。浮码头由八根锚链固定，水位涨落时绞放锚链，推动引桥定位和固定。2022 年汛前栈桥改造，固定活动浮码头、电动化升降栈桥高度。

梅龙小轮码头

活动浮码头（2008 年摄）

固定浮码头和栈桥（2022 年摄）

电动绞锚（2022 年摄）

4. 水情报汛

2004 年以前采用报文、电话进行 1 段制报汛。当遇到洪峰过程、枯水感潮、暴雨天气等特殊情况时，则加密报汛段次，最频繁的报汛段次是 24 段制。2005 年通过 GPRS 信道传送水情信息，2020 年采用北斗终端作为备用信道。2021 年实现水温数据、蒸发量数据自记及远传功能，2022 年安装远程水位观测校核视频系统。

5. 泥沙测验

(1) 烘干与称重

20 世纪 70 年代泥沙烘干采用的煤油烘箱更换为恒温电烘箱。2002 年称重天平由 1/1000 手动机械天平改换为 1/10000 自动电子天平。

恒温电烘箱

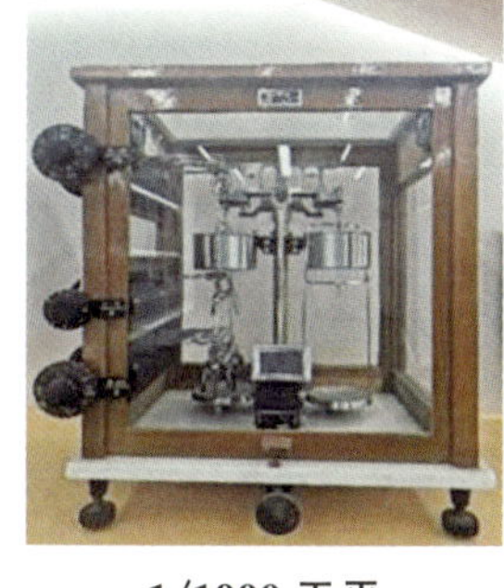
1/1000 天平

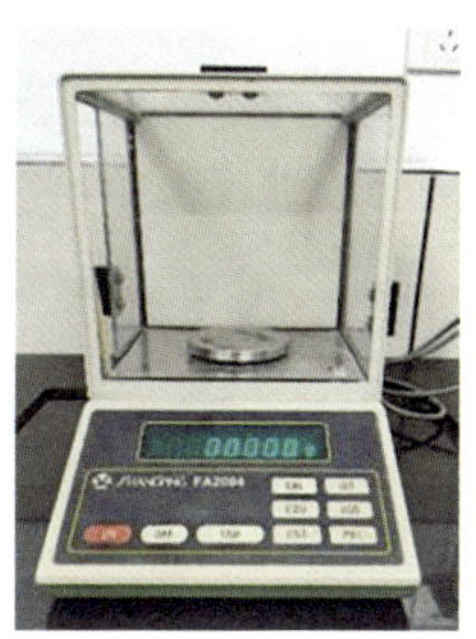
1/10000 天平

(2) 颗粒级配分析

1955—1986 年悬移质泥沙颗粒级配分析采用粒径计，1987—2006 年采用粒径计与移液管结合的分析方法；2007—2010 年采用离心式粒度仪，2011 年引进激光粒度仪，测量成果可直接与资料整编软件无缝对接。

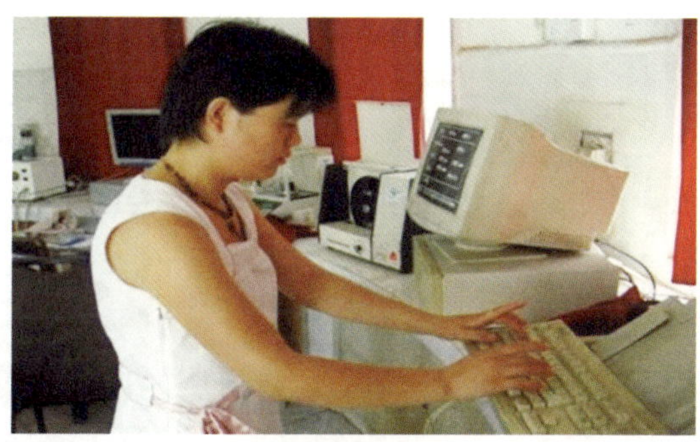
使用粒径计（左）、离心式粒度仪（右）进行颗粒级配分析

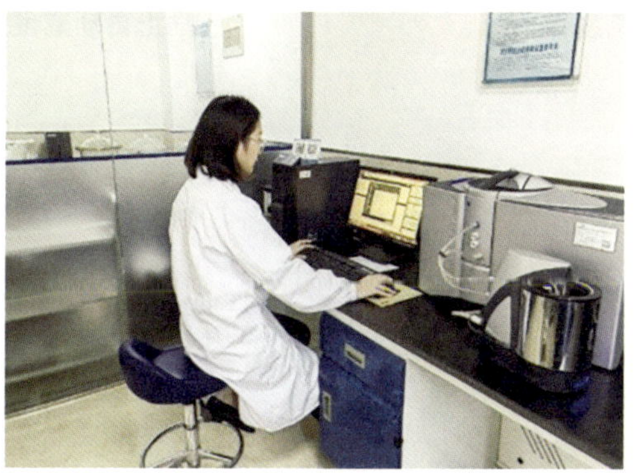
激光粒度仪颗粒级配分析

（3）床沙颗粒级配

采用锥式采样器取样，1959—2010 年采用敲打式机械振筛仪进行分析；2011 年使用全自动音波振筛仪。床沙细沙颗粒级配分析方法与悬移质泥沙颗粒级配分析方法一致。

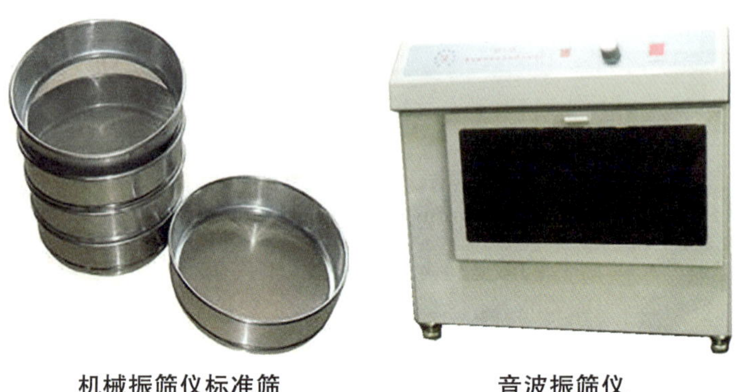

机械振筛仪标准筛　　　　音波振筛仪

6. 蒸发量观测

20 世纪 80 年代前采用 E601 型蒸发器进行蒸发量观测，20 世纪 80 年代为 E601B 型蒸发器。2008 年引进第一代陆上自动蒸发站，实现自动存储功能。2012 年引进第二代陆上自动蒸发站。2022 年 3 月采用长江委水文局蒸发雨量采集系统。

E601B 蒸发器

陆上自动蒸发站（2020 年摄）

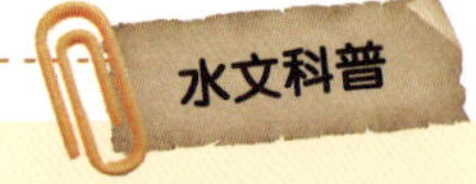

长江拐弯、大海回头

大通古镇，是一座具有千年历史的江南名镇，素有“小上海”之美誉。大通古镇位于长江之滨，背靠长龙山，北倚羊山矶，守望和悦洲，也是“长江拐弯、大海回头”自然奇观的所在地。

大通古镇背靠九华山余脉长龙山，特殊的地理位置改变了长江流向，原本自西向东奔流的长江在此掉头北上，形成“长江在此拐弯”的自然景观。古镇所在的大通河段位于长江的潮区界，是东海潮水上溯长江的最远点，亦即“大海回头”处。由于此河段已基本不受潮流量影响，大通水文站也成为长江入海径流的代表站。

大通古镇东侧的长龙山蜿蜒绵长，北侧的羊山矶突兀峭拔，和悦洲与其隔江相望。长龙山、羊山矶共同构成地理屏障，阻挡东北侧颠风来袭，和悦洲配合江心阻流，三者作用于此形成回水湾，使其成为天然良港。登高俯瞰，晴日里江面与天际在转折处交融粼粼波光，如银龙摆尾恍惚间似见海潮逆流；暮色中芦苇如浪起伏，与拐弯处江流构成动态画卷，仿佛大自然以草木为笔，续写“回头”的未尽诗意。远望江面，江流如被无形之力牵引回旋，留下浩荡弧线，宛如大海在倾泻之际蓦然回首；羊山矶绝壁临江，浪涛声与礁石相击，又似大海对陆地的深情低喃，演绎了“大海回头”的别样意境。

三、水文特征

（一）水文特性

长江来水主要为雨洪径流，流量随着季节而变化且差异较大。最低水位一般出现在 1 月，以后逐月回涨，最高水位多数出现在 7 月，以后逐月下降。5—10 月的多年平均水位高于全年多年平均水位，为汛期，其他各月均低于全年多年平均水位，为枯期。流量特征值的出现规律基本与水位一致，年最小流量出现在 1—2 月，年最大流量多数出现在 7 月，10 月以后流量明显减少。含沙量的年内分布规律与流量相似，但更为集中，汛期 5—10 月的输沙量占年总量的 80％以上。

（二）感潮水文特性

大通水文站位于长江下游感潮区，距海口 624 千米，枯期受感潮影响显著，汛期受感潮影响减弱。

水位受长江径流与潮汐的双重影响，主要受长江径流控制。枯水期上游干流来水减少，河口潮汐对测站的影响显著增强，水位每日随潮汐变化呈现两涨两落现象，涨潮历时 3～5 小时，落潮历时 7～9 小时，最大潮差可达 0.7 米左右。丰水期上游干流来水增加，随着水体总量变大，水位受潮汐影响逐渐减小。

流量受上游干流来水和潮汐影响，在不同水位级呈现不同的水位流量关系。在汛期受上游雨洪径流影响，水位流量关系呈逆时针绳套曲线，符合受洪水涨落影响的测站的水流特征。当上游来水减少，受河口潮水涨落影响显著加剧，流量小于20000立方米每秒时影响尤为明显，具体表现为因下游潮水顶托，水位上涨流量反而变小，下游潮水顶托影响消失，水位下落流量反而增大，并呈现不恒定的周期性规律。这种低、枯水期水位流量关系变化趋势相反的现象与其他内陆河流水文特征截然不同，是长江流域大通河段最重要的水文特征之一。

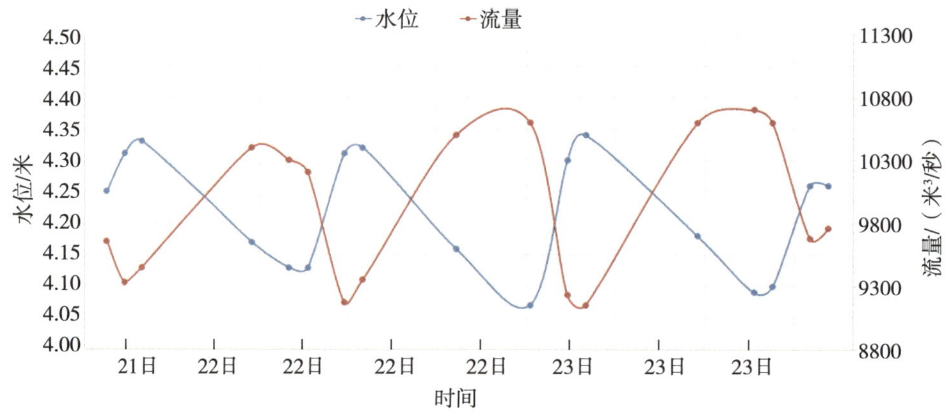

2020年12月21—23日大通水文站实测流量过程线

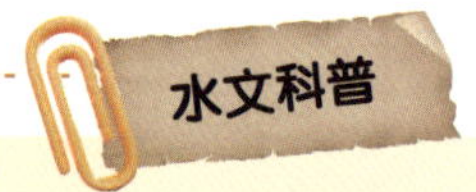

远程终端控制系统

远程终端控制系统，即RTU（Remote Terminal Unit），是安装在远程现场的电子设备，用来监视和测量安装在远程现场的传感器和设备。远程终端控制系统将测得的状态或信号转换成可在通信媒体上发送的数据格式。它还将从中央计算机发送来的数据转换成命令，实现对设备的功能控制。远程终端控制系统具有通信距离较长，适应各种恶劣环境的外业现场，模块结构化设计，便于功能扩展，适用于具有遥信、遥测、遥控功能的各个领域等优点。

在水文行业，远程终端控制系统主要应用于水位、降水量、蒸发量、气温、水温、风速风向、气压、湿度、流量、含沙量等数据的远程采集。

远程终端控制系统产品目前与无线设备、工业TCP/IP产品结合使用，正在发挥越来越大的作用。

（三）水文特征演变

自1922年以来，大通站除战争等原因停测外，其余时间均有完整可靠的水位观测资料。大通站防汛特征水位为：设防水位——11.00米；警戒水位——14.40米；保证水位——17.10米。

大通水文站各水文要素特征值表（1922—2022年）

项目	最高（大）	发生时间	最低（小）	发生时间
水位/米	16.64	1954年8月1日	3.14	1961年2月3日
流量/（米^3/秒）	92600	1954年8月1日	4620	1979年1月31日
最大日降水量/毫米	224.9	1970年7月12日		
年降水量/毫米	2059.6	1991年		
悬移质含沙量/（千克/米^3）	3.24	1959年8月6日	0.015	2022年9月28日
年输沙率/亿吨	6.78	1964年	0.665	2022年

大通水文站水文要素多年平均统计表

项目	多年平均		统计年份
水位/米	三峡蓄水前	8.68	1950—2002
	三峡蓄水后	8.47	2003—2022
流量/（米^3/秒）	三峡蓄水前	28700	1950—2002
	三峡蓄水后	27800	2003—2022
年径流量/亿米^3	三峡蓄水前	9050	1950—2002
	三峡蓄水后	8767	2003—2022
含沙量/（千克/米^3）	三峡蓄水前	0.473	1951—2002
	三峡蓄水后	0.146	2003—2022
年输沙量/亿吨	三峡蓄水前	4.27	1951—2002
	三峡蓄水后	1.29	2003—2022

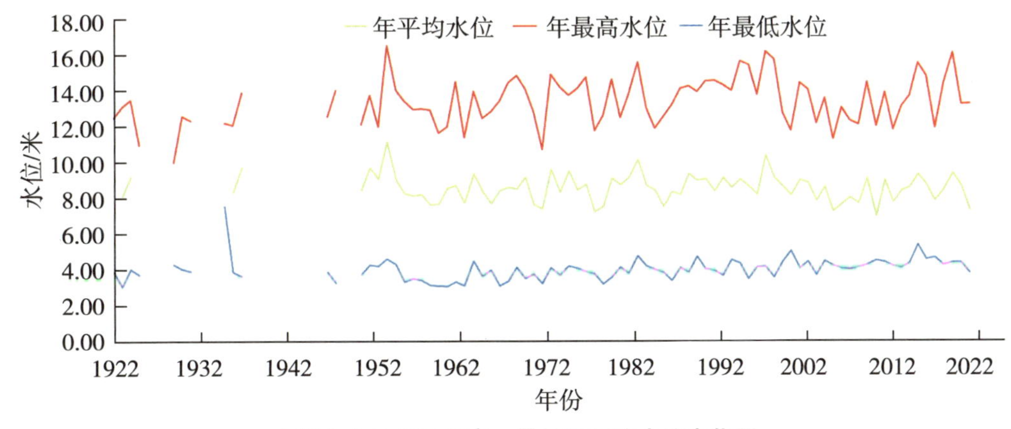

大通水文站多年最高、最低和平均水位变化图

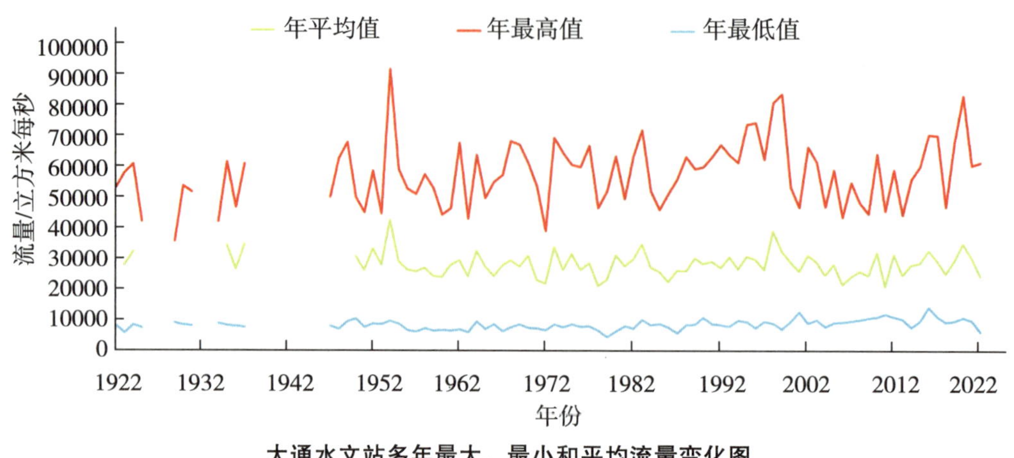

大通水文站多年最大、最小和平均流量变化图

（四）洪枯留痕

大通水文站在设立至今的百余年中，除去因停测导致 1931 年特大洪水数据未收集到外，其余历次较大洪水都有实测数据成果，其中最大洪峰流量为 9.26 万立方米每秒，出现在 1954 年 8 月 1 日。1983 年、1995 年、1996 年、1998 年、1999 年、2016 年、2017 年和 2020 年的洪峰流量均超过了 7.0 万立方米每秒。

大通水文站最高水位与最大流量统计

年份	最高水位/米	出现日期	最大流量/（米^3/秒）	出现日期	年径流量/亿米^3
1954	16.64	8 月 1 日	92600	8 月 1 日	13590
1999	15.87	7 月 22 日	84500	7 月 22 日	10370
2020	16.24	7 月 13 日	83800	7 月 13 日	11180
1998	16.32	8 月 2 日	81700	8 月 1 日	12440
1996	15.55	7 月 22 日	75000	7 月 22 日	9515
1995	15.76	7 月 8 日	74500	7 月 2 日	9795
1983	15.7	7 月 13 日	72600	7 月 19 日	11100
2016	15.66	7 月 8 日	71000	7 月 10 日	9139
2017	14.91	7 月 7 日	70900	7 月 7 日	9378
1973	15.02	7 月 1 日	70000	7 月 1 日	10740

大通水文站最低水位排序统计

年份	最低水位/米	出现日期	排序	年份	最低水位/米	出现日期	排序
1961	3.14	2 月 3 日	1	1959	3.23	1 月 22 日	6
1923	3.16	1 月 30 日	2	1979	3.29	1 月 25 日	7

续表

年份	最低水位/米	出现日期	排序	年份	最低水位/米	出现日期	排序
1963	3.19	2月5日	3	1972	3.32	1月27日	8
1967	3.19	2月5日	4	1948	3.35	1月16日	9
1960	3.20	2月23日	5	1956	3.41	2月7日	10

1.1954 年洪水

长江中下游水位自 4 月便开始上涨，进入汛期后，上游洪峰频频出现，下游出流壅滞，宣泄不畅，大通水文站于 6 月下旬突破防汛保证水位。大洪水冲毁测验断面，河槽宽度增加，流速持续变大，流量测验工作难度大大增加。1954 年 8 月 1 日 6 时许测得最高水位 16.64 米，测得当年的最大流量 9.26 万立方米每秒。根据频率计算结果，大通日平均最大流量为 167 年一遇，180 天总流量为 100 年一遇。

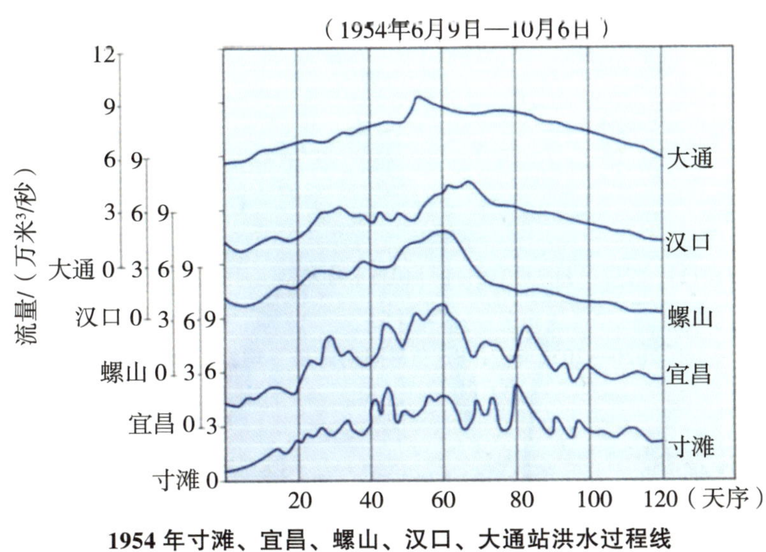

1954 年寸滩、宜昌、螺山、汉口、大通站洪水过程线

2.1998 年洪水

1998 年洪水是 20 世纪仅次于 1954 年的又一次全流域性大洪水，持续时间长、洪峰水位高、洪量大。大通水文站水位自 6 月 26 日超过 14.40 米警戒水位，持续至 9 月 17 日退出，超警时间长达 84 天。7 月下旬至 9 月中旬，受长江上游干流连续 7 次洪峰及中游支流汇流叠加影响，大通水文站于当年 8 月 1 日和 2 日分别达到最高水位 16.32 米和最大流量 81700 立方米每秒。

3.2020 年洪水

2020 年 7 月，长江中下游流域再次发生百年一遇的大洪水。自 7 月 5 日起，贵州、湖南、湖北、江西、安徽、浙江等地陆续遇到大暴雨，沿江多地水位超过警戒线。7 月 6 日大通水文站水位超过 14.40 米警戒水位，随后持续上涨，至 7 月 13 日出现当年最高水位 16.24 米，超过警戒水位 1.84 米，当日测得最大流量 83800 立方米每秒，为历年最大流量第三位。8 月 10 日，大通水文站退出警戒水位，超警历时 37 日。

4. 2022 年汛期反枯

2022 年 7 月，长江上游来水较往年同期明显偏少，大通水文站水位迅速下落，7 月 31 日降至 9.20 米低水位以下，9 月 15 日测得年最小流量 6400 立方米每秒，9 月 21 日跌破 4.50 米枯水位，出现了罕见的“汛期反枯”现象。

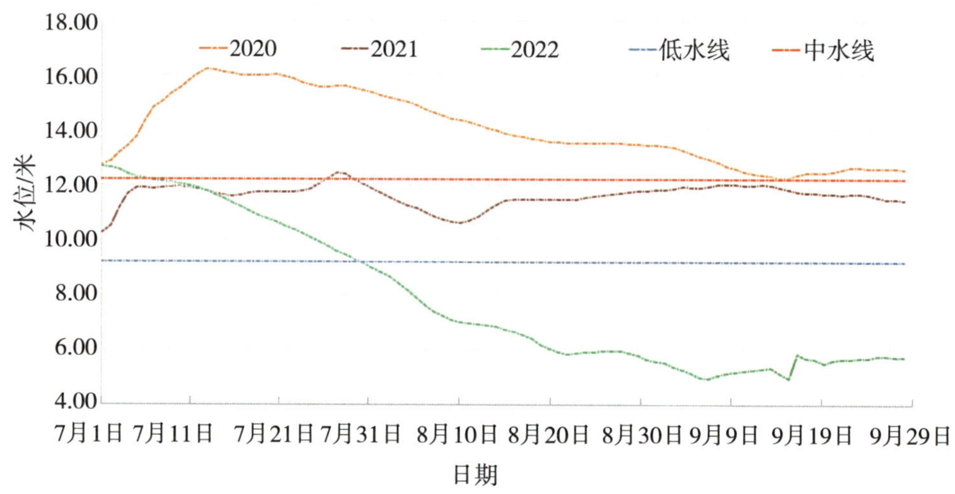

2020—2022 年 7、8、9 月同期逐日平均水位对比图

四、技术发展

（一）流量测验方法

1955 年中国水利部颁发《水文测站暂行规范》，要求测站测流断面大于 1000 米时测速垂线应多于 25 条。1956—1980 年，大通水文站以 30 线 5 点法施测流量 1600 多次，通过对多轮数据分析、验证，于 20 世纪 80 年代开始采用 15 线 3 点法作为常测法施测流量。

2003—2007 年，先后运用 ADCP 和转子式流速仪进行测点流速、断面流量等比测，2008 年 1 月 1 日成为长江上首批采用 ADCP 进行常规流量测验的水文测站。

2022 年建设流量在线监测系统，通过 1 台 H-ADCP 和 2 台 V-ADCP，采用流速面积法推求流量。数据采集频率为 5 分钟，即每 5 分钟就可以测出一组相应的水位、代表流速及流量等数据。

（二）流量整编方法

历史上，大通水文站曾使用单一线法和时序法进行整编定线，但由于感潮河段定线推流精度难以满足生产需求，1975 年对 1969—1973 年的实测流量进行落差开方根法研究，1976—1991 年采用落差开方根法进行流量资料整编。

1991 年落差开方根法停用后，使用连时序法定线推流。2013 年运用落差指数法进行水位流量单值化处理，选取安庆水位站（位于大通水文站上游约 79 千米）作为落差水位参证站。通过数年的全潮和半潮测验验证，2014 年单值化推流整编方法投产。

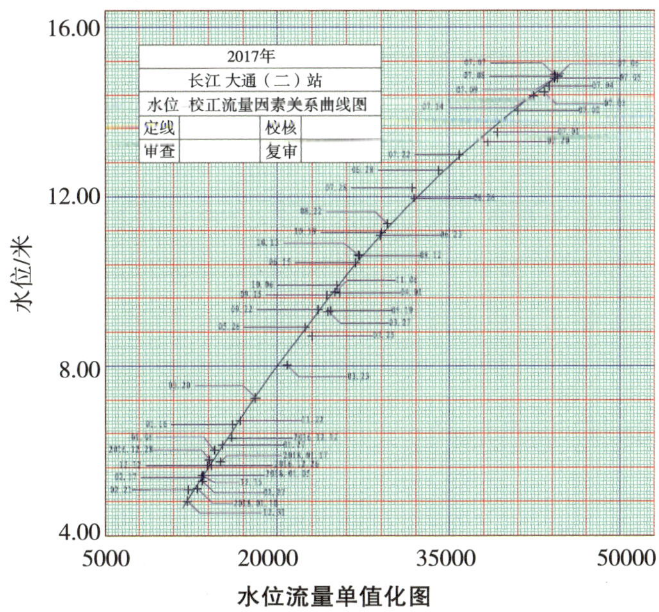

水位流量单值化图

CHANG JIANG SHUIWEN 江河记忆：长江流域控制性水利工程综合调度系统显成效

长江流域已建或具备发挥最终规模能力的控制性水库总库容 1835.51 亿立方米，防洪库容约 582.93 亿立方米；长江中下游已建成 3900 余千米干堤和 46 处蓄滞洪区，可容纳超额洪水约 592 亿立方米。这些控制性水利工程作为流域开发治理中的骨干性工程措施，在保障流域防洪安全、供水安全、生态安全、能源安全及生态环境保护修复等方面发挥着重要作用。

长江流域控制性水利工程综合调度系统通过建立大数据平台，实现流域多专业多要素数据、模型、知识的统一管理，将各类数据与模型服务通过注册的方式纳入系统，真正做到共建、共管、共享。通过自组织的流域拓扑架构体系，实现预报体系的快速编排构建；系统打造了长江洪水模拟引擎，量身定制了针对水库、蓄滞洪区等巨型水工程群联合运用防御洪水的“正向预演—逆向推演”调度体系，实现流域防洪、水量、水生态等多目标综合调度，提升了流域管理决策的能力，全面支撑长江经济带高质量发展。

系统纳入长江流域全河系近500个节点、1000多套方案，有效支撑纳入联合调度的125座水工程准确高效演算。调度目标从防洪、水量调度扩展至水生态、泥沙、应急等方面，形成了以流域控制性水库群、蓄滞洪区为主要调度对象的防洪调度业务应用和以流域控制性水库群、引调水工程以及涵闸、泵站为主要对象的水量调度业务应用。此外，系统还以保障长江中下游两湖湿地生态安全、改善四大家鱼和中华鲟等水生生境、水库减淤和突发水污染事件应急为目标，建设了泥沙调度、生态水量调度、水生态调度、应急调度等业务应用。系统于2022年6月投入使用后，在长江1870年洪水防洪调度演练、长江“1999＋”洪水防洪调度演练，以及长江防洪预报调度等工作中发挥了重要作用。

五、难忘岁月

（一）一样的坚守

20世纪50年代初，大通水文站基本水尺断面迁至梅埂，受限于当时的交通和生活条件，只建了一座红瓦红顶的小房子，留下一名观测水位的测工方天赐以及他的爱人在此驻守。测站周围荒无人烟，但夫妻俩在这里默默工作，不论黑夜白天、寒冬酷暑，都按时观测水位，喝的是长江水，吃的是自己种的蔬菜，只有买粮食才会到镇上去，水文站也因此在周围村民眼中充满了神秘感。山顶上那个“夫妻店”被老一辈梅龙人称为“红房子”。

20世纪60年代初，由于水位数据收集还需依赖人工观测，为满足资料收集要求，每日需进行多段制观测记录。多段制水情观测报汛不分日夜，遇到暴雨、洪水时，观测人员需要守在江边时刻关注涨水情况，洪峰期间每10分钟就要观测一次水位，费时又费力。当时的大通水文站虽迁到了梅龙，但测站位置仍然偏僻，附近人烟稀少，到了晚上伸手不见五指，夜间观测水位对年轻职工来说是个十分考验胆量的事情，有些故事直到如今都被水文前辈们拿来跟后生打趣。

20 世纪 80 年代有一年汛期，受台风影响，梅龙镇的主要电路和通信线路被毁坏，电力系统和通信系统一时陷入瘫痪，水情电报发不出去，大通水文站只能利用测船运送报汛人员过江前往 2 千米外的老洲镇，利用老洲镇的电报系统进行水情报汛，据老职工回忆，那时候大家住在一个家属院里，收工后，随处可见办公桌“改装”的乒乓球桌、饭桌“改装”的象棋桌，大人们忙碌、孩子们嬉闹，每到晚上，大院里充满了欢声笑语，这些场景永远留在大通站老水文人的记忆深处。

2008 年 1 月，为改善工作环境和职工生活条件，大通水文站搬迁到梅龙开发新区，虽然新旧站址相差不到 2 千米，却彻底地改变了生活环境和条件，也解决了职工子女就近读书的问题。

游泳比赛和收工后合影

（二）洪水中的逆行者

1954 年，长江流域发生特大洪水，大通水文站位于梅龙镇凤楼山顶，站房和基础设施没有遭受洪水的直接破坏。面对汹涌的洪水，大通水文站从 7 月 27 日至 8 月 11 日连续 16 天持续进行洪峰过程流量测验，测得当年最大流量 9.26 万立方米每秒。由于测船简陋，面对汹涌的江水举步维艰。湍急的江水增加了开航难度和测验取样难度，还出现抛锚定位难以到达垂线位置、铅鱼悬索偏角变大增加计算工作量等问题，使得每次测验时间都会被延长。为了解决夜间视线受阻无法定位的问题，测站会提前在两岸的基线杆和辐射杆顶加挂马灯，给夜间测验提供定位和行船方向，保证测验任务正常完成。万国栋、任昌固、陈传芳、张家驹……水文资料手稿里模糊泛黄的签名，记录了他们的贡献与辛劳。

1998 年 8 月 2 日，大通水文站最高水位达 16.32 米。危急关头，时任站长石照泉带领测站 16 名职工日夜坚守岗位，用站内仅有的 2 艘测船开展洪峰测验。由于测船功率不够，加上洪水湍急、水流紊乱，想在固定锚位抛锚十分困难。江中心的每一个锚位都需要先将测船开至断面上游约 1 千米处，再全速驶向主流垂线，当水流作用将测船带至垂线上游 200 米左右后开始抛锚定位，随后进行测流和取水样。这次洪峰测验历经 8 个小时，在完成流量和含沙量的数据采集工作后，测站职工又马不停蹄地进行绘图与整编，利用连时序法推得最大洪峰流量 8.24 万立方米每秒。

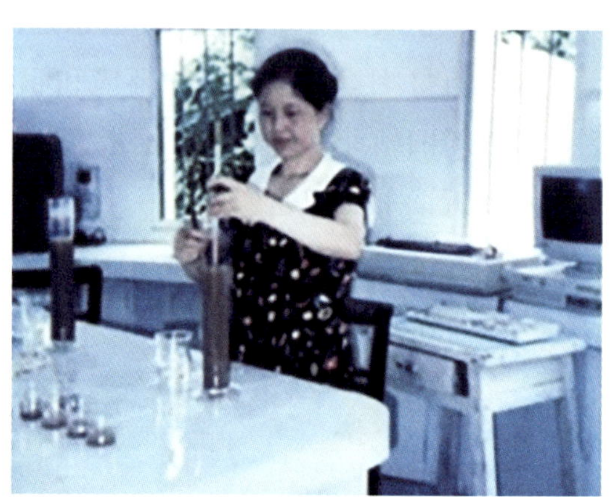

1998 年大洪水期间内业和水样处理

2020 年 7 月上旬，受上游来水和中下游强降雨综合影响，大通水文站水位持续上涨，至 7 月 12 日已超警戒水位 1.60 米，接近 1998 年最高水位，流量突破 8 万立方米每秒。7 月 12 日上午，在最大流量出现时，测站职工采用两条测船进行了 ADCP 与转子式流速仪同步施测，历经 4 个小时的奋战，测得流量 8.34 万立方米每秒，超过了 1998 年洪峰流量 8.24 万立方米每秒，圆满完成了 2020 年大洪水第一手资料的收集。

2022 年 9 月，进入枯水期，形成罕见的“汛期反枯”现象。16 日，开展半潮测验，连续施测流量 14 小时，收集了大通水文站枯水期在感潮影响下的流量变化过程，保证了枯水时期流量推算的准确性；21 日，水位降至 4.50 米以下。大通水文站迅速做出应对措施：在跌破枯水位前增设水尺，确保可观测到历史最低水位以下，保证了校核水位观测的延续性；根据上游来水和本站水位变化情况加密流量测验频次；9 月下旬，开展大断面测量，通过观察枯水期的断面形状变化，分析本河段枯水期水文测验的稳定性。

使用转子式流速仪进行洪峰流量测验（2020 年 7 月摄）

（三）“镇站石”与“船老大”

大通水文站原站长石照泉，曾是前辈眼里的“小石头”，但也是晚辈心中的“镇站石”。20 世纪 80 至 90 年代中叶，大通水文站所在区域交通落后、信息闭塞、艰苦的环境留不住人，但石照泉同志却选择留下，这一待就是 24 年。24 年里，测船上、测站里，哪里有任务，哪里就有石照泉的身影，他能够化身船长，也能够兼修轮机，外业测量无一不通，定线绘图也都样样在行。他坚守水文初心，修订任务书，搜集比测资料，做分析报告，先后落实了利用落差开方根法提高低水流量整编精度和流量测验测速垂线精简（从 30 条垂线 5 点法到 13～15 条垂线 3 点法）等工作。

丁增鼎是大通水文站的一位船员，为人友善，性格豁达，是大通水文站的“元老”，是能思好动的“船老大”。新中国成立之初，测站没有专用码头，每次测量结束后只能将测船系在岸边木桩上，风浪稍大都有绳断船翻之忧。为解决这个问题，他拿着铁锹一铲一铲在江边挖了个凹槽，如同一个避风港，让测船有了容身之所。他还是水陆兼修的多面手，20 世纪 60 年代初，他经常参与水文外业工作。有一次为竖立断面杆，他爬上杆顶安放标识牌，突然，有一根牵引绳老化断裂，新竖的断面杆倾倒，他也随着 14 米高的杆子一起摔落，全身多处骨折，昏迷了一天一夜。伤情恢复后，他没有多休养，又继续投身到工作中去。上级领导慰问时问他有什么需求，他说：“我没有任何需求，我现在能跑能跳，可以继续干三十年。”

（四）百姓身边的守护者

20 世纪 70 年代，大通水文站从凤楼山搬迁至王家山后，水文站职工积极参与梅龙大圩的规划和测量工作，为梅龙大圩中的灌排水渠设计施工提供了工程技术指导。

1995 年，皖江河段暴发较大洪水，梅龙镇上游的郭港村发生小范围溃圩，洪水淹没了公路，导致梅龙至贵池陆上交通瘫痪。彼时贵铜公路尚未修通，贵池港受洪水影响停摆，又逢中考节点，梅龙镇上的许多考生被困。为了让学生们按时参加中考，梅龙中学的领导、老师们来到大通水文站寻求帮助，希望大通水文站能紧急援助，用测量船运送中考学子前往贵池参加考试。时任站长石照泉了解此事后，立即组织在站职工成立护送小组，出动水文 119 轮，护送 40 余名学子前往考场，最终顺利完成护送任务。护送任务完成后，护送小组又立刻返回测洪一线，继续洪水测验工作。

大通水文站与血防部门联合查螺

1997 年以前测站职工中血吸虫患者有 8 人，占当时职工总数的 73%。测站周围的老百姓也深受血吸虫之苦，人们“谈虫色变”。后来，通过改水、改厕、环境改造、建设血防水塔等工程建设，彻底解决了职工生产、生活用水问题，有效防止血吸虫病感染。大通水文站积极配合地方政府开展联合查螺、喷药灭螺和血防宣传工作，为除疫送瘟尽一份力。

六、文化提升

大通水文站先后获“长江委全江先进职工小家”“江苏省总工会模范职工小家”称号。1990 年，石照泉同志被水利部授予“全国水利系统先进个人”称号。

2021 年，大通水文站完成测站水文化展厅建设。展厅中陈列着大通水文站自 20 世纪 70 年代以来测验使用过的水准仪、六分仪、流速仪、日记式水位计、天平等设备，留下了岁月的痕迹，记录了水文测验技术的发展历程；展示了职工生产、生活的照片，记录了水文职工不惧风浪、勤劳踏实的工作风貌。文化展厅已成为大通水文站对外交流的一张名片。

大通水文站水文化展厅

CHANG JIANG SHUIWEN

江河记忆：大通古镇、和悦洲

大通古镇西汉时名曰“澜溪”，唐朝时在此设水驿，名之大通驿，取四通八达之意。宋朝开宝八年（公元 975 年）成为来往船舶停靠休整的水陆货运码头。历经多个朝代的发展，大通古镇逐渐繁荣起来。清末明初，与芜湖、蚌埠、安庆并称安徽“四大商埠”。

和悦洲是长江上少有的江心古镇，原名荷叶洲，系长江中下游冲积沙洲，形似荷叶，四面环水，曾是大通古镇繁荣汇聚之地，1922 年，洲上设水尺，为大通水文站的前身。清水师提督彭玉麟选中此地练兵筹饷，设参将衙、二府衙、厘金衙、皖岸盐务督销局等行政衙门和财税机构，并建成平行于江流的石板路面街道三条。最初洲上茅屋毗连，为避免火灾，将三条街上的 10 条巷弄均以三点水偏旁的字命名，分别为江、汉、澄、清、浩、泳、滢、洄、汇、洙、河、洛、沧等，意在以水克火，消灾祈福。后来又新建的三条巷弄也按照此例命名，形成了独特的“三街十三巷”。

据史料记载，清末民初鼎盛时期，和悦洲常住居民达九万之众，“三街十三巷”店铺林立、商业繁荣，人口众多。抗日战争时期，和悦洲受到严重破坏，逐渐走向衰落。

1996 年，和悦老街被安徽省人民政府列为省级历史文化保护区。

芜湖水位站

——近代正规报汛之首站

芜湖水位站（2021 年 5 月摄）

芜湖历史悠久，有文字记载的历史有 2500 多年，早在春秋时期，因湖沼一片，鸠鸟繁多，而被称为鸠兹，附近有一湖泊，“蓄水不深而生芜藻”，故得名芜湖。

从清末算起，芜湖水位站至今已观测了长江潮起潮落一百多年，是长江内河最早进行雨量观测的站点之一，在全国仅晚于北京（1841 年）、香港（1853 年）和上海徐家汇天文台（1873 年）。观测项目有水位、雨量、蒸发、气象、水质等。

芜湖水位站现坐落于安徽省芜湖市镜湖区弋矶山（今皖南医学院附属弋矶山医院后门江边），地理坐标为东经 118°20′56″、北纬 31°21′05″，距离下游入海口约 500 千米。是国家基本水位站、中央报汛站，以及长江下游防洪及干流控制站，采用吴淞基面高程。

一、河段概况

芜湖水位站测验河段较顺直，断面上游右岸 2800 米处为青弋江入长江口。水位自记井台周围及上、下游江岸为干砌块石护坡。河床为砂质黏壤土，无水生植物。右岸系岩石，左岸为圩堤。由于本站地处弋矶山，矶石凹凸错置，测验河段中高水时有回流，泥沙淤积严重。本站位于长江感潮河段，潮位明显，但在上游出现洪水时，有短时期潮位消失。常年通航。

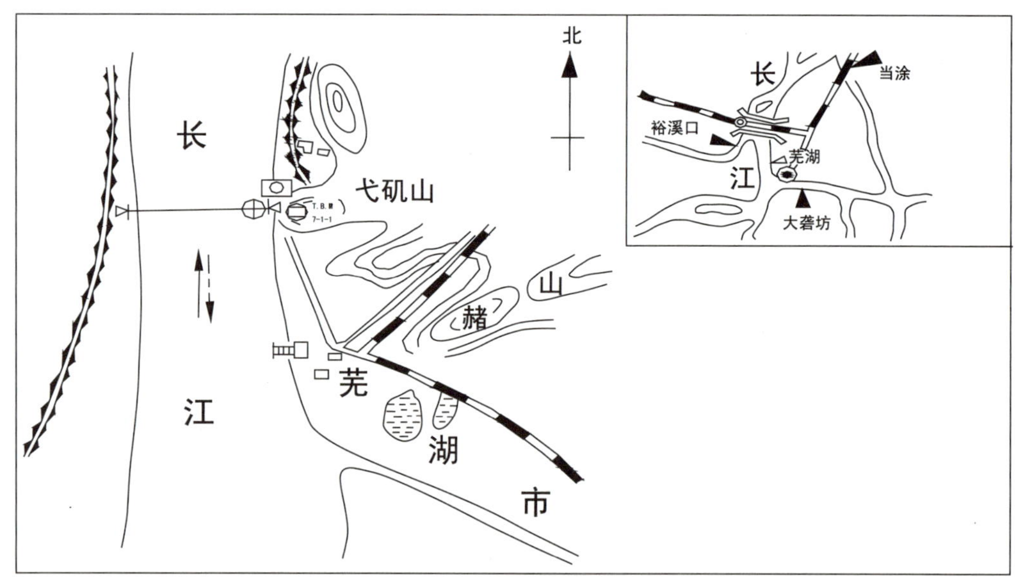

长江芜湖水位站测验河段平面图

二、测站探源

（一）测站沿革

1876 年 9 月，清政府与英国签订《烟台条约》，芜湖被列为通商口岸。1877 年 4 月 1 日，芜湖设立海关，正式对外开埠。1880 年 6 月，法国传教士在芜湖天主教堂设立雨量观测站，成为安徽省有降水观测最早的站，此即芜湖水位站前身。1900年，芜湖海关大楼附近江边设立水尺观测长江水位，由芜湖海关领导。在1924年以前，每日仅在12时观测一次，1924年改为全潮观测。

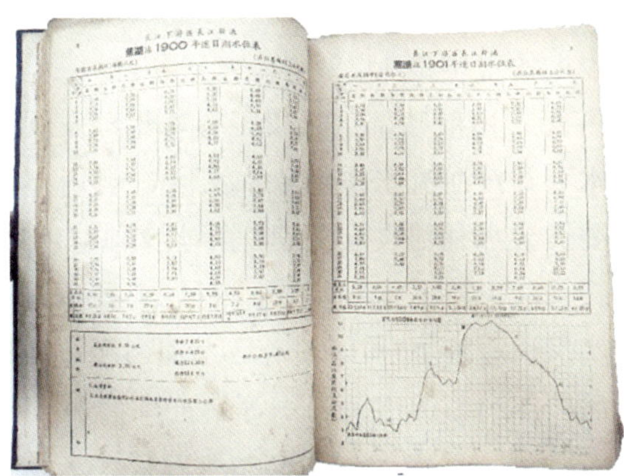

1951年刊印的芜湖水位站1900年水位数据

民国十九年（公元1930年），国民政府中央研究院就要求该站将每日上、下午的水位，两次电告中央气象研究所，这是皖境长江干流最早的正规报汛。民国二十三年（公元1934年），国民政府交通部发给报汛电报“免费执照”，芜湖水位由邮电部门逐日免费电告南京，并由中央广播电台广播。民国二十五年六月（公元1936年6月），扬子江水利委员会拟定修正扬子江防汛办法大纲11条，规定芜湖危险水位高出海关水尺零点之数为9.11米（相当于吴淞基面以上水位11.44米），并规定芜湖水位6.5米以上为防汛期。因抗日战争爆发，芜湖水位站观测到1937年9月停测。

民国二十七年五月六日（公元1938年5月6日），国民政府经济部以快邮代电发出通知：“……现值抗战期间，气候变化披露将使敌机依为空袭标准，水位之高低，敌海军明了水势，雨量之多寡，也可判断水位之变化……依照军事机密办法，一律不予披露……嗣后，气象、雨量、水位等项概用密件传递，勿再广播公布。”水情电报乃由明码改为密码，免费改为收费。扬子江水利委员会以“密件”迅速下达水情拍报办法，规定水位电码由以下四组阿拉伯数字和一组英文字母组成。第一组：拍往地点的电报挂号；第二组：拍往地点的英文拼音；第三组：水位日期和时间；第四组：水位高度及水势，0表示平，1表示涨，2表示落；第五组：水位尺码制度及零点类别；M表示公尺，F表示英尺，LHZ表示本地零点，WHZ表示吴淞零点。雨情电码由一个英文标志符和4个阿拉伯字组成。即第1字为雨雪标志符，R为雨，S为雪；第2、3字为雨量整毫米数；第4字为雨量小数位；第5字表示天气，以0为晴，1为阴，2为雨。如雨量超过100毫米，则取消英文字母的标志符，以雨量百位数代之。

1940—1943 年，水位站曾恢复观测，并有刊印资料。1946 年 1 月，扬子江水利委员会恢复观测。民国三十五年（公元 1946 年），江汉关巡江司芜湖办事处呈报民国二十年（公元 1931 年）大水，芜湖最高水位为海关零点以上 9.54 米，换算为吴淞基面以上的水位是 11.87 米。

1949 年后，由航政部门接管，有 4 年蒸发观测记录。新中国成立初期，华东军政委员会水利部按河流水系划分水文区，规划布设华东各省水文测站。1950 年春，华东军政委员会水利部设立芜湖一等水文站，4 月 5 日，将芜湖一等水文站及其所属测站委托长江下游工程局代管。5 月 16 日，华东军政委员会水利部所属芜湖一等水文站将水尺由原址下迁 1600 米至弋矶山第二康复医院（今皖南医学院附属弋矶山医院）后门江边，遂由芜湖一等站直接管理。

1951 年 1 月，芜湖一等水文站改属长江水利委员会下游工程局直接领导。1952 年 5 月，长委会下游工程局利用弋矶山矶头的地形优势，建成岛式水位自记井台，于 1953 年 10 月 1 日正式采用自记水位计记录。

1954 年以后，芜湖水位站的领导关系曾多次变动。1961 年 9 月 16 日，长江流域规划办公室南京河道观测队将芜湖水位站交给安徽省水利电力厅接管，1980 年由安徽省水利厅接管。2000 年芜湖水位站在原址附近重建。现由安徽省芜湖水文水资源局大砻坊水文站管理。

（二）设施设备变迁

1880 年，雨量观测仪器采用法国气象学会建议的口径为 20 厘米、器口离地面 1 米的雨量器。1966 年以后使用自记雨量计观测。

1952 年 5 月，建成岛式水位自记井台。1953 年 10 月使用 GURIEY 型自记水位计进行水位监测。

1952 年建成的岛式水位自记井

2000 年建成的芜湖水位站自记井房

芜湖水位站基岩石标水准点

芜湖水位站曾使用过的人工雨量器

芜湖水位站在用的翻斗式雨量计

三、水文特征

（一）气象特征

芜湖属亚热带湿润季风气候，温和湿润，光照充足，雨量充沛，四季分明。地貌类型多样，平原丘陵皆备，河湖水网密布。常年主导风向为东风，夏季多偏南风，冬季多偏北风。7、8、9 三个月受台风影响最大。冬季冷空气南下时有雨雪过程。年平均气温为 16 摄氏度，一月平均气温 2.9 摄氏度，极端最低气温－13.1 摄氏度（1969 年 2 月 6 日），七月平均气温 28.7 摄氏度，极端最高气温为 41 摄氏度

（1934 年 7 月 14 日），气温高于 35 摄氏度年均有 18 天，日照时数 2000 小时左右，无霜期每年为 219～240 天。芜湖地区多年平均降水量 1225.0 毫米，多年平均年降水日数 128 天。

芜湖水位站河流水系及测站位置图

（二）水文特征

芜湖水位站所在河道属于长江感潮河段，该站上游约 135 千米有大通水文站，属于长江下游径流控制站。

芜湖水位站来水主要受长江径流控制，汛枯季分明，年内最高潮位大部分发生在 7—9 个月，年内最低潮位大部分发生在 1—2 月，枯季水位受潮汐影响明显。水位每日两涨两落，其潮型属不正规半日潮混合型，一个涨落潮周期为 12 小时 25 分钟，且涨落潮历时在一个周期中为互补关系，即涨潮历时增长，落潮历时必减，反之亦然。

水位年际的变化与年径流的大小有关，年径流大，涨潮历时就长，反之就短。如丰水年 1954 年，涨潮历时平均为 4 小时 54 分；平枯水年 1960 年，涨潮历时平均只有 3 小时 41 分。

从 1880 年观测降水以来，其中 1937—1950 年因战争停测，实测年最大降水量为 2122.2 毫米（2016 年），次大降水量为 1932.1 毫米（1901 年），最小降水量为

562.2毫米（1978年）。日最大降水量为317.5毫米（1905年4月19日）。4—8月降水量约占全年降水量的62.4%。

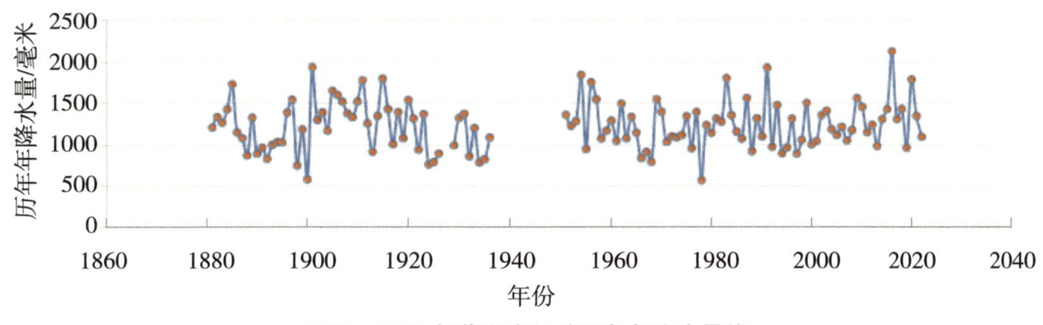

1880—2022年芜湖水位站历年年降水量线

芜湖水位站防汛特征水位表

项目	水位值/米	水位值（2006年以后调整）/米
设防水位	8.87	9.40
警戒水位	10.87	11.20
保证水位	12.87	13.40

芜湖水位站采用吴淞基面高程，与其他基面关系如下：1956黄海高程＝吴淞冻结基面高程－1.911米；1985国家高程基准＝吴淞冻结基面高程－1.876米。

（三）历年洪枯水

长江芜湖段年最低水位一般在1—2月，3—4月雨水增加，水位也逐渐上升，6—9月为长江流域多雨季节，水位高涨，一般在7、8月水位最高。根据芜湖水位站历年资料统计，年最高水位最早出现在5月，最迟出现在10月，以7、8月出现的概率最大。

芜湖水位站自有资料记录以来，历年最高水位12.87米，发生在1954年8月25日；次高水位12.76米，发生在2020年7月21日；第三高水位12.61米，发生在1998年7月30日；实测年洪峰水位最小值出现在1900年7月17日，最高水位为8.30米。历年最低水位2.11米，发生在1959年1月22日，次低水位2.24米，发生在1956年1月9日，第三低水位2.31米，发生在1962年2月17日。三峡水利枢纽建库后枯水位有所抬升，最低水位2.91米，发生在2008年1月3日。

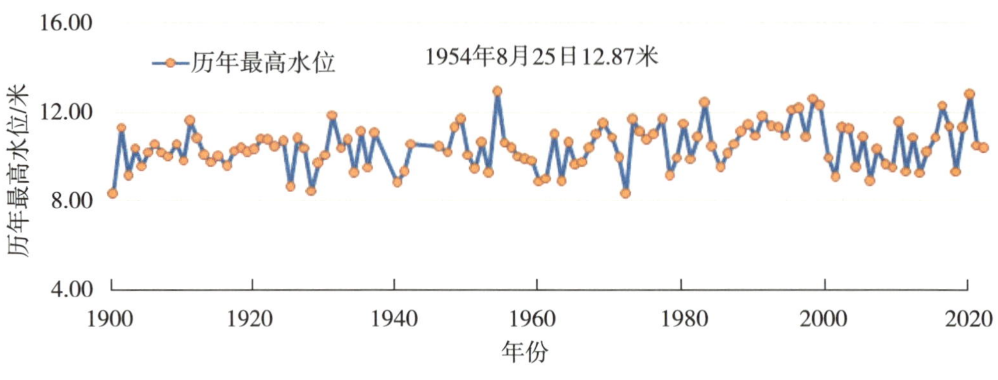

1900—2022 年芜湖水位站历年最高洪水水位线

四、技术发展

芜湖水情分中心是 1999—2000 年国家防汛指挥系统工程水情分中心第一批 20 个建设示范区之一，芜湖水位站是当时建设的 15 个中央报汛站之一。数据测报选择虹吸式雨量计采集数据和人工报汛结合的方式，转变为实时远程自动遥测设备自动采集，实现了水位、雨量的采集和报送的实时自动化，项目于 2000 年 7 月建成并投入运行。

随着通信手段的发展，芜湖水位站自动测报的通信信道由超短波发展为 GPRS，由 2G 到 4G，传输稳定性和效率得到极大提高。2020 年，作为测站标准化实施试点，同时也考虑长江芜湖段水位重要性，在原有浮子水位自动测报的基础上，增加压力式水位自动测报，并增设视频监控系统，提高了远程实时掌握和监控水情信息的能力。

芜湖水位站过去使用的自记水位计

芜湖水位站在用的自动测报设备

五、难忘岁月

水文父子兵

“从我记事起，要说水大还是1998年的那场水大，当时芜湖市防洪标准没有现在高，整个城市几乎都泡在水里，洪水都快要把我们老站房淹了……”1970年4月出生的芜湖水文水资源局职工许彪指着不远处的老站房说。

时针拨回1998年。长江流域上的各个水文站点汛情全线告急，芜湖水位站是长江中下游防汛的关键节点，许彪除了每日8时准点给芜湖市水务局报汛，还要随时应对各方面要水文数据的电话。暴雨导致长江水位猛涨，观测道路已被洪水淹没，他只能蹚过齐腰深的水观测水位，又冒雨骑自行车去邮电局发电报。工作忙起来，顾不上吃饭是常事，累了困了就眯一会儿，每天睡不到5个小时，醒来又继续投入战斗。从芜湖水文水资源局退休的父亲毫不犹豫地站了出来给予支持，“水文数据不能断啊，多少单位还等着要呢……”

1998年7月30日，遭受连续强降水和上游来水的双重夹击，长江芜湖段干流水位迅猛上涨。来势汹汹的洪水流速极快，还夹杂着大量漂浮物，树木和水草缠在一起，猛烈地撞击站房下面的立柱，站房被撞得都在颤动，远看被洪水围困的站房就像是一座孤零零的碉堡，打来要水文数据的电话一个接一个。许彪和父亲配合着，每隔一个小时就去观测一次水位，一个看水尺，一个记数据；一个报汛，一个休息，父子俩硬是凭着顽强的毅力和决心，守着这个摇摇欲坠的站房，把一个个水文数据发往上级防汛部门。12.61米！这是当天观测到的最高水位，也是建站百年以来历史第三高水位。

长江水位居高不下，洪峰接踵而至，水文人的执着坚守和不辞辛劳的付出，也引起了媒体的关注。安徽电视台记者深入芜湖水位站实地采访许彪父子俩，制作了一期题为《水文父子兵》的节目。《芜湖日报》也刊发报道，图文并茂展现了水文工作者的辛勤付出。

为回应公众对长江汛情的关切，芜湖市防汛指挥部每日在《芜湖日报》上刊发长江芜湖段水位。由于在1998年大水期间的突出表现，许彪荣获安徽省芜湖市和安徽省水文系统“防汛抢险先进个人”称号。

水文科普

防汛特征水位

设防水位，指汛期河道堤防开始进入防汛阶段的水位，即江河洪水漫滩以后，堤防开始临水。此时，堤防管理单位由日常的管理工作进入防汛阶段，开始组织人员进行巡堤查险，并对汛前准备工作进行检查落实。

设防水位相当于平滩水位，相应流量为造床流量。当江河洪水漫滩以后，堤脚偎水，堤防可能出险，标志着堤防防守进入临战状态，防汛人员开始巡堤查险，并需做好抢险的人力和物料准备。但需说明的是，我国有些河流如北方地区的河流，河道宽浅，滩槽难分，对于这类河流，则不宜将设防水位作为防汛工作开始时的控制水位。

警戒水位，堤防防守需要开始警惕戒备的水位。此时堤身已挡水，险象环生，可能出现险情甚至重大险情，要密切注意水情、工情、险情的发展变化，增加巡堤查险次数，开始昼夜巡查，进一步做好抢险人力、物力的准备。

保证水位，堤防工程设计防御标准洪水位，相应流量为河道安全泄量。当洪水位达到保证水位时，说明堤防工程已处于安全防御的极限时期，防汛进入紧急状态，堤防随时可能出现重大险情。防汛部门要采取一切措施确保堤防安全，必要时可宣布进入紧急防汛期。

南京潮位站

——南京段潮位代表站

南京潮位站

南京，简称宁，别称“金陵”“石头城”，有“六朝古都”“十代都会”之称，是中国东部地区重要的中心城市，首批国家历史文化名城。

南京潮位站，始于 1904 年的降水量观测和 1912 年的潮位观测，现站址位于南京市鼓楼区江边南路，东经 118°74′，北纬 32°09′，与滨江风景区融为一体，是南京长江国家文化公园的重要组成部分。

南京潮位站是长江流域下游南京段水位控制站、长江南京段潮位代表站，也是向国家、流域机构报汛的中央报汛站，隶属于江苏省水文水资源勘测局。主要观测项目有潮位、水温、降水量，为南京留下了宝贵的水文基础资料，为防汛决策、调度提供了坚实支撑。

一、河段概况

长江南京河段长约 100 千米，处于长江下游，河道平面形态是藕节状分汊河型。长江干流穿南京城而过，境内共有大小河道 120 条，分属两江（长江、青弋江—水阳江）、两湖（固城湖、石臼湖）、两河（滁河、秦淮河），可划分为长江下游干流、滁河、秦淮河、青弋江—水阳江四大水系。长江南京河段受径流和潮流影响，自上而下由新济洲汊道、梅子洲汊道、八卦洲汊道、栖龙弯道等组成冲积平原，水深江阔，为南京带来了巨大的水土资源。长江深水航道工程建成后，长江南京河段作为长江最直接、最便捷、最经济的通江达海进出通道，与南京的航空、铁路、高铁和公路网形成发达的立体交通枢纽，其地位和作用更加显现。

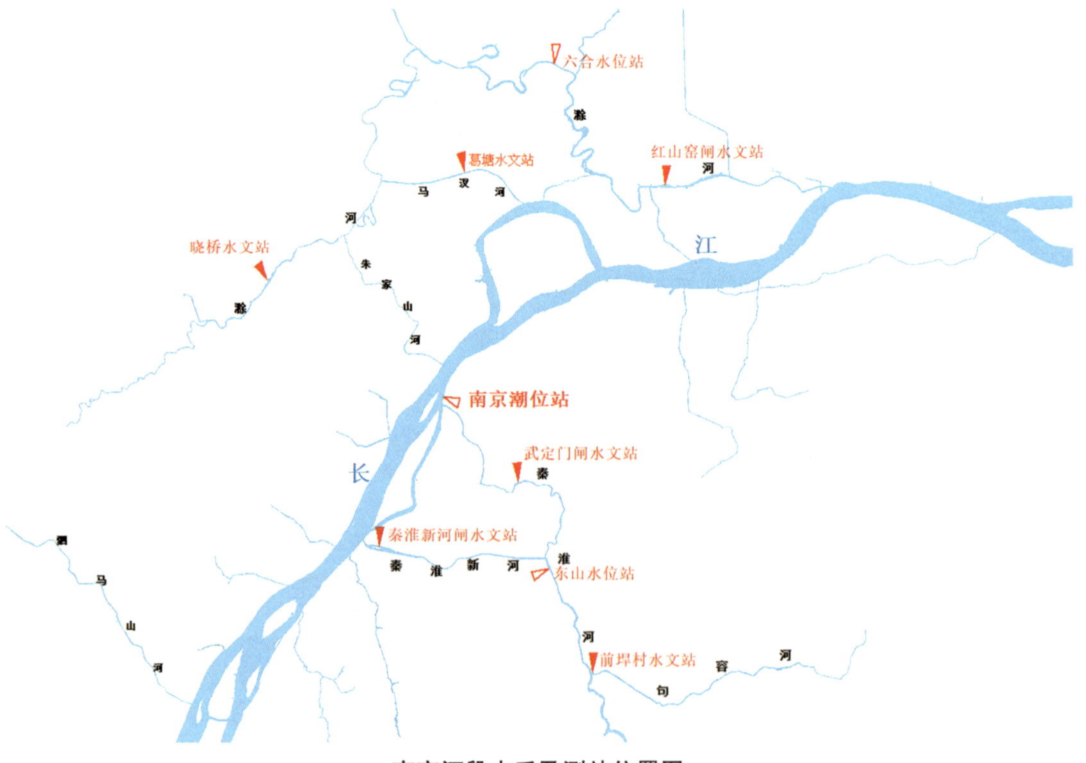

南京河段水系及测站位置图

南京潮位站位于长江南京段右岸河漫滩上，至入海口距离 398 千米。上游约 600 米为秦淮河汇入口，下游约 4 千米为南京长江大桥。经环境整治，测站与滨江风光带融为一体。

二、测站探源

（一）测站变迁

1904 年，南京海关设立观测场观测降水量等气象要素。1912 年 1 月，南京海关设立水尺观测长江潮位，自此南京始有长系列潮位资料，为英制计量单位。

南京潮位站 1937 年 11 月停止观测。1940 年 8 月恢复降水量观测，1947 年 5 月恢复潮位观测。

（二）隶属机关变迁

1949 年 5 月，南京潮位站移交长江航务局管理。1952 年 1 月，由长委会下游工程局与长江航务局共同管理。1953 年 10 月升级为水文站，由长委会下游工程局管理，在下关电厂下游约 300 米处设立全潮测流断面一处，开展全潮测流工作；1955 年降级为水（潮）位站。

1961 年 6 月，移交江苏省水文总站（1996 年更名为江苏省水文水资源勘测局）管理。1992 年增设水温观测项目，2022 年 1 月增设水质监测。

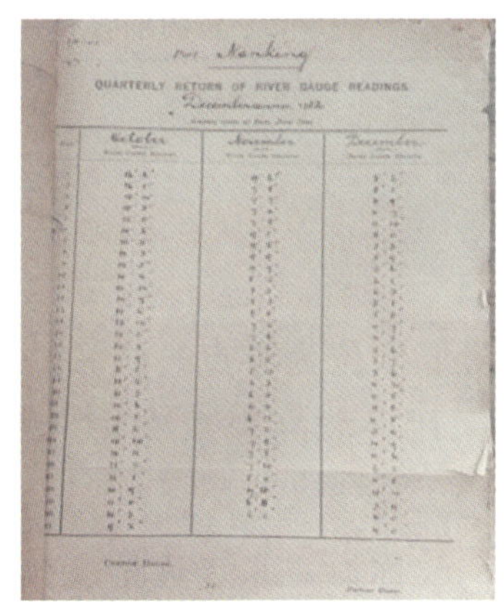

潮位季报表（英制）

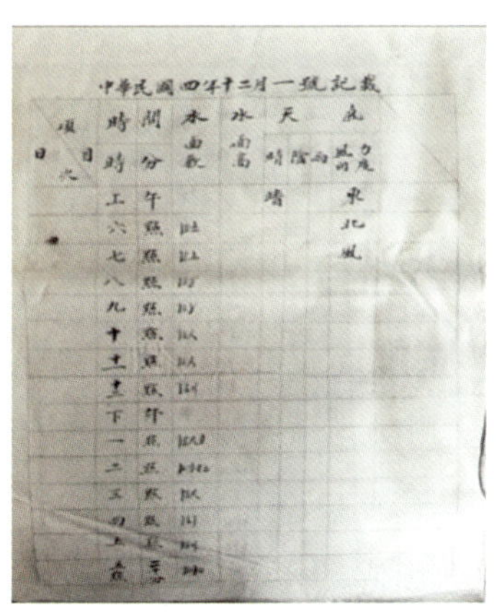

潮位记载表（市制）

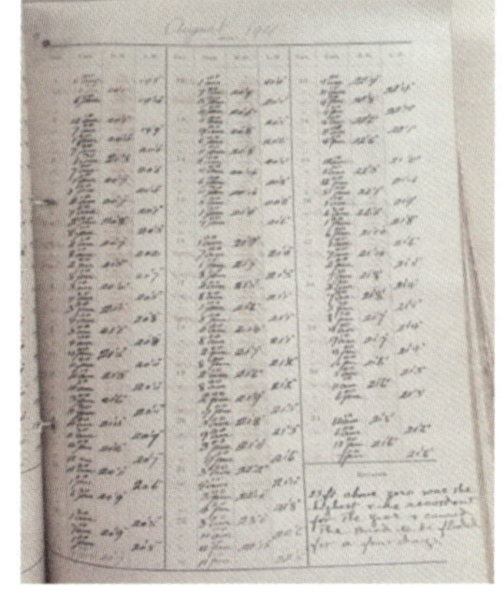

潮位记载表（英制）

1912 年、1915 年和 1921 年观测成果表

南京潮位站基本情况一览表

站名	南京	测站编码	60116200	报汛站码	60116200
流域	长江	水系	长江下游干流	河名	长江
东经	118°43′32″	北纬	32°05′02″	设站日期	1912 年
至河口距离	398 千米	汇入	东海		
绝对基面	85 基准	冻结基面以上高程－1.901 米＝85 基准基面以上高程			
站类	基本站	河道站			
测站位置	江苏省南京市鼓楼区下关街道江边南路				
历史沿革	设立或变动	发生年月	站名	站别	领导机关
	设立	1912 年 1 月	南京	水位	南京海关
	停测	1937 年 11 月			
	恢复	1947 年 5 月	南京	水位	南京海关
	领导机关变更	1949 年 5 月	南京	水位	长江航务局
	领导机关变更	1952 年 1 月	南京	水位	长委会下游工程局、长江航务局
	升级为水文站	1953 年 10 月	南京	水文	长委会下游工程局
	降级为水位站	1955 年	南京	水位	长委会下游工程局
	领导机关更名	1961 年 6 月	南京	水位	江苏省水文总站
	领导机关更名	1996 年	南京	水位	江苏省水文水资源勘测局

（三）设施设备变迁

1. 高程系统

1912 年，海关水尺采用假定基面高程系统（一般以最低水位为零点）。1922—1926 年，扬子江技术委员会设测吴淞—宜昌精密水准，采用吴淞高程系统并接测海关水尺零点高程。

1955 年引进“测站基面”概念，1959 年“测站基面”改称为“冻结基面”，后续与各类基面（如黄海基面、1985 国家高程基准等）衔接，如南京潮位站冻结基面以上高程＋0.000 米＝吴淞基面以上高程。

2. 潮位与水温

早期的南京海关水尺采用英制计量，后来增加市制计量，即采用两种计量单位记载潮位。1953 年 10 月，由长委会下游工程局建成岛岸结合式水位自记台。

1999—2000年，改造水位自记台，设立直立式水尺和水准点，进水管采用虹吸式。

2013年，对潮位观测设施设备改造升级，安装不锈钢直读式水尺，并利用视频监控高清摄像头实现测验环境的实时监控，实时视频校核自记水位。采用浮子式遥测水位计和WFH-2型全量机械编码水位计。安装激光水位计和雷达水位计，作为备用水位监测设备。

1992年，增设水温观测，采用表式水温计。2013年，改用海洋部门自记水温计。

1999年的水位自记台

2013年的水位自记台

3. 降水量

早期的雨量观测场设在当时的江苏省地质物资仓库大院内。1999年建设标准降水量观测场，安装人工雨量器（JQH-1型）、标准雨量器（JQR01型）、翻斗式遥测雨量计（JDZ05-1型）和称重式雨量计同步观测。

人工雨量器由雨量筒、支架、储水瓶、量杯等组成。称重式雨量计通过称取降水物重量，换算成降水量，由承水口、外筒、内桶、托盘、底座、称重系统、加热系统、防外力系统、抗震动系统、自动排水系统、信号采集、传输系统、电源等组成。

2013年改造后雨量观测场

称重式雨量计

4. 水质

2022 年 1 月，建成水质自动监测站，监测 9 个水质参数：pH 值、电导率、温度、溶解氧、浊度、高锰酸盐指数、氨氮、总磷、总氮。

南京潮位站水质自动监测站

三、水文特征

（一）气候特征

南京地貌特征属宁镇扬丘陵地区，以低山缓岗为主，低山占土地总面积的 3.5%，丘陵占 4.3%，岗地占 53%，平原、洼地及河流湖泊占 39.2%。南京属北亚热带湿润气候，四季分明，雨水充沛。年平均降水量 1073.8 毫米，年平均水资源总量 25.6 亿立方米，其中地表水资源 18.6 亿立方米，地下水资源 7 亿立方米，人均占有量 480 立方米。相对湿度 76%，无霜期 237 天。每年 6 月下旬到 7 月上旬为梅雨季节。年平均温度 15.4 摄氏度，年极端气温最高 39.7 摄氏度，最低 −13.1 摄氏度。

（二）潮位特性

长江下游河段潮位既受上游径流影响，又受海洋潮汐影响，总体而言，潮区界在大通附近，潮流界在江阴附近，南京长江河段位于潮区界范围内。

南京河段的潮位变化为非正规半日潮混合型，每日两涨两落，涨潮历时约 3 小时 47 分，落潮历时为 8 小时 38 分，半潮周期为 12 小时 25 分。涨潮历时长短与上游径流来量大小有关，径流来量大涨潮历时就短，反之则长。

南京潮位站实测最高潮位为 10.39 米（2020 年 7 月 21 日）；最低潮位 1.54 米

(1956 年 1 月 9 日);多年平均水温 18.7℃(统计时段 1992—2022 年)。

南京站多年平均降水量为 1052.0 毫米(统计时段为 1905—2022 年,其中 1937—1940 年缺测),年最大降水量为 1774.3 毫米(1991 年),年最小降水量 448 毫米(1978 年),最大 24 小时降水量为 299.7 毫米(2003 年 7 月 4 日)。

(三)防汛特征水位

2018 年 11 月 26 日,江苏省防汛防指挥部《关于启用我省长江流域河湖防汛特征水位核定成果的通知》将长江南京站等 7 个站点的防汛特征水位核定成果予以印发并启用,长江南京站警戒水位由原来的 8.50 米调整为 8.70 米。

2020 年水利部长江委《关于长江江苏省境内部分站点防汛特征水位调整的批复》同意长江南京站(下关)警戒水位为 8.70 米(冻结吴淞),保证水位为 10.60 米。

(四)水文特征演变

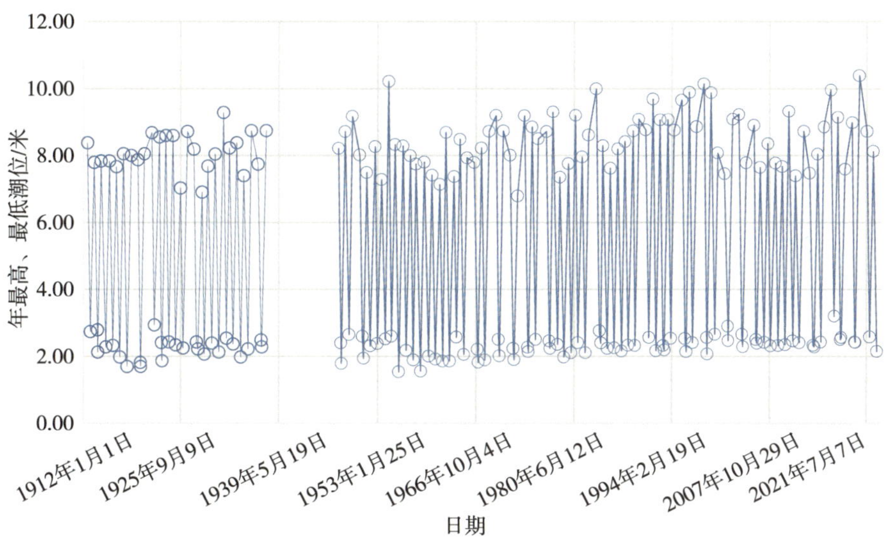

南京潮位站年最高、最低潮位过程(1937—1947 年停测)

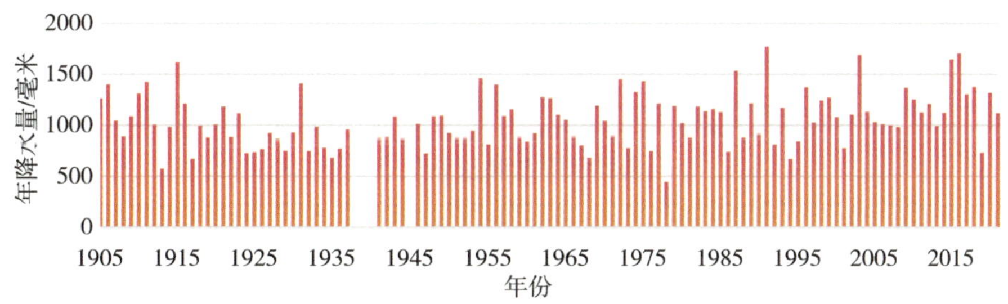

南京潮位站年降水量过程线

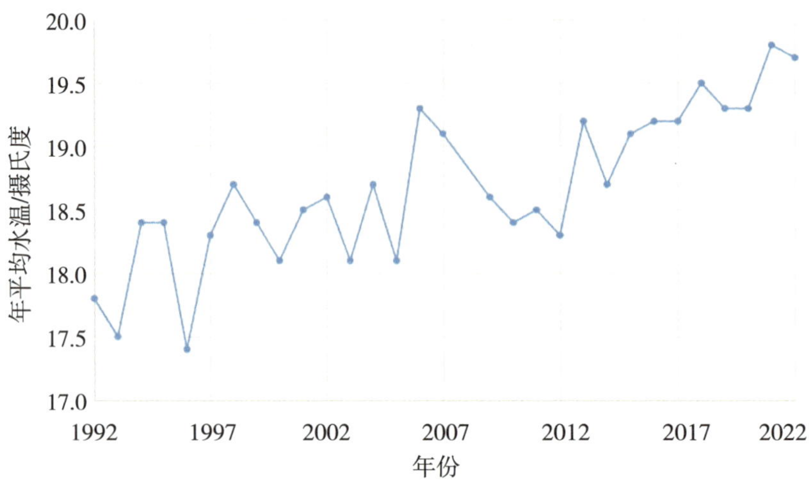

近 30 年南京潮位站年均水温过程线

（五）洪枯水留痕

南京城区位于长江、秦淮河、滁河等江河下游，地势低洼，地面高程低于江河历史最高洪水位 2～5 米，是典型的洪水走廊。长江发生洪水时期，正值本地梅雨季节，暴雨频发，与江河洪水遭遇，此外还会遭受台风危害。受地理位置、降水特点和地形特征的共同影响，南京极易发生水旱灾害。

新中国成立以来，南京潮位站在长江 1954 年、1983 年、1991 年、1998 年、1999 年、2016 年、2020 年等历次大洪水，以及 1972 年、1978 年、1979 年、2011 年、2022 年等历次大旱中，为长江下游防汛抗旱做出了突出贡献。

典型洪水年特征潮位表

年份	年最高潮位/米	年最低潮位/米
2020	10.39	2.42
1954	10.22	2.52
1998	10.14	2.56
1983	9.99	2.76
1999	9.88	2.07
2016	9.96	3.20
1991	9.69	2.16

典型干旱年特征潮位表

年份	年最高潮位/米	年最低潮位/米
1972	6.79	1.90
1978	7.35	2.36

续表

年份	年最高潮位/米	年最低潮位/米
1979	7.75	1.98
2011	7.39	2.46
2022	8.12	2.15

1. 洪水

(1) 1954 年洪水

1954 年春季开始，长江流域出现长历时、大范围、高强度降水，全流域发生特大洪水。南京地区同期降水量偏多，7 月 2 日一日降水量 133.4 毫米，汛期（5—9 月）降水总量 1035.4 毫米，为常年同期两倍多，其间三次遭受台风侵袭。在长江洪水和本地暴雨共同作用下，8 月 1 日，大通站最大洪峰流量 9.26 万立方米每秒，8 月 17 日，长江南京站最高潮位达 10.22 米；南京站超警戒水位历时长达 115 天，超 10 米高水位 28 天，全年洪水总量 1.3 万亿立方米，均为有水文记录以来最大值。

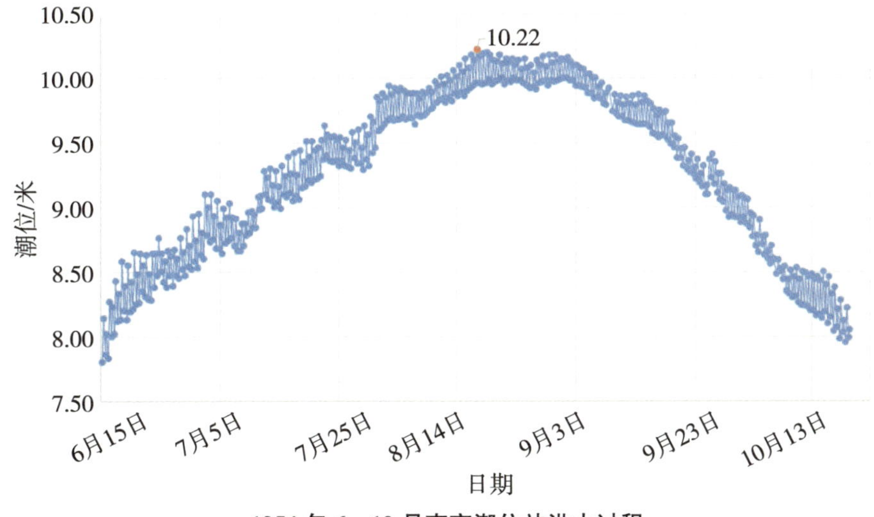

1954 年 6—10 月南京潮位站洪水过程

(2) 1983 年洪水

1983 年汛期，长江、秦淮河、滁河、水阳江均发生较大暴雨洪水。7 月 13 日，长江南京站水位上涨到 9.99 米，仅比 1954 年最高水位低 0.23 米；秦淮河东山水位达 9.83 米，超警戒水位 1.33 米；滁河晓桥水位达 11.46 米，超警戒水位 1.46 米，六合水位达 9.68 米，超警戒水位 1.83 米；7 月 15 日，固城湖高淳站水位上涨到 12.57 米，是有水文记录以来的第二高水位。

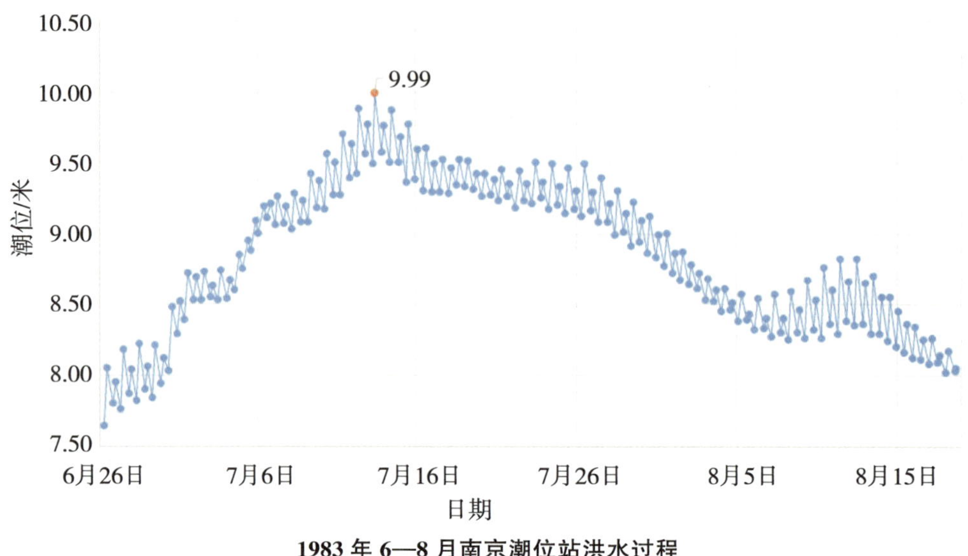

1983 年 6—8 月南京潮位站洪水过程

（3）1991 年洪水

1991 年南京地区入梅早，梅雨期长达 56 天，降水量多达 930～1160 毫米，是常年同期的 4.4 倍。其间出现两次大暴雨过程，第一次是 6 月 12—16 日，第二次是 6 月 30 日—7 月 15 日，日最大降水量均在 100 毫米以上，6 月 12 日溧水区天生桥站降水量 217 毫米。同期长江发生较大洪水，长江南京站最高潮位 9.69 米。

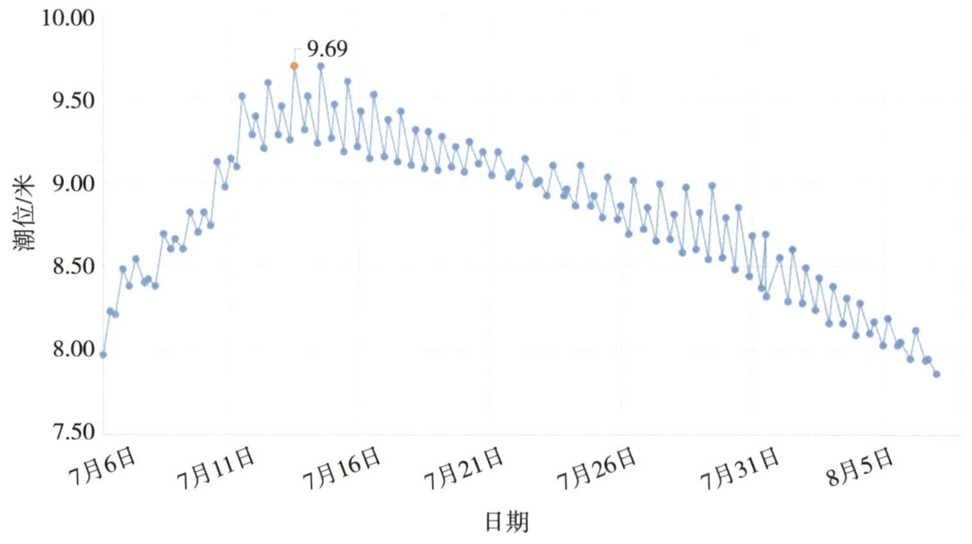

1991 年 7—8 月南京潮位站洪水过程

（4）1998 年洪水

1998 年汛期，长江流域发生了仅次于 1954 年的全流域性大洪水，6—8 月雨带在长江流域上、中、下游摆动，流域面降水量 670 毫米，比常年偏多 38%，仅比

1954 年少 36 毫米，大通站洪峰流量 8.23 万立方米每秒。6 月 25 日，长江南京站高潮位超 8.50 米警戒水位，7 月 29 日出现 10.14 米最高洪水位，仅比 1954 年 10.22 米低 0.08 米，是当时有水文记录的第二高水位。9 月 24 日退出警戒水位，超警戒水位历时 91 天，超 10 米高水位历时 17 天，均仅次于 1954 年。受长江洪水倒灌影响，滁河、秦淮河、水阳江各站水位都超过警戒水位。

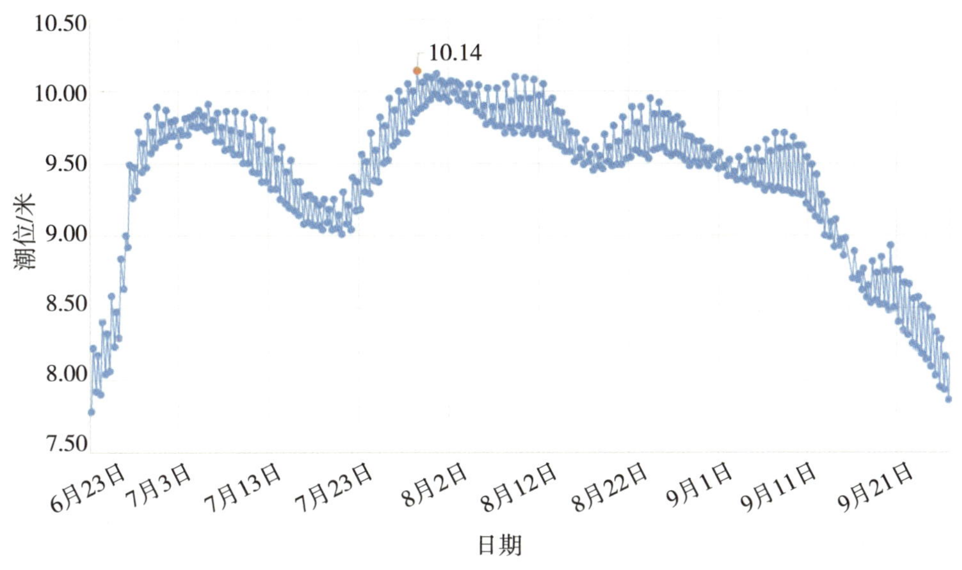

1998 年 6—9 月南京潮位站洪水过程

（5）1999 年洪水

1999 年 6 月 7—30 日水阳江流域普降暴雨，发生日降水量大于 50 毫米的暴雨 9 天，大于 100 毫米的大暴雨 4 天，最大日降水量达 190 毫米，6 月高淳县累计降水量 769.4 毫米，比常年同期偏多近 4 倍，溧水县累计降水量 452.4 毫米，偏多 2.6 倍。同期长江中下游地区也普降暴雨，长江下关站高潮位 6 月 30 日达 8.56 米，超警戒水位，7 月 26 日最高潮位达 9.88 米。在长江水位的顶托下，水阳江流域出现超历史最大洪水，7 月 1 日固城湖高淳站最高水位达 13.07 米，超历史最高水位 0.5 米，水阳江水碧桥站 13.80 米，超历史最高水位 1.25 米，7 月 2 日石臼湖蛇山站最高水位达 12.68 米，超历史最高水位 0.4 米，均为有水文记录以来最大值。

（6）2016 年洪水

2016 年 7 月，长江中下游地区普遍发生持续性强降雨，7 月 1—5 日，秦淮河地区出现持续性强降雨，强降水持续时间长、范围广、强度大；溧水区 1—3 日的累计降水量达 309.9 毫米，为 1961 年来连续三天降水量的历史极值；7 日 1—6 时，南京主城区、江宁、溧水、雨花台区出现短时强降水，最大雨量点梅山二中降水量 258.8 毫米，最大雨强达 129.2 毫米每小时，为南京有气象记录以来极值。

长江流域来水较常年明显偏大。长江南京站潮位从 6 月 30 日开始上涨，7 月 2 日早晨突破警戒水位 8.5 米后继续快速上涨，5 日上午达到最高潮位 9.96 米，仅次于 1954 年 10.22 米、1998 年 10.14 米、1983 年 9.99 米，列历史纪录第四位。长江洪水与天文大潮的遭遇，是导致南京本次长江高洪水位的直接原因。

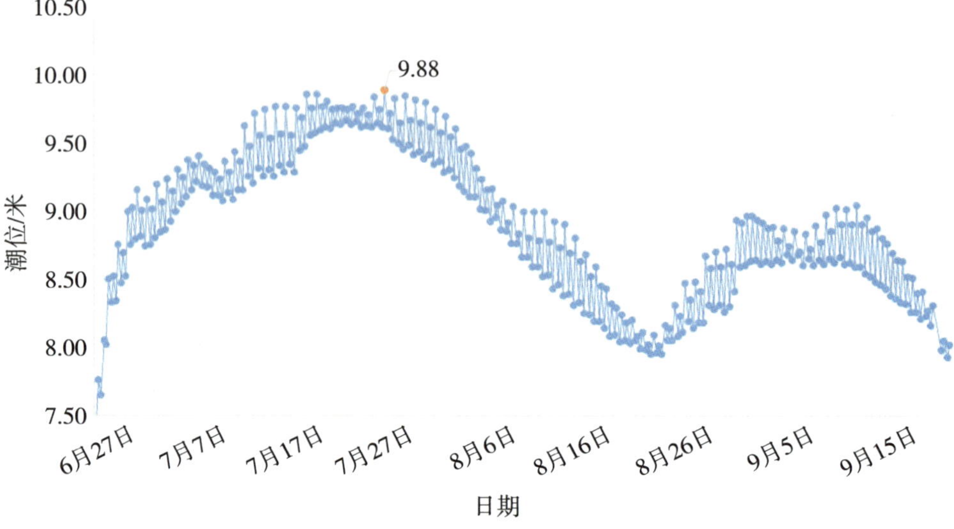

1999 年 6—9 月南京潮位站洪水过程

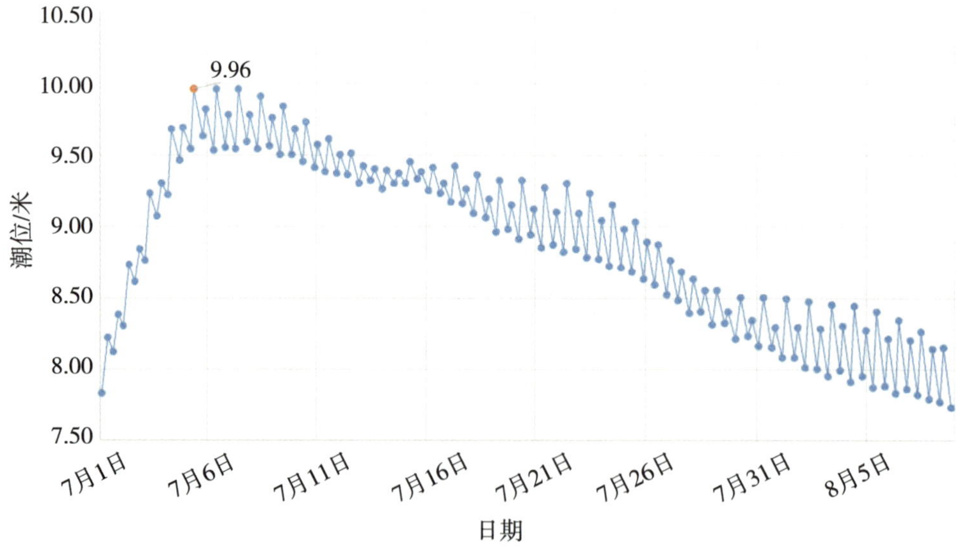

2016 年 7—8 月南京潮位站洪水过程

（7）2020 年洪水

2020 年 7 月，长江流域尤其是中下游发生了雨量大、范围广、持续时间长的降雨。其间发生了 9 次强降雨，较往年偏多达六成。受上游来水、天文潮和本地降雨“三重叠加”影响，南京市主要江河湖水位全线超警戒且高水位运行，长江南京站 7 月 21 日出现最高潮位 10.39 米，超历史最高水位（1954 年 10.22 米）0.17 米，石臼湖、水阳江、滁河出现超保证接近历史最高水位，石臼湖蛇山站最高水位 12.91 米，超保证（12.50 米）0.41 米，列历史第二位（第一位为 2016 年 13.02 米）；水阳江水碧桥站最高水位 13.36 米，超保证（12.80 米）0.56 米，列历史第三位（第一位和第二位分别为 1999 年 13.80 米和 2016 年 13.64 米）；滁河六合站最高水位 10.06 米，超保证（9.97 米）0.09 米，列历史第三位（第一位和第二位分别为 1991 年 10.47 米和 2003 年 10.22 米）；秦淮河东山站最高水位 11.04 米，列历史第三位（第一位和第二位分别为 2016 年 11.44 米和 2015 年 11.17 米）；固城湖高淳站最高水位 12.31 米、滁河晓桥站最高水位 12.00 米，均为历史第六位。全市启动防汛Ⅰ级应急响应，应急响应持续时间达 54 天。

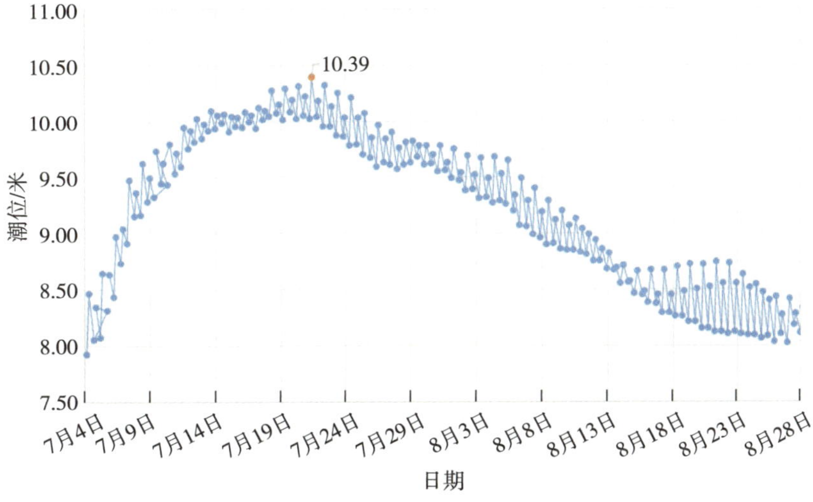

2020 年 7—8 月南京潮位站洪水过程

2020 年南京高洪险情

2. 干旱

长江发生过有记载的干旱年份较多，并且干旱年份会以连续干旱年组的形式出现，在水利工程大规模兴建以前，连续的干旱年组往往会对人民群众的日常生活和工业农业生产造成极大的不利影响。最具有代表性的干旱年组为 1971—1972 年、1978—1979 年；最具有代表性的干旱年为 2011 年。

（1）1971—1972 年干旱

1971—1972 年属于长江典型的枯水年组，其中，1971 年南京站上游大通站年均流量 23100 立方米每秒，属于特枯水年，来水量历史排位 67 位（1951—2022 年统计值），较常年同期来水量（1991—2020 年）偏低 19%。1972 年大通年均流量 22000 立方米每秒，属于特枯水年，来水量历史排位 69 位，较常年同期来水量偏低 23%。1971 年 7 月—1972 年 10 月，连续 16 个月来水量低于常年均值，发生严重的跨年度干旱，此次干旱持续时间长，来水量较常年偏低 20%～40%，此次的干旱特点为汛期的前段来水偏丰或与常年相当，汛前、汛期后段及汛后极枯。南京站 1971—1972 年的最低潮位为 1.9 米，仅较南京站历史最低潮位高 0.36 米。南京站 1971 年的平均高潮位较常年平均低 11%，平均低潮位较常年平均低 13%；1972 年的平均高潮位较常年平均低 13%，平均低潮位较常年平均低 14%。

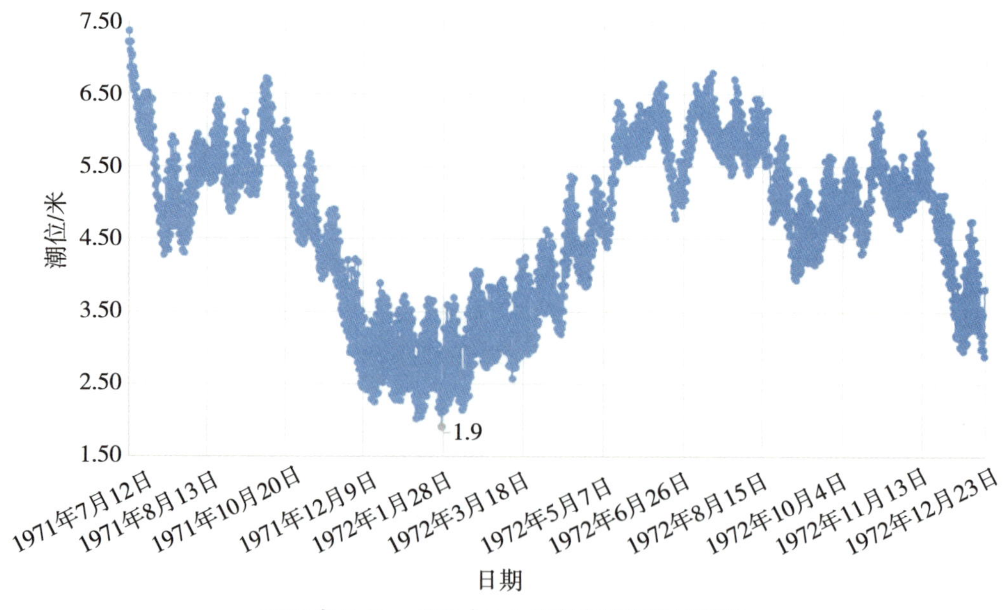

1971 年 7 月—1972 年 12 月南京站潮位过程线

（2）1978—1979 年干旱

1978—1979 年属于长江典型的枯水年组，其中，1978 年南京站上游大通站年均流量21400立方米每秒，属于特枯水年，来水量历史排位71位，较常年同期来水量偏低26%。1979年大通年均流量2.33万立方米每秒，属于特枯水年，来水量历史排位66位，较常年同期来水量偏低19%。1978—1979年属于长江典型的连续枯水年组，其干旱程度较1971—1972年更甚。自1978年1月—1979年8月发生连续20个月的跨年度持续性干旱，长江来水量偏少20%～50%，其中长江大通站历史最低流量发生在此次干旱中，为1979年1月31日的4620立方米每秒，是长江自1950年以来有记载的最严重的连续干旱年组。其干旱特征为有记录以来最长时间持续性干旱，干旱程度严重。南京站1978—1979年的最低潮位为1.98米，仅较南京站历史最低潮位高0.44米。南京站1978年的平均高潮位较常年平均低14%，平均低潮位较常年平均低17%；1979年的平均高潮位较常年平均低10%，平均低潮位较常年平均低12%。

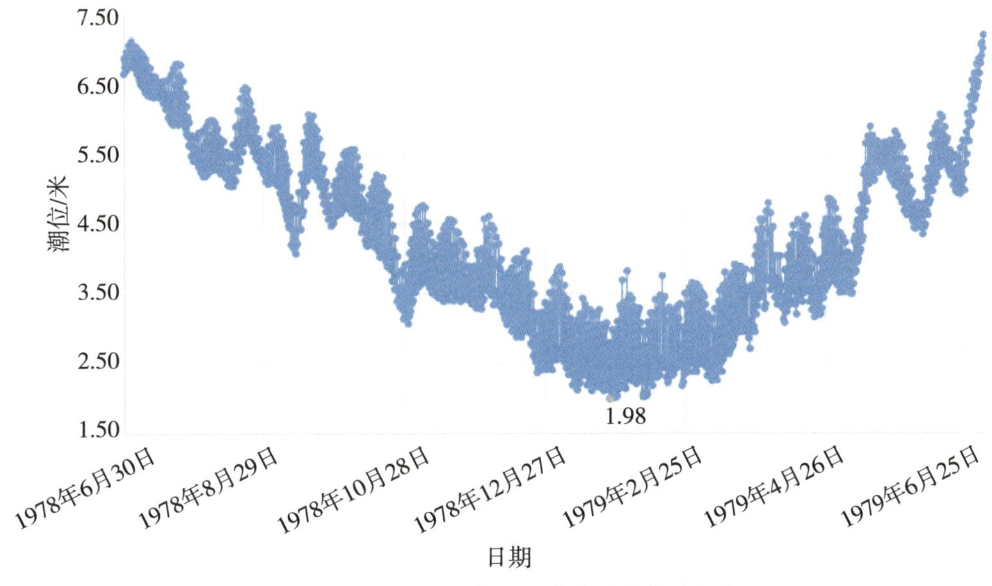

1978年6月—1979年6月南京站潮位过程线

（3）2011年干旱

2011年属于长江典型的枯水年，大通站年均流量2.11万立方米每秒，属于特枯水年，来水量历史排位72位，是1951年以来长江历史来水量最小的一年，较常年同期来水量偏低26%。2011年的干旱特征为年前和年尾来水量与常年相当，3—10月来水量较常年偏低20%～50%，干旱持续8个月，旱情在年尾得到缓解，未形成跨年度干旱。2011年的旱情在农业大用水时期较为严重，在长江引调水的高峰期也持续性偏低30%～40%，属于工程不利的代表年。南京站2011年在5月和6月的最低潮位为历史最低，汛期水位极低，年最高潮位仅7.39米。南京站2011年的平均高潮位较常年平均低 15%，平均低潮位较常年平均低 20%。

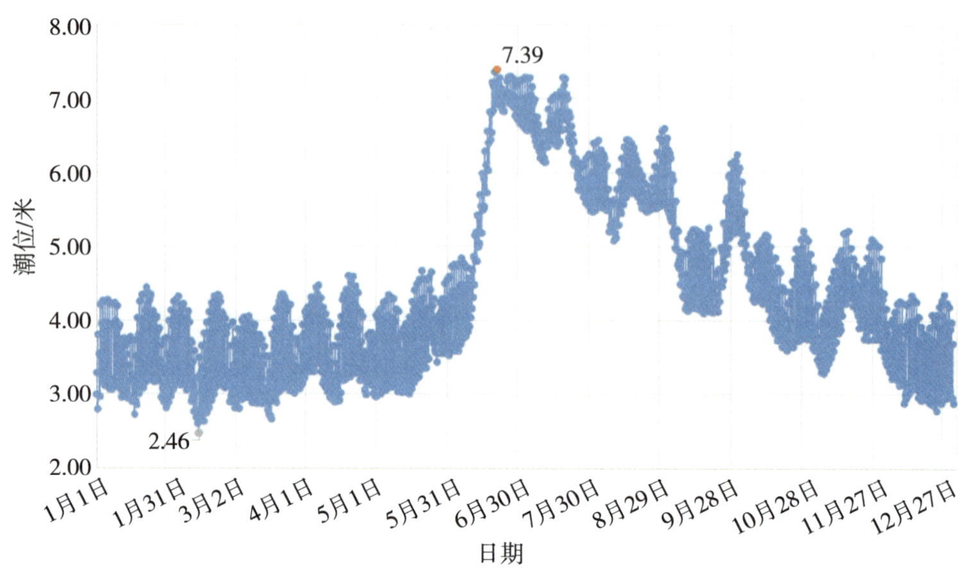

2011 年南京站潮位过程线

（4）2022 年干旱

2022 年 6—8 月，全市平均气温异常偏高 2.0～2.7 摄氏度，刷新 1961 年以来历史同期最高纪录；高温天数 37～52 天，较常年同期偏多 21.7～29.9 天，打破 1961 年以来高温天数最多纪录。汛期（5—9 月）累计降水量较常年偏少 5～6 成；梅雨期 18 天（常年 24 天），降水天数 6 天（常年 12 天）梅雨量较常年偏少 2～8 成。持续晴热高温少雨，南京市气象干旱等级均为重旱等级，南部部分地区特旱等级。

汛期受长江上游来水及本地持续高温少雨影响，长江、水阳江、石臼湖水位创 1912 年以来历史同期最低记录，其中长江南京站 8 月、9 月最低潮位分别为 3.26 米、2.77 米，比历史最低潮位低 0.64 米、0.62 米；水阳江水碧桥站 8 月、9 月最低水位 4.03 米、3.93 米，比历史最低水位低 1.52 米、0.99 米；石臼湖蛇山站 8 月、9 月最低水位 4.97 米、4.94 米，比历史最低水位低 1.21 米、0.76 米，石臼湖干涸。全市水库最少蓄水量 1.4 亿立方米，较常年同期偏少近四成，创历史同期最少纪录，52 座水库出现死水位以下水位甚至干涸。

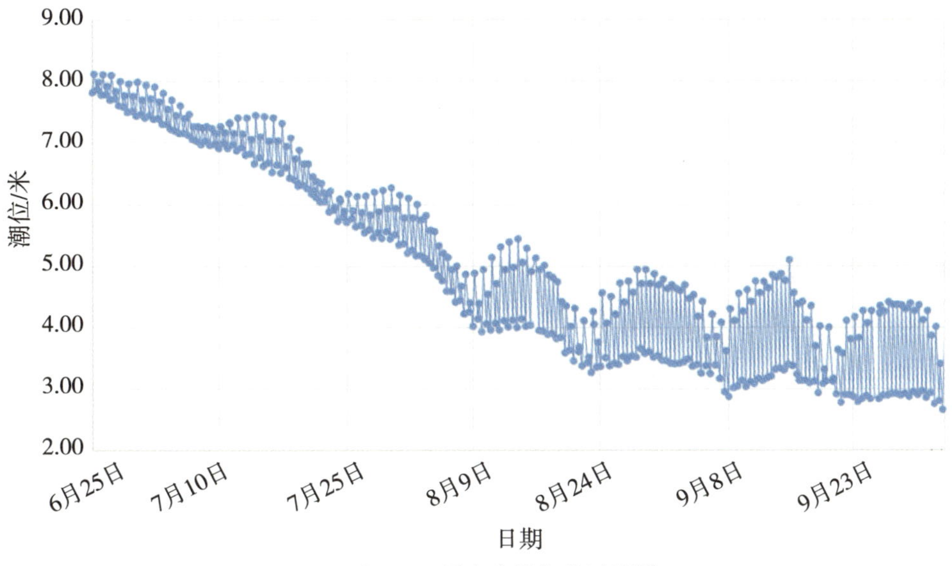

2022 年 6—9 月南京站潮位过程线

南京潮位站潮位显示屏（2022 年 9 月 22 日摄）

四、新技术应用

（一）智慧水文自动测报平台

2015 年 5 月，江苏作为水利部水利信息资源整合共享唯一省级试点，以“智慧水利”建设为基础，初步构建了全省一套网、一朵云、一张图、一个库、一个平台、一个门户、一套目录、一套标准等系列成果。2017 年 12 月 23 日，通过水利部首个信息资源整合共享省级试点验收，实现了“感知化监测体系、集约化基础支撑、

有序化数据共享、智能化应用服务和可靠化安全保障”的信息资源整合共享目标。

在全省水文自动测报平台建设推动下，南京潮位站自动测报系统进行集成和整合建设，将过去由防办、水文和城建等部门建设的各类设备整合为一套设备，数据共享，解决了几十年来自动测报多系统、多平台运行及信息孤岛等问题。监测项目包括潮汐水情、雨情和视频监控，数据实时在线率、完整率超过 99%，成为江苏省水文自动测报系统示范站，省水文自动测报平台也被确定为智慧江苏建设重点示范工程、国家防汛指挥系统二期工程建设示范单位。

南京潮位站水位雨量自动采集设备主要包括数据采集终端设备（RTU）、水位传感器、翻斗式雨量传感器和电源设备及相关配件，实现测站水位、降水量的现场实时采集，按照《江苏省水文自动测报系统数据传输规约》将采集的实时数据利用 GPRS 主信道或 CDMA 备用信道传输至水情分中心数据库。

（二）水位遥测一体化系统

南京潮位站作为试点单位，在全省率先建设了一套水位遥测一体化系统，采用 LED 可触摸显示屏，具备接收显示实时监测数据（支持多种协议传输 232/485 等）、远程传输实时监测数据（UDP 无线网络传输）、生成实时水位流线图、历史水位数据查询等功能，也可显示测站相关信息内容，具备远程网络操作功能，具有防尘、抗湿、耐高温等特点。

水位遥测一体化系统

（三）无人船水质自动监测平台

2022 年 11 月，南京潮位站采用无人船为载体，搭载船载全自动水质分析仪、采样模块、船载全光谱水质分析仪等仪器设备，具备完善的现场数据展示功能，可完成全自动、实时的水质巡航监测，实现污染物快速筛查和准确定量，水样的自动采集、自动样品处理、自动分析。

无人船自主航行并开展自动监测，实时获取总磷、总氮、氨氮、pH 值等水质监测数据，同步投屏到长江中的户外电子屏上，与南京潮位站水质自动监测站同步比对。

无人船水质自动监测平台是水环境巡航监测系统在江苏水质监测工作中首次投

入使用，在水质巡查、污染源精准摸排、应急监测等方面应用效果良好，提升了应对突发水环境事件的响应能力，为水环境水生态趋势研判、行政决策提供了及时可靠的技术支撑。

无人船水质自动监测平台

（四）水生生物巡测站

在南京潮位站已建水质自动监测站、视频监测站的基础上，建设水生生物巡测站，拓展生态服务功能。

1. 水质自动监测站

能够实时监测水质，包括化学需氧量、氨氮、总磷等关键指标。通过这些数据，可以更好地了解水质状况，为水环境保护和水污染防治提供科学依据。

2. 视频监测站

能够实时捕捉水位变化、河道景观、污染源等信息。通过视频监测，可以更直观地了解河道的生态状况，为水环境治理和水生态修复提供有力支持。

3. 水生生物巡测站

可以实时监测水生生物的种类、数量和分布，为水生生物多样性保护提供科学依据。

为了实现水体监测全覆盖，在南京潮位站周边的秦淮河干流及主要支流的市、区交界断面和主要支流入口等关键节点设置了自动监测站和巡测站。通过建设自动监测与巡测相结合的监测体系，整合秦淮河各类生态监测信息，为实现秦淮河干流及主要支流入河口的水质、水位、流速、流量、空间、水生生物等生态要素全掌握奠定良好基础；通过对基础信息的分析、挖掘，为水安全保障、水资源管理、水污染防治、水生态修复等提供服务，为河长制管理提供坚实支撑，并为江苏其他地区生态河湖监测体系建设提供借鉴、示范作用。

五、难忘岁月

鏖战超历史洪水

2020 年 6 月以后，太平洋副热带高压相比往年同期势力偏强，其外围的西南气流将来自孟加拉湾或中国南部海区的充沛水汽输送到南方；同时，北方的冷空气活动频繁，冷暖空气在南方地区持续交汇，强降雨过程频繁而持续发生。7 月 17 日 10 时，长江三峡水库入库流量涨至 5 万立方米每秒，依据水利部《全国主要江河洪水编号规定》，编号为“长江 2020 年第 2 号洪水”。受长江上游来水、天文潮和本地强降雨等影响，7 月 21 日，南京站最高水位 10.39 米，创历史新高。

从 2020 年 7 月 6 日南京站超过警戒水位开始，到 8 月 13 日落回到警戒水位，在连续 38 天时间内，长江高潮位多次刷新历史纪录，南京站成了社会各界关注的焦点。南京潮位站积极回应公众及媒体关切，通过江边显示屏及时更新水文数据，主动及时发布信息，产生了积极社会影响。

入梅以来，南京潮位站高级工程师朱庆云 24 小时坚守在站上，经常在深夜和凌晨冒着大雨对潮位站水文遥测设施运行状况开展检查，确保水情数据测得到、测得准、报得出、报得及时。南京水文分局严锋连续 10 多天奋战在水情工作一线，带领团队时刻关注水雨情变化，分析研判水情，每天多次开展滚动预报，编制水雨情分析及预报专报，为南京市防汛科学决策提供有力水文支撑。

2020 年 7 月 18 日，《人民日报》先后以《长江南京段洪水红色预警 10.26 米水位创新高》《长江南京段水位超历史极值：全城严阵以待防汛抗洪》为题，报道了南京防汛情况。光明网以《长江南京段水位超历史极值》为题，播报长江洪水改写南京水文史最高纪录的情况。7 月 19 日，中国新闻网刊发消息《长江南京段水位时隔 24 小时再创历史极值 太湖石臼湖水位高企》。7 月 20 日，《新华日报》以《防汛测报一线，他们日夜鏖战》为题，报道了南京潮位站坚守抗洪前线的情况。在此期间，各类新媒体和各级地方媒体也纷纷报道了江苏水文部门应对超历史洪水的情况。

六、文化建设

近年来，江苏水文在南京潮位站着力打造水文文化地标，设立水文科普画廊，宣传水文知识，开展水情教育，通过“开放日”“实境课堂”“志愿服务”“党员教育实境课堂”等形式，让社会公众了解水文科技，弘扬水文文化，开展党员教育，先后为大、中、小学生和社会各界人士讲解水情知识 50 多场，产生了良好的社会效益。

开展中小学生水文水情科普教育

党员教育实境课堂

宣传生态文明理念，弘扬爱国主义精神

南京潮位站职工结合工作中的实际问题开展研究，积极传承和传播水文化。近年来，该站职工先后在《水文》《人民长江》《水利水电快报》《江苏水利》《治淮》等期刊上发表论文、译文 40 多篇。该站职工还翻译了水情科普读物《牛津通识读本：河流》，中国工程院院士张建云为该书作序。

南江北河

上古时期，人们称江河为“水”，即把流淌在华夏大地上的河流都命名为“某水”，如渭、淮、洛、涧、汉等，长江、黄河称为江水、河水。《说文解字》把“江”字解释为：“江，水。出蜀湔氐徼外峄山，入海。”“河”字则解释为：“河，水。出敦煌塞外昆仑山，发原注海。”可以看出，江、河二字最早并非河流的通名，而是南北两条大河流的专名。

长江在历史上称“大江”，始于屈原《九歌·湘君》中“望涔阳兮极浦，横大江兮扬灵”。称“长江”则始于阮籍的“湛湛长江水，上有枫树林”①。在古诗词中描写大江、长江的名篇名句甚多，如李白《庐山谣寄

① 见《文选·卷二十三·阮籍宗咏怀诗十七首》，阮嗣宗，三国时期魏国诗人，即竹林七贤中的阮籍。

卢侍御虚舟》中的“登高壮观天地间，大江茫茫去不还”，《黄鹤楼送孟浩然之广陵》中的“孤帆远影碧空尽，唯见长江天际流”；杜甫《峡口二首》其一中的“峡口大江间，西南控百蛮”，《登高》中的“无边落木萧萧下，不尽长江滚滚来”；苏轼《念奴娇·赤壁怀古》中的“大江东去，浪淘尽，千古风流人物”，李之仪《卜算子·我住长江头》中的“日日思君不见君，共饮长江水”……

在古代，河流尾字为“江”的主要分布在南方，尾字为“河”的主要分布在北方，到隋唐时期“南江北河”的称谓基本定型。长江与黄河是分布在南北的“大江大河”，这里的“江”特指长江，“河”特指黄河，也就有了“南长江北黄河”的说法。因此，“南江北河”的由来不仅反映了河流在地理上的分布差异，也反映出南北地区文化的历史演变和融合。

南长江和北黄河，共同孕育了中华民族和华夏文明。长江与黄河，都是中国的母亲河，都发源于青藏高原，都自西向东流向大海，只是长江穿越高山峡谷，水较清，黄河跨过黄土高坡，水较浊。

镇江潮位站

——近代最早的水位自记台

镇江潮位站

镇江地处江苏省南部，古称“朱方”“京口”“南徐”“润州”等，北宋取名镇江。镇江古城是拥有三千多年建城史的国家历史文化名城，曾为江苏省省会。咸丰十一年（公元1861年）镇江开埠，设立海关。1880年4月，海关在北固山设立测候所观测气象和雨量。1881年1月，在海关码头设立水尺观测潮位，为来往船只提供水情气象服务。至此，镇江始有水文、气象观测记录，其雨量及潮位资料系列均为江苏省最长。

新中国成立后，镇江站先后升格为二等水文站、一等水文站，观测要素最多时达10余项，如潮位、降水量、蒸发量、气温、地温、草温、相对湿度、气压、风向、风力、云量、云状、能见度、日照、天气现象等。现隶属于江苏省水文水资源勘测局。

镇江潮位站位于长江南岸的镇江市北固山北麓江边，东经119°27′，北纬32°13′，属长江流域长江下游干流水系。

镇江潮位站自记水位计台2004年被列为镇江市级文物保护单位，2021年被列为江苏省首批省级水利遗产。

一、河段概况

镇江曾为长江入海口，故有海门之称，有诗云："北固临京口，夷山近海滨""京口潮来曲岸平，海门风起浪花生""潮平两岸阔，风正一帆悬"。

镇江地处长江下游，呈西高东低、南高北低地貌特征，大部分地区属宁镇—茅山低山丘陵，沿江洲滩属长江新三角洲平原区，丹阳东南部则属太湖平原区。

长江和京杭大运河分别流经镇江境内，长 103.7 千米和 42.74 千米，在京口区谏壁镇交汇。全市有流域面积 50 平方千米及以上河流 32 条（其中跨省河流 2 条），流域面积 50 平方千米以下河流 328 条。1.0 平方千米及以上湖泊 2 个，0.5～1.0 平方千米湖泊 2 个，均为淡水湖泊。

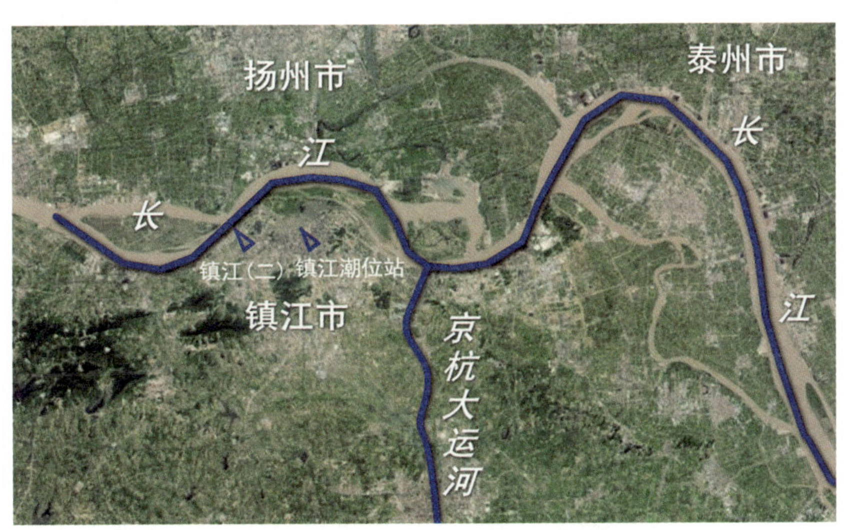

长江镇江段及京杭大运河交汇平面形态

二、测站探源

（一）测站沿革

在 1858 年签订的中英《天津条约》中，镇江与汉口、九江、南京等沿江城市被列为通商口岸。咸丰十一年（公元 1861 年），镇江开埠，设立海关。1880 年 4 月在北固山设站观测雨量，1881 年 1 月在海关码头（今西津渡附近）设立水尺观测长江潮位，设站目的是为舰船航行安全提供水情服务。光绪三十年（公元 1904 年）水尺移至北固山北麓观测潮位，1935 年再次迁移水尺至元兴煤栈码头附近观测，1936 年在北固山北麓修建水位自记台。抗战期间遭敌人破坏，仪器丧失，1937 年 11 月停测，1946 年 5 月恢复镇江潮位观测，2004 年 4 月潮位观测上迁 8 千米，原北固山镇江潮位站站房及观测设备至今仍在运行使用。

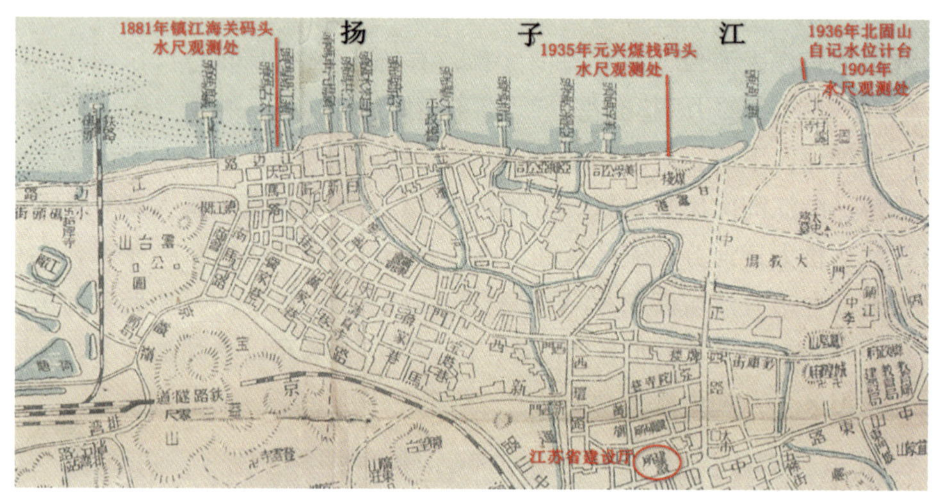

1881 年至 1936 年镇江潮位观测位置变迁

（底图为 1932 年《京镇苏锡游览指南》地图）

CHANG JIANG SHUIWEN

江河记忆：北固山水文化

镇江北固山自古便滨江临海，宋孝宗淳熙十五年（公元 1188 年），陈亮在镇江北固山写下《念奴娇·登多景楼》："一水横陈，连岗三面，做出争雄势。"宋宁宗嘉泰四年（公元 1204 年），辛弃疾担任镇江知府时，写下了千古名句"何处望神州，满眼风光北固楼"。至今，该词句被作为北固山的最佳宣传语立在北固山景区。镇江潮位站、气象台和 308 水准点都在北固山，彰显现代科技元素的水文化价值。

1954 年 6 月，宜侯夨簋在大港烟墩山出土，将镇江人文历史提升至 3000 年以上。一座拥有 3000 年历史的城市，一座滨江临海的城市，具有独特的水文化。

古代的文人对北固山潮位的观察、联想，不乏名篇佳作。其中最著名的莫如李白、孟浩然、王湾、辛弃疾等人的诗词。

从诗词中可以看出镇江鲜明的滨江城市地域特色，特别是《次北固山下》一诗更突出了镇江以前的滨江临海特点——“潮平两岸阔”“海日生残夜，江春入旧年”等，使得北固山和北固山上多景楼得到“天下第一江山”和“天下江山第一楼”的美称。

镇江潮位站因其处于风景秀丽的北固山山脚下，更多的游人游览于此，拍照留念，将镇江潮位站连同北固山、远处的焦山一起传播出去，使得镇江潮位站作为一座观测潮位的设施，也成为北固山景区不可分割的一部分，具有北固山千百年来传承的水文化内涵。

水文化实物遗迹有“三宝”。第一为镇江潮位站最可宝贵的实物遗产——1936 年建成的自记水位计台，屹立江中，至今完好，并仍由水文部门管理运行，文物部门划定保护范围。第二就是 1935 年建成的北固山中峰气象台（不再由水文部门管理），至今保留着建成时的原貌，仍发挥着作用。第三就是建成已有百年、作为长江沿线水文引据水准点的镇江 308 水准点，目前由测绘部门管理，也作为镇江北固山潮位站的引据点水准继续发挥作用。这些从建成直到如今仍然保持原貌且仍发挥作用的水文相关设施在全国都极为罕见。

（二）机构变迁

1880—1935 年领导机关为镇江海关，具体由测候所管理。1936 年起，领导机关为扬子江水利委员会。1946 年 5 月由吴县水文站恢复观测。

1950 年 5 月，由华东军政委员会水利部接管，苏南行署水利局代管，改组为二等水文站。1953 年 1 月，由江苏省人民政府水利厅管理。1953 年 7 月，原属苏州一等水文站管理的镇江二等水文站改为镇江一等水文站，负责管理太湖运河区西部及秦淮河水系各水文测站。1954 年 9 月，江苏省编制委员会同意将苏州、镇江两个一等水文站改为二等水文站。1957 年 5 月，正式成立镇江水文中心站，为江苏省水利厅水文总站的派出机构。镇江潮位站隶属镇江中心水文站。

1957 年 12 月，由江苏省水利厅移交给长江流域规划办公室［水文（57）字第 172 号文］，将镇江潮位站的水位、气象要素观测业务一并移交，1958 年 1 月 1 日开始观测，水文机构名称为镇江中心水文站。

1959 年 1 月—1959 年 10 月，地方水文机构为常州专署水利局水文股，上级领导机构为江苏省水利厅江苏省水文总站。

1959 年 10 月—1962 年 6 月，地方水文机构为镇江专署水利局水文股，上级领导机构为江苏省水利厅江苏省水文总站。

1962 年 6 月—1964 年 4 月，地方水文机构为镇江专区中心水文站。1964 年 1 月起，上级领导机构改为水利电力部江苏省水文总站。

1964 年 4 月—1970 年 11 月，地方水文机构为镇江专区水文分站，上级领导机构改为水利电力部江苏省水文总站。

1970 年 11 月—1980 年 6 月，地方水文机构为镇江地区水电局水文站。1971 年起，上级领导机构改为江苏省镇江地区革委会水电局。1974 年起，上级领导机构改为江苏省革命委员会水电局。

1980 年 6 月—1983 年 5 月，地方水文机构为镇江地区水文分站。1983 年起上级领导机构改为江苏省水利厅江苏省水文总站。

1983 年 5 月—1992 年 6 月，地方水文机构改名为镇江市水文分站，隶属江苏省水利厅，由江苏省水文总站管理。

1992 年 6 月—1997 年 3 月，地方水文机构改名为镇江水文水资源勘测处，隶属江苏省水利厅，由江苏省水文总站管理（1996 年，江苏省水文总站改名为江苏省水文水资源勘测局）。

1997 年 3 月—2004 年 6 月，地方水文机构改名为镇江水文水资源勘测局，隶属江苏省水利厅，由江苏省水文水资源勘测局管理。

2004 年 6 月至今，地方水文机构改名为江苏省水文水资源勘测局镇江分局，隶属江苏省水利厅，由江苏省水文水资源勘测局管理。

在 1994 年江苏省开始实行站队结合管理后，镇江水文水资源勘测处成立湖西水文勘测队和句容水文勘测队，实行三级管理模式，即“处—队—站”（后改成“省局—分局—中心—测站”四级管理模式）。镇江潮位站属湖西水文勘测队管理，2015 年湖西水文勘测队更名为江苏省水文水资源勘测局镇江城区监测中心，镇江潮位站属镇江城区监测中心管理。

镇江潮位站位置图

镇江潮位站领导机关变迁

设立或变动	发生年月	站别	领导机关	说明
设立	1880 年 4 月	雨量	镇江海关	观测地点在北固山
变动	1881 年 1 月	水位	镇江海关	观测地点在海关港口码头
变动	1904 年 4 月	水位	镇江海关	观测地点在北固山北麓长江边
停测	1937 年 11 月	水位		
恢复	1946 年 4 月	水位	扬子江水利委员会	
领导机关变动	1950 年 5 月	雨量	苏南人民行政公署农林处水利局	
领导机关变动	1950 年 7 月	水位	华东军政委员会水利部	
领导机关变动	1953 年 1 月	水位	江苏省人民政府水利厅	
领导机关变动	1957 年 12 月	水位	长江流域规划办公室	
领导机关变动	1960 年	水位	江苏省水利厅江苏省水文总站	
领导机关变动	1964 年 1 月	水位	水利电力部江苏省水文总站	
领导机关变动	1971 年	水位	江苏省镇江地区革委会水电局	
领导机关变动	1974 年	水位	江苏省革命委员会水电局	
领导机关变动	1983 年	水位	江苏省水利厅江苏省水文总站	
领导机关变动	1996 年	水位	江苏省水文水资源勘测局	
迁移	2004 年 4 月	水位	江苏省水文水资源勘测局	潮位观测上迁 8 千米，原站房仍在运行使用

（三）观测项目变化

1. 测验项目

镇江站 1880 年开始观测降水量，1881 年观测长江潮位，1930—1957 年观测潮位、降水量、蒸发量、气温、地温、草温、相对湿度、气压、风向、风力、云量、云状、能见度、日照、天气现象。1956 年后观测长江潮位及雨量至今。目前有资料记载的镇江站雨量从清光绪六年（公元 1880 年）开始整编成册，潮位资料从清光绪二十六年（公元 1900 年）开始整编成册，蒸发等资料从 1930 年开始整编成册。

2. 计量单位

潮位观测从清朝时的“英尺英寸”① 到民国前期的“尺寸”②，到后来的“公尺”，

① 1 英尺=30.48 厘米，1 英寸=2.54 厘米。

② 1 尺=33.3 厘米，1 寸=3.3 厘米。

再到“米”，雨量方面从开始的“公厘”① 到后来的“毫米”，蒸发量亦是从“公厘”到“毫米”。1915 年镇江潮位站量水标记载簿上显示：潮位观测的计量单位为“尺寸”。

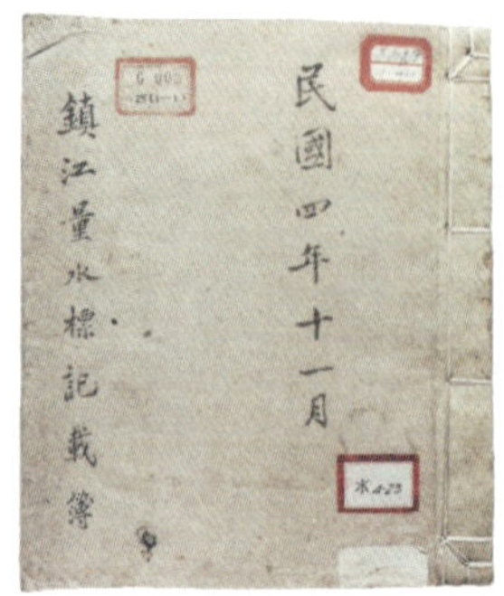
鎮江量水標記載簿
民國四年十一月

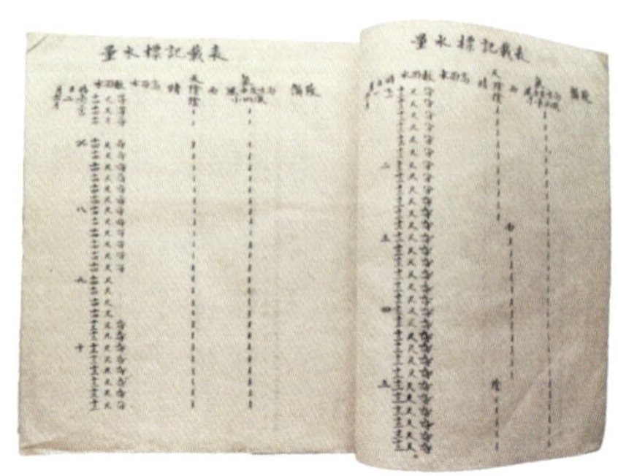

1915 年镇江潮位站量水标记载簿

（四）设施设备变迁

镇江潮位站水文设施主要包括降水量观测设施、潮位观测设施、水准点等。其观测场所随着时代的发展略有不同，但大体均围绕着海关码头及北固山附近区域变动。

1. 测候所

（1）气象观测场

1932 年，雨量观测场所从北固山迁至府学宫（现中山东路 359 医院内）；1935 年，江苏省建设厅测候所在北固山中峰建设气象台，雨量观测场所复迁至北固山；1983 年前后因水文、气象部门分开，雨量站从北固山中峰气象台搬离，迁至东门气象站；1985 年，迁至南门大街现址观测至今。

1934 年 7 月，在江苏省建设厅内设了测候所，特别拨出经费一万元在北固山中峰建设气象台，1935 年建成。镇江解放后，北固山气象台为水利部门接管。

1985 年镇江市水文部门在南门大街建设生产办公用房，雨量观测场设在二楼的屋顶。

1936 年建成的北固山中峰省建设厅测候所气象观测场

至今仍保留的虹吸式自记雨量计

① 1 公厘=1 毫米。

（2）雨量观测仪器

镇江海关测候所 1880 年开始降水量观测，采用美国标准式雨量器，器口直径 8 英寸，合 20.32 厘米。2012 年后先后安装了 20 厘米 JDZ05 型翻斗式雨量计、20 厘米 JQR01 型人工雨量器、20 厘米 JHT01 型虹吸式自记雨量计，分辨率分别为 0.5 毫米、0.1 毫米和 0.1 毫米。承雨口采用国际标准口径 ϕ200 毫米，器口离地面高分别为 0.7 米、0.7 米和 1.2 米。

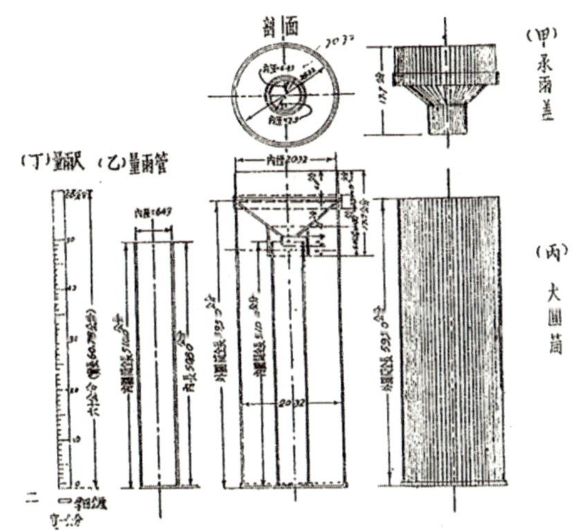

八英寸美国标准式雨量计构成示意图

2012 年后启用的一体化机箱的翻斗式雨量计

（3）蒸发量观测仪器设备

1930—1957 年蒸发量观测期间使用的蒸发器形式为器口直径 80 厘米蒸发皿，每日 9 时观测蒸发量，计量单位为公厘，与降水量计量单位相同。

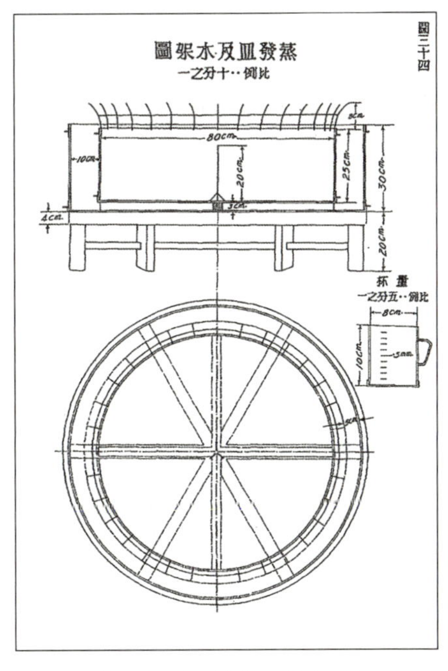
蒸发观测细则及蒸发器结构图

2. 潮位站

（1）海关水尺

1881 年设立海关水尺观测潮位，采用英尺英寸和尺寸，民国后改为尺寸制，约 1922 年后改为厘米、米（公尺）作为单位。

（2）自记水位计台

1935 年 12 月，扬子江水利委员会经过选址提出镇江自记水位计台设计图，为岛式结构，全部采用钢筋混凝土的框架式建筑。1936 年公开招标，实际施工 114 天。自记水位计台房屋面积为 5.5 米×4.6 米，高 3.3 米。引桥长 16 米，宽 1.2 米，房屋高 3.3 米。1936 年，在镇江北固山北麓江边建成水位自记台，采用德国 OTT 水位计（购价 685 元，为周记式，即每星期换纸一次）进行潮位观测记录，人工观测潮位对自记水位计进行校核。1948 年，国民政府行政院新闻局出版的《水文测验》刊载了镇江潮位站的自记水位计台简介。

1937 年

1998 年

2013 年

2023 年

镇江潮位站自记水位计台

1951 年安装黎氏（Leitz）式自记水位计。20 世纪 60 年代使用上海气象仪器厂生产的 HJC-1 型和 SW40 型日记式水位计，人工定时换纸和判读潮位数据。1996 年安装加拿大产压力式遥测水位计，实现潮位过程线的数字化显示。2014 年安装国产 WDC31 型浮子式遥测水位计，2019 年安装了德国 OTT 雷达水位计，这些设备均实现潮位的数字采集远程传输，并通过软件实现数据库管理，将潮位过程线展示到电脑、手机、平板等终端，实现随时随地查询数据，了解潮位信息。

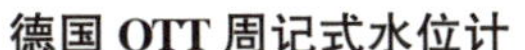
德国 OTT 周记式水位计

HJC-1 型自记式水位计

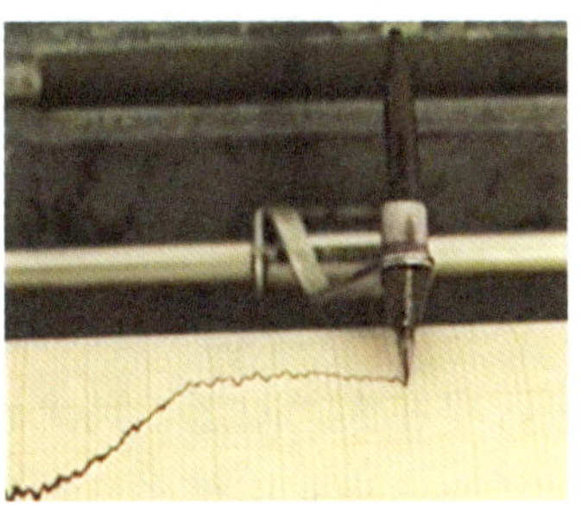
SW40 型日记式水位计

（3）报汛方式方法变迁

潮位、雨量监测信息报送，1933 年之前每月收集一次资料采用邮寄方式，1934 年采用拍发电报报汛、电台报汛。新中国成立后，先后采用语音电话报汛、电脑端报汛系统自动报汛、移动端报汛（手机报汛、PAD 报汛）等。

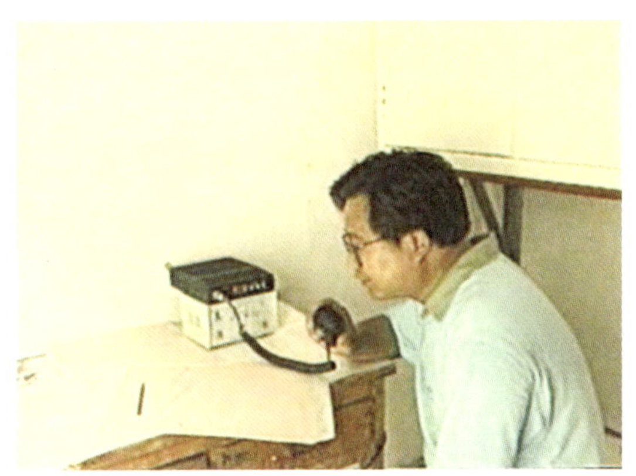
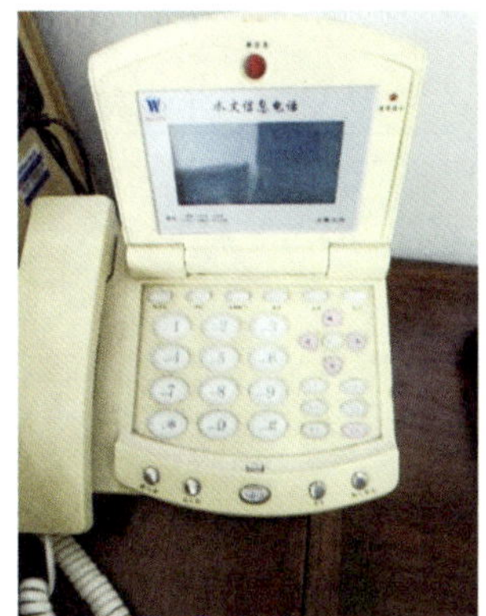
电台报汛和电话报汛

三、水文特征

镇江市属北亚热带南部季风湿润气候区，受季风影响明显，四季分明，光照充足、雨量充沛。冬季受大陆吹来的西北风控制，以寒冷少雨天气为主；夏季受海洋吹来的东南季风影响，天气炎热多雨；春秋季为冬夏季风交换时节，气候冷暖多变。据气象部门统计，全年平均气温 16.0～16.3 摄氏度，市区极端最高气温 40.9 摄氏度（1959 年 8 月 22 日），极端最低气温－12.0 摄氏度（1955 年 1 月 16 日）。全市多年平均降水量为 1142.7 毫米。年最大值为 2199.5 毫米（句容站，2016 年），最小值为 421.8 毫米（句容站，1978 年），市区多年平均降水量为 1148.4 毫米，降水量年内时空分布极不均匀，60%以上集中在 5—9 月。1991 年以来，平均入梅日为 6 月 19 日，出梅日为 7 月 13 日，平均梅雨天数为 25 天，平均梅雨量 263.5 毫米。

（一）潮位等要素变化

1. 潮位特性

长江下游河段潮位既受上游径流影响，又受下游潮汐影响，就平均情况而言，潮区界在大通附近，潮流界在江阴附近，长江镇江河段位于潮区界内。镇江河段的潮位变化为非正规半日潮混合型，每日两涨两落，涨潮历时约 3 小时 30 分，落潮历时为 9 小时，半潮周期为 12 小时 30 分。涨潮历时长短与上游径流来量大小有关，径流来量大涨潮历时就短，反之则长。

2. 逐年潮位、降水量过程线图

镇江潮位站 1912—2023 年逐年最高潮位过程线及逐年最高最低潮位过程线，1938—1945 年无数据。镇江潮位站 1880—2023 年年降水量过程线中 1937 年 11 月—1946 年 4 月无数据。

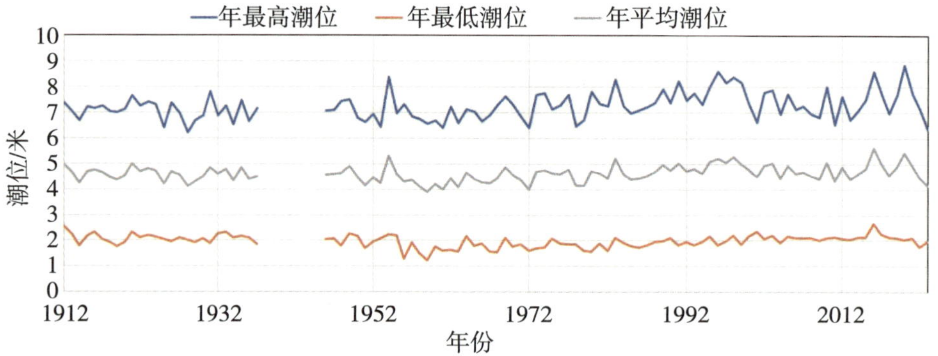

镇江潮位站 1912—2023 年逐年最高最低及平均潮位过程线图（1938—1945 年无数据）

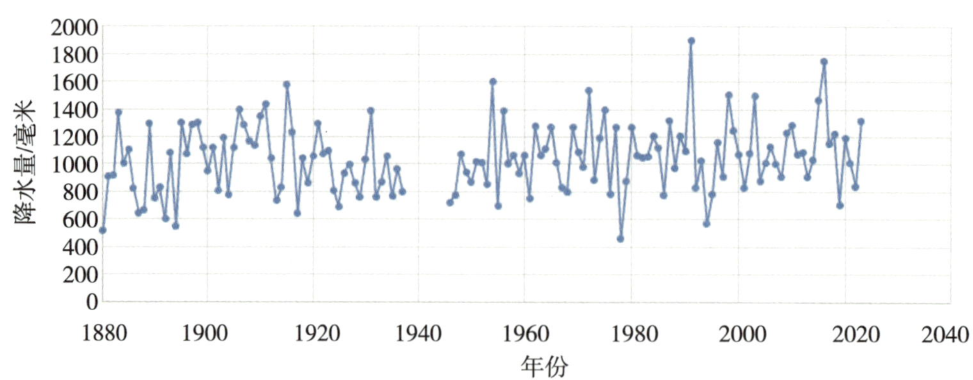

镇江潮位站 1880—2023 年降水量过程线图（1937 年 11 月—1946 年 4 月无数据）

（二）特征值

1. 潮位特征值

北固山镇江潮位站迁移前历史最高潮位为 8.59 米（1996 年 8 月 1 日），历史最低潮位为 1.24 米（1959 年 1 月 22 日），统计时间 1900—2005 年。镇江（二）潮位站历史最高潮位为 8.77 米（2020 年 7 月 21 日），历史最低潮位为 1.76 米（2022 年 12 月 19 日），统计时间 2006—2023 年。

多年平均降水量为 1060.5 毫米（统计时间 1880—2022 年，其中 1937 年 11 月—1946 年 4 月缺测）。年最大降水量为 1900.3 毫米（1991 年），年最小降水量为 457.6 毫米（1978 年）。最大 24 小时降水量为 232.4 毫米（2003 年 7 月 4 日）。

镇江潮位站站年最高潮位排序表

排序	潮位/米	时间
1	8.77	2020
2	8.59	1996
3	8.38	1954
4	8.37	1998
5	8.30	1983
6	8.22	1991
7	8.17	1999
8	7.82	1931

2. 防洪特征水位

1931 年后镇江站警戒水位 6.30 米，1954 年警戒水位调整为 6.80 米，2000 年警戒水位调整为 7.00 米，2022 年警戒水位调整为 7.50 米（长江防总和江苏省防指发文修改）。

1996 年镇江站保证水位为 8.59 米，2022 年保证水位调整为 8.85 米。

（三）典型历史大洪水

1.1954 年大洪水

据 2003 年 5 月编著的《镇江市防汛防旱手册》记载，1954 年镇江市遭遇百年未遇的特大洪水。主要特点为：

①汛期早、雨量大，比常年早一个月；6—9 月镇江降雨 1024.2 毫米，均接近年平均雨量，其中 7 月雨日 21 天，降雨 553.6 毫米，为多年 7 月平均雨量的 3 倍。

②潮位高、历时长，长江大通站来量最大达 9.26 万立方米每秒，镇江最高潮

位达 8.38 米（8 月 17 日）；警戒水位（6.80 米）以上从 6 月 1 日—10 月 17 日共计出现 110 天。

③灾情重。镇江专区七县市 17 万人自 7 月 29 日—8 月 9 日 12 天内完成河堤土方加固 85.6 万立方米。

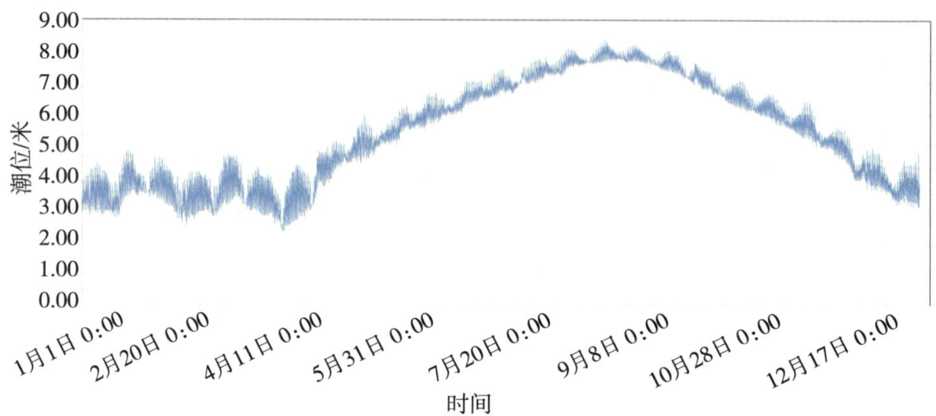

镇江潮位站 1954 年潮位过程线图

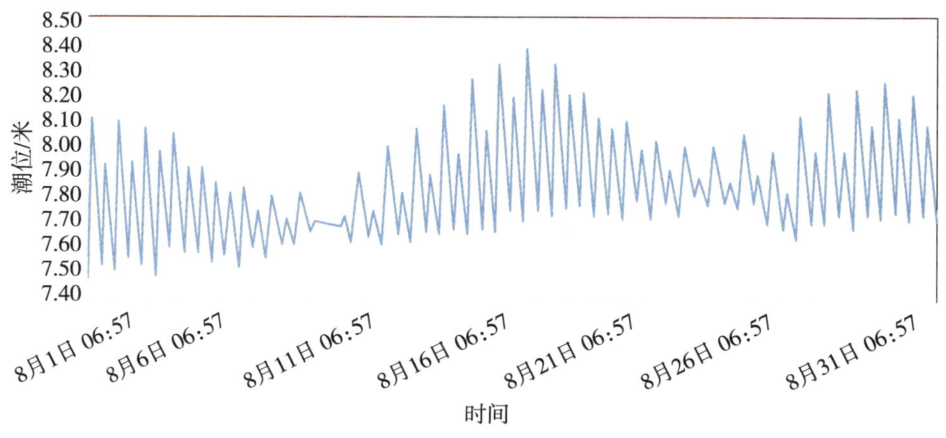

镇江潮位站 1954 年 8 月潮位过程线图

2. 1983 年大洪水

1983 年汛期，长江镇江站出现新中国成立以来仅次于 1954 年的高潮位。自 6 月 29 日镇江站潮位超过警戒水位，历时 47 天，其中 7 月 13 日最高潮位达 8.30 米，比 1954 年仅低 8 厘米。大通站洪峰流量为 7.45 万立方米每秒，比 1954 年小得多，但涨水速度为 11 厘米每天，而 1954 年只有 4 厘米每天。梅雨期全市平均降水量 326.8 毫米，比常年多三成；汛期总水量全市平均为 599 毫米，略大于常年均值。江堤多处发生坍塌、渗漏等险情。

3. 1991 年大洪水

1991 年 5 月 18 日入梅，7 月 16 日出梅，历时 60 天，与多年平均梅雨期相比，入梅早 32 天，出梅迟 5 天。从 6 月 30 日—7 月 11 日的 12 天内普降大暴雨，镇江全市平均面雨量达 1050 毫米，为同期多年平均值的 4.45 倍。由于连续暴雨，境内河、湖、库水位居高不下，又逢长江洪水压境（大通流量 6.38 万立方米每秒）和淮水南泄（淮河入江流量 1.1 万立方米每秒），镇江站潮位从 7 月 1 日起，超警戒水位（6.80 米），历时 59 天，最高潮位 8.22 米（7 月 14 日），至 9 月 5 日始低于警戒水位。

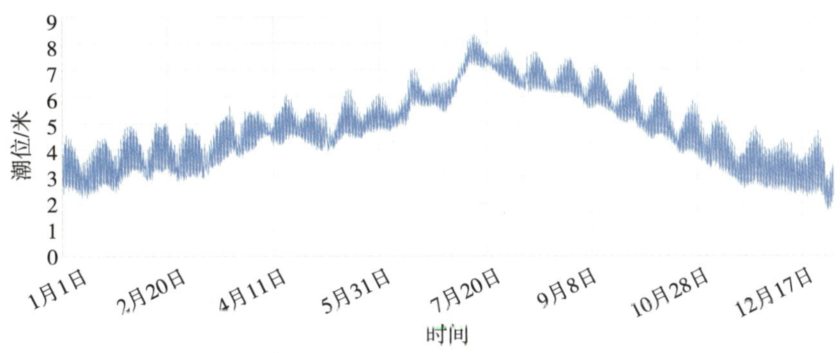

镇江潮位站 1991 年潮位过程线图

4.1996 年大洪水

受上游降雨及天文潮位影响，7 月 2 日镇江潮位超警戒水位，为 6.82 米，8 月 1 日 8.59 米，成为仅次于 1954 年和 1983 年的第三个高潮位。镇江全市十多处主堤之外的挂耳圩及外圩小岛被淹没近万亩。部分通江涵闸站出现漫顶、闸门变形等险情；江港洲堤多处出现渗漏、塌塘等险情。坍江地段新筑退堤和堤身矮小单薄地段形势十分危急，沪宁铁路被迫限速运行，城区沿江一线严重内涝，损失惨重。7 月 31 日 20 时，谏壁节制闸 8 号闸门崩溃，其他闸门也出现不同程度险情，给苏、锡、常地区及太湖流域安全构成严重威胁。

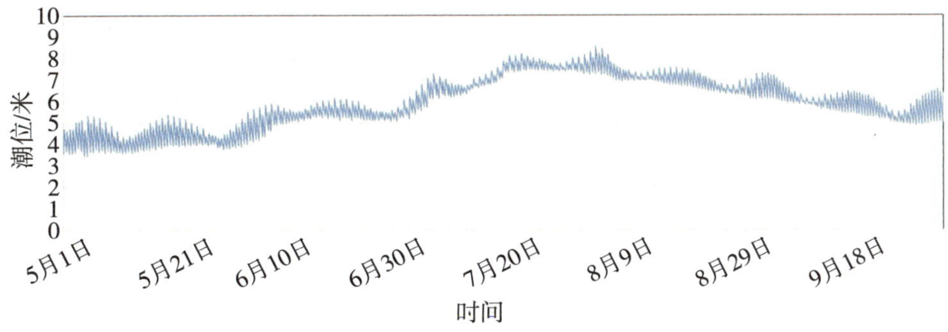

镇江潮位站 1996 年 5—9 月潮位过程线

5.1998 年大洪水

1998 年高潮位情景

1998 年 3 月中旬，长江干流就出现历史同期最大春汛，大通流量高出常年同期 3 倍。3 月镇江降水量是多年平均值的 3 倍。6 月 23 日，长江镇江段全线超警戒水位，汛情呈现一汛接一汛、一潮高过一潮的态势，先后经受了八次洪峰的袭击，大通来水量持续偏高，超过 7 万立方米每秒的天数达 68 天，其中超过 8 万立方米每秒的天数达 12 天，8 月 1 日，大通流量一度达 8.21 万立方米每秒，为新中国成立后的第三大流量。受上游洪峰下泄、下游海潮顶托，沿江潮位长时间偏高的影响，镇江北固山潮位超警戒水位的天数达 95 天，超过 8 米的天数长达 40 天，比 1954 年多 13 天，超过 8.30 米的天数比 1954 年多 2 天，8 月 24 日，镇江北固山潮位达 8.37 米，仅比 1954 年低 0.01 米。

6.1999 年大洪水

继 1998 年长江发生仅次于 1954 年的全流域大洪水后，1999 年镇江市又发生大洪水，其特点：

（1）流量大

7 月 22 日长江大通流量达 8.39 万立方米每秒，仅次于 1954 年的 9.26 万立方米每秒，超过 7 万立方米每秒有 26 天。

（2）潮位高

7 月 15 日镇江北固山高潮位达 8.17 米，是该站于新中国成立后第 7 个高潮位。

（3）持续时间长

自 6 月 28 日起，镇江北固山潮位开始超警戒水位，累计超警戒水位 83 天。超 8 米的天数为 13 天，高潮位持续时间长。由于长时间大流量冲刷和高潮位的浸泡，镇江市长江堤防出现管涌 3 处、长江岸线崩塌 2 处和小型涵闸闸门溃决 1 处。

7.2016 年大洪水

据 2022 年 4 月编著的《镇江市防汛抗旱手册》记载，2016 年汛期、梅雨期，全市面平均降水量 1116.0 毫米、568.7 毫米，比历年同期分别偏多 6 成、1.2 倍。长江大通站汛期平均流量 4.8 万立方米每秒，7 月 11 日出现汛期最大流量 7.07 万立方米每秒。长江镇江（二）站 7 月 6 日 8 时出现最高潮位 8.56 米，位列历史第二位。“7·1 暴雨”期间，因秦淮河句容区域涝水下泄受控，郭庄、后白镇、赤山湖片区内涝较重，小河道漫溢，局部出现渗漏、管涌险情。

8.2020 年大洪水

2020 年，镇江市汛期面平均降水量达 785.4 毫米，较多年平均（698.3 毫米）偏多 1 成，汛期平均雨日 59.3 天。长江上游连续发生 5 次编号洪水，大通站 7 月 13 日出现该年最大流量 8.46 万立方米每秒（居历史第二位）。镇江（二）站高潮位自 7 月 3 日开始连续超警戒水位，7 月 7 日超 8.0 米，7 月 19 日开始超保证水位（8.59 米），7 月 21 日 7：30 达最高潮位 8.77 米。7 月 26 日回落到保证水位以下，8 月 7 日回落到 8 米以下（8.0 米以上共 32 天，1998 年 8.0 米以上共 40 天）。9 月 8 日，高潮位回落到警戒水位以下，连续超警戒 67 天（汛期共超警戒 70 天），仅次于 1954 年（123 天）、1998 年（96 天），居连续超警天数历史第三位。

（四）典型干旱

1.1978 年大旱

1978 年，镇江出现百年未遇大旱，春旱接空梅，酷暑连秋旱，干旱时间之长、范围之广均为历史上所罕见。全年市平均降水量仅 462.2 毫米，为正常年份的 40%（句容最小为 416.5 毫米）。汛期 5—9 月市平均降水量仅 230 毫米，比历年同期均值少 370 毫米。最大一次降水量仅 15.5 毫米（9 月 28 日）。全年有 200 多天未下过透雨，蒸发量为降水量的 3.7 倍（7 月为 6.7 倍）。镇江站汛期最高潮位为 6.31 米，最低为 3.13 米。内河亦比常年低 1 米以上。丘陵山区塘坝水库先后干涸，9 月初 15 座蓄水 500 万立方米以上的水库干涸 11 座，未干的 4 座也仅剩保鱼底水。全市上下千方百计翻引外水，抗旱保苗，仍有受旱成灾面积 55.42 万亩（369.47 平方千米）。

2.1994 年特大干旱

1994 年夏季，镇江市遭受了百年罕见的特大干旱，其特点是：

（1）降水量之少创历史之最

1—7 月，全市没有一天日降水量超过 25 毫米，5—8 月的降水量为 254.9 毫米，仅占历年同期平均值的 46%，其中 7 月的降水量 28.7 毫米，相当于严重干旱的 1978 年同期的 49.65%。

（2）气温之高创历史之最

入夏以来，全市 35 摄氏度以上的高温天气有 35 天，比历年平均 12 天多 23 天，比大旱的 1978 年多 13 天，全市 5—8 月的平均气温高达 27 摄氏度，比历年同期平均值（24.8 摄氏度），高出 2.2 摄氏度，比 1978 年高出 0.5 摄氏度以上，其中 7 月平均气温 31 摄氏度，比 1978 年高出 1 摄氏度。

（3）日照时数之多创历史之最

7 月日照时数为 279.6 小时，比历年平均值（208.9 小时）多 70.7 小时，比 1978 年多 25.3 小时。

（4）干旱持续时间之长创历史之最

丘陵地区持续干旱的时间创造了历史最高纪录。镇江市曾三次实施人工降雨，但降水量太少，一些丘陵地区基本上没有下雨。

旱情延续至 8 月上旬，全市 9.6 万个塘坝全部干涸，近 80 座小型水库水位都在死库容线以下，尚可放水灌溉的 16 座水库可用水也只有 500 万立方米。从 8 月初起，大运河、通济河、胜利河水位明显下跌。部分平原圩区电站因“吊脚”而无水可抽。

3.2001 年大旱

2001 年是镇江市自新中国成立以来继 1978、1994 年后的又一个大旱年，开春以来，持续干旱少雨。汛期降雨偏少，尤其是 7 月底以前，出现了春夏连旱，旱情特别严重。全市 6 月 17 日入梅，6 月 26 日出梅，历时 10 天，出梅早，梅雨期短，相应的梅雨期比多年平均梅雨期少 13 天。全市平均梅雨量 22.9 毫米，远远低于历年平均梅雨量（212.4 毫米），略大于 1978 年的 12.5 毫米。5 月连续 18 天无降雨，创历史之最，又因气温高，蒸发量大，出现了较为严重的春夏连旱。长江上游来水量也不大，镇江潮位较低，年最高潮位仅 6.64 米，低于警戒水位（6.80 米），也是 20 世纪 80 年代以来第一次最高潮位低于警戒水位。

4.2004 年大涝与大旱

2004 年 2 月，天气干旱，多日未降水且上游来水偏少，致使长江镇江段水位降低，江滩干旱浅水裸露。

2004 年自 6 月 14 日入梅，至 7 月 16 日出梅，梅雨日共 33 日，远长于多年平均（1954 年以来多年平均梅雨日为 22 日）。梅雨期总降雨日为 16 日，其中在 6 月 14—16 日下了入梅以来第一场大雨，全市面平均降水量 57.7 毫米；在 6 月 18 日下了第二场大雨，全市面平均降水量 57.2 毫米；6 月 25 日凌晨，全市普降入梅以来第三场大暴雨，6 月 25 日 1 时—25 日 7 时全市共降雨 161 毫米（其中沿江降雨 179 毫米，湖西降雨 174 毫米，秦淮河降雨 149 毫米），其间最大点雨量为北山水库（212 毫米），最小点雨量为李塔水库（94 毫米）。

2004 年 7 月以来全市降雨偏少，7 月面平均降水量为 79.6 毫米，只有同期多年平均的 45.2%，8 月上旬降雨更少，仅 20 毫米左右。入夏以来，本市出现 15 天高于35摄氏度的高温天气，已超过历史上夏季9.3天的历史平均记录，尤其是7月19—30日连续12天的高温酷热天气，蒸发量大，全市丘陵山区出现较为严重的旱灾。8月初，16座报汛水库蓄水量为8989万立方米，占应蓄水量的78%，其他小水库及塘坝实际蓄水只有50%，有的已经干涸。

5.2005年大旱

根据当年镇江市24个报汛站雨量统计，1—6月底全市面平均降水量为311.7毫米，比多年平均（507.1毫米）偏少38.5%。其中6月以来全市仅下了2场雨，面平均降水量为30.7毫米，远小于常年量。入梅前，全市16座报汛水库蓄水量为4522万立方米，相当于汛控水位时蓄水量的38%，也是2000年以来同期最小蓄水量（比2001年同期蓄水量还少2556万立方米）。到7月6日降至当年最小（4404万立方米），报汛水库汛期蓄水量低于去年同期。根据历史同期报汛水库蓄水资料分析，水库蓄水已少于1978年和1994年（分别少400万立方米、2000万立方米）。综合分析，当时的旱情已超过1994年，接近1978年。

6.2013年大旱

2013年6月23日入梅，7月8日出梅，梅雨期15天，较常年偏少7天，平均梅雨量181.6毫米，比常年平均少近三成。出梅后即进入盛夏高温季节，高温日39天，远超有气象记录以来1994年高温日最多32天的历史纪录，41.1摄氏度极端高温打破了1959年40.9摄氏度的最高纪录。连续高温，无有效降雨，蒸发量远远超过降水量。抗旱期间，镇江全市1100余座泵站先后开机提水，累计提水2.73亿立方米。

四、新技术应用

（一）潮（水）位雨量信息查询软件

2006年投产应用的潮（水）位雨量信息查询软件集成了多个测站的潮（水）位、降水量信息查询功能，通过访问数据库既可以查看实时潮（水）位过程线和雨量信息，也可以进行历史潮（水）位数据查询，还具备同时进行上下游、相邻测站的潮（水）位过程线对比分析等功能。

（二）长江潮位预报软件

2014年研究建立镇江站风暴耦合影响下的潮位预报模型，通过相关途径方法来预报长江镇江站的台风期高潮位。模型能准确预测镇江站潮位，如2021年“烟花”台风登陆期间，恰逢“十八”天文大潮，面对“风、雨、潮”三碰头的复杂情况，结合江苏全省水情预报会商实战演练，分析历史相似台风，运用该模型周密计算，发布了预见期为三天的预报结果，预报值与实测值误差均在 0.02 米以内，为镇江市防御台风暴潮、减轻洪潮灾害作出了贡献。成果获得 2014 年江苏省水利科技优秀成果三等奖，2021 年度江苏省优秀水资源成果二等奖。

（三）测站信息展示可视化——江苏省水文监测管理系统的应用

2022 年江苏省水文水资源勘测局基于水利部水文司提出的“信息展示可视化、测站管理规范化”工作要求，开发了江苏省水文监测管理系统。通过该系统的建设，实现对全省各类水文站点测验数据的全过程统一管控，大幅提升全省水文监测数据的全流程管控能力，从整体上提升江苏省水文站网管理、水文测报等业务融合管理水平，为防洪减灾、水资源管理、美丽河湖等提供更及时的数据、更科学的分析成果和更有针对性的服务。系统建设目标和内容包括以下几个方面：

①实现全要素水文监测数据定制化展示，可按需求自定义展示模块，实现测站、分中心、分局、省局四级测验数据信息的个性化展示。

②建成统一的数据查询、监视、告警模块，实现各类监测数据的定制化查询、自动监测数据的动态监视预警和自动告警。

③建成基于江苏省水文监测数据原始库的数据管理和分析模块，实现全省在线监测设备监测数据的集中统一管理。

④实现在线流量监测数据管理与分析，比测数据的导入导出，数据筛选、比测率定、精度分析、图形绘制等；后期推广至其他在线监测数据的管理与分析。

⑤实现与江苏省其他水文业务系统的数据对接和信息共享。

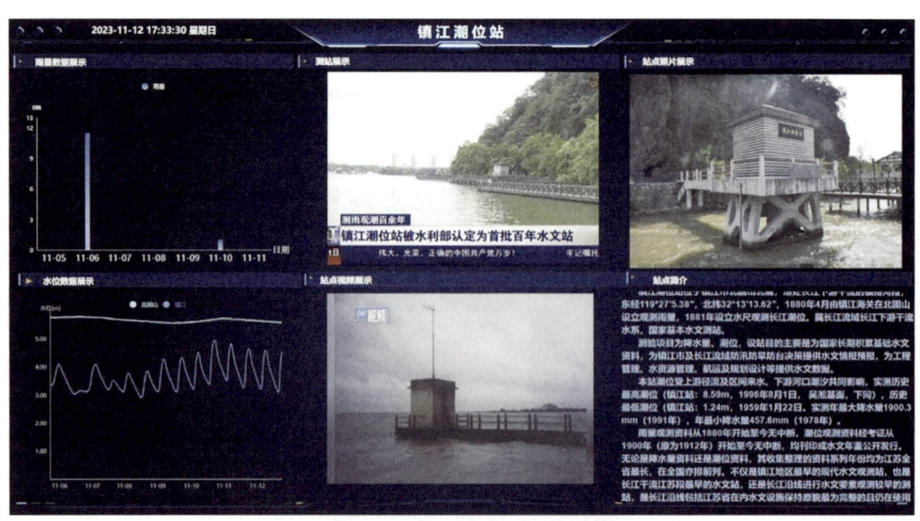

镇江潮位站水情信息展示界面

镇江308引据点与长江流域高程系统

长江流域高程系统建立始于清光绪三十二年（公元1906年），吴淞海关港务厅署根据吴淞口验潮站1871—1900年实测潮位，计算平均低潮位，并以略低于此值的高程确定为“吴淞海关零点”，即广泛用于长江与淮河流域的“吴淞高程系统”。以青岛验潮站1950—1956年测定的平均海水面为基准面（零点）建立的“1956年黄海高程系”，1957年起逐步在全国推广使用；1985年以青岛验潮站1952—1979年潮汐观测计算的平均海水面为基准面建立“1985国家高程基准”，替代“1956年黄海高程系”，并在全国推广应用。

1. 吴淞高程基点

鉴于长江流域建立的“吴淞高程系统”在长江治理开发建设中发挥着重要作用，为保持一致性必须长期延续。随着时间推移，“吴淞高程系统”基准点几经变迁又衍生多种“系统”，从1921年设立“张华浜基点”（吴淞零点高程为5.1054米），到1922年设立“佘山基点”（吴淞零点高程为46.065米）。以扬委会1922—1926年设测的吴淞—宜昌精密水准高程（由张华浜基点引测）为基础，长委会1951—1955年先后完成了长江干线（吴淞—宜宾）及汉江、嘉陵江、岷江等主要干、支流的精密水准测量，为长江流域吴淞高程水准网统一平差计算提供了基础条件。

2. 吴淞高程起算点

由于全国统一高程系统尚未建立，扬委会埋设的精密水准标点高程作为暂时统一的吴淞高程系统的起算基点。张华浜基点沉陷不能使用；佘山基点虽较稳定，但距长江又远，引测不便；为尽可能减少1922—1926年扬委会所测高程误差的累积，曾在下游地区另选一个高程起算基点，经与其他水准标点相互比较，发现其稳定性皆次于镇江308′标点。通过分析讨论，经领导部门批准，确定相对稳定的镇江308′标点的校测高程9.391米（原测高程为9.387米）作为长江流域暂时统一的吴淞零点高程的起算基点。

3. 镇江308′标点的由来

民国十一年（公元1922年）1月设立扬子江水道讨论委员会，下设扬子江技术委员会，根据技术委员会的决定，开展吴淞—宜昌段精密水准测量工作，由上海张华浜基点引测，分三段实施：

①1922 年 8 月—1923 年 6 月由汉口测至湖口。

②1923 年 9 月—1925 年 1 月由吴淞（张华浜基点）测至湖口（镇江 BM308′包括在此水准路线之内），即上下两线衔接。

③1925 年 2 月—1926 年 3 月由汉口测至宜昌。沿途埋设水准基点，水准点编号从武昌的 BM0、BM1 到吴淞的 BM400，镇江水准点编号为 BM308 和暗标 BM308′。因扬子江水利委员会的英文名为 Yangtze River Commission，所以水准点全名又称为 Y. R. C. B. M. 308，即在水准点名前加 Y. R. C. 的单位代号，用以标明水准点归属的管理机构。

4. “七环”平差成果

1951—1955 年，长委会组织长江干流自吴淞—宜宾及汉江、嘉陵江、岷江、洞庭湖流域等精密水准测量，并在江阴、镇江、芜湖、彭郎矶、武汉、城陵矶、沙市、宜昌等地布设 8 处跨河水准点，连接长江左、右两岸水准路线，组成了 7 个简单锁链形的水准网，简称“七环”。经过“七环”平差，江阴—宜昌长江两岸水准高程有了可靠的联系，以镇江 308′作为新的起算基点，并按原扬委会所校测的高程 9. 391 米推算长江流域新的吴淞高程。为区别于过去的吴淞系统，提供以资暂时使用的高程称为“资用吴淞高程”。长江委于 1959 年、1973 年正式出版《长江流域二、三、四等水准成果表》（共五册），自此长江流域吴淞高程系统得到初步统一。

5. 长江流域高等级水准引据点建设情况

国家统一采用 1956 年黄海高程系统和 1985 国家高程基准，但在长江流域，较早使用的是扬委吴淞高程系统，并建立相互关系。主要设测成果为：

①长江委 1959 年和 1973 年正式出版《长江流域二、三、四等水准成果表》，该成果自 1973 年公布以来，经历 1998 年洪水等大洪水影响，中下游地区水准点损毁情况严重，三峡水库库区因三峡蓄水淹没较多高等级水准点。

②1998 年大水后，长江委综合勘测局于 2002 年 4 月—2003 年 5 月进行长江中下游二等水准的复测重建工作。

③三峡水库蓄水前，长江委综合勘测局进行长江三峡工程库区二、三、四等水准点移测复建，分两阶段完成，至 2002 年 5 月完成三、四等

水准的移测复建工作。这两次大规模的水准复测、移测、重建，形成新的长江流域水准成果。

6. 镇江吴淞基面的现代应用

镇江吴淞基面广泛应用于长江及太湖流域地区。在历年水准测量考证表中，太湖流域等地均有与镇江吴淞基面的换算关系。太湖流域管理局水文处于2010年4月15日出版的第3期水情月报中就列明了太湖流域各主要控制站水情表的基面均为镇江吴淞基面，表中包括上海、江苏、浙江等测站。太湖流域管理局水文局在2012年、2020年在对太湖流域范围内水文测站的水准点进行联测时曾对位于镇江市京口区解放路江苏大学附属医院老院内的镇江Y.R.C.B.M.308点（又称镇江右BM308）进行了测量，继续为长江流域以及太湖流域水文监测提供引据水准点服务。在《民国二十一年全国雨量及水文报告》里列出了各基面水准零点之间的关系。

五、难忘岁月

（一）镇江自记水位计台建造始末

镇江潮位站自记水位计台是长江流域现存的建成最早的水位观测平台。1936年8月出版的《扬子江水利委员会季刊》（第一卷第二期）刊登了刘衷炜写的一篇文章《建筑镇江自记水位计台工程始末记》，详细介绍了镇江自记水位计台建设始末有关情况。

自1881年起在海关港口码头设立水尺进行潮位观测，因镇江关码头附近江滩淤积，1904年海关测候所在北固山设立水尺进行潮位观测。镇江潮位站自记水位计台在设计前选择位置时就进行了方案比选，扬委会派人在沿江进行详细勘察后充分考虑了江水冲刷影响、江底淤积情况、江水深浅影响建设造价以及江底高程满足历史最低水位观测等因素，最终确定北固山为最佳方案。设计者从治水理念、规划设计的水文规范、节省经费、水文水力技术知识方面都进行了充分考虑。同时考虑到长江镇江段可能出现的高潮位，将江边的栈桥进行了抬高。

镇江潮位站在1910—1923年曾先后三次设计（或改造）验潮员（师）公寓及办公大楼。1935年12月设计了自记水位计台，设计单位为扬委会设计者贾书河，校核者为刘衷炜，审核者为孙辅世。1936年经公开招标后，由上海扬子建筑公司以3699.19元报价承包该项目的建筑。1936年2月11日开工，7月18日进行验收的同时安装了德国 OTT 水位计。自记水位计台设计图限于 100 个晴天内完工，即现在施工合同内“工期 100 天，遇雨顺延”的说法。1936 年 2 月 11 日开工，后申请核准延长工期 15 天，7 月 18 日进行验收的同时安装了德国 OTT 水位计。

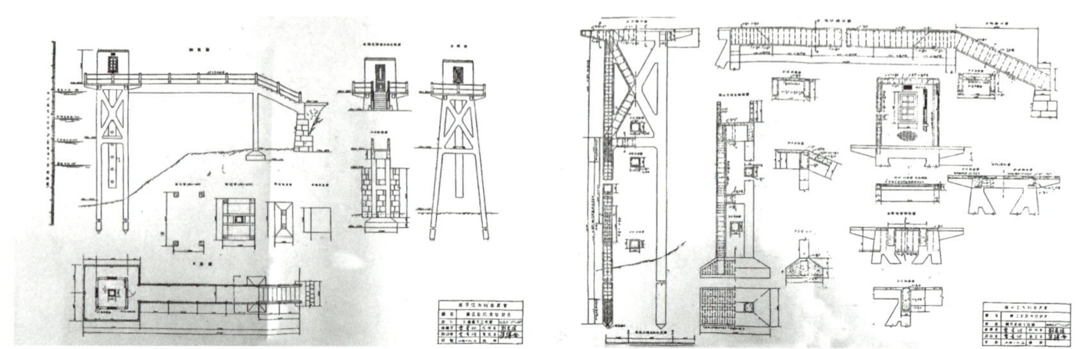

自记水位计台设计图

（二）防汛测报记忆

1954 年长江大洪水时，镇江潮位站的观测人员坚持 24 小时不间断观测潮位，每隔半小时观测 1 次，及时上报观测结果，潮位站不离人。8 月高温酷暑季节，看着滔滔江水，顶着炎炎烈日，冒着山体滑坡的危险，晚上拎着马灯，忍受着蚊虫叮咬，镇江潮位站的水文观测人员始终战斗在防汛抗洪第一线。8 月 17 日 9 时 30 分出现第一个高潮位 8.38 米，随后半小时内反复出现潮位涨落的微小波动，最终在 10 时再次出现 8.38 米后开始落潮。8.38 米的潮位极值，突破了自 1900 年有潮位观测文字记载以来的历史新高。

镇江 站潮 水位記載表

1954年8月17日（夏曆54年7月19日）

吴174 基面以上公尺數

時 分	水尺編號	水尺讀數	水位	時 分	水尺編號	水尺讀數	水位	時 分	水尺編號	水尺讀數	水位
09:00			8.35	18:30			7.80				
30			8.38	19:00			7.77				
10:00			8.38	30			7.75				
30			8.36	20:00			7.83				
11:00			8.31	30			8.00				
30			8.27	21:00			8.11				
12:00			8.23	30			8.19				
30			8.18	22:00			8.21				
13:00			8.15	30			8.21				
30			8.11	45			8.22				
14:00			8.08	23:00			8.20				
30			8.04	30			8.18				

1954 年人工观测到镇江年最高潮位 8.38 米

1998 年长江发生大洪水，镇江市江心洲发生险情，镇江水文部门根据镇江潮位站的观测资料及时做出预报分析，市防汛指挥部门根据预报成果及时提前作出部署，实施江心洲撤离预案，并在高潮位到来之前实施江堤加高加固措施，保证了人员财产安全。

镇江电视台 1998 年对镇江潮位站站长华甦的妻子和女儿进行了采访。女儿说不喜欢下雨，一下雨爸爸就不会回来陪她了，又要出去工作了。妻子说一下雨就知道他又要走了。在对北固山公园管理人员的采访中，受访者说镇江潮位观测人员不管刮风下雨都来，从未间断过，甚至下雨时来往潮位站还要更频繁。“60340 代表镇江，03555 是潮位，4 是落、5 是涨。3.55 米的潮位，正处于涨潮过程中。”华甦回忆道，1980 年他刚来到这里工作时，每天要花半小时骑自行车去市里的邮局发电报上报数据。在水文工作 40 年，华甦见证了 20 世纪 80 年代以来镇江潮位站的发展变化和技术进步，并深感自豪。

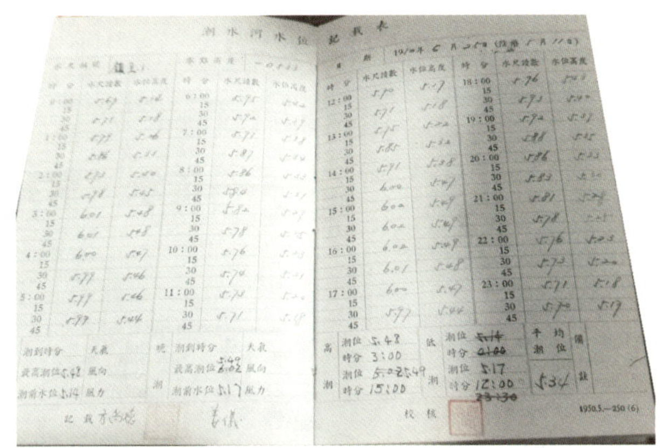

1950 年开始每半小时观测一次潮位

镇江站的雨量观测资料从 1880 年 4 月开始，除了抗战期间中断外，至今无缺测，长系列的雨量资料为长江流域、太湖流域防洪救灾作出了重要的贡献。而镇江站的潮位观测从 1881 年开始，除了抗战期间中断外，也无中断缺测，特别是在 1950—1959 年期间，潮位观测实行每半小时观测一次。看到红色潮位记载簿上书写工整的珍贵潮位观测资料，能深切感受到水文人敬业爱岗、默默奉献的精神。

六、文化建设

在江苏水文展览馆、镇江市水情教育馆、镇江运河水文化展示馆中，均有镇江潮位站的历史文化展陈。

在江苏水文展览馆，镇江潮位站以设站最早、观测历史最久、资料系列最长位列第一。1937 年水位测亭和观测栈桥照片中，栈桥向下的踏步清晰表明江岸低于观测栈桥，而目前的江岸与栈桥平齐，通过观测栈桥与周边环境的变化可见其变迁。

在 2023 年建成的镇江市水情教育馆中，从镇江潮位站的历史沿革、基础设施、水文特性、技术装备、洪枯留痕、难忘岁月等方面，展示了镇江潮位站 140 多年来的发展历程。

镇江运河水文化展示馆中，“运河上的水文站”的展示内容涵盖了镇江潮位站。

昆明水文站

——传承“铜犴”使命

昆明水文站站房（2015 年摄）

昆明水文站现位于昆明市盘龙区临江里 12 号，是长江流域金沙江水系普渡河上段滇池最大入湖河流盘龙江干流的重要控制站，集水面积 735 平方千米，对昆明主城城市防洪具有至关重要的作用，隶属于云南省水文水资源局昆明分局。

距离昆明水文站下游 100 米处，“城东盘龙江堤上……昔人铸铜牛一以镇水怪，其形独角”，为清朝同治年间重铸的“铜犴”，是至今尚存的昆明最早的洪水报警系统，距今已有超过 100 年的历史。

从 1887 年金牛寺水标站明确在盘龙江上有水位观测记录起算，昆明水文站已有 137 年历史。观测项目有水位、流量、降水量、水质等。

一、河段概况

盘龙江自北向南纵穿昆明主城，也是牛栏江—滇池补水工程（2008 年开工，2013 年建成）的清水通道，常年有水，水流清澈，在城区段建有亚洲最大的人工瀑布——昆明瀑布。1967 年曾对盘龙江部分河道改直，加筑河堤和石护坡，建设机械闸门、排涝泵站，在玉带河设闸分流盘龙江洪水。

盘龙江上源为牧羊河，发源于嵩明县阿子营乡朵格村上喳啦箐白沙坡，自北向南蜿蜒入松华坝大（二）型水库（集水面积 593 平方千米），出库后河流自北向南纵贯昆明主城区，并于主城南部洪家村处注入滇池，河道长 94 千米，平均比降 7.6‰。

昆明水文站上游 14.5 千米有松华坝水库（1959 年建成，库容 7000 万立方米），至滇池入汇口 11.4 千米，水库以下至滇池区间集水面积 142 平方千米。随着外流域引水工程的增加，对昆明水文站有影响的水利工程还有云龙水库、德泽水库、清水海水库，且均为大型水库。其中，松华坝水库是盘龙江上的大（2）型水库，1958 年 11 月开工，1959 年建成初期工程，1989—1992 年进行扩建加固，设计总库容 2.19 亿立方米，蓄水库容 1.05 亿立方米；德泽水库为牛栏江滇池补水工程的水源工程，于 2003 年 9 月投入试运行，云龙水库、清水海水库均为昆明城市用水的供水工程，分别于 2007 年 3 月和 2012 年 4 月实现试通水。

测验河段环境（1989 年摄）

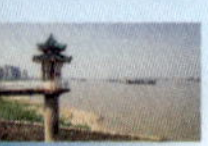

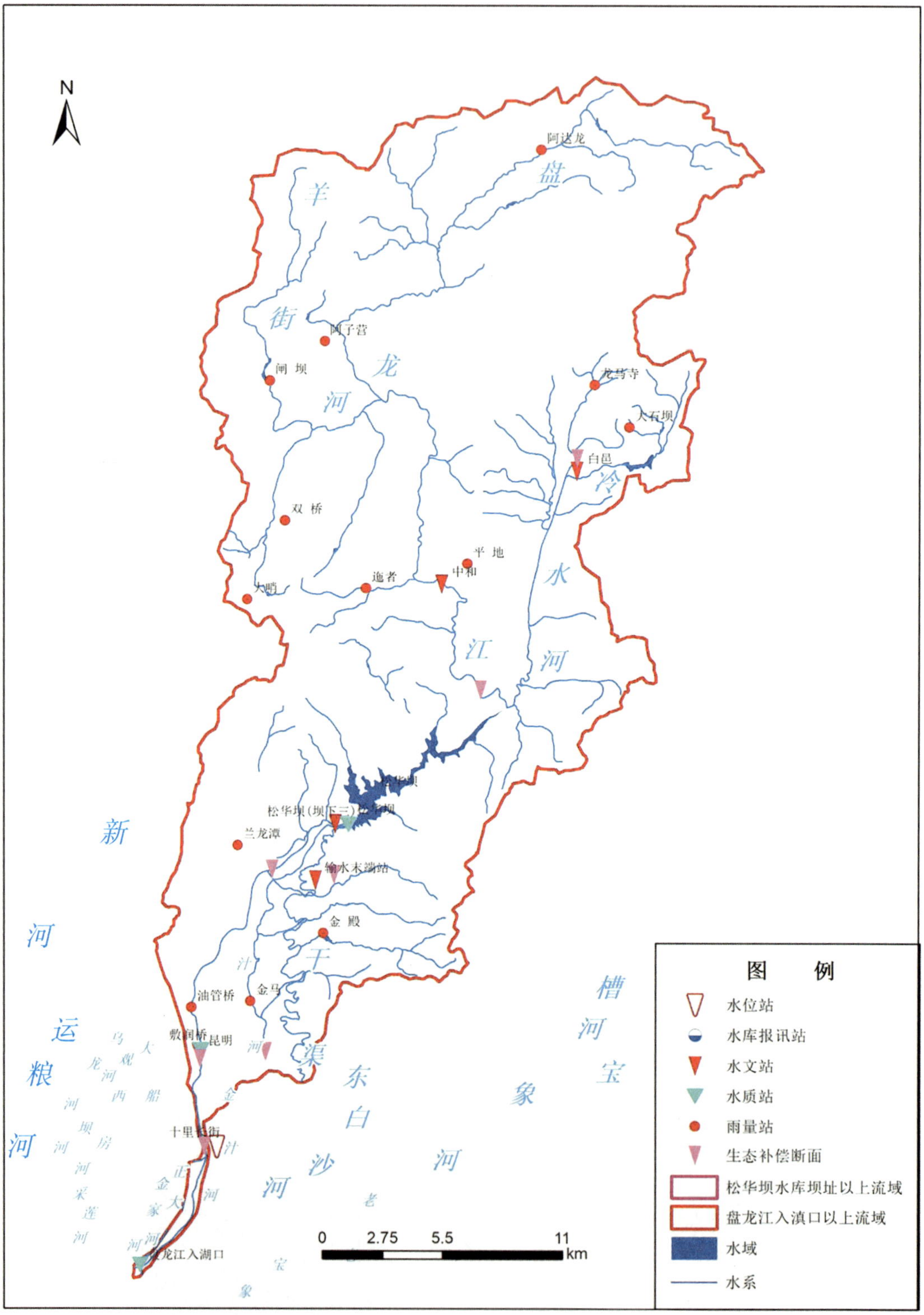
N
阿达龙
白邑
双桥
平地
中和
金殿
金马
油管桥
昆明
盘龙江入湖口
图例
水位站
水库报讯站
水文站
水质站
雨量站
生态补偿断面
松华坝水库坝址以上流域
盘龙江入滇口以上流域
水域
水系
0
2.75
5.5
11
km

盘龙江流域水文监测站点分布图

昆明水文站（集水面积 735 平方千米）测验河段顺直，水面宽 22～27 米；水文测验断面为渠化的“U”形河道，宽 27 米，深约 4 米。水文测验断面下游有引水渠三条（玉带河、金太河等），其中 1.5 千米有玉带河分水闸；4 千米有南坝卧倒闸一座（4 孔闸门），2010 年 6 月改造为橡胶坝。闸坝运行和滇池回水对昆明站水位流量有明显的顶托影响。

二、测站探源

（一）水标站

据《云南省水文志》及相关史料记载，清朝雍正年间（公元 1723—1735 年）建设的用于测量水位的金牛寺水标站，是昆明水文站的前身。清朝同治年间重铸且至今尚存的水情报警系统——铜犴，是昆明保存至今最古老的水情预警系统，具有重要历史文化价值。地方史志中记载有金牛寺水标站 1887—1927 年有水位观测的详细描述，但未查找到实测资料留存。

（二）水文站

1928 年，清华大学在敷润桥（又称大东门桥，位于铜犴上游 100 米）设立敷润桥水文站，开始水位和流量观测，其中流量采用转子式流速仪施测，1929 年增设降水观测；1953 年起有实测流量资料记录，1984 年更名为昆明水文站，2000 年增设水质监测。

盘龙江敷润桥实景（1989 年摄）

新中国成立以前，昆明水文站观测资料记载中断情况较多，主要受战争和保管条件影响。如降水观测年限为1929年至今，其中1939—1943年、1956—1957年、1966—1977年、1979年、1984年、1989年有数据中断情况；1928—1943年有水位观测中断情况。

（三）铜犴

昆明铜犴于清朝嘉庆年间（1796—1820年）铸造，毁于清咸丰七年（公元1857年）。同治三年（公元1864年）重铸，且至今尚存。最初铜腹下有井直通盘龙江，涨水时，江水入井，空气从腹往外排，发出嗡鸣声，用于报警。故有“铜牛叫三声，水淹大东门”之说。

昆明铜犴

CHANG JIANG SHUIWEN

江河记忆：昆明民谣——“铜牛叫三叫，水淹大东门”

旧时对昆明城威胁最大的水灾出自两地：城东盘龙江“发大水”，城南滇池涨水淹田。老百姓请来对付“发大水”的是两大“神灵”——金牛和金鸡。于是，在盘龙江边修建了井宿祠、安澜亭等建筑，在井宿祠中安放了“镇水神兽”铜犴。这座铜犴原铸之年不可考，但清人陈鼎在《滇黔纪游》中说，昆明城东有金牛寺，寺外有八角亭，亭中有铜牛，重达数万斤。旁边就是盘龙江，雨季一到，昆明东北万山之水奔流到此，常常冲毁民居。昆明才铸造铜牛，置于此地，以镇水怪。陈鼎还说，明末清初之际，大西军占据昆明，曾把铜牛熔化铸钱，后来盘龙江发大水，多次冲毁房舍，昆明人又重铸铜牛，镇压水患。这样看来，至少在明代，金牛就立在盘龙江边了。清同治三年（1864 年），在现昆明水文站下游约 300 米处的盘龙江西岸重铸了铜犴，俗称“金牛”。牛体由黄铜铸成，身长约 2.3 米，高 1.5 米，背有一圆孔，腹中空，牛腹下原有井，直通盘龙江，当江水涨至一定高度，灌至铜牛下的井中时，就会发出奇特的“报警声”。铜犴现为市级重点文物保护珍品。

昆明还有一个民间传说：盘龙江有蛟龙作怪，雨季兴风作浪，淹田毁屋，江边臭皮街一小伙的父亲遇难。小伙立志复仇，先变牛，再变石牛，最后吞下治蛟的金光宝变成金牛，大战蛟龙，为民除害，平了盘龙江水患。老百姓在江边建金牛寺，把臭皮街改名为金牛街。以后每逢水涨，只要金牛大吼三声，洪水就会退去。后来洋人入侵，盗走金牛，老百姓只好铸个铜牛放在原处。但铜牛降不住水，盘龙江水再涨，铜牛只能流着泪“哞哞哞”地叫，让老百姓赶快跑——“铜牛叫三叫，水淹大东门”的昆明民谣，也是从这里来的。

在中国传统文化中，犴为二十八宿之一的井宿，主管水事。虽然关于昆明最早的水文报警系统——铜犴的来历说法不一，但据记载，老昆明人将此“铜牛”铸成独角，高五尺有余，卧地昂头，警视江水，起足欲斗，其胸腹中空，背上有孔，肚下有井，与盘龙江相通，江水上涨时，井水激荡翻腾，牛腹中空气也振动，发出牛吼之声。据说铜牛叫一声，则水涨二三尺，如果连叫三四声，水就要涨到一丈多高。清同治十年（1871 年），昆明“发大水”，据说铜牛曾叫到八声之多，彼时东城内外毁没房屋无数。

（四）测验断面及观测项目变化

昆明水文站监测断面位置从 1928 年建站至今均在现址，无迁移记载，其断面形状受历次河道整治影响，变化较大。最近一次河道整治为 2013 年，对河底进行了硬化。昆明水文站主要收集水位、流量、降水量和水质等基本水文资料。

（五）高程系统与基面变迁

从 1928 年设立至 1944 年，由于缺乏资料，昆明水文站高程系统难以考证。1944 年后，使用海防高程系统（即冻结基面）；2001 年起，使用“1985 国家高程基准”，冻结基面（海防基面）以上高程＋1.167 米＝1985 国家高程基准以上高程。

（六）站房变迁

昆明水文站一直在原址进行水文观测，未进行搬迁。1998 年以前站房为砖混结构。1998 年因世界园艺博览会、盘龙江沿江道路绿化建设，在原址对生产业务用房及设施设备进行改造。1999 年完成原站房的改建，为框架结构。

昆明水文站现状实景（2023 年摄）

（七）设施设备变迁

1. 水位观测

昆明水文站设有基本水准点 3 个、基本水尺 1 组、岸式水位自记井 1 座。

1887 年，观读水尺采用石柱水标。先后经历了水尺人工观测、日记式浮子式水位计和机械编码水位计自动监测。人工观测时间为北京标准时间 8：00，水位计量单位为米，测记至 0.01 米。自动监测每 5 分钟监测一次，定期与人工观测校对，按规范订正。

2. 流量观测

根据洪水特性的不同和测流条件，选取转子式流速仪法、走航式 ADCP 方法、浮标法、比降面积法、电波流速仪法等方法施测流量，其中以转子式流速仪法为主。

昆明水文站建有水文（电动）悬杆缆道 1 座。1962 年使用自制手摇绞车、木船悬吊流速仪测流；1967 年，安装电动悬杆缆道，由此开启了从人力向半机械化时代的转变；1984 年，开始使用可控硅测流控制系统施测流量；1999 年，昆明举办世界园艺博览会，盘龙江沿江道路绿化建设在原址重建，并引入半自动缆道控制系统；2010 年以后，采用走航式 ADCP 方法、电波流速仪法等方法施测流量；2013 年起，安装了二线能坡法流量自动监测系统；2015 年 12 月，云南省大江大河水文监测系统项目建设对测流缆道控制柜进行改造，更换新的缆道控制系统。

经比测分析，二线能坡法流量自动监测系统成果可靠，精度较高，已正式投入生产应用。日常流量监测以流量自动监测系统为主，并使用流量自动监测系统成果进行资料整编，每年只需高、中、低不同水位级比测少量测次，对流量自动监测系统进行率定。

3. 降水量观测

昆明水文站建有降水观测场 1 座。早年的雨量观测采用简单气象仪器、20 厘米口径雨量器进行人工定时观测，2010 年后采用 0.5 毫米翻斗式遥测雨量计自动监测，每日对本站雨量遥测设备进行检查，暴雨时增加检查次数。在故障修理期间如遇降水，采用普通雨量器按不少于两段制进行人工观测。降水量计量单位为毫米，人工观测记至 0.1 毫米，使用遥测雨量设备记至 0.5 毫米。

4. 水质监测

水质主要采用人工采样实验室监测，采样频次每月一次。2013 年昆明水文站建成水质自动监测系统，共自动监测水温、pH 值、电导率、浊度、溶解氧、氨氮、高锰酸盐指数、总磷、总氮、化学需氧量、总铬等 11 个参数，其中有 5 个参数采用了精度较高的湿化学法，每 4 小时采样一次。

5. 水文报汛

2012 年，水位和雨量实现自动监测并通过 GPRS/北斗卫星双信道传输报汛。2013 年，云南省水环境监测中心昆明分中心安装了水质自动监测设备，同年 5 月，二线能坡法流量自动监测系统投入运行，实现了监测要素全自动。

（八）管理机关

清华大学 1928 年设立敷润桥水文站，1943 年 12 月由云南省建设厅水利局管理，1944 年由前云南省水文总站领导，1949 年由西南军政委员会水利部云南省水文总站接管，1953 年 1 月由农业厅水利局领导，1964 年改属云南省水文总站（现改为云南省水文水资源局）至今。

CHANG JIANG SHUIWEN

江河记忆：盘龙江石柱水标——昆明水文之始

昆明水文站历史悠久，现站址附近的盘龙江上，有记录可以考证的有："清雍正年间，为了解盘龙江水旱灾害，水情变化，设有金牛寺水位站。据清光绪十三年（公元 1887 年）至民国十七年（公元 1928 年）的记载，只有水位观测，汛期水位变幅大时每日 2 次，平时每日 1 次。"盘龙江历经多次河道河堤建设，金牛寺水位站石柱水标未留下明显痕迹，具体

位置已难以考证，按名称推测，其位于金牛寺附近，现昆明水文站下游约100米位置。

据相关史料记载，清雍正年间，昆明大东门外盘龙江上有座敷润桥，江中有一根高高的石柱，这便是用来测量盘龙江水位的柱子。为了解盘龙江水情变化，昆明县府在昆明城东金牛街南端金牛寺下盘龙江顺流右岸设有石柱水标，刻有子、丑、寅、卯、辰、巳、午、未、申、酉、戌、亥12个字，字与字之间有8刻，每刻1市寸，合高9.6市尺，座高2.4市尺，共高1.2市丈，与河岸相平，座脚与河中心高差3市尺，用于测量水位。如江水淹到“申”字，来水正常；淹到“午”字，则来水偏少，有可能出现旱情；如果超过“申”字，表明来水过多，必须“祈晴”了。1914年9月，盘龙江水曾上涨到“亥”字，要是再往上涨，就会出现洪水，俗称“发大水”。清道光年间的《昆明县志》记载，昆明五六月间大雨滂沱之时，总可以在乌云中看见一条横贯天际的蛟龙（应当是闪电），都说那是蛟龙被老天惩罚，跑出来行云布雨泄愤。每逢“发大水”，老昆明城就要关闭北门禁止出入，因为北方属水，要拒“水”于城外。老百姓相信“发大水”是蛟龙作怪的结果，还要去拜龙王庙，请求龙王退水。

2023年仿制的水标

三、水文特征

（一）水文特征

昆明水文站监测断面来水主要由松华坝水库下泄、牛栏江—滇池补水工程调水和松华坝水库—昆明水文站区间来水三部分组成。而松华坝水库—昆明水文站区间下垫面不透水或弱透水面积比重约60%，城市化特性明显，其洪水具有洪量大、洪水历时短、陡涨陡落的特点。涨水历时3～24小时，洪顶持续时间0.3～3.0小时。

根据实测资料统计分析，昆明水文站最高水位为1892.37米（2013年7月19日）；多年平均流量5.43立方米每秒，最大流量为126立方米每秒（1966年9月1日），最小流量为0（1962年10月10日，断流）；最大年降水量为1515.2毫米（1945年）。

盘龙江昆明城区防洪特征水位：警戒水位为1890.52米，保证水位为1891.42米。

昆明水文站水文特征值

项目	最高或最大	发生时间	最低或最小	发生时间
水位/米	1892.37	2013年7月19日	1887.21	1958年5月16日
流量/（$米^3$/秒）	126	1966年9月1日	0	1962年10月10日
径流量/（$米^3$/秒）	6.69	2016年	0.472	1987年
径流模数/（$\times10^{-3}$ $米^3$·$千米^2$）	28.8	2016年	2.03	1987年
径流深/毫米	910.2	2016年	64.2	1987年
年降水量/毫米	1515.2	1945后	551.4	2011年

水位线划分

水位级	高水位级/米	中水位级/米	低水位级/米	警戒水位/米	保证水位/米
水位	1889.99	1889.42	—	1890.52	1891.42

各频率水位

频率	10%	5%	3.33%	2%	1%
水位	1891.21	1891.65	1891.83	1892.12	1892.34

注：本站历年特征值均为实测值。

（二）水文特征值演变

由于战乱、隶属机构反复变更、保管条件差等原因，建站之初的资料已无法完整搜集整理，昆明水文站百年水文特征变化过程并不全面，其中，水位统计了1944—2022年，降水量统计了1929—2022年。根据历史洪水调查，昆明水文站附近最高水位可达1904.73米（1857年），1928年为1891.43米。

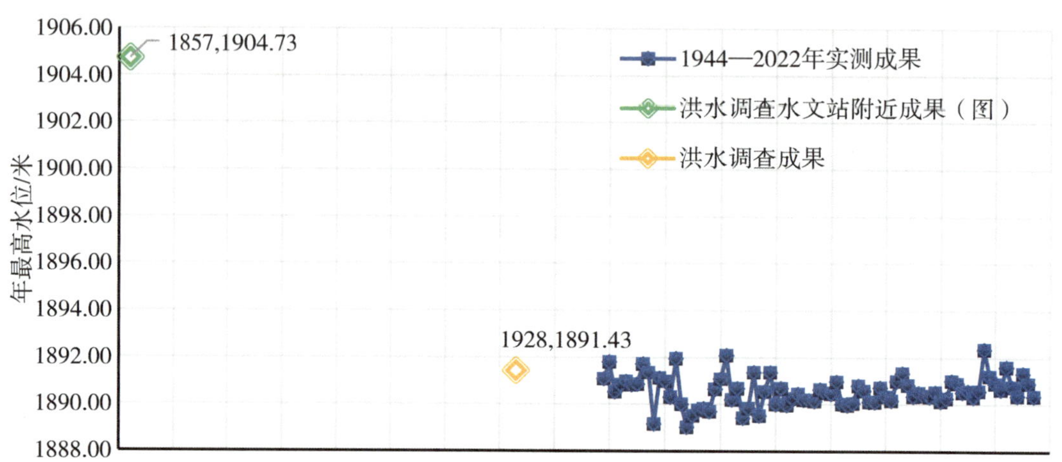

昆明水文站历年最高水位百年变化过程线图

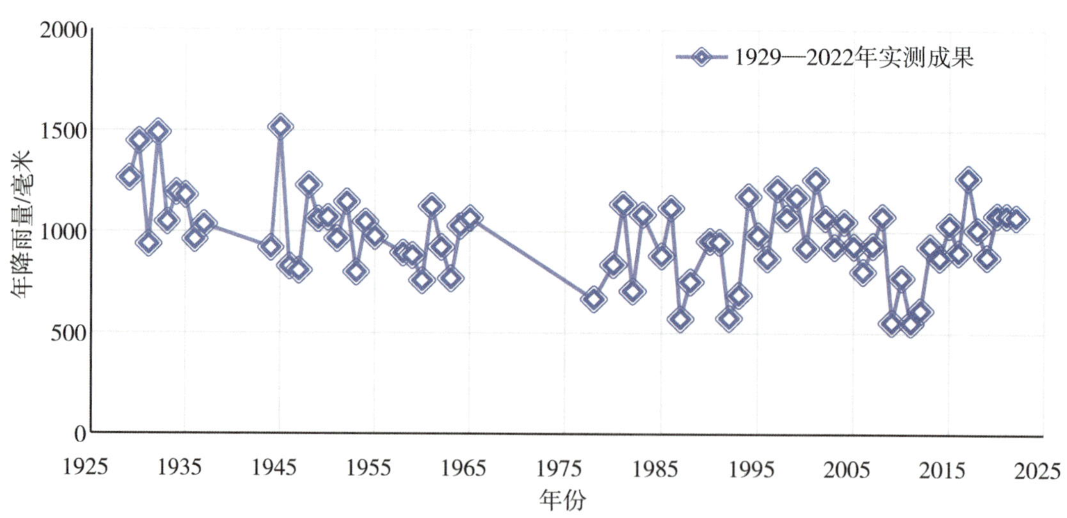

昆明水文站历年降水量百年变化过程线图

（三）历史洪水调查

据历史记载，昆明在100余年历史中，共计发生了9次大洪水，主要有1857年、1871年、1905年、1918年、1928年、1939年、1944年、1945年、1966年。

其中云南省水利勘察设计院《盘龙江历史洪水调查及考证》（1980 年刊印）重点调查考证的 4 次大洪水分别为 1928 年、1939 年、1944 年、1945 年。

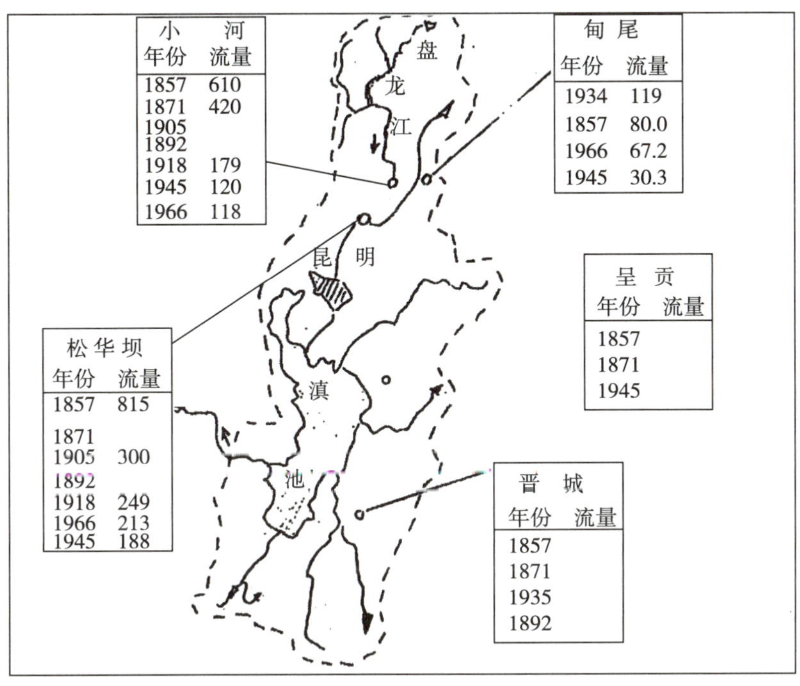

盘龙江历史洪水调查及考证成果

盘龙江沿线历史洪水灾情图（1903 年摄）

1.1857 年洪水

据光绪《云南通志》记载："泛滥数十里，壅入城东南低洼处，水深丈余，人坐在城楼上可以濯足，坏民居无算"。据实地调查，这次洪水为有记载以来最大的一次，昆明水位高达 1903.56 米。

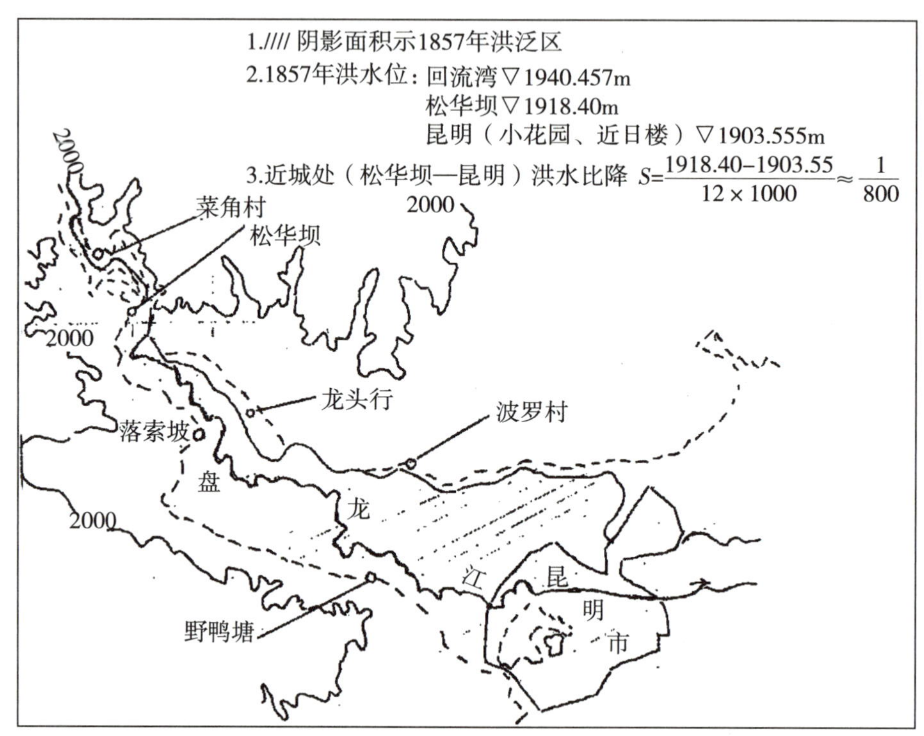

盘龙江 1857 年洪泛图

2.1928 年洪水

"盘龙江下游金刀营、上游之罗占村被泛滥，金汁河上游之园村及下游之饵诀营一带，均以河槽不足宣泄洪流，堤埂多处崩溃，其泛滥面积之大，为三十四年以前所罕见。然其时敷润桥之水位高度，本年最高水位为 1890.264 米。"（出自《盘龙江历史洪水调查及考证》）

3.1939 年洪水

"本年盘龙江曾泛滥两次，而以九月二十六日之洪灾为最大，田中积水，三四日后方渐下泄，农作物均被淹没，盘龙江沿岸自金刀营下至大小白庙再南至交三桥均为河水淹没……灾害相当严重。"（出自《盘龙江历史洪水调查及考证》）

4.1944 年洪水

"近来暴雨叠降，省各河水位陡涨，九月十二日敷润桥水面涨至 3.95 米，距东岸

仅 0.85 米，距 1928 年水位仅 0.347 米。”（出自《盘龙江历史洪水调查及考证》）

5. 1945 年洪水

“本年八月五日下午四点前后为 1891.102 米，高出 1928 年最高水位 0.838 米，……”（出自《盘龙江历史洪水调查及考证》）

四、技术发展

（一）ADCP 安装支架设计建造

为解决流量自动监测系统安装及运维问题，结合昆明站断面实际，研制了“一种座底式 ADCP 流量自动监测探头支撑系统装置”，获得国家实用新型专利（专利号 ZL2015 2 0538077.4）。

水下安装支架和底座式 ADCP

（二）流量在线监测与自动报汛

昆明站位于主城区，2013 年建设流量在线监测平台，其流量自动监测系统采用基于二线能坡模型的定垂线底座式 ADCP 测流，满足精度要求，是云南省最早正式投入生产应用的水文站之一。

（三）水质自动监测站

监测水温、pH 值、电导率、浊度、溶解氧、氨氮、高锰酸盐指数、总磷、总氮、化学需氧量、总铬等 11 个项目，多年来监测精度相对较高，运维到位，运行良好。

昆明水文站水质自动监测设备

（四）视频监控与遥测系统

设有 5 个摄像头，可以对测站全方位监控，可远程控制、远程调取实时监控视频。2013 年底，昆明水文站各项监测数据均可在水情遥测平台进行查询。

（五）数字孪生水文站

随着昆明水文数字孪生（盘龙江）试点项目的实施，盘龙江流域防洪“四预”功能推向智慧水利的更高层级，河道水下地形、重点区域 DEM、倾斜摄影、水文站闸 BIM 模型、遥感影像等构建了精准映射的盘龙江物理流域数据“底板”和三维可视化场景。昆明水文站成为云南省第一批数字孪生水文站点。

昆明水文防汛“四预”平台和昆明水文站三维可视化场景

五、难忘岁月

（一）发挥“尖兵”“耳目”重要作用

昆明水文站作为省级重要水文站、省级报汛站、城市防洪站，在昆明市防汛抗旱、水资源开发利用管理、水生态保护、维护河湖健康等方面发挥着重要作用。

“十三五”以来，昆明水文站共向国家防总、省防办、市防办报送雨水情信息20万余组，发布洪水预警信息40余次，为科学防御水旱灾害提供了坚实的科学支撑。昆明水文站是实施最严格水资源管理的国家级考核断面，为云南省实行最严格的水资源管理、实施“三条红线”考核提供基础数据支撑。共计为水功能区国考、省考提供水质监测数据1500多组，为深化河（湖）长制提供了全面优质服务。

昆明水文站在昆明市城区遭遇“2013·7·19”“2017·7·20”“2019·7·20”特大暴雨洪水期间，出色地完成了各项防洪报汛任务。在“2017·7·20”强降雨的过程中，主城区市政道路普遍出现淹积水，多个路段严重积水断交，河道全线超警戒水位，两岸漫堤，昆明水文站迎来了1966年以来第二大洪水。站上全体人员通宵驻守在岗位上，全力以赴抢测一次次洪峰水文资料，以心系群众的责任意识、无私忘我的奉献精神和服务社会的忠诚担当，筑起防汛减灾的堡垒。

“2017·7·20”特大暴雨洪水中的昆明水文站

（二）为昆明市重点工程保驾护航

昆明水文站是牛栏江—滇池补水工程的关键控制站，及时准确的监测数据为补水工程实施调度、工程效益评估、安全运行管理等提供了有力保障。

2013年9月20日，牛栏江—滇池补水工程开始试通水。试通水期间，云南省水文水资源局昆明分局派出多个工作小组共 50 余人，对牛栏江干流调水区域、引水渠道和盘龙江清水通道的水质水量变化情况实施 24 小时全天候监测，连续作战 700 小时，开展水质监测 115 次、水量监测 91 次、人工观测水位 298 次、水情报汛 32 次，报送监测成果报告 10 余份，为工程试运行提供了科学依据。自牛栏江—滇池补水工程运行以来，作为云南省水利系统第一个水质、水量全自动监测站，昆明水文站实现了牛栏江—滇池补水工程清水通道水质水量重要节点精准监测。

开展水情教育

昆明水文站作为云南大专院校的实习基地、水情教育基地、水文新仪器新设备实验基地，发挥着昆明水文的示范和窗口作用。

CHANG JIANG SHUIWEN

江河记忆：“三山一水”城市水文化

昆明作为云南的省会，历史悠久，四周山高道险，北以长虫山（蛇山）为依靠，东以金马山为屏障，西以碧鸡山为护坡，南以滇池为明堂，形成了“三山一水”的城市格局。道路交通崎岖，五百里滇池就成了一片坦途，盘龙江是昆明城最大的一条河，又是最大的“入滇”河流。盘龙江主源牧羊河（又称小河）发源于昆明北郊的嵩明梁王山，与冷水河汇合后经松华坝纵贯昆明城，从小菜园南下，纵贯城东，经南坝流入滇池，早年盘龙江上木船穿梭往来。对于昆明人来说，盘龙江是一条饮水之河、一条灌溉之河、一条打鱼之河，还是一条航运之河。但水可载舟，亦能覆舟。对昆明城威胁最大的水灾，也来自盘龙江。雨季到来，洪水暴发，沿盘龙江而下，不仅城外农田被淹，江水还会倒灌进城里，造成严重水灾。元代初期，云南平章政事赛典赤大兴水利，经大规模治理后盘龙江水患得到缓解，但滇池水汇多河，盘龙江水系复杂，时间一长，河道淤塞，闸坝失修，一旦雨季“发大水”，河水依旧淹田浸城，冲毁民宅，泛滥成灾。近代盘龙江洪水仍然频发。1959 年上游修筑了库容 7000 万立方米的松华坝水库，进行了河道裁弯改直、加砌河堤等治理措施，直到 1988 年盘龙江水患大为减轻。

经过长期治理和河道改造，如今的盘龙江堤防结构安全，行洪排涝通畅，河岸绿树成荫，鸥飞鹭戏，已形成岸线优美、碧波粼粼生态与人文和谐共生的美好景象。

都江堰水文站

——相守千年古堰

都江堰水文站站房

都江堰有史可考的水文观测从李冰立三石人开始。宋代改在宝瓶口石壁刻画“水则”观水，1874 年起有水则观测记录。都江堰水文站设立于 1936 年 8 月，是岷江进入成都平原的控制站，承担着向国家防总和省、市、县级防汛抗旱部门提供水文情报预报的重要职责，是国家重要水文站、中央报汛站，也是岷江干流预报根据站。其水质监测断面是国家重点水质站及国家重要饮用水水源地监测断面。隶属于四川省水文水资源勘测中心成都水文中心。都江堰水文站因其重要性而被称为“四川水文测量第一站”。

都江堰水文站位于都江堰水利工程风景区内鱼嘴分水堤和飞沙堰溢洪道之间，东经 103°36′，北纬 31°01′，在保障水资源供给、筑牢水旱灾害防线、推进成都平原乡村振兴等方面发挥着重要作用。观测项目有水位、流量、泥沙、降水量、蒸发量和水质等，其中水位、流量、降水量已实现自动监测。

一、河段概况

岷江，为长江一级支流，古称渎水、汶水、汶江、汶川，因先秦以来即视为长江上源，故又称江、江水、大江水。各段又有古称玉轮江、箭水、导江、都江、皂江、大皂江、沬江、武阳江、合水、金马河、皂里水、水、三渡水、玻璃江、熊耳水、蜀江，异名甚多。根据干流地理特点，都江堰市以上为上游，都江堰市—乐山为中游，乐山—宜宾为下游。

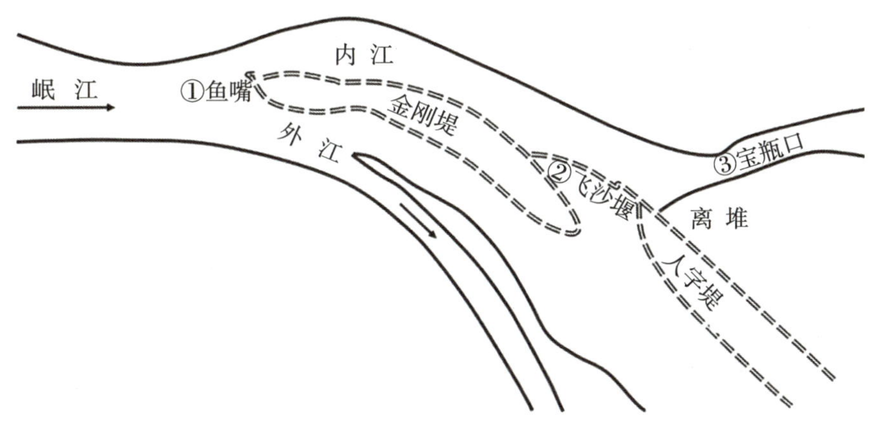

岷江都江堰工程河段形势图

都江堰水利枢纽工程坐落在成都平原西部的岷江上，位于紫坪铺水利枢纽下游约 9 千米，是由渠首枢纽（鱼嘴、飞沙堰、宝瓶口）、灌区各级引水渠道、各类工程建筑物和大中小型水库及塘堰等构成的一个庞大的工程系统，渠首占地面积 200 余亩。

都江堰水利枢纽工程共有三个水文站（断面），即都江堰水文站、都江堰厂左水文站、都江堰厂右水文站。其中，都江堰水文站（内江断面）位于安澜桥桥下 300 米，测验河段顺直，断面宽约 100 米，呈现典型的“梯形”断面特征，左右河岸系卵石浆砌，平整不光滑，河岸陡峭而稳定，河床由卵石夹砂组成，冲淤变化较小。2013 年 12 月，都江堰管理局为控制成都平原灌区的进水量，在基本断面下游

300 米的河道上修筑约 0.8 米高的拦河坝，完全改变了都江堰水文站的高、中、低控制条件，使水位流量关系发生了变化。

都江堰工程河段及水文断面布置图

二、测站探源

（一）测站沿革

李冰在都江堰用石人观测水位，是中国最早的水文观测。在宋代，已有正式文献记载宝瓶口测量水位是用岩壁上的刻画，称为“水则”。而后的元代、明代均有史书记载在都江堰不同地方以“水则”观测水位的情况。到了清代，在公元 1765 年，重刻都江堰宝瓶口水则，以“划”为单位（每一划 0.33 米左右）观测水位，在每年清明（四月上旬）至处暑（八月下旬）用水繁忙季节，每五日需上报一次水位，平水季节（处暑以后）每十日上报一次。现保存最早的都江堰宝瓶口原始观测资料是在清同治十三年（公元 1874 年），民国时期同样沿用清朝时的水则观测水位。

民国二十四年（公元 1935 年），宝瓶口的水则划数均由水利知事抄报四川省政府。1935 年下半年，国民政府资源委员会工程师黄育贤一行至四川省考察水力资源时，提出“拟请四川省建设厅设立水文测站计划书”。

民国二十五年（公元 1936 年）1 月，国民政府资源委员会函请四川省建设厅查照办理，随文附有“设立水文测站计划书”。2 月，又以军事委员会委员长行营名义在给四川省政府主席的训令中明确：“……各项水利工作中，尤以水文测验为首要……合行令仰该省府即便遵照，迅就各河流之适宜地点，普遍设置测站，作悠久不辍之观测，俾可得精密之统计，以为一切水利设计之依据。”12 月，四川省政府于具文呈报：四川省已设立水文测量区 3 处、流量站 6 所、水标站 18 所，并附设站地点及日期。这是四川省最早的水文站网规划与建设。

1936 年 8 月设立的灌县二王庙水文站是四川省水文测量第一测区设立的第一批水文站之一，1937 年 12 月由四川省水利局（现四川省水利厅）接管。

二王庙水文站 1950 年转由西南军政委员会水利部领导，1954 年停测，1956 年 5 月 22 日撤销，1958 年 5 月 12 日恢复观测，1959 年又撤销，1960 年 4 月 11 日再次恢复，1960 年 8 月 1 日将断面下迁 150 米，1964 年 7 月 22 日特大洪水时将河段设备冲毁，1965 年 1 月下迁约 400 米。1960—1962 年，该站为水利电力部成都勘测设计院领导，1963—1965 年为水利电力部四川省水文总站领导，1967 年后更名为都江堰水文站。

2018 年 4 月，四川省全面实施水文测验方式改革，都江堰水文站纳入成都水文中心都江堰测报中心统一管理，实行巡测，不再单设站长或站负责人。

都江堰宝瓶口水则与现水尺

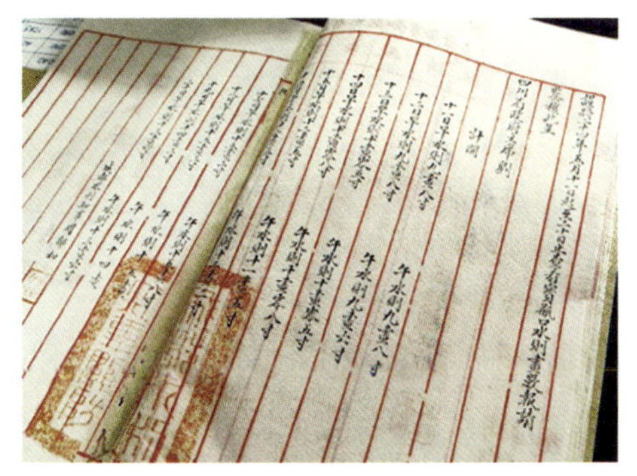
民国二十四年（公元 1935 年）宝瓶口水则记录

都江堰水文站原站房

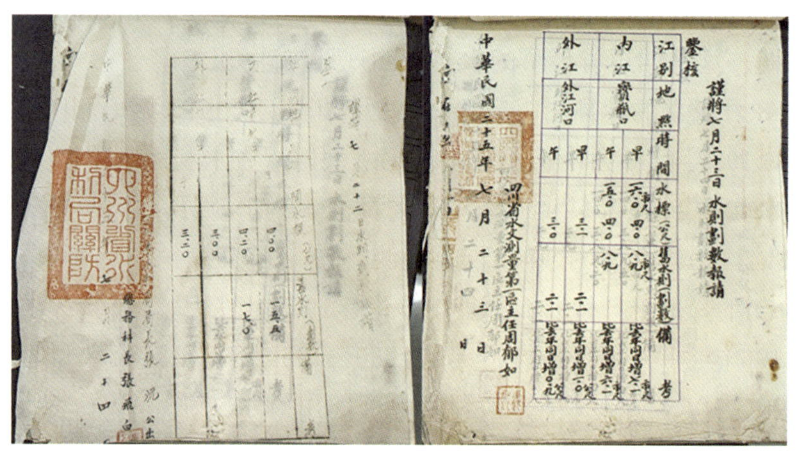

谨将七月二十三日水则划数报请

鉴核

中华民国二十五年七月二十三日

四川省水文测量第一区主任周郁如

1936 年成立水文测量第一区资料

（二）测验项目变化

四川省对都江堰的水文资料历来极为重视，民国二十五年（公元 1936 年）7 月 23 日之前，都江堰宝瓶口的水位一直是由当时的四川省水利局（今水利厅）直接报送省政府，7 月 23 日起，报送单位变为四川省水文测量第一区。因此，都江堰水文站也被称为“四川水文第一站”。当时的测验项目主要为宝瓶口的水位、流量，后陆续增加其他项目。

20 世纪 50 年代，都江堰站开展卵石推移质测验试验工作，采用四川省水文总站研制的 MB -1 型采样器，资料未纳入整编。20 世纪 70—80 年代，都江堰水文站与长江流域各地同步开展了推移质测验，所用仪器均为 MB -1 型，后来省水文总站研发的 MB -2 型（仪器长 240 厘米，重 734 千克，口门宽 70 厘米、高 50 厘米，为三面封闭无压差软底网式采样器）分别在四川大里进行了水槽实验、在都江堰水文站进行了野外实测实验。两种仪器作比对试验数年后，MB-1 型仪器因效果不理想、效率低下，在 1985 年以后不久弃用。

1970 年，为弄清都江堰内外江泥沙分配和颗粒级配情况，根据上级指示，在汛期开展泥沙测验，经调研采用职工朱鹤林提出的管嘴积深式采样器，于 5 月 1 日取了单沙。随后逐步增加输沙和颗粒分析项目，采用四川省涪江水文分站（现四川省绵阳水文中心）研制的积深式泥沙采样器。20 世纪 80 年代，开展全沙站测验。在国内，黄委、长办、重庆水文仪器厂、南京水利水文自动化研究以及四川省仪器检测站、四川省涪江分站等单位均将研制的测沙仪器带来都江堰开展试验；在国外，美国联邦地质调查局多次来测站测试仪器并交流经验。

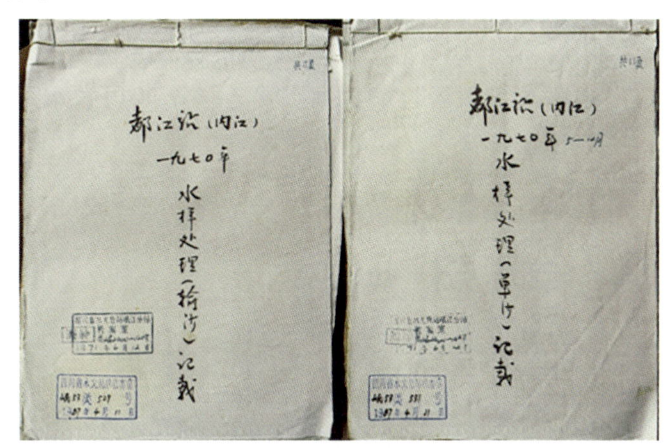

都江堰水文站 1970 年单沙、输沙记录册

1986 年 3 月，设立都江堰（内江）水质站。

都江堰站观测项目变化

序号	观测项目	开始观测时间	观测变化情况
1	水位	1874 年	1956 年 5 月—1958 年 5 月和 1959 年 1 月—1960 年 4 月中断观测
2	流量	1936 年	1954 年 1 月—1954 年 12 月、1956 年 5 月—1958 年 5 月和 1959 年 1 月—1960 年 4 月中断观测
3	雨量	1986 年	
4	蒸发	1986 年	
5	泥沙	1970 年	收集悬移质泥沙基本资料，20 世纪 50—80 年代开展卵石推移质观测试验，资料未整编
6	水质	1986 年	

（三）设施设备变迁

1. 水位观测

水位观测早期为水则，新中国成立后改用直立水尺和水位自记台。内江左岸设立有三个水准点，采用 1985 国家高程基面。人工观测以倾斜式水尺和直立式水尺相结合，自动观测用气泡式自动遥测水位计。

2. 降水量和蒸发量观测

建设 6 米×12 米雨量蒸发观测场，配备有人工雨量观测器、自记雨量器、人工蒸发观测器。雨量自记数据直接上传至四川省水旱灾害防御决策支持系统。

水位雨量一体化遥测设备

3. 流量测验

都江堰水文站流量测验方式主要有流速仪、电波流速仪、视频测流系统，应对不同测量方式的需求，配备有全自动水文测量缆道（铅鱼缆道）、固定电波流速仪、手持电波流速仪、LS25 -1 型流速仪、视频测流系统、河道视频监控系统等，根据不同流量级采用合适的测量方式进行流量测量。

视频测流系统

4. 泥沙测验

1970年，利用水文缆道搭载管嘴积深式采样器（后改用积深式采样器）采集悬移质含沙量及颗粒分析样品，通过过滤、烘干、称量、筛分等获取含沙量及颗粒级配资料。2020年，为实现全要素、全量程的全自动化监测，引进一套全自动激光泥沙分析仪。

5. 水质监测

1986年3月，都江堰（内江）水质站未建设水质实验室，样品送四川省成都水质监测中心分析。

6. 高程系统

1936年8月灌县二王庙水文站高程系统采用吴淞基面高程，基面冻结于吴淞基面以上0.000米，经1985国家基准高程引测。2023年1月1日改用1985国家高程基准高程，关系为：吴淞高程－1.984＝1985国家基准高程（米）。

三、水文特征

（一）水文特性

岷江流域的径流主要由降水补给，融雪和地下水补给次之，由于流域年雨量大，岷江的径流十分丰沛。

都江堰水文站洪水主要来源于龙门山暴雨及紫坪铺水库（2006年建成，总库容11.2亿立方米，调节库容7.74亿立方米，具有不完全年调节能力），沙量偏小且不能反映天然河道的来沙情况，水位流量多为单一关系。洪峰时间一般持续0.5～1小时，洪水过程受紫坪铺水库调节影响，一般为几小时或1～2天，洪水多为单峰，偶尔出现复峰，多年平均流量859立方米每秒，多年平均径流量271亿立方米。

都江堰水文站测验河段两岸历史上为人工卵石筑堤，后改为混凝土堤坝，汛期受冲淤影响，枯季较稳定，历史上每年11—12月进行岁修，断面较为稳定。都江堰水文站自建站以来，基本水尺断面分别在1960年及1965年经过迁移，但因迁移距离较短，且区间无来水和引水，所以该站系列资料具有一致性。

（二）水文特征演变

都江堰水文站设计洪水分析计算由于前期资料不全，采用1975—2023年共49年最大洪峰流量，1977年最大流量2410立方米每秒作为特大值处理，组成连序系列进行频率计算，以矩法计算统计参数的初值，采用皮尔逊Ⅲ型频率曲线，确定统计参数及计算值。

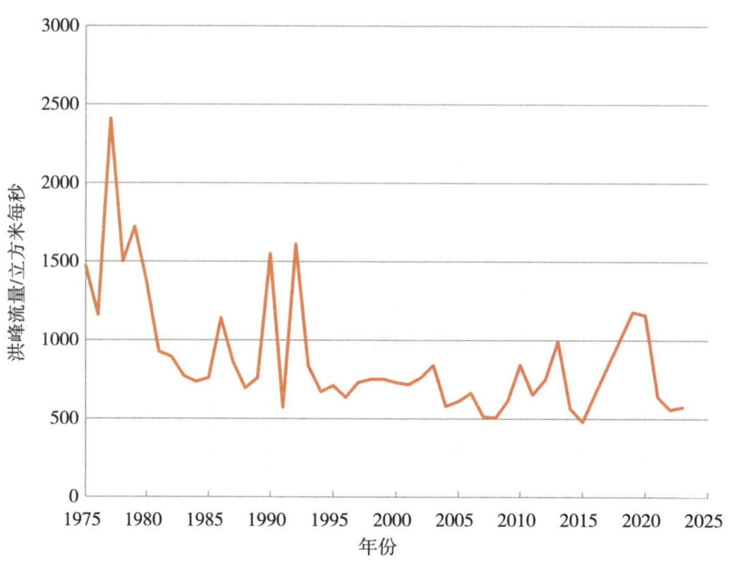

都江堰站历年洪峰过程

都江堰水文站年设计洪水成果表

流量均值/（米³/秒）	C_v	C_s/C_v	不同重现期流量/（米³/秒）						
			50%	20%	10%	5%	2%	1%	0.5%
877	0.51	4.5	725	1130	1450	1780	2220	2550	2890

（三）洪水留痕

都江堰水文站历史洪水排位表

序号	最大流量出现时间	最高水位/米	最大流量/（米³/秒）	洪水量级
1	1977 年 7 月 7 日	729.93	2410	超五十年一遇
2	1981 年 7 月 12 日	727.89	925	常遇
3	2013 年 7 月 9 日	728.19	994	常遇
4	2018 年 7 月 11 日	728.56	1140	五年一遇
5	2020 年 8 月 18 日	728.72	1160	五年一遇

注：表中水位为 1985 国家高程基准水位。

四、技术发展

（一）卵石推移质观测试验

据《中国水文志》记载：“1982 年 5 月，四川岷江都江堰河段观测研究工作列入全国重点水库研究项目，并以推移质观测研究为重点课题组成协作小组。之后，协作小组又扩大为‘推移质河床质泥沙测验协作组’，1984 年 11 月又在四川灌县白沙河开会讨论制定技术规范和采样器选型等问题。”当时都江堰水文站直属于四川省水文总站，为做好推移质测验工作，省水文总站在都江堰水文站成立专班，专设缆道，研究测验工具并制定测验规则。

据《都江堰志》记载：省水文总站都江试验站在都江堰渠首上游岷江干流连续 8 年（1975—1982 年）用 MB -1 型和 MB -2 型卵石推移质采样器实测推移质输沙率，取得较完整的比测试验资料。实测最大流量 4640 立方米每秒，推移质最大粒径 512 毫米，最小粒径 5 毫米，一般粒径 20～457 毫米。据 8 年实测成果，若按 MB -2 采样效率 17%计算，年平均卵石推移质总量为 52 万吨（变幅为 76.81 万～24.21 万吨）；若以 MB -1 采样效率 12.7%计算，年平均推移质总量为 70 万吨（变幅为 102.82 万～32.40 万吨）。

（二）水文多要素自动在线采集系统

1. 水位、流量、降水自动采集

都江堰水文站安装有 1 套气泡水位计和 1 套遥测雨量计，每 5 分钟采集一组水位、雨量数据，并将水位、相应流量、雨量数据通过北斗等系统上传四川省水旱灾害防御决策支持系统，为流域水情预报提供精准数据支撑。

2. 在线监测与信息化建设

都江堰水文站通过遥测水位计、遥测雨量计、定点在线电波流速仪、视频测流系统等监测设备，对河道水位、流量、水雨情等信息进行监测，对重点区域进行视频监控，实现了信息采集、统计、分析、控制等功能。通过数字化、网络化、智能化建设，使业务数据化、应用场景化、流程自动化。

（三）双轨式测流系统

2021 年，都江堰水文站建成全自动触摸式水文缆道系统和全自动在线电波测流系统。同时，将水文监测“空—天—地”一体化、水位流量关系线自动校正、水文站自动维护、全要素非接触监测、数字孪生、预警预报智能决策支持系统等纳入远景规划，争取实现都江堰水文站全要素、全量程、全自动的现代化水文测验模式。

定点在线电波流速仪

五、难忘岁月

（一）测洪记忆——一不怕苦、二不怕死

岷江水患自古颇受关注。据王澄琳编《岷江历代洪水编年（公元前 185 年—1942 年）》，从西汉高后三年（公元前 185 年）开始有简略记载起，到民国三十一年（公元 1942 年）的 2127 年不完全统计，岷江平均每 15 年发生一次灾害性洪水，平均 40 年发生一次特大洪水。但历史记载非常简略，没有水文数据，没有受灾统计。直到民国时期的 1943 年，发生了持续 40 小时的暴雨，才有了水则记录 18.4 划。根据 1961—2018 年都江堰水文站历史资料记录，历年最大洪水为 1977 年的 2410 立方米每秒，最小流量为 0 立方米每秒（都江堰岁修）。

1949 年以前，都江堰虽有水文测验工作，但无水情报汛任务，也未设置防洪报汛机构，工程受灾冲毁时，才组织群众抢修。1950—1954 年，都江堰水文站（二王庙水文站）承担水情报汛任务，定有警戒水位，平时每天上午 8 时电话报水位一次，有涨水时加报。到警戒水位时，邮电优先接通传报，由原都江堰管理处统一掌握水情上报，并及时传达各防汛机构。

《都江站简报》（1970 年 6 月第一期）中有这么一段描述：内江组在测沙、测流过程中，受到漂木的严重威胁。他们为了多收集一些流速仪法资料，发扬“一不怕苦，二不怕死”的革命精神，坚决与洪水漂木作斗争。有时为了躲让漂木，在一根垂线上要反复提放仪器十多次，一次测验要四五个钟头，中午饭也顾不上吃。虽然两臂酸痛，又累、又饿，但他们想到，为人民就要完全、彻底，为革命就要勇敢战斗、不怕疲劳、不怕牺牲，累积了一定数量的流速仪测量成果。

据退休职工回忆，以前工作条件艰苦，都江堰水文站每遇暴雨洪水过程，全站职工都坚守岗位，夙夜不怠，及时将第一手水文情报及时准确上报，为上级部门防汛减灾决策部署提供及时可靠的水文数据支撑，为保障人民群众生命财产安全做出了应有的贡献。1986 年，水文职工邓世贤在夜间观测水位时不慎落水，牺牲在工作岗位上。自水文工作开展以来。不论有何困难，水文资料收集工作都不能间断，这也是每一代水文人刻在骨子里的精神和担当！

都江堰水文职工操作测流缆道

木船上测流

难得的合影

（二）“5·12”汶川特大地震——先抢水文资料

2008年5月12日，汶川发生里氏8.0级特大地震。都江堰水文站离震中汶川县映秀镇直线距离仅仅12千米，处于重灾区，站房及水文监测设施设备在大地震中损毁严重。

地震中坍塌的水文站站房

地震发生时，都江堰站职工徐志远和罗远群正在钢塔上更换缆道循回索。“当时就觉得一阵眩晕，地动山摇，一回头看到站上的人都冲出了站房，缆道剧烈摇晃，我们迅速撤离，随后眼看着站房就垮塌了，”徐志远回忆，“我们常说水文人以站为家，那时候是站和家都没了。后来余震一波又一波，但大家的想法都一样，先把（水文）资料抢出来。”遇事先抢救资料，这是水文人下意识的快速反应，“站在、人在、数据在”，这是都江堰水文站的信条。

汶川地震导致都江堰地区很多房屋大面积垮塌，都江堰水文站、都江堰厂左、厂右水文站站房均被震毁，设施也损毁。但面对灾难，水文人从来都是坚定的“逆行者”——通信信号陷入中断，但水文信号坚决不能中断。成都水文局第一时间派增援队伍以最快速度切换了带北斗卫星的遥测设备，恢复了数据传输，为抗震救灾提供了至关重要的水位流量和雨量信息。

当时，都江堰水文站片区的数个水文站均归都江堰基地管理科管理，在职和退休职工、家属共100余人。地震后，水文职工和家属分工，一边帮助水文站搭建临时操作房和临时水尺保证数据传输，一边自发组成后勤服务队，开展自救的同时也加入当地政府组织的救援队伍，开展救助工作。

为保证工作开展，成都水文中心在都江堰搭建了临时办公板房，直到2012年12月，都江堰水文站在原址上重建了站房，才恢复正常办公。

安装遥测雨量计

搭建都江堰厂左水文站临时工棚

（三）都江堰泥沙实验研究往事

国内开展泥沙测验仪器研制的单位，主要有长江委、黄委两个流域机构，四川、辽宁、江西三个省级水文总站，以及成都科技大学、河海大学、南京水利水文自动化研究所、重庆水文仪器厂等科研院所及生产厂家。其中，四川水文总站主要开展高流速条件下悬移质和卵石推移质器测法研究，其中现场比测主要在岷江都江堰和青衣江梯子岩等水文站开展。

1. 首次测量内江含沙量

在《都江站简报》（1970 年 6 月 25 日，第一期）中，记载了一个关于都江堰开展泥沙测验的往事。毛主席视察都江堰时指示：今后要想办法用现代化的工程，把泥沙控制起来。为弄清都江堰工程内外江泥沙分配及颗粒级配情况，上级要求都江堰站迅速开展悬移质泥沙测验。这是一项全新的任务，测站从来没有做过，无设备，无经验，困难可想而知。但测站发动群众出主意、想办法，经过多次研究，职工朱鹤林试制管嘴积深式采样器，经过比测试验，终于按时在汛期的第一天（1970 年 5 月 1 日）取得了第一次含沙量样品。随后逐步有输沙和颗粒分析项目。20 世纪 80 年代，都江堰水文站开展了全部测沙项目（简称“全沙站”）。四川省仪器检测站、四川省涪江分站研究发明取沙仪器，黄委、重庆水文仪器厂、南京水利水文自动化研究所等全国领先的水文仪器研制单位等均前来做试验，美国联邦地质调查局也到站上测试仪器并交流经验。经过试验，最终取沙设备选择了四川省涪江水文分站（现四川省绵阳水文中心）研制的积深式泥沙采样器。都江堰水文站的悬移质测验一直持续至今。

2. 推移质器测法实验研究

都江堰水文站推移质工作站于 20 世纪 70 年代持续到 2000 年左右，当时都江堰水文站直属于四川省水文总站，为做好推移质测验工作，省水文总站在都江堰水文站成立专班，专设缆道，研究测验工具并制定测验规则，都江堰水文站也被称为“都江试验站”。起初都江堰水文站与长江流域各地同步开展了推移质测验，所用仪器均为 MB -1 型，后经四川省水文总站、都江堰水文站联合四川大学水利电力学院（当时称成都科技大学）共同研发了 MB -2 型仪器，分别在四川大学进行了水槽实验、在都江堰水文站进行了野外实测实验。

都江试验站所测资料系列较短，存在断续且是试验性质，部分资料未纳入整编，实测期间只有一年最大流量 4640 立方米每秒（1977 年 7 月 7 日），其余实测流量在 3000 立方米每秒以下，其代表性不足。

MB -1 型推移质采样器

MB -2 型推移质采样器

六、水文文化初探

（一）石人立，水文始

一直以来，都江堰及其周边都有着各种关于石人、石犀、石碑的传闻。其中，用于镇水的石犀和记录要事的石碑均有出土，石人却一直未见其踪。东晋常璩《华阳国志·蜀志》中记载：“冰能知天文地理……于玉女房下白沙邮，作三石人，立三水中。与江神要：水竭不至足，盛不没肩。”随后，郦道元在《水经注》中也有类似描述。从文中可见，“足”和“肩”是非常明确的水位记录标志，两千多年前的古人就已意识到水文“数据”在化水患为水利中的重要作用，李冰立石人正是有记载最早的水文观测的开始。

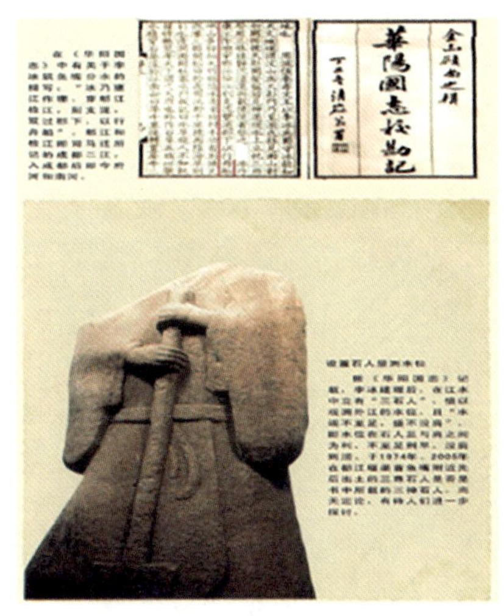

《华阳国志·蜀志》记载石人

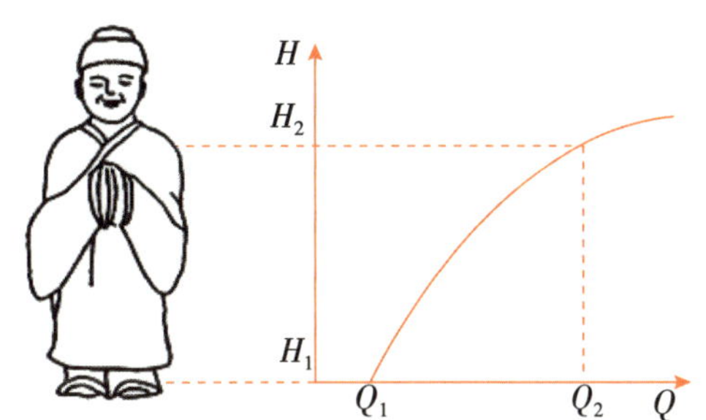

李冰石人和它所表示的水位流量关系

Q_1—灌区最低需水量；

Q_2—保证灌区安全的最高引水量

石人水位流量关系图

(二) 古之白沙邮，今之水文站

据《都江堰水利词典》所记，《华阳国志》中李冰立三石人的“白沙邮”，即为岷江左岸支流白沙河汇入岷江处的白沙街，古代为传递文书的驿站所在地。《水经注·江水》补充记录“邮在堰上”，据此可以推测白沙邮与堰首不远。而“玉女房”是古代岩穴或崖墓的代称。刘琳《华阳国志校注》谓“玉女房‘当在白沙街西龙溪山崖上’，地望似乎过远”。综合以上记载，“玉女房下白沙邮”，应距白沙河汇口不远。由此可以验证都江堰首部枢纽（即鱼嘴）在李冰创建时位于现在堰首的上游约1千米处。李冰立三石人，应分别为岷江正流（主流）及左、右引水干渠（内江、外江）进口处，用以观测水位之消长。

由此可见，都江堰用于分流的渠首（鱼嘴）在两千年间并非一成不变，它的位置缓慢向下游移动，与初建之时相距约1千米。时代变迁，石人的“站位”始终未变，古之白沙邮从石人演变为水则，再到今天的现代化水文测站，形成跨越千年的遥相呼应。

(三) 宝瓶口水则简考

水文行业最基本的测水工具——水尺，在古代被称为“水则”。《说文解字》中说“测”字是“深所至也，从水，则声”，可知“测”就是从水位观测而来，后来就称水尺为“水则”。宋代时已有正式文献记载宝瓶口的水则，元代、明代也有相关的记载。现保存最早的都江堰宝瓶口水则观测资料是长江委长江档案馆特藏库的同治十三年（公元1874年）水则画数记录。

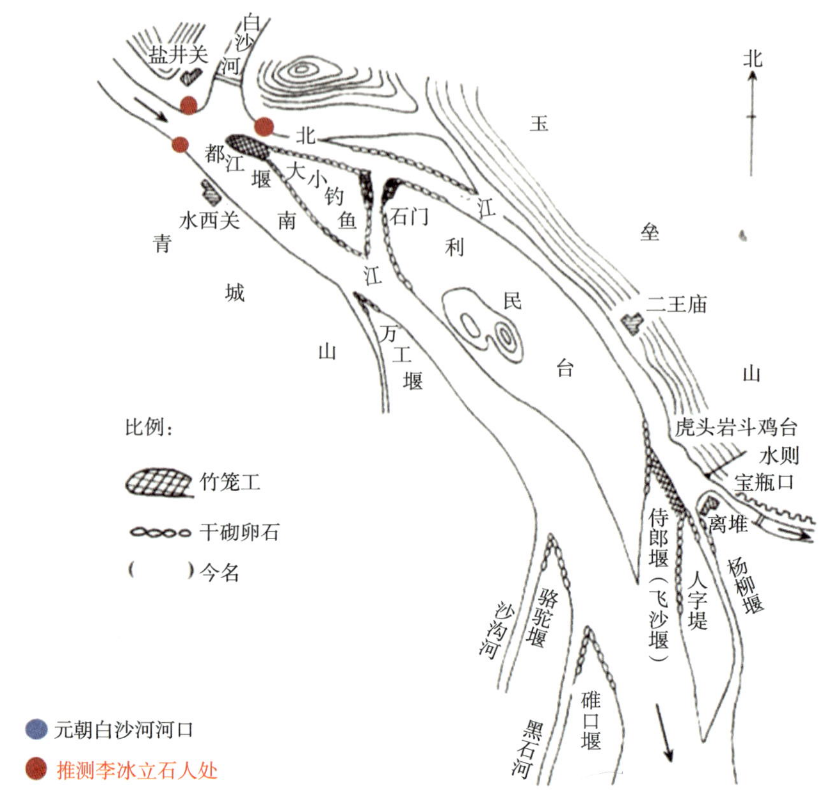

元代渠首推测图和石人推测点位图

注：揭傒斯在《蜀堰碑》中还首次记载了在都江堰斗鸡台下的水则旁，有前人所刻“深淘滩，低作堰”，这是都江堰“六字诀”见于典籍的最初记载。

都江堰渠首工程示意图

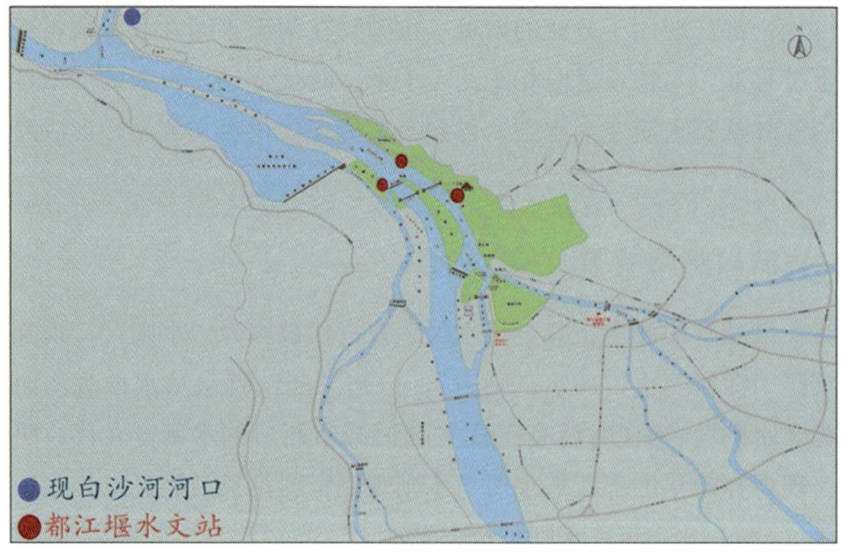

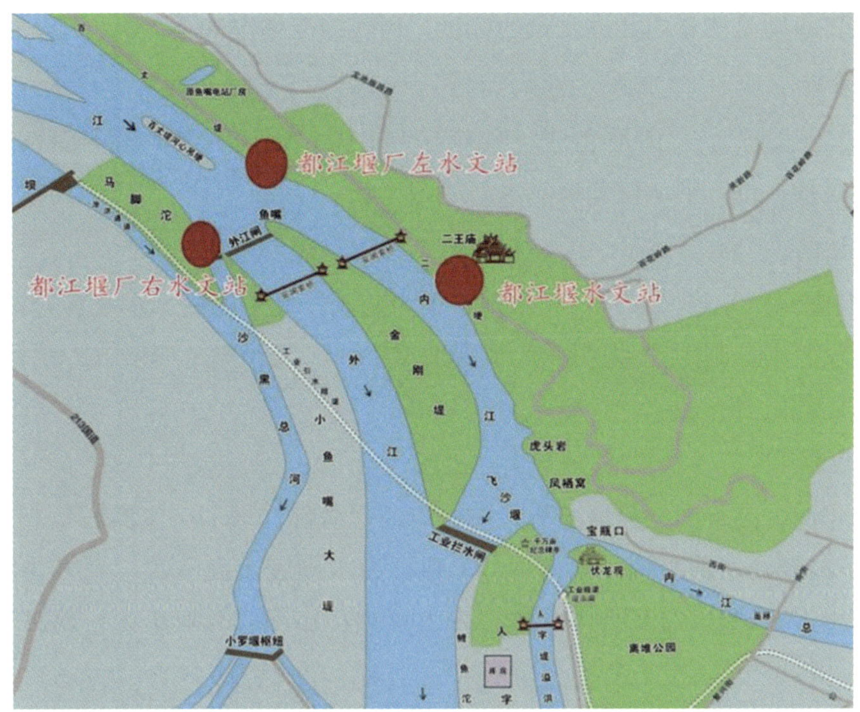

现代都江堰渠首工程和水文站点分布图（来自《都江堰志》）

都江堰宝瓶口和水则

都江堰“水则”可谓种类繁多：石人是其一，宋《堤堰志》有载：“都江口，旧有石马埋滩下，凡穿淘者必以离堆石记为准，号曰水则。其下滩深二丈二尺，水则下亦深七八尺。”这是以石马为水则。这些实物在岷江水的冲击下，均已处于“水毁”状态，无处觅踪。但宝瓶口的水则还静静地立在水中，默默记录着都江堰内江的水涨水落。

宝瓶口水则是测量内江进水量的标尺，历代演变情况如下。

1. 宋代

《宋史 河渠志》：“离堆之址，旧铸石为水则。则盈一尺，至十而止。水及六则，流始足用；过，则从侍郎堰减水河泄归于江”。可见宋代“旧”刻水则为十尺。

2. 元代

《蜀堰碑》：“斗鸡（犀）台有水则，尺为之画，凡十有一。水及其九，民则喜；过则忧；没其则，则困。”说明元代水则增至 11 画。《元史·河渠志》：“台有水则，以尺画之，凡十有一。”

3. 明代

弘治年间，因水则已风蚀不辨，御史卢翊“凿都江堰……又磨石重刊水则，以贻来者”。高韶在《铁牛记》中亦说：“画石为水则者十有一尺，及九为利，过则忧，没则患。”表明元代至明代水则均为十一画，比宋代有所扩大，故宝瓶口进水量提高为三尺。

4. 清代

雍正年间，二王庙道观住持王来通《重建显英通佑祈嗣三殿钟铭》载：“（宝瓶口水则）清明作秧田时，水湮五、六画；谷雨下秧种时，水湮六、七画。立夏、小满成都州县普遍栽秧，水湮七、八画至九、十画。窃以日月经天，各有度数，堰水灌溉，亦有画则”。

5. 乾隆八年（公元 1743 年）

《灌江备考》：“灌城之西南有斗鸡台，台下有石，刻古之水则十画，考自秦时初凿离堆所传。年深剥落，今望之片石而痕迹不全，数之六画而高低不匀。间遇山水暴涨，丈尺茫然，不知其几许。迨乾隆乙酉年冬月始议而新之，另自伐石较准，刊为十画，立于古水则上首，以便览者知水之消涨云”。由此可见，清代的水则也曾遭遇“水毁”。

6. 乾隆三十年（公元 1765 年）

重刻都江堰宝瓶口水则，以“画”为单位（每一画 0.33 米左右）观测水位，从最枯水位五画刻起到十五画，十六划以上另加高一根水尺。在每年清明（四月上旬）至处暑（八月下旬）用水繁忙季节，每五日需上报一次水位，平水季节（处暑以后）每十日上报一次。

7. 同治十三年（公元 1874 年）

宝瓶口水则记录有系统记载，这是迄今为止发现最早的岷江水文资料汇编。汇编本原件现珍藏于长江档案馆特藏库。

8. 光绪年间《增修灌县志》

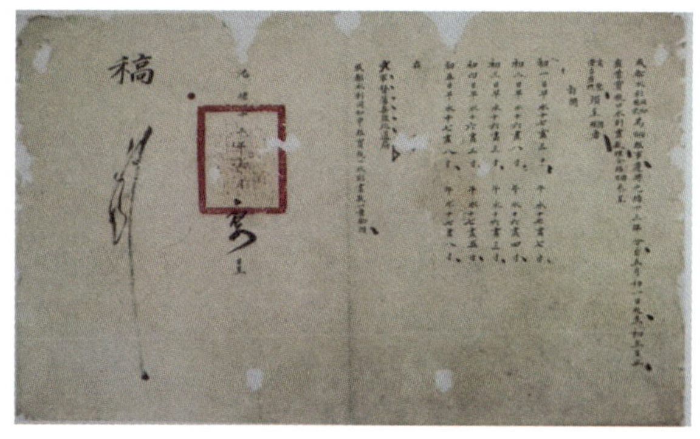

清光绪十三年（公元 1887 年）五月呈报水位文件

“乾隆乙酉，关左滕兆禁、新安汪松承两司马，以离堆水则年深剥落，望之仅有痕迹，其尺画高低难以辨认，间遇山水暴涨，丈尺茫然，议而新之。另伐石较准，镌为十画，立于古水则旁，以便览者知水之消长焉”。

历经数次水毁，古水则也常立常新，随着时间变迁，画数逐渐增多，到了清末，都江堰灌溉面积已发展到十四州县，进入宝瓶口的水“须至十一始足用”，故水则又增至十九画，并在古水则旁附设公尺水则作对照。

9. 1941 年

方志学家傅振伦 1941 年发表的《蜀守李冰治水事迹考略》提及：“今日亦以水则备，每画一尺。春分须至八画，洪水毋过二十二画”。由此可知，1941 年的水则已增至 22 画以上。

10. 1943 年

据《都江堰志》记载，水则被洪水冲走，改为木板水尺。1956 年撤去木板，改用条石与下根水尺衔接，由十六画刻至二十四画。水尺画数的变化见证了都江堰灌区的不断扩大。

宝瓶口分水河道

CHANG JIANG SHUIWEN

江河记忆：都江堰水利工程

都江堰水利工程由秦蜀守李冰总结前人治水经验，充分利用当地西北高、东南低的地理条件，根据岷江进入中游的特殊地形、水脉、水势，因势利导，无坝引水，自流灌溉，使堤防、分水、泄洪、排沙、控流相互依存，共为体系，保证了防洪、灌溉、水运和社会用水综合效益的充分发挥。工程修建于公元前 256 年，距今已有 2280 年历史。新中国成立后，又修建了工业供水渠、外江闸、飞沙堰工业引水临时挡水闸。

都江堰渠首工程是都江堰水利工程的取水枢纽，坐落于成都扇形冲积平原顶端，既扼守着岷江出山口的水势，又控制着灌渠首以东广大灌区，位置关键，选址精妙。渠首工程由鱼嘴、飞沙堰、宝瓶口三大主体工程和各类附属工程组成，三大工程首尾呼应、联合运行，科学地解决了引水、泄洪、排沙等诸多问题，为都江堰灌区兴水之利、避水之害发挥了关键性的作用。

在漫长的发展历程中，历代都江堰治水者上下求索，励精图治，探寻都江堰的最佳布局和工程构造，促进了都江堰治水技术和制度的不断发展，并形成了独具特色的“竹笼”“杩槎”“羊圈”“干砌卵石”等堰工技术和岁修制度，总结出“三字经”“六字诀”“八字格言”等治水原则和治水理念。为有效管理维护都江堰的运行，设立了堰官、岁修制度。汉灵帝时设置“都水掾”和“都水长”负责维护堰首工程；蜀汉时，诸葛亮设堰官，并“征丁千二百人主护”（《水经注·江水》）。此后各朝，以堰首所在地的县令为主管。到宋朝时，制定了施行至今的岁修制度。千年兴利除害，孕育出极具魅力、内涵丰富的都江堰水文化。

新中国成立后，都江堰迎来了飞跃发展，先后实施了渠首整治、渠系调整、闸群配套、平原及丘陵灌区扩建，都江堰水利工程已经发展成为引、蓄、提相结合的特大型水利工程系统，灌溉面积由 286 万亩扩大到目前的 1076 万亩，供水区范围涵盖成都市在内的 7 市 38 县（市、区），供水功能发展到生活、生产及生态供水的全方位服务。特别是进入 21 世纪后，随着上游的紫坪铺水库及成都市应急水源工程等的先后建成，都江堰渠首工程体系进一步完善，水资源调度配置能力进一步增强，灌区水利工程标准进一步提高，为保障四川省粮食安全、经济发展、生态健康和社会稳定发挥着重要作用。

都江堰水利工程成为世界水资源利用的典范，2000 年，都江堰水利工程被联合国教科文组织列入“世界文化遗产”名录；2006 年，都江堰—青城山风景名胜区被列为“世界自然遗产”；2017 年，都江堰水利工程入选水利部国家水情教育基地；2018 年，都江堰水利工程被授予“世界灌溉工程遗产”称号。

长沙水文站

——守望橘子洲头

长沙水文站水位自记台（2022年6月摄）

长沙市河流水系发达，雨量充沛，地势落差大，水能资源丰富。其中，湘江水系支流289条，南洞庭湖水系支流13条。

湘江干流在长沙市境内长约79千米，多年平均径流总量为692.5立方米，境内流域面积100平方千米以上的支流6条，其中左岸有靳江、龙王港和沩水河，右岸有浏阳河、捞刀河和沙河。湘江干流流经长沙主城区，有著名的江心岛——橘子洲风景区和岳麓书院、文津渡、杜甫江阁、天心阁、电灯公司遗址等文化古迹。

长沙水文站始建于1908年，现位于湖南省长沙市天心区湘江中路158号（文津渡下游80米处），地理坐标为东经112°58′，北纬28°11′。长沙水文站为国家重要水文站、中央报汛站。观测项目有水位、降水、流量、水质，是湘江干流洞庭湖尾闾唯一的水沙控制站。隶属于湖南省水文水资源勘测中心长沙市水文局。

近年来，长沙站加快打造新技术应用示范站建设步伐，引入自动遥测船、水质无人监测船、无人机等先进仪器设备，建设水质自动监测系统、水位自动观测系统等，实现了水文要素的自动监测。

一、河段概况

湘江是洞庭湖水系中流域面积最大的支流，上游称潇水，零陵以北始称湘江，纵贯南岭山地与洞庭湖平原之间的山丘盆地，沿途接纳各支流后，流经永州、衡阳、株洲、湘潭、长沙等地，在湘阴县濠河口分两支注入洞庭湖，全长 948 千米，流域面积 9.5 万平方千米，河流平均坡降为 0.134‰。

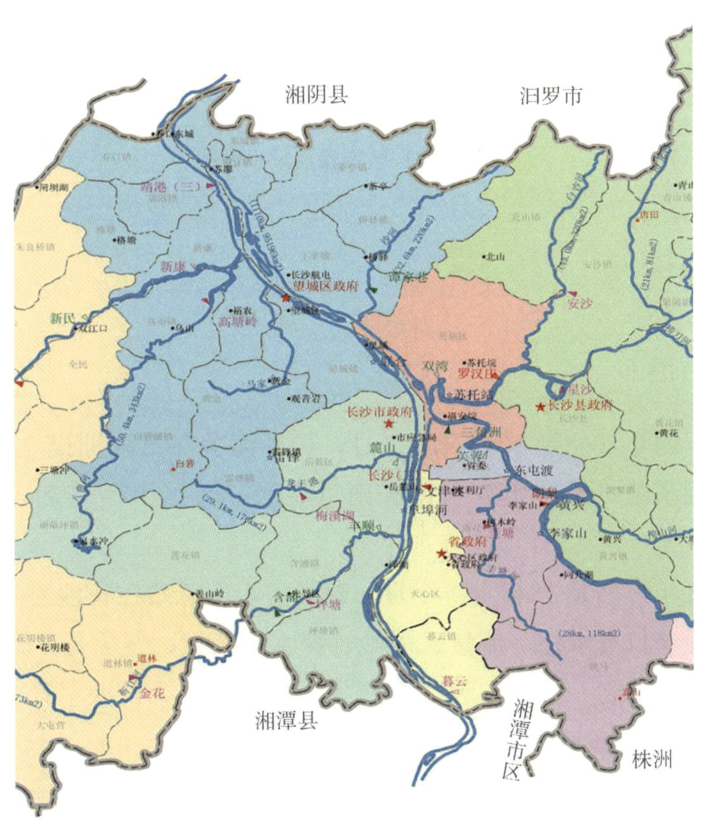

长沙市河湖水系示意图

长沙水文站位于湘江下游右岸，距河口 60 千米，测验河段顺直，河势稳定。河道、河势受堤岸边界制约，历年来无明显变化，纵向冲刷基本平衡，河床断面相对稳定。江心有橘子洲，将湘江分为左右两条河道，右侧为主河道，左侧水深较浅，流速较缓。橘子洲头上游 2.5 千米处起至橘子洲中部，湘江左岸淤积明显，形成较大面积滩地，整体河床断面相对稳定，无较大变化。长沙站测验断面宽约 1200 米，测验河段顺直长度约 15 千米，测站控制条件为河槽控制。

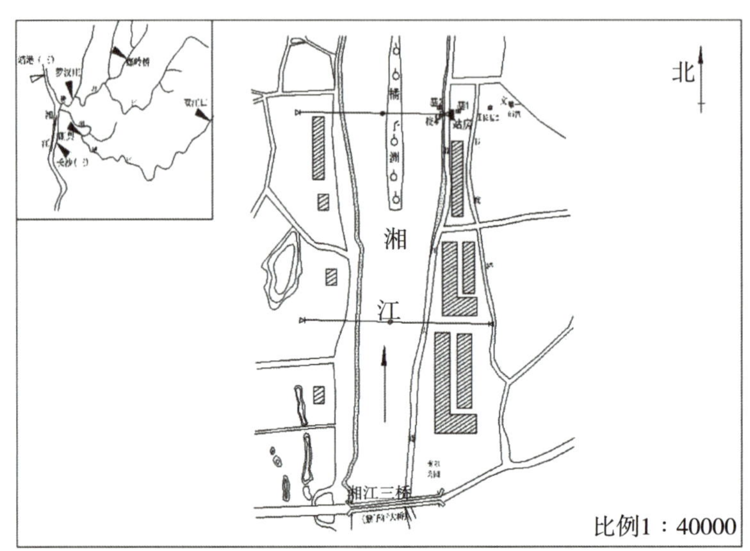

长沙（三）站测验河段平面图

二、测站探源

（一）测站沿革

清光绪三十四年（公元 1908 年）7 月，长沙海关在水陆洲设立水尺观测水位，于翌年开始观测雨量，长沙始有水位和雨量观测记载。1929 年起，长沙站兼测蒸发量。

民国三十五年（公元 1946 年）2 月，湖南省水文总站在长沙河西施家港设立长沙水文站，测验项目有水位、流量、泥沙、降水、蒸发、气象等，是湖南省首次布设的 6 处省辖报汛站之一。1949 年 3 月停测，同年 8 月，长沙军管会接管省水文总站，10 月湖南省临时省政府重新组设水文总站。1950 年 7 月，长沙站恢复观测，并增加比降观测。

洞庭湖區湘江幹流

長沙站1910年逐日水位表

1

湖南省長沙市（海關水尺）

（吳淞基面以上公尺數）

日＼月	一月	二月	三月	四月	五月	六月	七月	八月	九月	十月	十一月	十二月
1	26.39	27.55	30.05	27.61	28.83	27.91	29.01	28.71	29.47	29.07	28.58	27.18
2	26.75	27.46	29.80	27.91	29.25	27.67	29.62	28.58	29.41	28.89	28.49	27.33
3	26.79	27.33	29.59	28.37	30.50	27.46	29.53	28.52	29.35	28.83	28.52	27.36
4	26.72	27.30	29.44	29.28	31.11	27.27	29.38	28.49	29.19	28.77	28.55	27.46
5	26.75	27.21	29.19	31.27	30.63	27.15	29.38	28.40	28.98	28.46	28.37	27.55
6	26.82	27.15	28.89	32.30	30.20	27.03	29.28	28.34	28.89	28.68	28.13	27.49
7	26.94	27.06	28.74	33.09	30.75	27.33	29.07	28.58	28.86	28.52	27.97	27.46
8	27.03	27.00	28.43	33.80	30.84	29.47	28.83	28.68	28.92	28.34	28.00	27.46
9	27.00	26.94	28.19	33.92	30.56	32.15	28.55	28.68	28.98	28.25	28.58	27.67
10	26.97	26.94	28.07	34.07	30.17	33.55	28.25	29.04	28.92	28.13	28.52	27.91
11	26.88	26.88	27.88	34.01	29.80	33.28	28.00	29.16	28.83	28.60	28.83	28.13
12	26.79	26.85	27.76	34.28	29.74	32.67	27.85	29.13	28.64	27.91	29.28	28.28
13	26.82	26.79	27.64	34.47	31.42	32.24	27.67	29.10	28.71	27.79	29.35	28.31
14	27.00	26.79	27.55	33.89	32.39	32.03	27.58	29.44	28.68	27.76	29.07	28.40
15	27.21	26.79	27.46	——	32.85	31.94	27.76	30.96	28.37	27.61	28.77	28.37
16	27.21	26.82	27.46	——	32.30	32.97	27.97	31.39	28.10	27.55	28.40	28.22
17	27.15	26.85	27.46	——	31.66	33.16	28.22	31.60	28.07	27.49	28.10	28.07
18	27.15	26.91	27.36	——	31.11	32.55	28.52	31.97	27.97	27.46	27.85	27.91
19	27.21	26.94	27.30	——	31.05	32.18	28.80	31.57	28.22	27.49	27.61	27.88
20	27.27	27.00	27.30	——	31.05	31.45	28.98	30.81	28.49	27.82	27.30	27.76
21	27.36	27.09	27.27	——	30.72	30.69	29.28	30.50	28.52	28.07	27.18	27.67
22	27.79	27.30	27.24	——	30.63	30.17	29.44	30.38	28.83	28.13	27.03	27.58
23	28.00	27.97	27.18	——	31.11	29.96	29.74	30.32	28.89	28.46	26.94	27.49
24	28.49	28.58	27.15	——	30.93	29.74	29.80	30.41	28.80	29.47	26.79	27.39
25	29.01	29.47	27.15	——	30.35	29.53	29.89	30.50	29.19	29.56	26.72	27.24
26	29.01	30.02	27.30	——	29.77	29.44	29.77	30.29	29.01	28.98	26.63	27.30
27	28.74	30.20	27.52	28.16	29.32	29.44	29.68	30.02	28.89	28.71	26.60	27.15
28	28.40	30.23	27.67	28.10	28.98	29.25	29.50	29.93	28.86	28.53	26.60	27.09
29	28.10		27.79	28.07	28.68	29.04	29.28	29.74	28.95	28.46	26.51	27.00
30	27.91		27.79	28.49	28.37	28.98	29.04	29.62	29.10	28.43	26.69	26.91
31	27.70		27.67		28.10		28.86	29.80		28.49		26.85
平均	27.49	27.55	27.98	——	30.42	30.26	28.92	29.75	28.80	28.33	27.87	27.61
最高	29.01	30.23	30.05	(34.47)	32.85	33.55	29.89	31.97	29.47	29.56	29.35	28.40
日期	25	28	1	(13)	15	10	25	18	1	25	13	14
最低	26.39	26.79	27.15	(27.61)	28.10	27.03	27.58	28.34	27.97	27.46	26.51	26.85
日期	1	13	24	(1)	31	6	14	6	18	18	29	31
全年	最高（34.47，4月13日）			最低 26.39，1月1日			平均水位 ——			中水位 ——		
附註	1.海關實測。2.本表係摘錄水項一輯中"揚子江水位表(11)中揚子江"附表。3.原記載係用英制記至0.1英尺											
符號	（ ）欠缺記值											

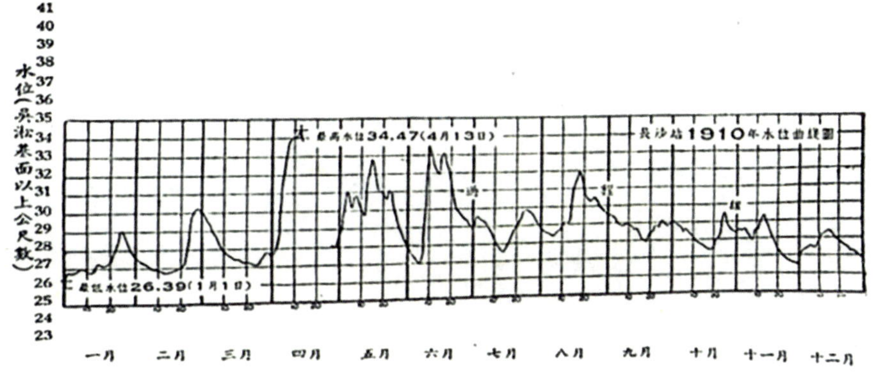

南京水利实验处整编刊印的1910水文资料（2022年10月拍摄）

1951年1月，根据中央水利部颁发的《各级水文测站之名称及业务》，湖南省实行一等水文站领导全流域。湖南省水利局确定长沙等4处水文站为一等水文站，分别管理四水（湘资沅澧）流域的二、三等水文站和水位站、雨量站，其中湘潭等13站为二等水文站，道县等10站为三等水文站。

1954年3月，经中南水利局批准，湘潭水文站改为一等水文站，管理湘江流域的水文测站，长沙站改为水位站。根据水利部4月发出的关于调整水文测站气象观测项目的通知，全省大部分水文测站停止气象观测。

1955年4月，长沙站与省内河航运局管辖的长沙海关水位站合并，站址上迁

4460 米，位于长沙市湘江东岸五一轮渡码头下首，更名为长沙（二）水位站。

1956 年 4 月，湖南省水利厅恢复省水文总站。管辖一等水文站 5 处、二等水文站 28 处、三等水文站 42 处、水位站 44 处、合作雨量站 125 处。

1968 年 1 月，经湖南省水文总站报请水电部批准，全省水文站停止水温观测。长沙站水温观测停止。1970 年恢复水温观测。

1976 年 2 月，长沙中心水文站成立（长沙市水文局前身），长沙站归属其管理。1991 年，长沙中心站改设为长沙水文水资源勘测大队。2002 年，长沙水位站变更为长沙水文站。

1980 年，全省水文机构恢复垂直管理体制。长沙站归属湘水第二水文勘测队（队部设湘潭市）。

2009 年，长沙站增设了水质在线实时监测系统，每天 24 小时对湘江的 pH 值、水温、溶解氧、电导率、浊度、氨氮、高锰酸盐、重金属等 14 个参数进行自动监测。

2012 年，长沙水文站被水利部列为国家重要水文站。

湖南省水文总站 1944 年 9 月至 1945 年 4 月办公地——蓝山县毛俊镇何家山村（2004 年摄）

历年汛期，根据洪水过程及防汛需求在猴子石断面开展流量测验。2020 年，根据防汛需求，长沙水文站增加了母山流量测验断面。长沙水文站所在水文分区为全国水文区划第四区、湖南暴雨区第七区。

（二）断面迁移

1955 年 4 月 20 日，长沙水文站上迁 4460 米，位于河东五一码头，改为长沙（二）站，通过对比观测分析，迁站后水位比迁站前高约 30 厘米。

1970 年 1 月，因修建湘江大桥，长沙水位站再次上迁 2370 米，位于长沙天心区湘江中路158号，改为长沙（三）站。经对比观测分析，长沙（三）站比长沙（二）站水位高约12厘米。

（三）水情报汛变迁

民国二十二年（公元1933年），湖南正式开始报汛。扬委会呈准利用沿江各地电报局及无线电台免费发送水位报告，湖南长沙、岳阳等由湖南境内海关所辖水尺站将逐日记录发报至南京，即日送南京中央广播电台广播，并由扬子江防汛委员会预估长江干流洪水。

民国二十七年（公元1938年）5月，国民政府经济部规定抗日战争期间执行军事机密办法，气象、雨量、水位等项概用密件传达，一律不予披露，勿再广播公布。

民国二十八年（公元1939年）起，湖南大部分地区相继被日军侵占，水文情报工作被迫停止。

民国三十二年（公元1943年）3月，国民政府行政院颁发《水利法施行细则》，其中第53条规定："办理防汛机关于防汛期间，每日应将各重要站之水位、流量电报上级主管机关，洪水盛涨时，并应将水位、流量随时送往有关机关"。

民国三十五年（公元1946年）1月，国民政府行政院水利委员会重新颁发全国统一的《报汛办法》，向南京中央水利实验处报汛。规定水位、雨量、流量、冰凌拍报要求和电码形式，含长沙（水位）、城陵矶（水位）等在内的湖南8处报汛站于同年恢复报汛。民国三十七年（公元1948年）对上述8处报汛站规定均报水位、流量、雨量，报汛时间定为每年5—10月。

20世纪50—60年代，邮电通信是水情信息传递的主要手段。水情站观测员把观测到的水文数据按统一的水情专用发报电码编拟水情电报，用人工、电话或电台等方式将雨水情报文传送到当地邮电局，再按邮电部门的流程，报送到有关防汛和水文部门。根据水利部、邮电部汛期使用电信传递汛情的协议，长沙、衡阳等局24小时营业，方便了水情电报的发送。

20世纪70—80年代，湖南省水电厅建设了防汛专用通信网，水文无线通信利用防汛专用通信网传递水情，保证了防汛调度通信畅通，提高了水情信息传送的保证率。2005年，采用水文自动测报系统。

（四）水利工程影响

湘江长沙水利枢纽位于长沙（三）站下游26.6千米，2012年枢纽建成开始蓄水至24～26米，至2015年枯期蓄水至29米左右。建坝前长沙（三）站年最低水位一般在25～26米。2015年湘江长沙水利枢纽蓄水稳定后，长沙（三）站出现的最低水位为29米，发生在2015年2月11日。

（五）设施设备变迁

1. 站房

站房有2次迁移，第一次为1955年4月，站址上迁4460米，位于五一轮渡码头下首。第二次为1970年1月，站址再度上迁2370米，位于文津码头下首。2003年，长沙市人民政府和湖南省水利厅将长沙水文站纳入湘江风光带工程整体规划和设计，打造园林式水文站。

长沙水文站站房（2000年1月摄）

2. 水位

1908年海关水尺采用直立式，为英制刻度，人工观测水位。

1920年约翰·施怀雅拍摄的太古码头堆栈照片中，左侧太古码头毗邻长沙海关，正中白色格子部分为水尺。照片存于英国布里斯托大学。

1956年，长沙等5站安装模拟式自记水位计试用。模拟式自记水位计安装在修建于观测断面河岸边的水位自记台上，通过浮子悬垂系统感应水位，在记录纸上模拟画记录线，所记录的过程线通过人工摘录转换成数据。

2005年至今，长沙（三）水文站在湘江风光带工程建设后建成了站房、自记井、直立式水尺并投入使用，自记井内采用WFH-2型浮子式自记水位计。

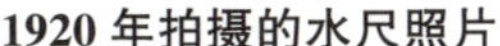

1920 年拍摄的水尺照片

长沙水文站站房（2022 年 8 月摄）

3. 流量

1946 年，采用水面浮标法测量流速，浮标系数采用经验值 0.85。1951 年 3 月，在全省率先开展流速仪法、浮标法、比降法“三法”同时测流，9 月推广到全省。2001 年，配备从事水文测验的机动船，测轮功率 300 马力。2005 年引进 ADCP。2015 年引进手持式电波流速仪，用于应急流量测验。

4. 降水量

1909 年使用英制雨量器（口径为 19.54 厘米）。

1952 年采用德制自记雨量计。1954 年使用口径 20 厘米带防风圈的“54 型标准雨量计”，器口高出地面 2 米。1958 年，水利部水文局明确黄河以南取消防风圈，雨量计器口距地面高度由 2 米改为 0.7 米。2005 年使用固态存储雨量计。人工观测设备为 20 厘米雨量器（20 厘米 JQR01）；降水量记录仪为 20 厘米翻斗式自记雨量器（JDZ05）。

5. 蒸发

1950 年 1 月采用口径为 122 厘米的蒸发器。1955 年改为口径为 80 厘米的套盆蒸发器。1963 年水利部水文局规定以 E-601 型蒸发器作为标准仪器。1988 年改用玻璃钢 E-601 型蒸发器。

6. 泥沙

长沙站早期的泥沙测验只施测悬移质测点含沙量，以测线各点平均含沙量或混合水样含沙量代表断面平均含沙量。采用绳索吊玻璃瓶或铁桶沉入水中取样。

1952 年起，开始以“精密法”和“主流一线法”分别施测悬移质输沙率和断面平均含沙量。1953—1954 年配置 1/1000 克天平和电烘箱。

7. 水质

2009 年，长沙站建成湖南省第一套水质在线实时监测系统，由采水单元、水样预处理单元、配水单元、在线监测仪器、辅助系统、控制和数据管理系统等部分组成，全天候对湘江的 pH 值、水温、溶解氧、电导率、浊度、氨氮、高锰酸盐、重金属（铅、镉、锌、铜）、叶绿素 a、蓝绿藻等 14 个参数进行自动监测。

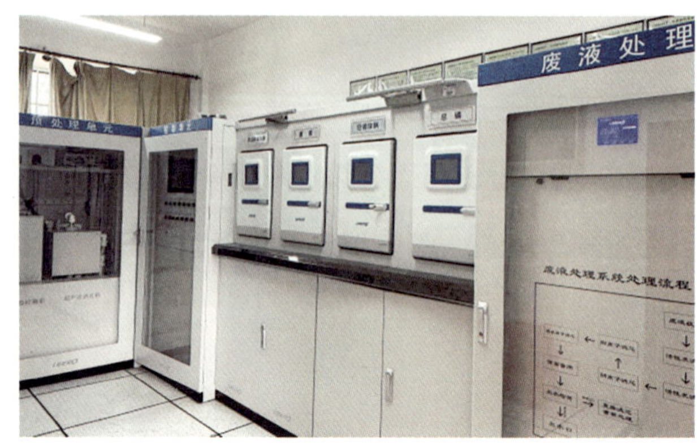

长沙站水质在线实时监测系统（2023 年 8 月摄）

8. 气象

1951 年 1 月，长沙水文站兼测气象观测项目，至 1956 年湖南省贯彻《水文测站暂行规范》，取消了与气象部门重复的气象观测项目，气象观测就此停止。

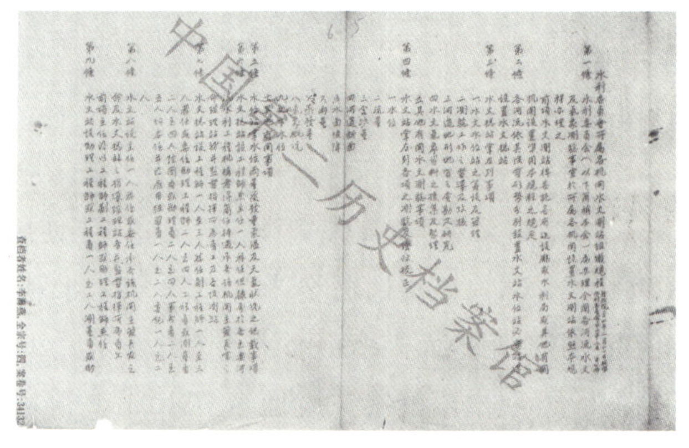
1948 年《水利部所属各机关水文站所组织规程》对水文气象项目事宜等相关要求

9. 高程系统

早期采用“旧吴淞高程”，视为假定基面。采用 1950—1953 年水准成果，以汨罗磊石山旧吴淞高程为起点推算洞庭湖区各级水准点高程，湖南境内大部分水文（位）站先后使用，后称其为“平差前吴淞高程”。

1956 年，湖南地区精密水准观测资料参加长江流域和东南 17 省整体平差，成果即为“平差后吴淞高程”。

根据水利部水文局 1956 年 1 月 31 日《为及时刊布 1955 年以前水位资料不受所采用高程系统限制的通知》，规定各水文测站水准基点和基面一律冻结，以维持实测水位值前后一致性，即为水文系统使用的“冻结基面”。

1987 年 5 月启用“1985 国家高程基准”，换算关系为：1985 国家高程基准＝1956 年黄海基面高程－0.029 米。自 1998 年起，长沙站基面关系为冻结基面水位—2.244 米＝1985 国家高程基准水位。

江河记忆：文津渡——跨越千年的渡口

文津渡，又名“朱张渡”，来源于著名的“朱张会讲”。南宋乾道三年（公元 1167 年），理学大师朱熹从福建崇安专程来潭州造访张栻。朱熹在长沙逗留了两个月，著名的“朱张会讲”由此展开。朱张对理学中的一系列问题，如“中和”“太极”等，分别在岳麓书院和城南书院轮流进行讨论。两书院仅一江之隔，朱张二人经常同舟往返于湘江之中，“朱张渡”由此得名。朱熹作诗记下了这次意义深远的交流活动：“偶泛长沙者，振衣湘山岑。烟云渺变化，宇宙穷高深。怀古壮士志，忧时君子心。寄言尘中客，莽苍谁能寻。”

从此，朱张渡成为岳麓书院学子往返于湘江的主要渡口。清嘉庆十七年（公元 1812 年），学政汤甫捐建朱张渡亭于水陆洲，岳麓书院袁名曜作记。咸丰十一年（公元 1861 年），学政胡瑞澜重修渡口，东曰“文津”，西曰“道岸”，皆朱子讲学时所名也。

三、水文特征

（一）气候特征

长沙地处湘江下游和长浏盆地西缘，位于湖南省东部偏北。长沙市地貌特点为山岗、平原交错分布，其中山地面积占总面积的 30.7%，丘陵占 19.3%，岗地占 28.6%，平原占 21.4%（其中含占总面积 4.1%的水面）。东部以山丘为主，连云山、大围山、九岭山等山脉呈东北—西南走向，岭谷相间，雁行排列，对寒流起阻滞作用，南来的暖湿气流易进难出。西部雪峰山余脉东伸。中部地势低平，湘江贯穿南北，形成宽阔的湘江谷地。

长沙水文站所在区域属亚热带季风气候，四季分明，气候温和，春夏气温多变，降雨相对集中，秋旱明显，暑热期长，严寒期短，无霜期 255～293 天，热源较富，年平均气温 16.8～17.3 摄氏度，适宜种植双季稻，发展三熟制。年降水量 1358.6～1552.5 毫米，全年雨日 151～ 165 天。雨季明显，3 月下旬—7 月上旬，降水量占全年降水量的 50%～60%，多出现洪涝灾害，7—8 月降水量最小，易发生干旱。正是这种气候因素影响，使长沙地区经常遭受自然灾害的影响。

（二）水文特征

湘江流经长沙市的常年径流量年均 692.50 亿立方米，全年可通航。

长沙站警戒水位 36.00 米（冻结基面，下同），保证水位 38.37 米。2012 年 1 月 1 日，实测历史最低水位 24.63 米，2017 年 7 月 3 日，实测历史最高水位 39.51 米。2019 年实测历史最大流量 2.39 万立方米每秒。根据相关设计成果，湘江长沙枢纽建成后，长沙站 200 年一遇水位为 40.66 米；100 年一遇水位 40.04 米；50 年一遇水位 39.57 米。长沙站多年平均水位 29.47 米，多年平均流量 2090 立方米每秒。

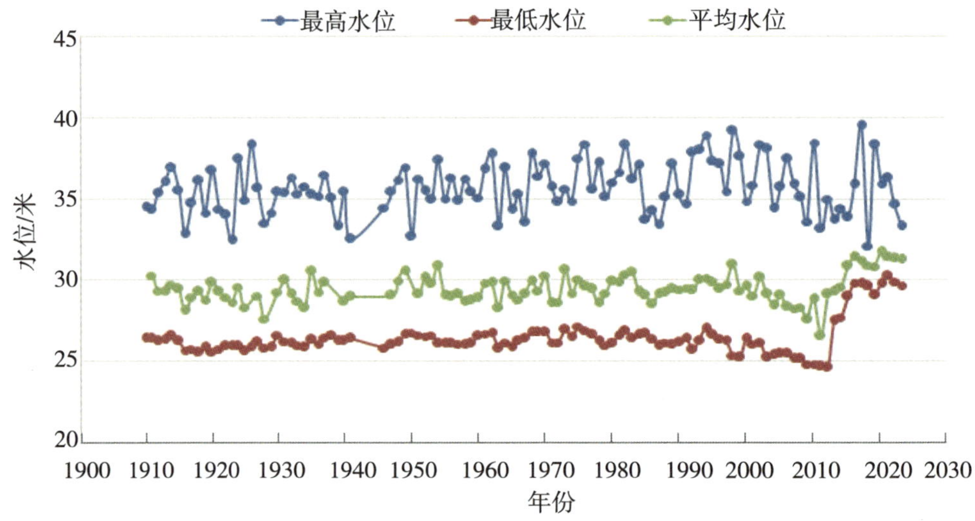

长沙水文站历年水位特征值演变图

（三）洪枯水留痕

湘江长沙站年最低水位一般在 12 月—次年 1 月，5 月随着梅雨季节的到来，雨水增加，水位也逐渐上升，一般在 5—7 月水位最高。因长沙站处于下游湘江枢纽回水影响范围，平水期受回水顶托，水位流量关系较为紊乱；洪水期，长沙站受洞庭湖湖水顶托，水位流量关系亦较为复杂。根据长沙站历年资料统计，年最高水位最早出现在 3 月，最迟出现在 11 月，以 5、6、7 月出现的概率最大。

长沙站历史年最高水位和年最低水位排序表

排序	最高水位/米	年份	最低水位/米	年份
1	39.51	2017	24.63	2012
2	39.18	1998	24.67	2011
3	38.91	1994	24.80	2009
4	38.89	1926	24.81	2010
5	38.46	2010	25.15	2007
6	38.38	2002	25.17	2008
7	38.37	1976	25.24	2003
8	38.35	1982	25.25	1999
9	38.35	2019	25.35	1998
10	38.10	2003	25.37	2004

注：水位观测断面迁移和水利枢纽运行对洪枯水位有一定影响。

1.2017 年洪水

2017 年 6 月 22 日—7 月 2 日，受强降雨影响，湘江干流全线超保证水位，长沙站洪峰水位 39.51 米，超历史最高水位（1998 年）0.33 米，洪水重现期为 100 年一遇。洞庭湖区 3471 千米一线防洪大堤全线超警戒水位，1/3 堤段超保证水位。湘江、资水、沅江洪水在洞庭湖形成恶劣组合，发生历史罕见的暴雨洪水。洞庭湖最大入、出湖流量分别达 8.15 万立方米每秒（7 月 1 日）、4.94 万立方米每秒（7 月 4 日），均为 1949 年以来最大值。

2.1998 年洪水

1998 年 6—7 月，资水下游、湘江中下游、澧水、沅江相继降大暴雨，其中 6 月 11—27 日的半月雨量超过历年平均雨量的一半。湘资沅澧四水及洞庭湖区相继发生特大洪水，并与长江八次洪峰相遇，形成 1954 年以来最大洪水。6 月 27 日 21 时湘江长沙站出现 39.18 米洪峰水位，超警戒水位 3.18 米，超历史最高水位 0.27 米。

3.1994 年洪水

1994 年，长沙经历 4 次暴雨洪水过程。4 月 24—25 日，湘江长沙段水位由 25 日 8 时的 32.61 米猛涨至 26 日 22 时的 37.16 米，造成橘子洲部分被淹，南区、西区部分房屋进水。6 月 12—18 日，湘江中上游普降暴雨和大暴雨，16 日起，长沙水位陡涨，19 日 7—19 时，水位维持在 38.91 米，长沙境内溃垸 22 个。8 月 9 日

3—7 时，水位 36.20 米。8 月 21 日 2 时，水位 36.27 米。这 4 次洪涝造成直接经济损失 10.77 亿元。

4.1926 年洪水

1926 年 6 月 26 起，长沙大雨倾盆，“不仅河水暴发，长沙城内半成泽国，而各县亦多被水封城。灾情之大，远过甲子①。邮电交通俱行断绝。火车口湘鄂株萍两路因大水冲毁铁桥或轨道，完全停驰，轮船……因大水溃堤，航行危险，已全行停班。”7 月 3 日，“长沙关水表已由 16 尺涨至 41 尺，计数日之间，陡涨 25 尺”（长沙站 7 月 3 日最高水位达 38.89 米），“汪洋澎湃，淹没半城”，“附城百里，均遭水患，田屋冲洗，老弱溺毙。”这都是对当时灾情的真实写照。浏阳“6 月下旬起，大雨连绵，造成水灾，至 7 月初，河水高出河面约七尺，县城东门外尽成汪洋。沙市、秧田一带，倒屋 300 余间，淹死 100 余人。毛公桥、燕舞、蒋家河、永安等处损失惨重。”

5.2010 年洪水

2010 年 6 月 23—24 日，湘江干支流水位全线超警。湘江支流涟水湘乡站出现洪峰水位 49.17 米，超过警戒水位 2.17 米，洪峰流量 4350 立方米每秒，洪量为历史最大，洪水重现期 50 年一遇。湘江支流涓水射埠站出现历史第二高洪峰水位 49.90 米，超过警戒水位 2.90 米，洪水重现期 30 年一遇。湘江支流渌水大西滩站出现超历史洪峰水位 54.50 米，超过警戒水位 5.00 米，洪水重现期为 20 年一遇。湘江长沙站 25 日洪峰水位达到 38.46 米，超过警戒水位 2.46 米。湘江衡山以下发生继 1998 年以来第二大洪水，湘潭以下出现超保证水位的洪水。

6.2002 年洪水

2002 年 4—9 月全省平均降雨量 1317 毫米，较历年均值偏多 42%，仅次于 1935 年有资料以来同期最大年份 1954 年的 1423 毫米，排历史同期第二位。受连续强降雨影响，湘江干流和各支流水位上涨较快，湘江干流老埠头、归阳、衡阳、衡山超警戒水位 0.7～3.4 米，株洲、湘潭长沙超防汛水位 0.55～1.99 米。长沙站最高水位为 38.38 米，超保证水位 0.01 米。

7.1976 年洪水

1976 年 7 月上、中旬，湘江中、上游连降大雨，水位急剧上涨，7 月 13 日，

① 此处甲子指 1924 年，洪灾也很严重，最高水位也出现在 7 月 3 日，为 38.01 米，比 1926 年要低。

长沙出现洪峰水位38.37米，是新中国成立以来最高的洪水位，持续时间8天。全市万亩堤垸苏蓼垸溃决，千亩堤垸溃决4个［湘洲、花果、高沙、联合（部分）］，淹没耕地2.16万亩，冲毁冲倒房屋8864间，135头牲畜死亡，早、中稻无收。7月14日，东城公社鱼尾洲穿土眼而溃决，洪水冲击苏蓼围北堤（间堤），致使该垸于14日22时半溃决。

8.1982年洪水

1982年6月中、下旬，湘江中、上游普降暴雨，加之洞庭湖水位上涨的顶托，造成湘江水势猛涨。6月19日长沙水位达38.35米。全市溃千亩堤垸的有花果、湘洲两垸，面积3700亩。7月15日前全部完成堵口覆堤任务。全部适时插上晚稻并获丰收。

9.2019年洪水

2019年汛期，全省先后发生14轮暴雨洪水过程，其中7轮过程超过7天。7月6—14日，降雨主要集中在湘江和资水上中游，全省累计降水量为162.9毫米。7月10日，长沙站实测有历史记录以来的最大流量，达2.39万立方米每秒，洪峰水位达38.35米。

10.干旱留痕

1950—2023年长沙市，多年平均降水量为1373.4毫米，最大年降水量为1984.4毫米（1969年），最小年降水量仅为898.9毫米（1963年）。

长沙站历年最大、最小降水量排序

排序	最大降水量/毫米	年份	最小降水量/毫米	年份
1	1984.4	1969	898.9	1963
2	1798.0	2012	979.2	1985
3	1760.5	2016	997.0	2007
4	1737.2	2002	1000.7	1986
5	1735.0	1997	1003.5	2003
6	1733.8	1954	1016.0	2011
7	1733.6	2010	1057.8	1978
8	1705.4	2015	1081.2	1964
9	1678.3	2017	1108.0	2009
10	1653.6	1998	1110.9	1988

自新中国成立以来，长沙市共出现干旱年28次，平均2.3年出现1次；其中，大旱年12次（1963年、1964年、1966年、1971年、1978年、1981年、1990年、2003年、2004年、2007年、2013年、2022年）；干旱16年（1956年、1957年、1958年、1959年、1962年、1972年、1974年、1977年、1982年、1983年、1984年、1985年、1986年、1991年、1992年、2001年）。统计分析表明，干旱具有明显的连续性：连续4年干旱的有1956—1959年；连续3年干旱的有1962—1964年、1983—1985年；连续2年干旱的有1971—1972年、1991—1992年、2003—2004年。

四、技术发展

（一）改造浮子式水位计

针对自记井浮子式水位计使用情况，长沙站对其进行了改造，主要针对自记井室内地面、墙面、内部照明、线路、空间的合理利用和水位数据更好展现等进行改造，统一体现浮子式水位计和长沙站自记井不同风格高度融合的特点。水位计显示终端可以上下左右进行调节，显示端可以显示本站点基本情况信息，可直接生成当前水位与警戒水位差异图、站点水位与降水量对比图等。

（二）升级水质监测系统

2017年12月对2009年的水质监测系统进行升级。水质自动监测站配置14个监测参数，包括pH值、溶解氧、水温、电导率、浊度、氨氮、高锰酸盐指数、总磷、重金属（铜、镉、铅、锌）、叶绿素a、蓝绿藻，其中总磷可扩充为六价铬、总锰、总镍、总铁和苯胺等多个参数，分析仪即可进行常规监测，也可以应对应急污染事故。一旦发生污染事故，可通过切换程序、更换模块和试剂，对污染物进行全面测试分析，确定污染因子，逐步实现信息采集自动化、传输网络化、管理数字化、决策科学化，为湘江断面饮水水质保护提供科技支撑。

（三）水利测雨雷达组网建设

着眼于精细化面雨量监测预报预警，针对近地面（2千米以下）大气液态水实现无盲区、精细化格点扫描和测量。测雨雷达与气象卫星相配合获取大范围天气信息，实现高分辨率面雨量监测和短临暴雨预警，与雨量站和水文站互相补充、相互支持、层层递进，共同组成雨水情监测预报的“三道防线”，为水旱灾害防御调度提供更有效的技术支撑。以长沙站为中心能全面覆盖长沙市的测雨监测网，极大提升预测预报预警能力。水利测雨雷达卫星应急通信试点建设可以解决水利测雨雷达在极端天气条件下的卫星应急通信。

位于浏阳的水利测雨雷达——蒿山雷达站（2022 年 7 月摄）

五、难忘岁月

（一）水文人见证毛主席畅游湘江

1956 年 5 月 20 日，毛泽东主席在长沙游湘江，湖南省水文总站奉命派长沙水文站职工刘修吾监测流速和水温。1959 年 6 月 22 日，湖南省水文总站再次奉命派马文伟为毛泽东主席 6 月 24 日游湘江监测流速和水温。

1. 意外得到幸运任务

刘修吾，1925 年 5 月出生于长沙市跳马乡。1950 年底，他参加湖南省水利局工作人员考试，以第一名的成绩被录取，分配到当时的长沙水文分站工作。刘修吾说："我当时的主要工作就是检测仪器、修配设备、设计土木实验室。1956 年，以我为主研制的'流速检定设备'投入使用，填补了这项技术的一个空白，得到了水利部的肯定。"

正是这项发明，让刘修吾得到了为毛主席畅游湘江进行水温测量的机会。事后，没能参与这次特殊任务的水文站主任笑着对他说："我革命十几年，还没见过毛主席，你刚参加工作就见到了他老人家，真幸运！"

说起这段往事，刘修吾老人仍掩饰不住兴奋之情：“1956 年 5 月 29 日，湖南省水利局办公室来了两位省公安厅工作人员，提出借用水利局的流速仪、水温表、秒表等设备。由于这些设备对技术操作要求很高，非专业人员无法正确使用。5 月 30 日清晨，省公安厅的一辆吉普车直奔水利局而来。来人找到水利厅厅长，要求派人配合重大接待工作。主任接到厅长指示后，立即指令我在最短时间内赶到单位‘执行重大任务’”。

“当时保密工作非常严，我和领导都不知道要去执行什么任务。没想到这样一个光荣而幸运的任务就这样突如其来地落到了我头上。”

2. 主席拍拍胸肩开始畅游

“早上 6 点多，我带着流速仪、秒表和水温表，乘着吉普车来到了猴子石上游的河堤。”刘修吾回忆道，“下车一看，江边停放着两艘轮船和两艘快艇。公安局局长带我登上一艘快艇，按照他的要求，我每隔二三十米便在水面测量流速和水温。大约过了 1 个小时，快艇到了江中心。正当我准备再次测量时，突然听到岸上有人喊：‘快回来，不要测了。’我们迅速返航。此时，我隐约听到远处飞机降落的声音。不久后，毛主席乘坐的汽车开了过来。”

刘修吾回忆道：“回到岸边，我被带到一艘轮船的底舱。舱内放着一些食品，是生活船。透过底舱的窗口，远远看见从岸上走来了一队人。我目瞪口呆——走在最前面的不正是毛主席吗！只见他大步流星地登上了另一艘接待船。”

“接待船与生活船大小差不多，船的周边挂上了帷幕，前甲板是个大平台，内设桌椅。毛主席进入接待船，与湖南省委的同志开会。正当我们屏息等待毛主席来生活船时，省公安厅一位领导过来告诉我们：‘毛主席今天休息，大家不要去打扰他老人家，不要呼口号，不要去握手，要对外保密……’”

“午餐后，我又被叫到快艇上测量水的流速。这么多年过去了，我依然清晰地记得，当时水域流速为 1 米每秒，水温为 19 摄氏度。这种流速和水温对于游泳者来说，是非常合适的。与此同时，毛主席乘坐的接待船和陪同的生活船起航，两艘相隔 30 米左右并行，而两艘快艇则一前一后护卫着，另外两只载着保卫人员和运动员的木筏也跟着前行。当船行至江中时，陪游的保卫人员和运动员先入水，只见接待船挂出一节舷梯伸入江中。毛主席身着游泳裤，从舷梯逐级而下。当水齐腰时，毛主席用手舀着河水拍拍胸和肩，然后全身投入水中。”

“毛主席以优美的游泳姿势，搏浪击水前进。毛主席的游泳姿势与别人不太一样，大多数时候是仰泳。那时是下午 3 时许，毛主席从猴子石河段出发，游到了橘子洲头西侧。那时橘子洲尚未修筑码头，大船不能靠岸。工作人员便让大船停在深水处，由快艇靠近岸边，从大船往快艇上搭跳板，再从快艇上搭跳板至岸边。”

3. 毛主席与社员聊家常

毛主席大概游了半个多小时，游到橘子洲头西侧时，工作人员早已将跳板搭好。毛主席披了件浴袍上了岸，与陪同人员一起朝橘子洲上走去。行至橘子洲中段，有十多名社员正在地里收包菜。当他们发现毛主席时，立刻跑过来，把毛主席团团围住，抢着和毛主席握手。

刘修吾深情地回忆道：“毛主席用他那慈祥而温暖的乡音与社员们打招呼，详细询问社员们的生产、生活情况。最后，毛主席问，‘这里还有些橘子树吗?’社员们抢着回答说，‘每户人家的屋边，还有些自留橘子树……’后来，毛主席站在菜地旁，与社员们合影。”

“毛主席继续东行，来到橘子洲东岸边的一户社员家里，社员从家里搬出了一个长条凳，请主席坐下。毛主席坐在长条凳上跟社员们聊起了家常。《毛泽东与顽童》就是在这时由随行女摄影师侯波抓拍下来的珍贵照片。”

与社员拉完家常后，原来停泊在西边的船只已经开到了橘子洲的东边，社员们目送毛主席上船，依依惜别，久久不肯离去。当船行至长沙市中山西路轮渡码头时，已是晚上 7 点多了，街道两旁的路灯都已经亮了起来。岸边已有 8 辆同色小轿车候在那里，毛主席一行人下船后乘车离去。

（二）非常时期保护水文资料

1938 年的“文夕大火”，长沙全城被毁十之八九，其中也包括水文职工胡菊圃的家。胡菊圃目睹过战争的残酷、百姓的困苦，这也为他日后拼命保护长沙站水文资料埋下了伏笔。抗战胜利后不久，国共内战爆发。胡菊圃当时正在躲避战争，在连自身都难保的情况下，他竭力保护水文资料和器具。他最先是将设备和资料放家里藏起来，但思虑再三，认为家里的土砖房并不安全，于是，在战火纷飞、食物都短缺的年代，他顶着上有老下有小的压力自掏腰包，在长岭租了一间砖混民房，把重要的水文资料和测量工具分批次运了过去，小心翼翼地把它们藏在里面，将这间小小的砖混民房塞得满满当当。

1949 年 8 月 5 日，湖南和平解放，水文的发展也就此迎来了新的曙光。胡菊圃主动提出要将水文资料和仪器工具上交，接待他的军代表亲自从胡菊圃的手里接过这批珍贵的资料和仪器，表达了深深的谢意。

胡菊圃的壮举，不仅保护了这些珍贵的水文资料，而且为新中国成立后长沙水文乃至湖南水文工作做出了重要贡献。

(三)“湘长 8201”的红色记忆

一代伟人毛泽东曾八次畅游湘江。其间，一艘“神秘座驾”曾全程护航过四次，毛泽东在那里会客、谈聊、休息、下江……印刻下颇多鲜为人知的珍贵痕迹。

这“神秘座驾”，便是长沙站这艘名为“湘长 8201”的船舶。

改造后的“湘长 8201”号公务船（2023 年 9 月摄）

湘长 8201 建造于 1951 年，船长 31 米，宽 6.28 米，吃水深 1.8 米。1956 年 5 月 30 日，这艘平平无奇的后勤船，迎来了改写命运的荣耀时刻。这天，在广州结束了调研工作的毛泽东回到长沙，打算去湘江畅游一番。上午 9 时，在湖南省委书记周小舟的陪同下，毛泽东登上了停泊于江边的 8201，他们在船上工作、用餐。中午 1 点，毛泽东更衣从猴子石下水，湘江击水之后，从牛头洲上岸。他身披一袭毛巾浴衣，一双赤脚，一路走访菜农、居民，潇洒至极。

1957 年 9 月 7—8 日，正值中秋佳节期间，毛泽东在湖南省委蓉园 1 号楼接见了时任省委负责人、长沙市委书记、常德地委书记等人，组织有关湖南农村工作的座谈。汇报至下午 4 点半，毛泽东毫无倦意，提出“去湘江拱一拱”。省里立马调来待命的“航海”轮拖带 8201 号船。毛泽东下水后，劈波斩浪，一直游到了水陆洲头，陪同他游泳的专业运动员都惊叹不已。8201 号船则一直跟随其后，护其安全。

入夜，毛泽东在船上和工作人员吃饭，四菜一汤，外加一盒月饼。常德地委书记见人多菜少，又恰逢中秋佳节，就进入厨房舱，建议再加一个菜。厨师回答："这是主席的用餐制度，不能违背啊！"一代伟人的俭朴风范，永励后人。

1959 年 6 月 24 日，毛泽东第六次来到湘江游泳，8201 号再次荣担重任。为方便主席休息，此时船上已改装了客房，并配上脸盆、洗手间等设施。湖南水文总站职工马文伟测量湘江水温和流速后，毛主席来到船边，还未等到下水，便被岸边群众认出，大家奔走相告。一时间，"毛主席好！""毛主席万岁！"的呼声响彻湘江两岸，毛主席直至游到江中，仍在向群众挥手致意。这段鱼水情深的宝贵历史，伴随着"8201"一起，永驻湘江河岸，6 月 24 日也因此被定为毛主席畅游湘江的纪念日。

2016 年，"8201"号通过了长沙市可移动文物的认定，2022 年，经湖南省水利厅、省水文中心、长沙市水文局的不懈努力，这艘锈迹斑斑的"老船"得以修缮，现归属于长沙水文站直接管理，这份宝贵的文物终得以重现光辉。

CHANG JIANG SHUIWEN

江河记忆：杜甫江阁——留下第一首"水文"古诗

杜甫江阁是为纪念唐朝诗人杜甫所建的园林仿古建筑，主阁高 32 米，共 7 层，建筑面积 4640 平方米，是湖南最大的仿唐木质结构建筑。

杜甫江阁位于湖南省长沙市河东城区西湖桥，地处湘江路中段和西湖路交界处的湘江风光带上。江阁东边与天心阁、贾谊故居、城南书院（今湖南第一师范学院）仅千米之隔，西边紧靠湘江、橘子洲，远眺岳麓山，形成长沙"一江两岸"的文脉带。

据史记载，唐大历三年（公元 768 年）秋，杜甫友韦之晋调潭州刺史，投之，待至而韦卒，甫以贫病之身客居长沙。初，甫寄舟中，泊南湖港。后移居湘边佃楼，自称"江阁"。

"诗圣"杜甫晚年在湖南两年多，曾在长沙湘江边的"江阁"寄居，留下诗作 50 余篇，包括著名的《江南逢李龟年》："岐王宅里寻常见，崔九堂前几度闻。正是江南好风景，落花时节又逢君。"还有点出"长沙"之名的《发潭州》"夜醉长沙酒，晓行湘水春。岸花飞送客，樯燕语留人……"

杜甫于公元 770 年在长沙写下了描写"水文气象"的五言律诗，即《江阁对雨有怀行营裴二端公》："南纪风涛壮，阴晴屡不分。野流行地日，江入度山云。层阁凭雷殷，长空水面文。雨来铜柱北，应洗伏波军。"大意是：南方的风波澜壮阔，阴晴交错常难分。田野的流水中太阳在大地上行走，江水好似流入高山的云。站在高阁上听雷声阵阵，看万里长空下江面荡起的水面波纹。大雨来到铜柱（即古代南北之界桩）以北，为伏波将军的队伍洗尘。

全诗从头到尾，描写了风、雨、雷、电、大地、太阳、高山、流水、水面波纹等水文气象元素。

拱宸桥水文站

——大运河水文化的窗口

拱宸桥水文站站房

京杭大运河全长 1794 千米，流经北京、天津、河北、山东、江苏、浙江六省市，沟通海河、黄河、淮河、长江、钱塘江五大水系。京杭大运河杭州段全长约 39 千米，北起余杭塘栖，南至钱塘江，贯穿杭州的中心城区。

拱宸桥水文站位于浙江省杭州市拱墅区桥西直街 21 号，是京杭大运河最南端（东经 120°08′02″，北纬 30°19′09″）。因始建于明崇祯四年（公元 1631 年）、杭州最高最长的石拱桥——拱宸桥而得名。测站最早设立于民国九年（公元 1920 年），守望京杭大运河已有一百多年。

拱宸桥水文站监测设施设备完备，监测要素齐全，包括降水量、水位、流量、水温、地下水位、水质等项目，是国家基本水文站和重要的城市水文站。以站展结合形式打造的杭州水文水资源科普展厅是弘扬和传播水知识和水文文化的重要窗口，入选水利部第四届水工程与水文化有机融合案例。

一、河段概况

（一）运河水系

拱宸桥水文站所在的运河水系处于杭嘉湖东部平原河网，属长江流域太湖水系。区域面积 7500 平方千米，涉及浙江省和江苏省，其中浙江省境内 6367 平方千米。河网范围：西以苕溪右岸大堤为界，北以太湖南岸、太浦河右岸为界，东以上海市与浙江省界为界，南以钱塘江为界。共编入平原河流 160 条，河流总长度 2358 千米。流域内水流总趋势为向北流入太湖，向东汇入黄浦江，“南排工程”兴建后，有部分水量可经由南排工程各排水闸入钱塘江。主要河流：东北向的河流主要包括运河、澜溪塘、頔塘、北横塘、南横塘、双林塘、练市塘等；东接黄浦江的河流主

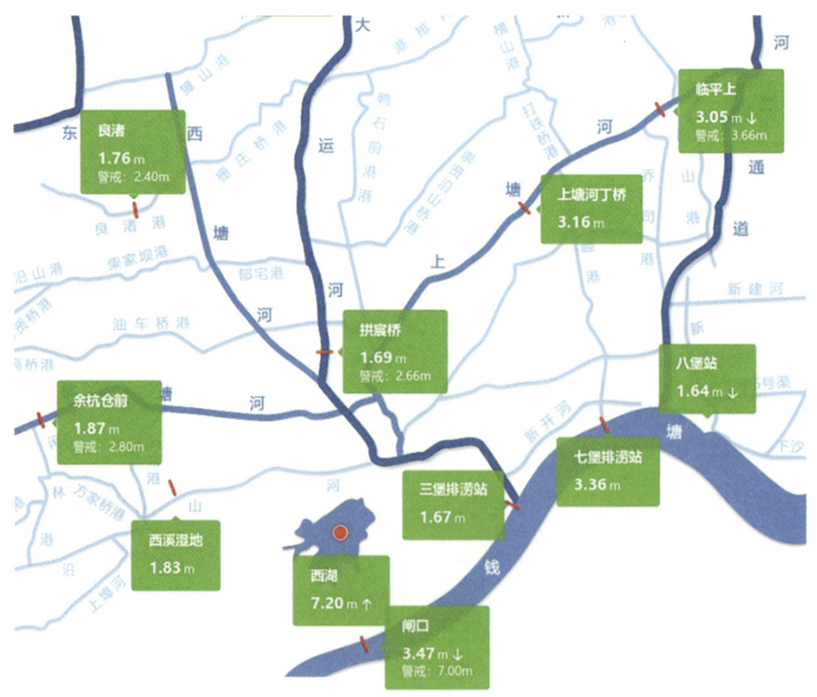

运河水系图

要有俞汇塘、红旗塘、三店塘、平湖塘、上海塘、广陈塘等；南排入钱塘江的河流主要有上塘河、长山河、盐官下河、海盐塘、独山干河等；北接太湖的河流俗称“溇港”，主要有大钱港、罗溇港、幻溇港、濮溇港、汤溇港等。

（二）运河杭嘉湖区域段

运河杭嘉湖区域段，南起始端在杭州市上城区四季青街道三堡船闸，与钱塘江相通；河流总趋势为南北向，先北流折向西流，南岸坝子桥与东河连通，北岸映月桥与上塘河连通，续西流再折北流经富义仓、拱宸桥、广济桥，至余杭塘栖河道折向东北流，北结束端至桐乡市乌镇镇虹桥村，与澜溪塘连接；河流长度 83 千米，是水运骨干航道，其中杭州市境内河流长度 56 千米。此外，“京杭古运河航道”经余杭塘栖、杭州塘、苏州塘进入江苏省境。

（三）水文测验河段

大运河杭州段是江南水运要道，完善的运河水利与航运体系带来了兴旺的商贸，为“钱塘自古繁华”提供了强大的物质基础和经济保障，同时，杭州段也是沟通浙东运河、钱塘江和外海的重要水运枢纽，在此背景下拱宸桥水文站应运而生。

拱宸桥水文站的测验河段顺直，两岸为石砌岸，水流平稳，由南往北为顺流，河床由淤泥组成，平均水深 2～3 米。京杭运河南端建有三堡泵站，平时引钱塘江水入运河，洪水期则向钱塘江排涝，测验河段水位受三堡泵站引排水影响较大。引水期间会携带大量泥沙进入运河。

二、测站探源

（一）测站变迁

根据浙江省水利年鉴考证，民国九年（公元 1920 年），杭州海关出于对运河航运的需要，设立拱宸桥水标站，通过人工观察运河水位变化，适时开启、关闭水闸，控制运河水位，为运河航运提供支撑；1929 年 4 月由国民政府浙江省水利局接管，更名为拱宸桥水位站。

根据浙江省水文测站考证（杭州市）记载，拱宸桥水位站于 1934 年 2 月更名为拱宸桥水文站，增加了流量及含沙量等项目监测。1936—1946 年因抗日战争停测，1946 年 7 月由前浙江省水文总站恢复水位、流量测验，1947 年增加降水量观测，1948 年 1 月恢复含沙量监测，1949 年 2 月含沙量停测。

1952 年 1—4 月测站停测，5 月恢复。1953 年体制改革，领导机构变更为杭州市水文总站，1956 年收回，由原浙江省水文总站领导。1958—1980 年，管理体制又经过两上两下，到 1995 年再度下放，至今由杭州市林业水利局领导。

拱宸桥水文站水文监测项目为水位、流量（属于杭嘉湖水文巡测项目）、降水、水温及水质。测站水文监测环境保护区范围为：断面沿运河纵向上、下游各 500 米，沿运河横向监测设施构筑物外 20 米，降雨、蒸发观测场所以外周围 30 米。

拱宸桥水文站历史上还曾有过水位、流量、降水量、含沙量、蒸发量、气温、相对湿度、气压、风力、风向、云量、日照、能见度、水温、水质等测验项目。长系列资料中，水位自 1920 年观测至今，除 1937—1946 年中断，累计观测 93 年；降水量自 1947 年观测至今，累计观测 76 年。

20 世纪 70 年代拱宸桥水文站站房

2009 年改造后的站房

拱宸桥水文站历史洪痕展示区

拱宸桥水文站观测要素变化

观测要素	开始观测时间	观测目的及变更说明
水位	1920 年	收集运河水位信息。因战争于 1937 年 12 月停测，1946 年 7 月恢复观测；1952 年 1—4 月停测，5 月恢复观测

续表

观测要素	开始观测时间	观测目的及变更说明
流量	1934 年 2 月	收集运河流量资料。因战争于 1936 年停测，1946 年 7 月恢复；1952 年 1—4 月停测，5 月恢复观测
含沙量	1934 年 2 月	1936 年停测，1948 年 1 月恢复，1949 年 2 月停测
降水量	1947 年	收集运河雨量资料。1955 年停测，1980 年恢复观测
蒸发量	1952 年 5 月	1956 年停测
气温	1952 年 5 月	1954 年 1 月停测
相对湿度	1952 年 5 月	1954 年 1 月停测
气压	1952 年 5 月	1954 年 1 月停测
风力	1952 年 5 月	1954 年 1 月停测
风向	1952 年 5 月	1954 年 1 月停测
云量	1952 年 5 月	1954 年 1 月停测
日照	1952 年 5 月	1954 年 1 月停测
能见度	1952 年 5 月	1954 年 1 月停测
水温	1989 年	收集运河水温资料。1990 年停测，1992 年恢复观测
水质	1978 年	收集运河水质资料

(二) 设施设备变迁

1. 测验断面迁移

拱宸桥水文站设有基本水尺断面，兼作测流断面，现位于京杭运河杭州段拱宸桥南 140 米。20 世纪 50 年代曾设比降上断面和比降下断面。

基本水尺断面建站以来共经历 5 次迁移，均在拱宸桥上下游间变动，主要集中在 20 世纪 50、60 年代，距离现断面最远在下游约 700 米处。20 世纪 70 年代后迁至现断面。2005 年，根据《杭州市水文事业发展规划》，结合运河边桥西历史街区保护与改造，2008 年短暂迁移至现断面上游约 100 米处，2009 年 4 月建成面积 230 平方米的符合桥西历史街区风貌的站房（含水位台），迁回观测至今。

2. 高程系统变化

根据测站考证，拱宸桥水文站水位观测资料原采用的水准绝对基面均为“吴淞基面”。自 2003 年起，水位观测资料采用的水准绝对基面为“1985 国家高程基准”，测站基面（冻结基面）与绝对基面换算关系为测站基面＋0.078 米＝吴淞基面以上高程；测站基面高程－1.763 米＝1985 国家高程基准以上高程。吴淞基面与 1985 国家高程换算关系为吴淞基面－1.841 米＝1985 国家高程。

3. 水位

根据《浙江省水利局年刊》（民国十八年）记载：1920—1929 年水尺采用英制读数；1929 年拱宸桥站由前浙江省水利局接管，分为原“海关水标（尺）”和新设的“水利局水标（尺）”；当年中华民国进行了统一度量衡的工作，开始采用标准制（公制）。其中海关水标（尺）高程“以就地为零点（BEZOGEN AUF ORTLICH NULL）”；水利局水标（尺）高程为“水标零点高于吴淞零点 1.57 公尺”，该数值由原浙江省水利局“经用精密水准联络浚浦局吴淞水准零点”测得。

拱宸桥水文站采用岸式水位台、直立式搪瓷水尺观测水位，设有浮子式水位计、雷达式水位计，均位于基本水尺断面左岸。

（1）水尺

20 世纪 80 年代，采用直立式搪瓷尺杉木靠桩水尺。

（2）浮子式自记水位计

浮子式自记水位计位于站房内，为 1 台 SW40 型纸介质模拟自记水位计；20 世纪 90 年代增设 1 台 WHF-2 型格雷码自记水位计，通过 RS232 串行端口将水位数据传输至遥测终端向浙江省水文通信平台发送。2009 年桥西历史街区整体改造完成后回迁安装于现址。

（3）雷达水位计

雷达水位计型号为航征 HZ-RLS-26L，2020 年结合浙江省水文防汛“5＋1”工程建设，确保浮子式水位计发生故障时水位数据发送至浙江省水文通信平台。

水尺

纸介质模拟水位计

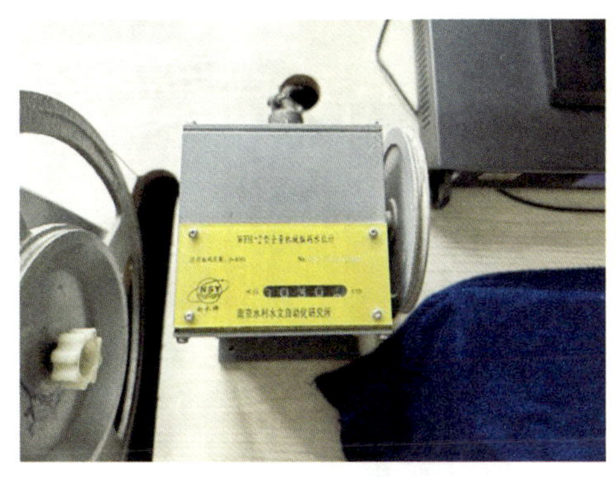
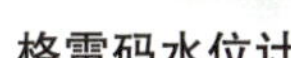

格雷码水位计

雷达水位计

4. 降水量

1947 年增加降水量观测项目。20 世纪 50 年代先后以福海里站房前右侧空地、拱宸桥北左岸农科所测候场作为观测设施，1951 年底至次年 4 月短暂停测，1954 年起又停测，1981 年恢复观测至今。2009 年建成 6 米×6 米的标准降水量观测场，位于站房南侧约 50 米。

拱宸桥水文站观测设备最初采用美式 8 英寸（20.32 厘米）口径标准雨量器，1953 年后改为 20 厘米口径雨量器。现降水量设备为 1 套 20 厘米口径 JQR01 型人工雨量器，采用 1 段制观测；2 套 20 厘米口径 JDZ05-1 型翻斗式自记雨量计，以 5 分钟为间隔远程发送至浙江省水文通信平台，一主一备。2009 年桥西历史街区整体改造完成，回迁安装于现址。

5. 流量

1934 年无固定测验设施。1951 年采用流速仪 1 点法（0.6 水深处）施测流量，1952 年采用流速仪断面索施测。20 世纪 80 年代后杭嘉湖水文巡测工作恢复后有巡回测验，但不属于国家基本水文测站观测项目，无固定测验设施。

2015 年引进自动测流设备，设立固定安装平台，现平台位于水位台外侧，为一向河心延伸约 3 米的栈桥，用于安装水平式 ADCP。

降水量观测场

H-ADCP 检查与维护

6. 水温

1989 年采用人工水温计。2019 年安装 HR6100 型河道水温自动监测器与人工观测数据进行比对，设备监测精度为 0.1 摄氏度，频次为 5 分钟一次，传感器安装在浮球上，底部入水深 0.5 米，随水位涨落浮动。2021 年增设一套作为备份，2022 年全面转为自动测量并采用遥测数据整编。

水温在线监测装备

三、水文特性

（一）降水量特征值

拱宸桥站多年平均降水量 1434.1 毫米，以 6 月降水量为最大，达 242.9 毫米，12 月最小，为 54.5 毫米。

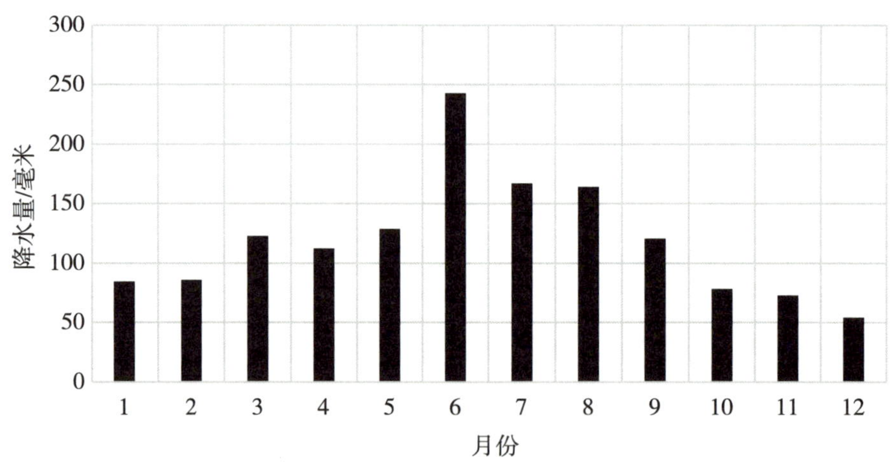

拱宸桥站多年月平均降水量分布图

拱宸桥站 1 小时、3 小时、6 小时、12 小时、24 小时、3 天、7 天最大降水量均发生在 2013 年 6 月 24 日和 10 月 6 日。其中，3 小时、6 小时的时段降水量超过了 100 年一遇暴雨值；1 小时、12 小时、24 小时、3 天的时段降水量超过了 50 年一遇暴雨值；7 天的时段降水量超过了 20 年一遇暴雨值。

拱宸桥降水量频率分析

时段	不同频率降水量/毫米					历史最大值	
	1%	2%	5%	10%	20%	降水量/毫米	发生日期
1 小时	103.7	92.3	76.9	65	52.5	93.5	2013 年 6 月 24 日
3 小时	146	129.8	108	91.3	74.3	150	2013 年 6 月 24 日
6 小时	158.4	142.9	121.8	105.2	87.8	160.5	2013 年 6 月 24 日
12 小时	200.7	180.8	153.8	132.6	110.2	191.5	2013 年 10 月 7 日
24 小时	302.3	266.9	219.6	183.1	145.7	269	2013 年 10 月 6 日
3 天	382.5	339.1	280.8	235.6	188.8	340.5	2013 年 10 月 6 日
7 天	433.6	392.9	337.4	293.4	246.6	343	2013 年 10 月 5 日

(二) 水位特征值

杭州拱宸桥站防洪特征水位为：警戒水位 2.66 米，保证水位为 3.16 米。实测最高水位为 3.81 米（1999 年 7 月 1 日），实测最低水位为 0.10 米（1978 年 9 月 8 日）。

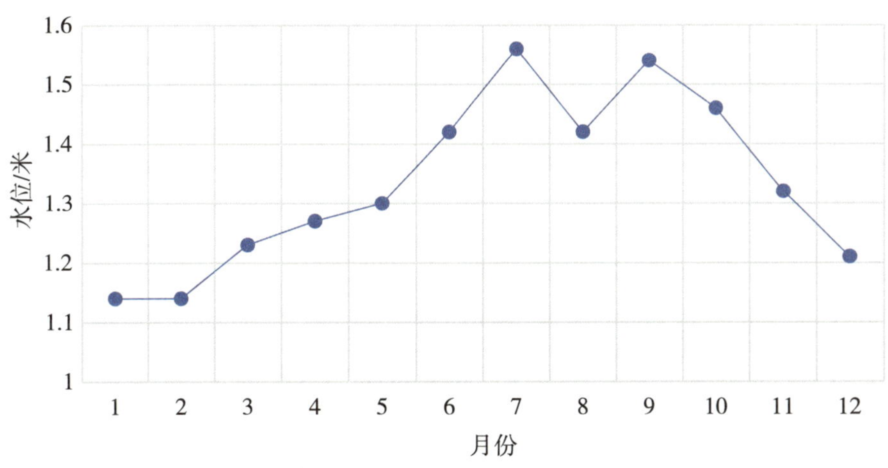

拱宸桥多年月平均水位过程线图

拱宸桥站水位重现期统计

站名	不同重现期水位/米				
	5 年	10 年	20 年	50 年	100 年
拱宸桥	2.99	3.29	3.54	3.85	4.06

拱宸桥站保证率水位统计

站名	不同保证率水位/米				
	50%	75%	80%	90%	95%
拱宸桥	1.36	1.17	1.12	1.00	0.91

（三）水温特征值

拱宸桥站多年平均水温为19.3摄氏度，最高水温35.8摄氏度（2001年7月30日），最低水温为4.2摄氏度（1993年1月18日；2013年1月3日）。

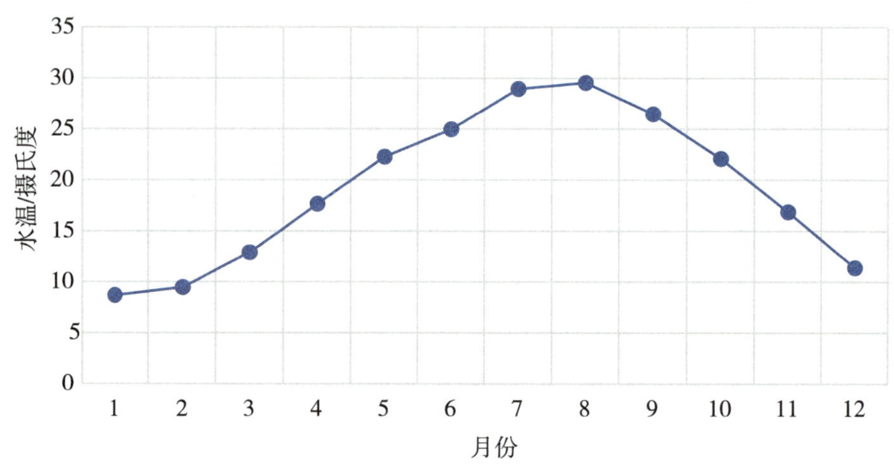

拱宸桥多年月平均水温过程线图

（四）水质评价

1978年拱宸桥站为运河流域水质监测代表站之一，分析项目以天然水化学、部分有机污染、重金属等为主。2004年拱宸桥站列为重要水质站点。

20世纪80年代前，运河为Ⅲ类水质标准。20世纪80年代后，水体污染较严重，水质在Ⅳ～劣Ⅴ类波动。2014年开展“五水共治”（治污水、防洪水、排涝水、保供水、抓节水）行动，水质得到改善，在Ⅲ～Ⅳ类波动，满足景观用水的水质要求，周边群众和游客对运河的观感显著提高。

（五）历史洪水

拱宸桥水文站的洪水主要以梅雨型洪水为主，其次途经杭州城区的台风也会产生较大影响，历史前十的最高洪水位中7次为梅雨型洪水，3次为台风雨型洪水。2015年随着“南排工程”的建成启用，拱宸桥水文站洪水期间的水位有了明显的下降。

拱宸桥水文站历史最高洪水位排位

排序	最高洪水位/米	出现日期	说明
1	3.81	1999 年 7 月 1 日	
2	3.64	2013 年 10 月 8 日	23 号台风
3	3.51	1996 年 7 月 2 日	
4	3.46	2001 年 6 月 27 日	
5	3.43	1963 年 9 月 17 日	12 号台风
6	3.39	1984 年 6 月 16 日	
7	3.35	1983 年 7 月 7 日	
8	3.29	1954 年 6 月 30 日	
9	3.26	2007 年 10 月 8 日	16 号台风
10	3.18	1995 年 7 月 7 日	

1.1999 年梅雨洪水

1999 年，杭州市发生大范围长历时梅雨，拱宸桥水文站梅雨量 703.1 毫米（6 月 7 日—7 月 18 日），其中 6 月 23 日—7 月 1 日连续 9 日降水量达 369.1 毫米，加上前期降水较多，土壤基本饱和，拱宸桥水文站发生有记录以来最大历史洪水，最高洪水位达 3.81 米，水位长时间居高不下，造成严重的内涝，直至 7 月 10 日才退至警戒水位以下。

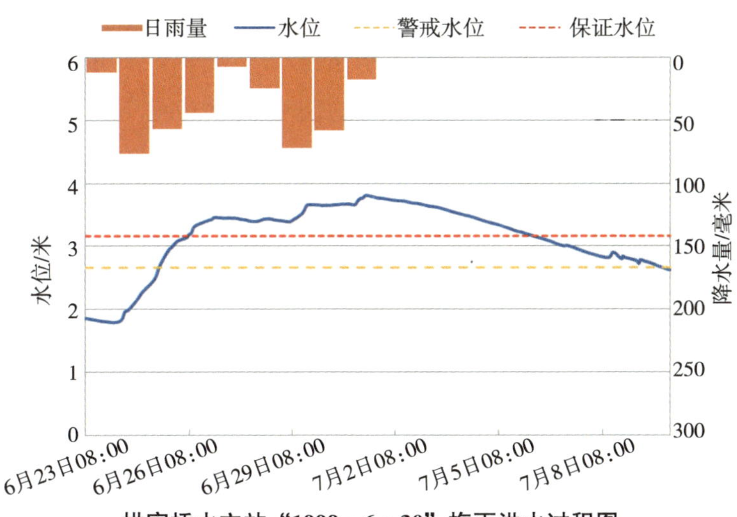

拱宸桥水文站“1999·6·30”梅雨洪水过程图

2.2013 年台风洪水

2013 年 10 月初，第 23 号台风“菲特”途经杭州，与南下的北方弱冷空气相遇，造成全市普降大到暴雨，局部特大暴雨，主要河道水位暴涨。降水主要集中在 10 月 6—8 日，拱宸桥水文站降水量 332.0 毫米，最高洪水位 3.64 米，为有记录以来第二高历史洪水位，是进入 21 世纪以来影响杭州城区最为严重的一次自然灾害。拱宸桥水文站 10 月 12 日水位退至警戒水位以下。

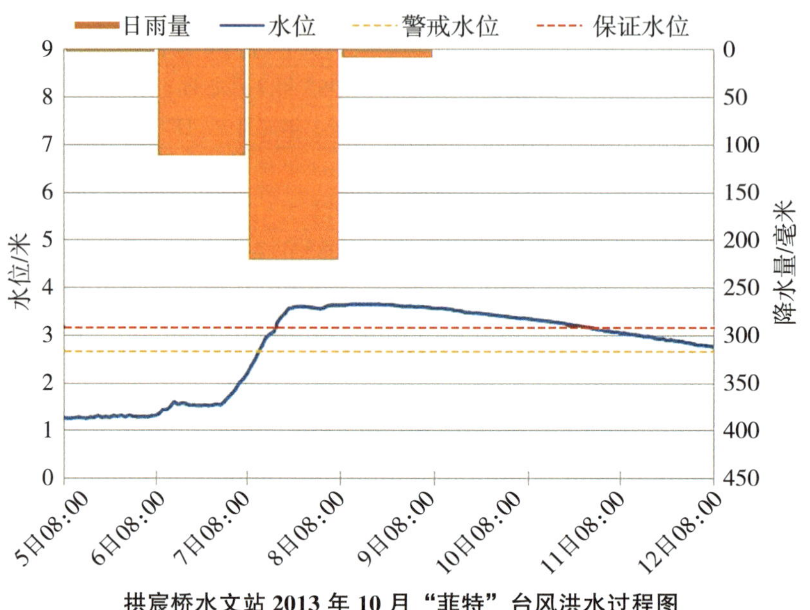

拱宸桥水文站 2013 年 10 月“菲特”台风洪水过程图

3.1996 年梅雨洪水

1996 年梅雨期长达 50 天（6 月 2 日—7 月 21 日），拱宸桥水文站降水量 649.9 毫米，其中 6 月 29 日—7 月 2 日 4 天降水量 272.3 毫米，日最大降水量 149.4 毫米，造成拱宸桥水文站有记录以来第三高的历史洪水位 3.51 米，市区积水严重，至 7 月 9 日才退至警戒水位以下。

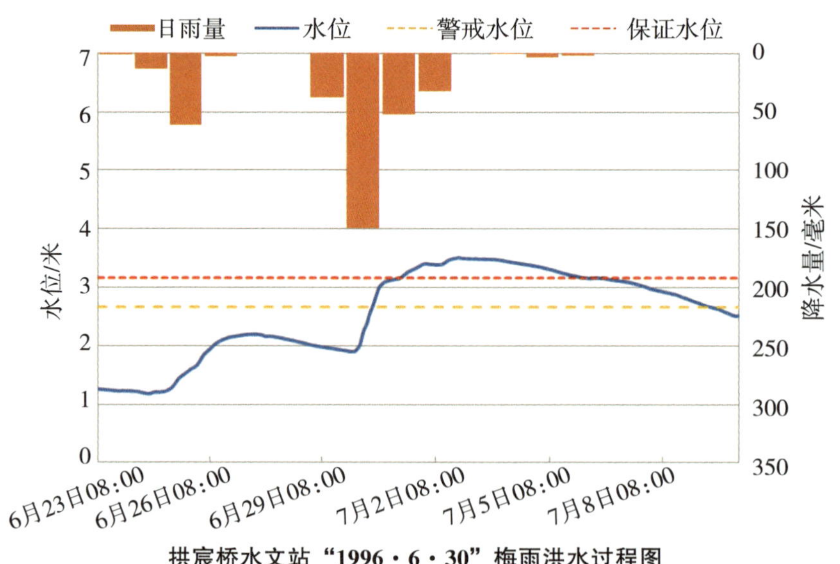

拱宸桥水文站“1996 · 6 · 30”梅雨洪水过程图

（六）水温变化

拱宸桥水文站多年（1992—2022 年）平均水温 19.3 摄氏度，多年（1992—2022 年）平均最高水温 32.5 摄氏度，多年（1992—2022 年）平均最低水温 6.5 摄氏度。1992—2022 年，最高水温为 35.8 摄氏度，发生在 2001 年 7 月 30 日。

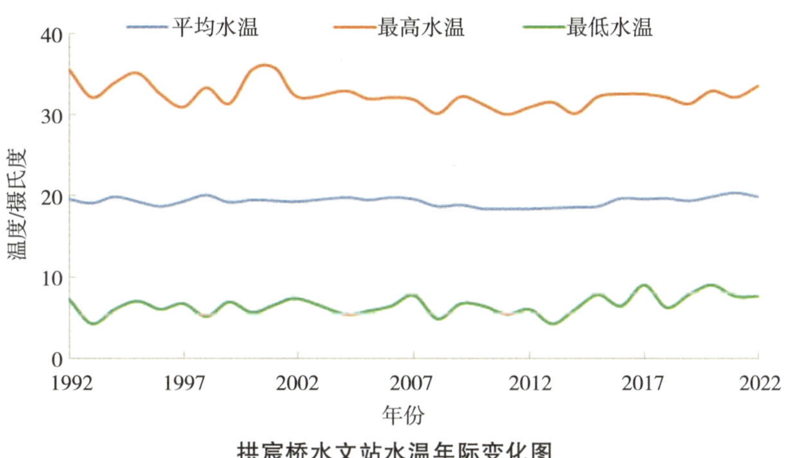

拱宸桥水文站水温年际变化图

四、技术发展

（一）水质自动在线监测系统

拱宸桥水质在线自动监测站最早建成于 2009 年，主要包含水质采样系统、多参数水质分析仪、氨氮分析模块和高锰酸盐指数分析模块，每 4 小时采集一组数据，监测项目有水温、pH 值、溶解氧、电导率、盐度、总溶解性固体、浊度、氨氮、高锰酸盐指数等 9 项参数。由专业的水质在线运维单位对测站开展日常运行维护。为保障测站的正常运行，其间经过 2 次设备更新升级，专人负责测站的日常运维。

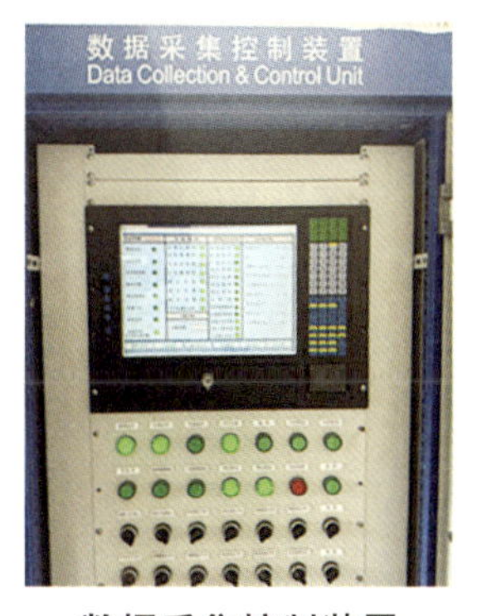

数据采集控制装置

高锰酸盐指数分析仪

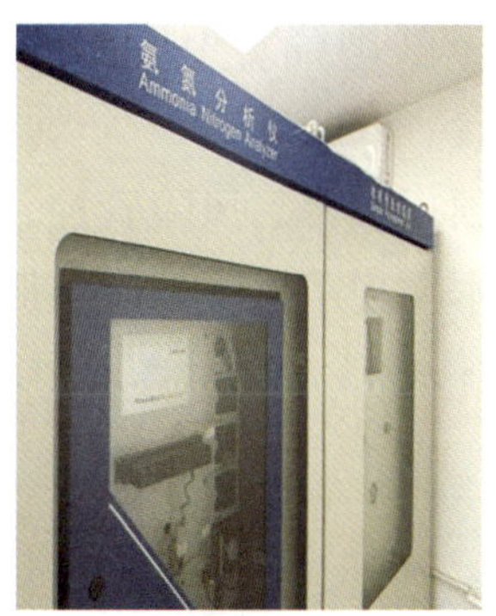
氨氮分析仪

（二）人工智能算法水位预报方法研究

2020 年，针对平原河网地区河道水位预报的不确定性特征，以京杭运河代表站拱宸桥站为例，提出一种基于支持向量机的平原河网水位过程实时在线预报方法。即利用神经网络、支持向量机等人工智能算法，建立多种基于人工智能的平原河网河道水位过程预报黑箱模型，并采用卡尔曼滤波方法对预测结果进行实时校正。利用实时监测新样本，提出动态建模方法，通过模型参数动态智能识别，实现了拱宸桥站水位过程人工智能在线滚动预报。

（三）流量自动在线监测方法研究

1. H-ADCP 方法

为开展杭嘉湖流域水文巡测工作、配合运河综合保护工程及探索研究平原河网地区流量测验技术，拱宸桥站 2005 年引进水平式声学多普勒流速剖面仪（H-ADCP）设备，开始进行流量在线自动监测。

2. 国产 ADCP 方法

2019 年，作为水利部水文测报新技术研发推广项目——基于定点式 ADCP 的在线流量监测系统部分的试点测站，开展国产 ADCP 的比测工作并取得了一定成果。

3. 超声波时差法

拱宸桥站河段的航运量下降为其他对干扰因素较敏感但精度更高设备的运行创造了条件。现已开展超声波时差法流量计测验技术应用的前期调研工作，后续还将探索视频测流等高新技术的应用，以期达到全天候全范围全自动的流量监测。

（四）生产管理信息化

2018 年围绕“小切口、大场景”思路，通过整合历史、实时、未来多时空信息，耦合“人脑＋机脑”，通过不断提升、完善，于 2020 年构建了智能感知、动态分析、预报预警、风险管控、工程调度、智慧研判“六位一体”的数智防灾减灾平台，基本实现了水文全链条服务水利防灾减灾管理体系。

五、难忘岁月

一个站与一个人

谈及拱宸桥水文站的历史，就不得不提一个人，他就是拱宸桥水文站的老站长钟伟明。在钟伟明眼中，运河和拱宸桥是他年轻时的奋斗、中年时的坚守、退休后的寄托。自 1988 年起，时年 29 岁的钟伟明进入杭州市区拱宸桥水文站工作，从此开启了他一个人和一个站的坚守。作为站长，他每天都会到雨量场观测数据，这三十余平米的观测场仿若一个小天地，整齐摆放着 4 套水文测验设备，从人工测量到自动测报，有新有旧，见证着水文历史的发展，也记录着钟伟明 32 年来一丝不苟的工作态度。

过去，是人工观测雨量。下雨天，从早八点到晚八点，钟伟明每隔 3 小时要人工观测一次数据，并第一时间反馈给市水文站；即使是不下雨的日子，也要早晚各一次。特别是汛期，水文站里值起班来，往往是连轴转。

毫无疑问，工作是辛苦的，但同时又是非常有意义的。每天清晨，钟伟明推开窗户就是潺潺北流的大运河，推开后门就是古老的拱宸桥，沿着屋后的河埠头，走到小屋下的河堤，尽头就是水文站的监测断面。

钟伟明在观测降水量

或许这样的坚守看上去没有惊心动魄的故事，但若以时间为尺，横跨 30 余年的坚守也足以打动人心。30 多年来，所有关于拱宸桥水文站的记忆都在他的脑海里。运河综合保护整治，水文工作融入城市建设；桥西历史文化街区改造，民众对水文化知识需求增长，水文站建设科普展厅；拱宸桥水文站设立 100 周年，杭州率先发起倡议，创建“京杭”大运河百年水文联盟”……在钟伟明看来，水文工作日益为社会所了解，日益融入经济社会发展，并在其中发挥着越来越重要的作用。

六、文化建设

2013 年，杭州水文水资源科普展厅在拱宸桥水文站建成，百年老站肩负起对外科普水文水利科学知识，挖掘和弘扬水文文化，展现水文精神的新使命。

展厅围绕水文行业元素、杭州城市符号、历史文化氛围、水文联盟展示四大板块，综合运用声、光、电、多媒体等科技手段，通过电子翻书、多媒体沙盘、视频播放、科学实验台、橱窗展示、图片展板等特色载体，科普水文文化、水资源保护、水环境治理及防治水旱灾害等知识，致力于打造集水文化宣传、水文概念宣导、水资源介绍、水知识普及、水法制教育等功能于一体的综合宣传阵地。

铅鱼精神展示

展厅正中横卧水文“重器”，周身铸铅形似游鱼，这是水文行业里最基础的测验设备——铅鱼。杭州水文总结出水文人的“铅鱼精神”，即默默无闻化身中流砥柱、披风斩雨方显担当作为、团结协作彼此共同进退的精神。铅鱼精神在展厅中通过图文形式被展示出来，结合杭州水文故事，市民游客可以更直观地了解水文工作的重要性和水文人的奉献精神。展厅先后被授予“杭州市青少年科普教育基地”和

“水资源科普教育基地”等。

拱宸桥水文站强化与当地青少年社会实践基地、拱墅区科普教育基地合作，共同开展“我是小小讲解员”中小学生社会实践、“珍惜水资源 爱护每滴水——点亮科学梦想”等主题科普活动，指导培养学生讲解员和科普小能手，推动科普力量“接力棒”的代际传递。2020 年，由杭州市发起的“京杭大运河百年水文联盟”成立大会在拱宸桥水文站成功举办。

杭州水文水资源科普展厅

高校学生参观拱宸桥展厅

在桥西历史文化街区，有中国伞博物馆、中国扇博物馆、中国刀剪剑博物馆和中国京杭大运河博物馆。四大博物馆展厅环绕运河，形成独特的杭州博物馆文化。拱宸桥水文站通过与中国京杭大运河博物馆、拱宸书院等共结文化联盟，每年开展文化沙龙、科普讲座、主题展览等活动，完美融入博物馆历史文化展示圈。

CHANG JIANG SHUIWEN

江河记忆：京杭大运河百年水文联盟

2020年11月29日，适逢杭州拱宸桥水文站建站百年之际，浙江省水文管理中心、杭州市林水局联合运河沿线北京、天津、河北、山东、江苏、浙江等6省（直辖市）水文部门，共同发起创建"京杭大运河百年水文联盟"活动，现场发布了《京杭大运河百年水文联盟杭州宣言》，联盟坚持以共同保护、共同传承、共同利用为宗旨，建立共识共保机制，弘扬新时代水文精神，努力使百年老站成为展示大运河文化带建设的重要窗口。活动期间，举办了百年水文论坛，专家学者围绕水文"十四五"规划、水文与城市、运河水文化、水文新基建等方面作了专题报告。

京杭大运河留下了包括运河河道、船闸、码头等水利工程设施，以及沿岸的古建筑、古遗址等，如杭州的拱宸桥、扬州的东关街等物质遗产；留下了漕运制度、河政管理制度等，在保障运河的畅通和运营中发挥了重要作用，也反映了当时的社会管理和政治经济体制；众多文人墨客留下了大量诗词、绘画、小说等作品，涵盖文学、艺术、民俗等方面，如白居易的"汴水流，泗水流，流到瓜洲古渡头"，以及运河沿岸春节期间的庙会、龙舟赛等独具特色民俗风情。

京杭大运河见证了多个朝代的兴衰变迁，为研究中国古代历史、政治、经济、文化等提供了丰富的实物资料，促进了南北方的经济交流和贸易发展，带动了沿线城市和乡村的繁荣。

CHANG JIANG SHUIWEN

江河记忆：京杭大运河

京杭大运河，是世界上最长、规模最大的人工运河，也是最古老的运河之一。始凿于公元前5世纪（春秋战国时期开挖邗沟），后经7世纪（隋朝）和13世纪（元朝）两次大规模扩展，利用天然河道加以疏浚修凿连接而成。运河对中国南北地区之间的经济、文化发展与交流，特别是对沿线地区工农业经济的发展，发挥了巨大作用。

大运河北起北京，南到杭州，途经今河北、山东、江苏、浙江四省及北京、天津两市，沟通海河、黄河、淮河、长江、钱塘江五大水系，全长约1794千米。全程分为通惠河（北京市区—市郊通州段）、北运河（通州—天津段）、南运河（天津—山东临清段）、鲁运河（临清—台儿庄段）、中运河（台儿庄—淮安段）、里运河（淮安—扬州段，古称邗沟）和江南运河（镇江—杭州段）七段，是历代漕运要道，对南北经济和文化交流曾发挥重大作用。

为保证京杭大运河航运畅通，沿途设立了济宁、枣庄、徐州、宿迁、淮安、扬州、镇江、常州、无锡、苏州、杭州等18座船闸，设立了通州、济宁、徐州、邳州、淮阴、淮安、宝应、高邮、扬州、镇江、常州、无锡、苏州、吴江、杭州等15座港口和码头，以及设立了通州、九宣闸、筐儿港、捷地、四女寺闸、临清、滩上集、磘湾、泗阳闸、宝应、高邮、扬州、镇江、苏州、拱宸桥等15座水文测站。

19世纪（清中叶）以后，因黄河改道、南北海运兴起、津浦铁路通车等原因，其作用逐渐减弱。2002年，大运河被纳入南水北调东线工程，2014年6月22日，第38届世界遗产大会宣布，中国大运河项目成功入选《世界文化遗产名录》，成为中国第46个世界遗产项目。2022年，水利部开展了京杭大运河全线贯通补水工作，4月28日，京杭大运河实现百年来首次全线流水贯通。

第三篇 展望

百年风雨兼程、百年使命担当。水文工作不断发展，水文测站也走过了不平凡的发展之路。百年老站在积累大量宝贵的水文资料、服务经济社会发展取得重要成就的同时，也在丰富实践活动中积累形成了雄厚的科技实力和厚重的历史文化。要切实做好百年老站及其监测资料保护，充分发挥长系列水文观测资料作用；深入挖掘其宝贵的历史和文化价值，做好水文历史遗产、水文文化、科技保护传承和展陈宣传，提高社会对水文站的认知和保护意识；统筹其发展规划和建设管理，更好地服务经济社会高质量发展。

2023 年 10 月 12 日，习近平总书记在进一步推动长江经济带高质量发展座谈会上指出，努力建设安澜长江，科学把握长江水情变化，坚持旱涝同防同治，统筹推进水系连通、水源涵养、水土保持，强化流域水工程统一联合调度，加强跨区域水资源丰枯调剂，提升流域防灾减灾能力。党的二十届三中全会要求“健全因地制宜发展新质生产力体制机制”，提出支持用数智技术改造提升传统产业；要求“优化文化服务和文化产品供给机制”，提出推动文化遗产系统性保护和统一监管。水文事业是国民经济和社会发展的基础性公益事业，是支撑推动新阶段水利高质量发展的重要内容。踏上强国建设、民族复兴新征程，水文工作使命光荣、责任重大。

展望未来，在中国共产党的坚强领导下，在各方关心支持下，广大水文工作者要坚定不移用习近平总书记“节水优先、空间均衡、系统治理、两手发力”治水思路和关于治水的重要论述精神武装头脑、指导实践、推动工作，充分发挥百年老站示范带动作用，全力提升水文测报能力，不断推进水文现代化建设，更好地服务水利高质量发展和流域经济社会发展。同时，坚定文化自信，持续加强水文文化建设，为建设社会主义文化强国作出应有贡献。

一、推进水文现代化建设

技术发展与时代同步、服务能力与需求适应是水文现代化的基本特征。在当今数字化和智能化浪潮下，要围绕完善测站功能、提升感知能力、优化算法模型、强化数智赋能、推进精细管理等多个维度同向发力，夯实测站基础，全面推进水文现代化建设。

（一）完善测站功能

一是拓展站网功能。深刻洞察国家“江河战略”布局的深远意义与国家水网工程建设的迫切需求，秉持全面、系统的原则，致力于水文基本资料的广泛与精准收集，紧紧围绕统筹推进水灾害防治、水资源节约、水生态保护修复、水环境治理和保护传承弘扬中华优秀传统水文化等目标，灵活优化并适时调整水文观测项目，不断推动水文测站功能向更高层次、更广领域完善与发展。

二是开展综合监测。加强与气象、生态环境、海洋、航运等各行业监测站点功能的深度协同与优势互补，构建全方位、多层次的监测网络体系，不断健全信息共享与互通机制，力求实现“一站承载多元功能、多点汇聚全面数据”的综合监测新格局，确保水文测站在科技赋能的同时，实现资源的高效整合与利用，促进监测工作的集约高效与智能化运行。

长江水文徐六泾水文水质自动监测站

注：徐六泾水文水质自动监测站是流域水文机构与地方水利、交通、环保、海洋部门跨行业建设综合监测站点的标志性成果。

（二）提升感知能力

一是提高全要素自动监测能力。对水文测站的基础设施与技术装备进行全方位提档升级，深度融合移动通信、物联网、智能传感器等前沿科技，着力攻克泥沙等关键水文要素感知技术的瓶颈难题，推动实现从单一要素到水文全要素的自动化、智能化监测转型，逐步构建起全面、精准、高效的水文全要素自动监测体系。

二是提高全量程自动监测能力。积极拓展卫星遥感、无人机巡检、地面雷达扫描等高新技术应用，打造“天空地水工”一体化、全方位覆盖的立体监测网络。通过多手段耦合、多尺度融合的创新方法，实现对超标准洪水、正常水情、低枯水情等全量程水情态势的实时、动态、自动监测，确保监测数据的全面性、连续性和准确性。

三是提高全天候自动监测能力。针对水文传感器的耐用性进行深度优化升级，大幅降低故障率，提升设备运行的稳定性和可靠性。同时，加强声、光、电等多种监测设备的无缝集成与协同作业能力，确保在极端天气、复杂地形等多样化环境条件下，均能保持持续、稳定、高效的监测状态，逐步实现水文要素全天候、无间断、高精度的自动监测。

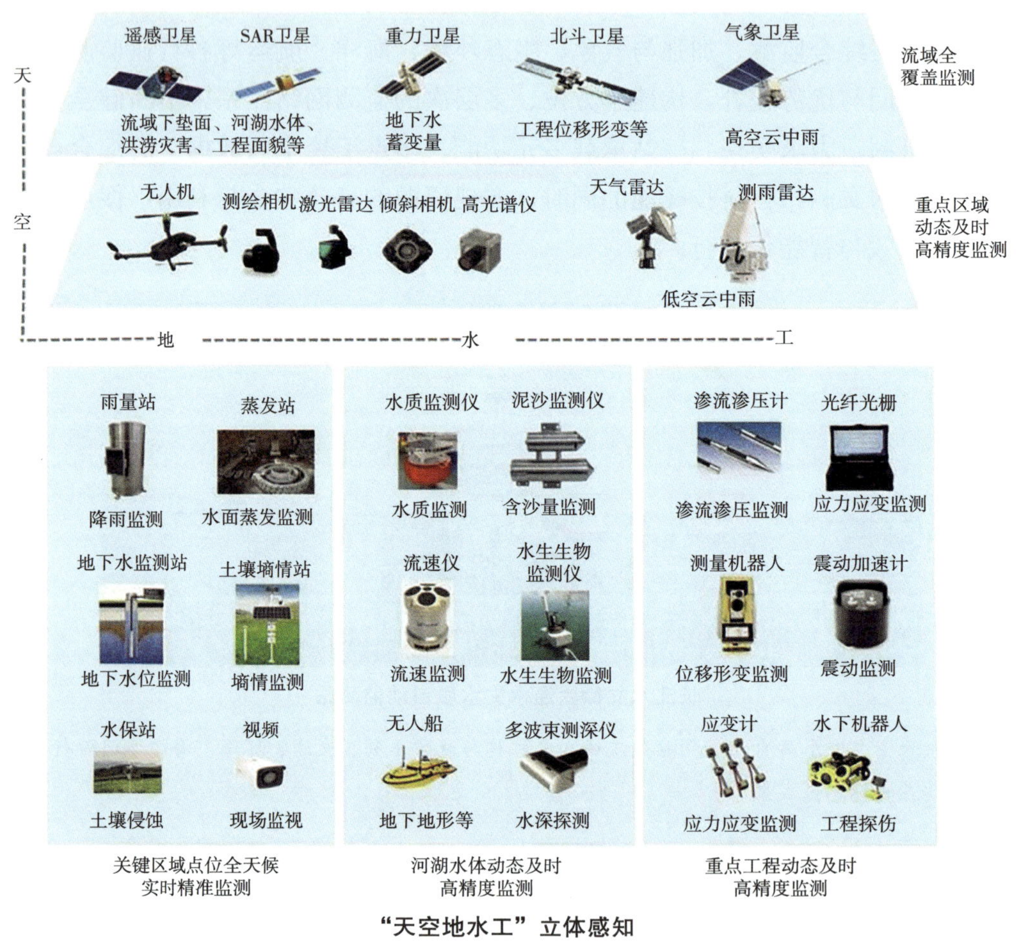

“天空地水工”立体感知

（三）优化算法模型

一是迭代升级水文模型。针对水库群复杂阻隔效应、蓄泄动态影响等多变环境因素，强化河道水流特性、水动力过程等基础科学规律的研究深度，优化并精进传统水文测验方法、资料整编流程等机理模型，提升其适应性和准确性。同时，深入挖掘水文海量数据蕴含的丰富信息，融合人工智能（AI）前沿技术，构建 AI 智能推流预测、AI 自动化资料整编、AI 高效校审校验等智能模型，通过数据驱动与机理模型双轮并驱，显著增强水文测站对水文现象复杂特征与内在规律的认知与把握能力。

二是匠心打造测站智能体。深化多模态大模型、深度学习等先进技术与传统水文技术的深度融合，创新性地构建集智能测次动态布设、智能问答交互、智能资料整编审核、文化宣传展示等多功能于一体的水文测站智能综合体，形象塑造水文测站数字“老站长”角色，实现人工智慧与人工智能的紧密协同、高效决策，通过智能化、自动化技术的全面应用，为水文监测、数据分析、文化传播等各个环节注入强劲动力，大幅提升智慧化管理水平。

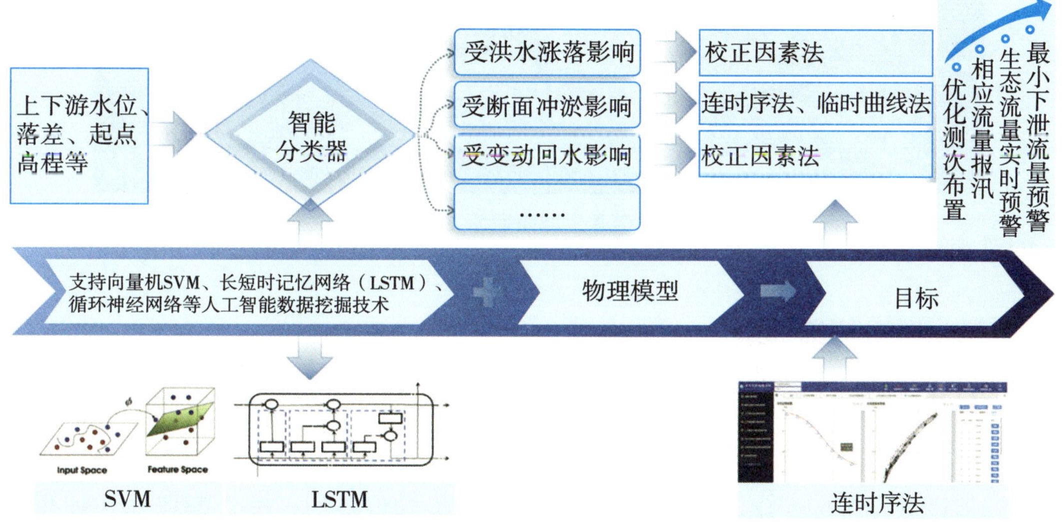

汉口水文站 AI 自动化资料整编模型

（四）强化数智赋能

按照“需求牵引、应用至上、数字赋能、提升能力”的总体要求，倾力打造水文测站数智平台，全面提升水文测站测务及管理的数字化、网络化、智能化水平。

一是采集感知多元化，有机集成多类智能感知装备，实现水文测站全要素、全量程、全天候自动监测。

二是测验业务智能化，采用深度学习、大数据等新质技术，实现测次智能布设、Z—Q 关系自动定线等功能。

三是测站管理可视化，建设基于 5G 通信技术的无人机“智慧”巡江系统，对测验河段进行全方位空域巡查；接入水文测站视频监控集群，植入图像智能识别功能，对异常状况做出预警和提醒。

四是参观访问云端化，采用数字人、VR、BIM 建模等技术，建设水文测站云

上文化展示馆，参观者足不出户即可身临其境地领略水文测站风貌、感受水文测站文化沉淀。

数字孪生城陵矶水文站

（五）推进精细管理

在科技的浪潮中扬帆远航，致力于将精细化管理理念深度融入水文测站运行管理的细微之处，全方位、多维度地推动其向现代化、智能化迈进。

一是设施设备标配化，不仅要做到水文测站设施设备的标准化配置与智能化升级，更要追求其高效运行与卓越性能的完美融合。

二是站容环境美观化，站容环境的改善不仅注重美观化的设计，更强调生态化的和谐共生，让绿色与科技交相辉映，绽放别样光彩。

三是测站管理制度化，建立健全各项规章制度，确保水文测站运行有章可循、有据可依，实现管理的规范化、标准化。

四是安全生产标准化，严格执行安全生产法规，建立健全安全生产管理体系，确保水文测站安全稳定运行。

二、加强水文文化建设

长江文化源远流长，博大精深。水文化是长江文化的重要谱系之一，而水文文化是水文化的重要组成部分。水文在长期治水实践中的重要作用凸显了其与众不同，散发其独特魅力。新征程上，要提高政治站位，坚持多措并举、突出重点、久久为功，扎实推进水文文化建设。

（一）深入学习贯彻习近平文化思想

从党的十八大提出“扎实推进社会主义文化强国建设”，到党的十九大提出“坚定文化自信，推动社会主义文化繁荣兴盛”，再到党的二十大提出“推进文化自信自强，铸就社会主义文化新辉煌”，这些都充分彰显了中国共产党带领中国人民建设社会主义文化强国的历史自信和文化自觉。习近平总书记围绕新时代文化建设提出一系列新思想新观点新论断，形成了习近平文化思想。习近平文化思想作为习近平新时代中国特色社会主义思想的文化篇，标志着中国共产党能够自觉运用马克思主义的世界观和方法论认识中国特色社会主义文化建设规律。加强水文文化建设，要坚持以习近平文化思想为指引，立足新发展阶段、贯彻新发展理念、构建新发展格局，以推动高质量发展为主题，立足丰富的水文实践，以水文文化保护、传承、弘扬、利用为主线，加强水文文化系统研究，加快推进百年老站系统保护，积极开展水文文化宣传，为推动新阶段水文高质量发展凝聚精神力量。

（二）广泛凝聚各方共识和力量

坚持以人民为中心，把水文实践中的新认识、新做法、新经验升华为文化层面的认知，更好满足人民群众对百年老站等水文基础设施建设景观性、文化性等方面的新要求。坚持敬畏历史、敬畏文化、敬畏生态，在对具有历史文化属性的水文测站进行维修养护、改建扩建时，要保护原有外观风貌、典型构件，传承传统水文智慧，切实保护好反映重要历史事件、凝聚社会公众情感记忆的既有工程。坚持以社会主义核心价值观为引领，注重形成上下联动、整体推进的工作合力，紧紧围绕服务治水工作开展研究和实践，充分挖掘水文文化的精神内涵和时代性、实践性特征，以百年水文站认定、水文测站与文化融合为重点，统筹推进水文文化的保护、传承、弘扬与利用，彰显水文文化持久影响力，营造与时俱进、健康向上的水文文化发展新局面。

（三）保护好水文文化

积极推动重要水文遗产申报世界和国家级遗产名录。对列入相关名录的水文遗产，做好跟踪指导和后续利用，充分发挥水文遗产的社会文化功能与示范作用。鼓励各地积极强化水文遗产系统性保护。充分发挥科研院校等技术支撑平台作用，积极开展水文遗产保护理论与技术研究。积极推进非工程类水文遗产的调查工作，重点对相关古籍文献善本、历史档案、碑刻题刻、传统水文科学技术等开展挖掘、调查及抢救性保护，推进研究构建非工程类水文遗产分类调查数据库。建立“百年水文站重点保护名录”。加强百年老站的保护及线上线下宣传展陈，加强水文测站的保护以及水文历史遗产和科技的传承，促进水文测站持续稳定运行。

（四）传承好水文文化

开展水文文化基础理论研究，厘清水文文化发展中的重要问题。鼓励相关科研院校、社会团体及专业研究机构开展调查研究、专题研究和专项攻关，形成有传承价值、有共鸣分量的成果。搭建水文文化研究交流平台，积极开展中国水文史和水文文化学术交流。开发制作形式多样的文创产品和科普产品。做好水文史资料的收集整编工作，推进史志资料的信息化、数字化、网络化、现代化建设，创新开发史志资源应用方式。对革命文物和红色遗迹以适当方式进行提升改造，展示具有红色基因水文遗产资源的丰富文化内涵。坚持专群结合传授水文文化知识，鼓励各级各类水利院校将水文文化课堂纳入相关专业必修课，使水利院校成为传承和弘扬水文文化的重要阵地。积极推动全国水文文化智能服务平台建设。鼓励各地水情教育基地开展丰富多彩的水文文化研学实践和科学普及等活动。挖掘、讲好水文服务“国之重器”的故事。分批次开展百年老站乃至水文测站文化提升工程，打造国家文化公园特色展示点。

水文志资料

（五）弘扬好水文文化

依托水利工程设施、水文博物馆、水文展示馆（厅）等载体，加强水文文化成果展示。鼓励已有的水文文化展览展示场所以改造升级为主，进一步提升保护研究、展示教育和传播水平。加强水文文化数字化产品制作和推广。开展水文博物馆、展示馆（厅）数字化建设工作，采取人工智能（AI）、虚拟现实（VR）等新技术手段，让水文文化阵地与载体从“线下”走向“线上”。充分利用行业内外媒体，加强水文文化传播。持续做好水文文化著作和音像作品编辑出版工作。组织形式多样的水文文化主题活动。推进水文文化与水利行业精神文明创建融合发展。推动创作一批蕴含时代精神、水文特色的水文文学艺术精品力作。组织文学、美术、书法、摄影、音乐、舞蹈、戏剧等文艺、文学创作者深入水文一线采风，创造文艺、文学作品。开展水文主题文学作品征文，举办水文主题演讲比赛、文艺汇演等活动。抓住共建“一带一路”等契机，加强国际水文文化合作交流。

三峡工程博物馆收藏的《长江流域 1935 年 7 月上旬特大暴雨调查分析报告》《1998 年长江洪水及水文监测预报》等水文成果

（六）利用好水文文化

积极推动把水文文化的元素及相关要求列入有关规范、标准。在水文测站等水文基础设施建设的决策、规划、设计、施工、管理等具体环节中，引入哲学、历史、民族、建筑美学、生态环境学等方面的文化元素，突出文化底蕴，体现人文精神。对现有水文测站特别是百年老站，充分挖掘历史、科技、管理等文化价值，重点收集整理测站建设历史资料、实物以及人物故事素材，配建、扩建或提升相应展示场所。对在建与新建水文测站，要在规划设计环节统筹考虑文化元素，提升水文测站文化品位，依据测站特点配建水文文化、水文科普、水文条例等宣传教育场所或设施，开展国情水情教育。以百年老站及国家重要水文站为重点，深入推进文旅融合，推出高品质的具有水文特色、富含水文文化内涵、贴近人民群众现实需求的水文文化旅游精品线路。

长江水文百年老站，从一个侧面反映了近代中国水文发展的历史，是中国水文现代化建设的一个缩影，也是十分宝贵的水文文化遗产。以百年老站为重点，加快现有水文站网现代化改造，构建数智融合的智慧水文，并将水文文化保护传承弘扬利用工作全面融入新阶段水文高质量发展，在实现全面建成社会主义现代化强国的第二个百年奋斗目标的新征程上，新时代水文工作者一定会以更强烈的责任感和使命感，守正创新、不懈奋斗，展现新作为，作出新贡献。

后 记

整理好全部文稿时，如释重负的感觉缓缓蔓延开来。尽管并没有感到它的圆满和无憾，可这一路走来，其间的艰辛与不易，我们深有体会。从最初的策划构思，到资料的收集整理，再到逐字逐句地斟酌，每一个环节都耗费了大量的精力与心血。此刻的喜悦与自豪难以抑制。

在长江水文“站史站志”编纂过程中，为充分利用长江国家文化公园建设的重大历史机遇，结合水利部百年水文站认定工作，2022 年 5 月，长江委水文局和长江出版社共同策划“水文百年老站”水文化选题。2022 年底，长江委水文局启动这一选题编纂工作。2023 年 3 月在宜昌水文站召开专题编纂会，重点研讨了编纂大纲、文献收集整理、撰写重点等内容，并就有关问题达成共识。为更好地呈现长江流域百年老站基本情况，2023 年 3 月底，长江委水文局向江苏、浙江、安徽、湖南、四川、云南等 6 个省的水文单位发出相关百年老站文图资料约稿函，共同打造长江水文化精品。为推动百年老站文图资料采集等工作，长江委水文局和长江出版社还联合组织专家实地考察了部分百年老站，并与水文基层同志面对面交流沟通。

2023 年 10 月—2024 年 3 月，长江委水文局先后在武汉、南京等地召开四次专题会议，进一步明确该书“史料＋文化＋科普”的定位，并增加了“江河记忆”“水文科普”专栏，这样既重点讲述了百年老站这个“老字号”的故事，又有百年老站周边长江水文化的故事，还有水文专业知识的科普介绍，从而进一步增强图书的可读性。

要讲清楚 17 处百年老站的前世今生，注定是一次艰难的跋涉。虽然编者对每处测站都倾注了大量的精力，竭力想通过细致的研讨、通俗的文字，辅之以现有以及深入挖掘的史料特别是珍贵老照片，生动呈现百年老站故事，但编纂期间常因亟盼的文献资料查找不如意、苦思如何更好地结合点线面讲好故事等，陷入茫然困惑中。

每每遇到这种情形，在反复研阅、审校稿件的过程中，编者又常常被书稿中涉及的一代又一代水文人的故事所感动、所激励。昆明站仅存文字记载的水标，几经考证、模拟复原，已重新挺立在盘龙江边；都江堰站的水文观测断面在2000多年间随鱼嘴位置变化几经迁移，因年代久远，更详细的变迁过程仍在考证中；宜宾站的三段倾斜式水尺，设计巧妙、制作精美，是水文人自己动手凿刻而成；汉口站水文资料中的手写仿宋体记录令人拍手叫好……各处测站在历次高洪测报中的表现亮眼，一代又一代坚韧不拔、充满智慧的水文人，坚定地、默默地为江河安澜把脉站岗，如静水流深，光而不耀，从未抱怨不被看见，却在水旱灾害防御、重大工程建设、社会经济发展等方面作出了重要贡献。

路虽远，行则将至。文献资料不足，我们就多调研、多走访、多请教，从老专家、老同志的口述中，挖掘到许多宝贵的资料；点线面结合方面，我们既注重概述大事件，也注重挖掘其背后的感人故事。比如：我们选择以1998年备受关注的沙市水文站为代表，既讲述测站的故事，也讲述参与水情预报作业的领导和专家的故事，从他们亲身的经历和生动的笔触及记者的观察中，去了解战胜那场大洪水背后鲜为人知的水文测报故事和感受水文人承受的巨大压力。

经过近百名编审者600余天的辛勤努力，《历史的标尺——长江水文百年老站》终于和读者朋友们见面了。衷心感谢长江出版社对长江水文文化建设的关注和对本书排版、审校、设计与出版的大力支持！衷心感谢长江委水文局内外业参编单位和流域各省级水文单位的高度重视，衷心感谢全体编纂人员的辛勤付出和不懈努力，衷心感谢许许多多在各方面对本书编纂给予关心、支持和帮助的专家及有关同志！

编　者

2024年10月

主要参考文献

［1］ 四川省地方志编纂委员会．四川省志·海关志［M］．成都：四川科学技术出版社，1998.

［2］ 四川省宜宾县志编纂委员会．宜宾县志［M］．成都：巴蜀书社，1991.

［3］ 四川省地方志编纂委员会．四川省志·水利志［M］．成都：四川科学技术出版社，1996.

［4］ 长江水利委员会水文局．长江防汛水情手册［Z］．2000.

［5］ 水利部长江水利委员会．长江流域水旱灾害［M］．北京：中国水利水电出版社，2002.

［6］ 水利部长江水利委员会，重庆市文化局，重庆市博物馆．四川两千年洪灾史料汇编［M］．北京：文物出版社，1993.

［7］ 骆承政．中国历史大洪水调查资料汇编［M］．北京：中国书店，2006.

［8］ 肖绍华，杨玉荣．长江 1870 年历史洪水分析［J］．1982（2）：45-50＋38.

［9］ 刘小来，许萍，周幸初．三峡库区万县水文站蓄水前后水位流量关系分析［J］．中国水运，2009，9（2）：133，169.

［10］ 邹敏，刘伟豪，徐杨，等．三峡库区万州段水文特性及泥沙分析［J］．水利规划与设计，2018（11）：71-73.

［11］ 重庆市万州区地方志编纂委员会，万州区志［M］．重庆：西南师范大学出版社，2013.

［12］ 四川省地方志编纂委员会．四川省志·测绘志［M］．成都：成都地图出版社，1997.

［13］ 四川省地方志编纂委员会．四川省志·海关志［M］．成都：四川科学技术出版社，1998.

［14］ 四川省地方志编纂委员会．四川省志·水利志［M］．成都：四川科学技术出版社，1996．

［15］ 鞠涵．清末民国长江上游水旱灾害的民间组织应对及其地域特征研究［D］．重庆：西南大学，2023．

［16］ 陈渝军．大宁河无人水文站应用同步卫星系统简介［J］．人民长江，1992，9．

［17］ 重庆市地方志编纂委员会．重庆市志（第六卷）［M］．重庆：重庆出版社，1999．

［18］ 重庆市地方志编纂委员会．重庆市志（第八卷）［M］．重庆：西南师范大学出版社，2004．

［19］ 重庆市水利局．重庆市志·水利志［M］．重庆：西南师范大学出版社，2015．

［20］ 重庆市万州区龙宝移民开发区地方志编纂委员会．万县市志［M］．重庆：重庆出版社，2000．

［21］ 重庆市交通委员会．重庆市志交通志［M］．重庆：西南师范大学出版社，2013．

［22］ 四川省水利学会．四川省一九八一年暴雨洪水论文汇编［M］．成都：四川省水利学会，1982．

［23］ 重总水情组．1981年“81·7”洪水预报专题［R］．1981．

［24］ 水利电力部全国暴雨洪水分析计算协调小组办公室，南京水文水资源研究所．中国历史大洪水（下卷）［M］．北京：中国书店，1992．

［25］ 中国网．胡世贵：百岁老红军 心怀中国梦［N/OL］．［2016-10-16］．https：//qclz．youth．cn/znl/201610/t20161014_8748741．htm．

［26］ 梅军亚，等．水文流量泥沙监测新技术研究与应用［M］．武汉：长江出版社，2023．

［27］ 宜昌市税务局税志办公室．宜昌海关简志（1877—1949）［Z］．1988．

［28］ 长江水利委员会．长江三峡水利枢纽初步设计报告（枢纽工程）［R］．1992．

［29］ 李明义．近代宜昌海关《十年报告》译编［M］．北京：团结出版社，2020．

[30] 长江葛洲坝水利枢纽水文实验站. 葛实站志（1973—1986）[Z]. 1987.

[31] 长江三峡水文水资源勘测局. 三峡水文志（1877—2022）[M]. 武汉：长江出版社，2023.

[32] 长江三峡水文水资源勘测局. 与水共舞——纪念宜昌水文实验站成立三十周年回忆录文集 [Z]. 宜昌：长江三峡水文水资源勘测局，2002.

[33] 长江三峡水文水资源勘测局. 三峡水文风雨四十载 [Z]. 2013.

[34] 长江三峡水文水资源勘测局. 三峡水文水资源勘测专业志专辑 [J]. 长江志季刊，2002（1）.

[35] 长江水利委员会水文局. 长江志·水文 [M]. 北京：中国大百科全书出版社，1999.

[36] 长江水利委员会综合勘测局. 长江志·测绘 [M]. 北京：中国大百科全书出版社，2003.

[37] 长江水利委员会水文局. 长江志·水系 [M]. 北京：中国大百科全书出版社，2003.

[38] 中共长江委直属单位委员会，中共长江委组织史资料编纂办公室. 中国共产党长江水利委员会组织史资料（1950. 2～1995. 12）[R]. 武汉：长江水利委员会，1997.

[39] 水电部长江流域规划办公室水文局. 宜昌年径流及枯水分析（三峡工程论证阶段水文成果）[R]. 1987.

[40] 仲志余. 长江防洪 [M]. 武汉：长江出版社，2007.

[41] 冯自强. 我记忆中的荆江分洪工程首次运用 [J]. 武汉文史资料，2010（7）：33-36.

[42] 荆州市地方志办公室，荆州府志 [M]. 武汉：湖北人民出版社，2006.

[43] 长江水利委员会宣传新闻中心. 大江作证 [M]. 武汉：长江水利委员会宣传新闻中心，1999.

[44] 竺可桢. 竺可桢全集（卷二）. 上海：上海科技教育出版社，2004.

[45] 刘泱泱. 近代湖南社会变迁 [M]. 长沙：湖南人民出版社，1998.

[46] 刘大江，任欣欣. 洞庭湖 200 年档案 [M]. 长沙：岳麓书社，2007.

[47] 孙昭华，李奇，严鑫，等. 洞庭湖区与城陵矶水位关联性的临界特征分析 [J]. 水科学进展，2017，28（4）：496-506.

［48］ 王丽婧，田泽斌，李莹杰，等. 西洞庭湖入湖河流磷的污染特征［J］. 环境科学研究，2020，33（5）：1140-1149.

［49］ 潘畅，陈建湘. 洞庭湖区水环境现状调查与分析［J］. 人民长江，2018，49（8）：20-24.

［50］ 陈波，陈建湘. 洞庭湖典型洲滩湿地水分时空变化特征及其相关性分析［J］. 水资源与水工程学报，2020，31（1）：254-260.

［51］ 蔡佳，王丽婧，陈建湘. 洞庭湖近30年水环境演变态势及影响因素研究［J］. 环境科学研究，2018，31（1）：70-78.

［52］ 程海云，香天元，唐聪. 长江中游城陵矶河段2016—2020年汛期水位非正常波动：影响因子及滤波修正［J］. 湖泊科学，2022，34（1）：286-295.

［53］ 中国水利学会. 声学多普勒流速仪测流规范：T/CHES 61—2021［S］. 北京：中国标准出版社，2021.

［54］ 张潮，等. 长江中游河道勘测体系研究与应用［M］. 武汉：长江出版社，2022.

［55］ 徐德龙，熊明，张晶. 鄱阳湖水文特性分析［J］. 人民长江，2001（2）：21-22+27-48.

［56］ 胡久伟. 鄱阳湖湖口河段近期演变规律及趋势分析［D］. 北京：水利部信息中心，2011.

［57］ 张留柱. 水文勘测工［M］. 郑州：黄河水利出版社，2021.

［58］ 江西省九江市水文局. 九江水文志［M］. 北京：中国水利水电出版社，2020.

［59］ 南京河床实验站. 鄱阳湖出口“葫芦口”的淤积、设障、过洪能力的初步调查［R］. 南京：南京河床实验站，1987.

［60］ 朱道清. 中国水系辞典［M］. 青岛：青岛出版社，2007.

［61］ 水利部长江水利委员会水文局. 1998年长江洪水及水文监测预报［M］. 北京：中国水利水电出版社. 2000.

［62］ 安徽省水利志编纂委员会. 安徽省水利志·水文志［M］. 合肥：黄山书社，1994.

［63］ 孙建国. 南京通商口岸开埠始末［J］. 档案与建设，1999（8）：24-26.

［64］ Iris Chang. The Rape of Nanking［M］. UK：Penguin，2004.

[65] 杨新华，王宝林. 南京山水城林 [M]. 南京：南京大学出版社，2007.

[66] 尼克·米德尔顿. 牛津通识读本：河流 [M]. 南京：译林出版社，2023.

[67] 镇江市历史文化名城研究会. 民国江苏省会镇江规划建设研究 [M]. 扬州：江苏大学出版社，2010.

[68] 水利部水文司. 中国水文志 [M]. 北京：中国水利水电出版社，1997.

[69] 陈日章. 京镇苏锡游览指南 [M]. 南京：上海禹域社，1932.

[70] 江苏省水利厅. 江苏水文 [M]. 北京：中国水利水电出版社，2021.

[71] 太湖流域水利委员会. 太湖流域之雨量及蒸发量 [M]. 苏州：太湖流域水利委员会，1934.

[72] 扬子江水利委员会. 扬子江技术委员会第二期年终报告 [M]. 南京：扬子江水利委员会，1924.

[73] 交通部. 交通部报扬子江水道整理委员会第八期年终报告 [M]. 南京：交通部，1929.

[74] 谢运山 栾继业. 体现实时精确 方便群众参与 百年镇江潮位站安装直读式水尺 [N]. 镇江日报，2024-04-07 (2).

[75] 方良龙. 潮涨潮落怎知晓 [N]. 京江晚报，1998-09-08 (1).

[76] 郑肇经. 中国之水利 [M]. 南京：商务印书馆，1939.

[77] 镇江市防汛防旱指挥部办公室. 镇江市防汛防旱手册 [M]. 镇江：镇江市防汛防旱指挥部办公室，2003.

[78] 新华日报. 沿江数十万防汛大军为了最后战胜洪水进一步加高加固江港堤防 [N]. 新华日报，1954-08-16 (1).

[79] 文今. 防汛哨兵 [N]. 镇江日报，1996-08-12 (2).

[80] 肖苏. 谏壁闸险情得到控制 [N]. 镇江日报，1996-08-05 (1).

[81] 王致同. 泥沙大量淤积 又逢多日枯水 镇江“江中浮玉”面临搁浅 [N]. 扬子晚报，2004-02-22 (A4).

[82] 任雯，陈声秦，干光磊，等. 长江降水位 镇江受“连累” [N]. 京江晚报，2004-02-19 (A1).

[83] 民国二十一年全国雨量及水文报告 [M]. 南京：国民政府内政部，1932.

［84］ 张益民，艾谷. 国家长江防总专家来镇检查指导［N］. 镇江日报，1998-07-06（1）.

［85］ 孙瑞林，艾谷. 可敬的水利专家们［N］. 镇江日报，1998-08-11（1）.

［86］ 孙瑞林，傅太生，拜纪章. 抗洪前哨站［N］. 镇江日报，1998-08-28（1）.

［88］ 王鹏程. 别人下雨往家跑，我们向外跑［N］. 京江晚报，2006-12-12（3）.

［89］ 洪叶. 守护百年河湖安澜 标记两岸沧桑巨变［N］. 新华日报，2023-08-14（1）.

［90］ 周迎. 34年“漂”在长江里 他是镇江人的“防汛哨兵”［N］. 镇江日报，2017-07-13（9）.

［91］ 水文测验［M］. 南京：国民政府行政院新闻局，1948.

［92］ 郭红波，张建伟. 昆明城市史［M］. 昆明：云南民族出版社，2009.

［93］ 字应军. 民国昆明县志校注［M］. 昆明：云南民族出版社，2016.

［94］ 昆明市志编撰委员会. 昆明市志长编［M］. 1984.

［95］ 昆明市地方志编纂委员会. 昆明市志［M］. 北京：人民出版社. 1997.

［96］ 李春龙，刘景毛. 新纂云南通志·地理考［M］. 昆明：云南民族出版社，2007.

［97］ 刘国纬，何海. 中国古代水文史稿［M］. 北京：科学出版社. 2021.

［98］ 昆明市水利志编纂委员会. 昆明市水利志［M］. 昆明：云南人民出版社，1997.

［99］ 云南省水文水资源局. 云南省水文志［M］. 昆明：云南民族出版社，2011.

［100］ 闻冰轮，陈川. 流金年轮·盘龙江孕育的城市记忆［M］. 昆明：云南人民出版社，2016.

［101］《云南河湖》编纂委员会. 云南河湖［M］. 昆明：云南科技出版社，2010.

［102］ 国家环境保护总局. 地表水环境质量标准：GB 3838—2002［S］. 北京：中国环境科学出版社，2002.

［103］ 孙砚方. 都江堰水利词典［M］. 北京：科学出版社，2004.

［104］ 乡志编纂委员会. 灌县白沙乡志［M］. 白沙乡委员会，1983.

［105］ 四川省地方志编纂委员会. 都江堰志［M］. 成都：四川辞书出版社. 1993.

［106］ 中国水利史稿编写组. 中国水利史稿：上册［M］. 北京：中国水利水电出版社，1979.

［107］ 水利部水文局. 江河泥沙测量文集［C］. 郑州：黄河水利出版社，2000.

［108］ 水利部长江水利委员会. 长江流域地图集［M］. 北京：中国地图出版社，1999.

［109］ 马建华 . 对表对标 理清思路 做好工作 为推动长江经济带高质量发展提供坚实的水利支撑与保障［J］. 长江技术经济，2021（1）：1-11.

［110］ 周明 . 强化水利文化英雄主义传承 助力打造新时代英雄城市［J］. 武汉社会科学，2022（7）：5-6.

［111］ 周明 . 长江水文测站历史及百年老站保护利用研究［J］. 武汉社会科学，2023（3）：79-86.

［112］ 周明. 对打造长江国家文化公园特色展示点的思考——以长江干流湖北段国家重点水文站为例［J］. 水文化，2024（8）：65-68.

索 引

说明：本索引按汉语拼音字母（同音字按声调）顺序排列，词条后面为页码。

水文科普

江河记忆

图书在版编目（CIP）数据

历史的标尺：长江水文百年老站 / 水利部长江水利委员会水文局编著. -- 武汉：长江出版社，2025. 7.
ISBN 978-7-5492-9880-8

Ⅰ. P336.2

中国国家版本馆 CIP 数据核字第 2024EG1810 号

历史的标尺：长江水文百年老站
LISHIDEBIAOCHI:CHANGJIANGSHUIWENBAINIANLAOZHAN
水利部长江水利委员会水文局　编著

出版策划： 赵　冕　李春雷
责任编辑： 李春雷　李海振
装帧设计： 彭　微
出版发行： 长江出版社
地　　址： 武汉市江岸区解放大道 1863 号
邮　　编： 430010
网　　址： https://www.cjpress.cn
电　　话： 027-82926557（总编室）
027-82926806（市场营销部）
经　　销： 各地新华书店
印　　刷： 湖北金港彩印有限公司
规　　格： 787mm×1092mm
开　　本： 16
印　　张： 29.25
拉　　页： 1
字　　数： 580 千字
版　　次： 2025 年 7 月第 1 版
印　　次： 2025 年 7 月第 1 次
书　　号： ISBN 978-7-5492-9880-8
定　　价： 268.00 元